原子物理学

（下　册）

原子——一种量子构件

〔法〕B. 卡尼亚克　张万愉　J.-C. 裴贝-裴罗拉　著

王义道　译

郑乐民　张万愉　校

科学出版社

北　京

图字：01-2015-1438 号

内 容 简 介

本书阐述近代原子物理学的基本原理和重要实验. 全书分为上、下两册，上册论述原子和电磁辐射场的相互作用，下册主要内容是建立在量子力学基础上的原子结构.

下册着重在量子力学基础上阐述原子内部结构，并将有心势场中独立电子近似模型加以推广，用以解释 X 射线谱和原子能级. 通过大量具体计算方法和光谱实验演示实例说明理论与实验的精确符合，并将读者带向当代原子物理学的科研前沿.

本书在内容取舍和叙述风格上与国内多数同类教材显著不同，独具特色，密切联系应用实际，贴近科研前沿，启发创新思维. 本书是大学物理与相关应用学科高年级学生和研究生的优良参考书. 特别对于从事原子分子光物理、量子光学等相关专业的学生与科研人员，本书是一本很好的入门书.

图书在版编目(CIP)数据

原子物理学.下，原子：一种量子构件/(法)卡尼亚克 (Cagnac, B.)等著；王义遒译. —北京：科学出版社，2015. 3

ISBN 978-7-03-043743-3

Ⅰ.①原… Ⅱ.①卡… ②王… Ⅲ.①原子物理学 Ⅳ. ①O562

中国版本图书馆 CIP 数据核字(2015) 第 051523 号

责任编辑：周 丹 胡 凯 曾佳佳／责任校对：胡小洁
责任印制：赵 博／封面设计：许 瑞

科学出版社 出版
北京东黄城根北街 16 号
邮政编码：100717
http://www.sciencep.com
北京凌奇印刷有限责任公司 印刷
科学出版社发行 各地新华书店经销
*
2015 年 3 月第 一 版 开本：720 × 1000 1/16
2024 年 3 月第八次印刷 印张：18 1/2
字数：370 000

定价：89.00 元
(如有印装质量问题，我社负责调换)

致中国同学

亲爱的中国同学：

我们这本原子物理教程的中译本是王义遒教授与 Kastler-Brossel 实验室的研究组, 特别是我的研究组和 Cohen-Tannoudji 研究组的诚挚友好关系的结晶. 我相信, 在阅读本书过程中你也会体验到这种诚挚友好的感情.

张万愉 (L. Tchang-Brillet) 帮助我们更新了已经过时的教程. 她出生在中国, 在巴黎的大学学习和从事科学研究的职业生涯之前, 她在上海接受了小学和中学教育. 她所拥有的中国和法国的双重文化, 使她对本书的中文翻译工作充满热情.

本书将对构筑两种文化的桥梁做出贡献.

B. 卡尼亚克

序

本书适用于大学三、四年级学生, 也适用于对量子物理基础有较高要求的工科学生. 量子物理用来解释原子现象, 是了解近代众多技术进展所不可缺少的知识. 二年级末的学生, 在掌握了大学第一阶段课程的情况下也可阅读上册的大部分内容.

本书取代 1971 年首次出版的凯格纳克 (Cagnac 的 1980 年中译本的原译名, 此译本按法语发音改为卡尼亚克) 与裴贝–裴罗拉 (Pebay-Peyroula) 合著的原子物理旧教材. 30 年来, 就这个水准的大学教学而言, 基本概念并没有深刻的变化, 故这本新书仍可沿用旧教材中的大部分内容. 然而, 30 年中某些章节内容的重要性及其叙述方式则有了发展; 此外, 新近还完成了一些极其精彩的实验, 其解释相对简单但可更好地说明基本概念. 因此, 本书对原教材做了较大的修改和完善, 实际上它成了一本新著, 希望它也有 30 年的生命力.

本书作者也有了变动. 巴黎第六大学的张万愉 (Lydia Tchang-Brillet) 教授代替了让–克劳德 · 裴贝–裴罗拉 (Jean-Claude Pebay-Peyroula), 他在 12 年前已提前退休, 不愿参与新著. 但这本新著许多地方还是保留了他所写的内容, 所以这里要衷心感谢他.

本书仍保留了原书的两册结构, 以方便使用; 但由于选择了新的叙述方式和扩充了某些章节的篇幅, 本书便对两册内容重新做了分配.

分成这两册的基本理由与原来相同: 上册仍是量子概念的入门介绍, 它可在修读量子力学课程以前阅读, 并为以后的研读作准备; 而下册则相反, 假定读者已学过介绍量子力学基本概念的课程 (但还不具备深入的知识).

因此, 此上册主要描写三个基本物理量守恒定律的直接结果. 这三个物理量是能量、动量和角动量 (动量矩). 因此, 上册将叙述原子与其外部环境交换能量、动量和角动量的所有物理现象. 正是这些通常是量子化的交换引出了量子物理, 并给它以实验诠释.

在这些交换中, 原子的外部环境可能是运动电荷或磁场; 而在多数实验中, 则是与电磁辐射、光波或无线电波相互作用. 因此, 在上册中我们有以下考虑: ① 将激射器或激光器中的受激发射现象放在重要地位; ② 以具体的、尽可能简便的方式引入波的相干性概念, 并由此出发来思考波与粒子 (光子) 的关系. 同时, 我们将考察引导物质粒子束的德布罗意波的干涉实验. 对新近非常精彩的实验的描写使本册叙述十分丰满.

下册则不同, 我们将研究原子系统的内部结构, 我们的研究将基于量子力学. 相应的量子力学计算一般在经典著作已经详细处理了, 我们将引导读者复习这些内容. 不过我们将仅仅引述结果, 并试图从这里获得实验上的诠释. 在后面几页中读者可找到下册中处理的各种问题的提要.

本书的另一个目的是使读者自己能计算实验结果, 并给出近似处理所需要的数量级概念. 没有这种近似, 任何物理计算都会是很复杂的. 从这个考虑出发, 我们不能像理论家那样可以认为 $\hbar = c = 1$; 这也使我们会面对令人烦恼的单位制问题. 法国学生习惯于使用 MKSA 有理化单位制. 所以我们将采用这种单位制. 然而许多文献和著作, 特别是原子物理学的, 常用高斯制. 因为能在不同单位制之间实现互相转换是很重要的, 我们在电磁学表述中引入了一个系数 κ, 其定义为 $\kappa^2 = \varepsilon_0\mu_0 c^2$, 从而可以实现这种 "转换":

- 在 MKSA 制中, $\kappa = 1$, 它可简单地被忽略;
- 在高斯制 (电学单位用静电 CGS 制, 磁学单位用电磁 CGS 制) 中: $4\pi\varepsilon_0 = 1$, $\mu_0/4\pi = 1, \kappa = c$ (这实际上已不是有理化形式了).

在附录 1 中, 给出了电磁单位制概要, 指出电磁单位表述的变化, 这是我们进行一切原子物理计算的出发点.

译者前言

对于比较熟悉中国原子物理学教材的读者来说, 这本下册《原子 —— 一种量子构件》的感觉似乎与上册《原子与辐射的电磁相互作用》不同. 上册的多数内容对他们是比较陌生的, 而下册则至少从目录标题上来看, 多数还是比较熟悉或似曾相识的. 但是, 这种印象未必反映实际情况, 只要稍为深入地读了这本书, 就会发觉本书和国内多数原子物理学教材, 甚至包括 "近代物理学" 的教材, 在内容和叙述方式上还是有很多差别, 是具有不少突出特点和优点的, 所以很值得推荐给国内从事原子物理学教学的同行以及从事与原子物理学密切相关的学科教学和科学研究的学者与学生们.

在笔者看来, 下册保持了上册 "译者前言" 中提到的两个显著特点, 即一是鲜明地展示了原子物理学发展演变的历史径迹; 二是联系实际, 这里又含有两重意思: 一是指教材的叙述不过于抽象和理论化, 是从实际问题出发的; 二是紧密结合物理学前沿进展和实际应用. 对这两个特点, 这里不准备像在上册前言中那样多加叙述, 因为读过上册的人是会有具体体会的. 这里需要指出的是, 这本下册与国内多数原子物理学教材相比还有一个特点, 即其内容的丰富性和深入性. 这种丰富与深入又是和科学研究的实际和前沿密不可分的: 一方面, 在理论计算和实验处理的方法上, 叙述了比较接近于研究工作实际所用的概念; 另一方面, 介绍了当下前沿研究的课题、方向和可能的应用. 因此, 本书有助于学生和学者比较容易和迅速地投入与原子物理学有关的科学研究第一线, 较快掌握科学前沿的动向和内容.

这里随便举些例子. 比如, 本书所述的对原子结构的量子力学计算方法远较国内一般同类教材更为详细、具体和深入. 当然本书是安排在学生具有一定的量子力学基础知识之后才能学习的. 因此对于国内大学生来说, 本书是一本介于本科与研究生水平的教材. 正因如此, 书中就能具体处理像弱、强和中等磁场下的原子能级, 给出塞曼效应、帕邢–巴克效应和中等场效应, 并能叙述和应用维格纳–埃克特定理来进行处理. 这些内容对中国学生都是新的、陌生的. 另外, 像二能级原子量子相互作用的拉比振荡解、磁共振布洛赫微分方程的导出与求解等, 都是原子物理学的重要基础, 可是国内一般教材大多语焉不详, 而本书则给出了详尽的说明. 对于像 X 射线速度谱实验方法的描写、里德伯原子与电子偶素、μ 子素、介原子等奇特类氢系统的介绍, 对学生也是很有启发和引导性的.

还要指出, 中国学生学习中的一个普遍弱点是对问题缺乏深度思考. 在这方面, 本书也提供了一些范例. 比如, 描述单个原子的参量与方程和描述原子集体的参量与方程之间有什么样的联系, 这些联系是怎样建立起来的, 在什么条件下它们可以通用. 这些问题在理论和实际上都很有意义, 值得思考; 本书的处理很能引导读者来思索, 来回答, 从而促使学生对物理问题产生兴趣, 触发深度思考. 书中这类例子比比皆是.

应该说, 任何对物理问题的深度思索常会使人引发哲学思考, 尤其是对不少与量子力学相关的问题. 法国原子物理学派是十分重视哲学的, 这是他们的一个优点. 我们从所附的 “深入阅读参考书目” 中专门列有 “量子物理的哲学思考” 一栏 (共 5 本书) 就可看出来. 这对中国学生也是很有启示意义的.

从这套上、下两册原子物理学教材, 我们可以看到法国是非常重视原子物理学教学的. 这固然与近半个世纪以来原子物理学又出现了重大进展有关, 但更根本的是法国重视物理学的基础研究, 不以它们的分支是否对尖端技术和实际应用具有重要意义作为价值判断而有所取舍. 正因为这样, 法国就会出现具有世界影响的原子物理学派. 继 1966 年的 Kastler 和 1997 年的 Cohen-Tannoudji 之后, 同一大学与研究所的 S. Haroche 于 2012 年又因腔内电动力学和光子的无破坏检测等量子光学工作而获得诺贝尔奖. 从这里可以看到他们对物理学和原子物理学的贡献. 而本书作者正是这个学派的成员.

总之, 我们相信, 这是一本对我们十分有价值的教学参考书和科研入门指导书.

最后, 译者十分感谢郑乐民教授和本书原作者之一张万愉教授的仔细审校, 没有他们的大量工作和耐心劳动, 译文的质量就无法保证. 译者也感谢曾谨言教授对一些章节的审阅和讨论, 以及科学出版社编辑对本书出版所做的重要贡献.

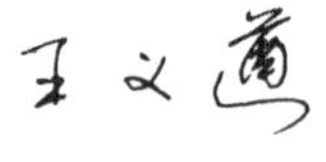

2012 年 10 月

2015 年 1 月修订

目　　录

上 册 目 录

第一编　能量与动量的交换

第二编 波-粒关系

第三编 与原子交换角动量

附录 1　适用于各种单位制的电磁学公式汇编

所有公式都是有理化的, 但我们从与单位有关的系数 ε_0, μ_0 和光速 c 出发, 引进一个系数 κ, 有

$$\boxed{\varepsilon_0\mu_0c^2=\kappa^2}$$

• 在 MKSA 单位制中, 有

$$\kappa=1 \qquad 4\pi\varepsilon_0=\frac{1}{9\times10^9} \qquad \frac{\mu_0}{4\pi}=10^{-7} \quad (\kappa\ \text{可忽略})$$

• 用 CGS 静电单位制中的电单位, 和 CGS 电磁单位制中的磁单位, 即在高斯单位制中:

$$\kappa=c \qquad 4\pi\varepsilon_0=1 \qquad \frac{\mu_0}{4\pi}=1$$

场的定义:

$$\vec{f}=q\vec{E}+\frac{1}{\kappa}q\vec{v}\times\vec{B} \quad (\text{洛伦兹力})$$

麦克斯韦方程组:

$$(\mathrm{I})\begin{cases}\nabla\times\vec{E}+\dfrac{1}{\kappa}\dfrac{\partial\vec{B}}{\partial t}=0\\ \nabla\cdot\vec{B}=0\end{cases} \qquad \text{一般解}\begin{cases}\vec{E}=-\nabla V-\dfrac{1}{\kappa}\dfrac{\partial\vec{A}}{\partial t}\\ \vec{B}=\nabla\times\vec{A}\end{cases}$$

$$(\mathrm{II})\begin{cases}\nabla\times\vec{B}-\dfrac{\varepsilon_0\mu_0}{\kappa}\dfrac{\partial\vec{E}}{\partial t}=\dfrac{\mu_0}{\kappa}\vec{j}\\ \nabla\cdot\vec{E}=\dfrac{1}{\varepsilon_0}\rho\end{cases}$$

若采用洛伦兹规范:

$$\nabla\cdot\vec{A}+\frac{\varepsilon_0\mu_0}{\kappa}\frac{\partial V}{\partial t}=0$$

由此可推得两个势的传播方程 (它们证实了 ε_0, μ_0 和 κ 之间的关系):

$$\begin{cases}\nabla^2\vec{A}-\dfrac{\varepsilon_0\mu_0}{\kappa^2}\dfrac{\partial^2\vec{A}}{\partial t^2}=-\dfrac{\mu_0}{\kappa}\vec{j}\\ \nabla^2V-\dfrac{\varepsilon_0\mu_0}{\kappa^2}\dfrac{\partial^2V}{\partial t^2}=-\dfrac{1}{\varepsilon_0}\rho\end{cases}$$

传播方程的普遍解是推迟势:

$$\vec{A}(t,\vec{r})=\frac{\mu_0}{4\pi\kappa}\iiint\frac{\vec{j}(t-r/c)}{r}\mathrm{d}\mathcal{V}$$

$$V(t,\vec{r})=\frac{1}{4\pi\varepsilon_0}\iiint\frac{\rho(t-r/c)}{r}\mathrm{d}\mathcal{V}$$

静态 (稳恒) 情况：

$$\begin{cases}\vec{B}=\dfrac{\mu_0}{4\pi\kappa}\displaystyle\iiint\frac{\vec{j}\times\vec{v}}{r^3}\mathrm{d}\mathcal{V}\quad\text{或}\quad\dfrac{\mu_0}{4\pi\kappa}\displaystyle\int\frac{I\mathrm{d}\vec{l}\times\vec{r}}{r^3}\quad(\text{拉普拉斯定律})\\ \vec{E}=\dfrac{1}{4\pi\varepsilon_0}\displaystyle\iiint\frac{\rho\vec{r}}{r^3}\mathrm{d}\mathcal{V}\quad\text{或}\quad\dfrac{1}{4\pi\varepsilon_0}\dfrac{q\vec{r}}{r^3}\quad(\text{库仑定律})\end{cases}$$

$\mathrm{d}\mathcal{V}$ 表示体积 $\mathrm{d}x\mathrm{d}y\mathrm{d}z$.

所用符号表

拉丁字母

a	正弦函数的振幅
	某种线度或长度
	椭圆的半长轴
	相干长度 a_c
A	磁矢势
	正弦函数的振幅
	傅里叶振幅 $A(\omega)$
	自发发射概率 A_{21}
	原子质量数
$\mathcal{A}$	原子质量 (在 CGS 制中近似等于 A, 在 MKS 制中近似等于 $A/1000$)
b	碰撞参量
	某种长度
B	磁感应矢量, 通常称为磁场 (我们从不用磁场强度矢量 H)
	受激吸收或发射概率 B_{12}, B_{21}
	正弦函数的振幅
c	光速
C	库仑定律中的常数 $[W(r) = C/r]$
	磁化率的居里常数 $(\chi_{\mathrm{M}} = C/T)$
	悬丝的扭转常量 $(\varGamma = C\alpha)$
	电容
d	微分
d	距离 (例如网板之间的距离)
D	电感应矢量
	概率密度
	某种距离
$\mathcal{D}$	单位横截面上的粒子束流量 $(N = \mathcal{D}tS)$
e	元电荷 $e = 1.6 \times 10^{-19}\mathrm{C}$
e	自然对数的底 e=2.718(指数函数)

E	原子态的总能 (代数值)
	电场矢量的模
$\mathcal{E}$	正弦电场振幅
f	某种函数
	量纲为一的分数
	焦距
f	力矢量
F	力系的和矢量
F	力矢量的模
	某种函数
$\mathcal{F}$	统计函数
	傅里叶变换
g	朗德因子
	一次通过的增益
G	统计权重或简并度
	总增益
h	普朗克常量 ($\hbar = h/2\pi$)
H	哈密顿算符
i	-1 的平方根, 虚数的底
	计数指标
	入射角
I	电流
	转动惯量
j	电流密度矢量
	计数指标
J	原子总角动量量子数
k	玻尔兹曼常量 k_B 或 k
	波矢量 $k = 2\pi/\lambda$
	整数
K	吸收系数 (光学厚度为 Kl)
	比例系数
l	某种长度
L	发光率
	某种长度 (例如腔长)
	相干长度 L_c

	瑞利长度 $L = \pi\omega_0^2/\lambda$
$\mathcal{L}$	角动量或动量矩
m	某种质量
	电子质量 m_e
	磁量子数
M	某种质量 (例如原子、原子核等)
	磁化强度矢量的分量
$\mathcal{M}$	磁矩矢量的分量
n	单位体积中的原子数 (原子密度或布居数)
	主量子数
	计数指标
N	整数 (量纲一或每秒原子数)
	单位法线矢量
$\mathcal{N}$	阿伏伽德罗常量
O	坐标原点
p	动量矢量及其分量 (的数值)
	电偶极矩矢量
	计数指标
	能级布居数
P	功率
	电介质极化矢量
$\mathcal{P}$	抽运概率
q	粒子的电荷
	物体或电容器的电荷
	计数指标
Q	一个系统的电荷 (例如核、离子、电容器等)
	谐振腔或电路的品质因数
	原子束总流量 (每秒通过的原子数)
	热量
r	径矢, 两点间的距离
	圆或球的半径
R	径矢, 两点间的距离
	圆或球的半径
	氢原子光谱的里德伯常量
	理想气体常量 $R = \mathcal{N}k_B$

	镜面反射系数 R_A, R_B
	电阻
s	自旋量子数
S	某种表面
	粒子束或波束的横截面
t	时间或寿命
T	热力学温度
	周期
	光谱项
	相干寿命 T_c
$\mathcal{T}$	功
u	能量密度
	单位矢量
	旋转坐标系中磁化强度的横向分量
U	内能
	静电势
v	速度矢量的模
	旋转坐标系中磁化强度的横向分量
V	静电势或电动势
	速度矢量
	体积
w	微弱能量
	高斯光束的腰 w_0
	高斯光束 $w(z)$
W	某种能量; 特别是势能 $W(r)$
x, X	坐标
y, Y	坐标
z	坐标
Z	坐标
	元素的原子序数
	配分函数 (统计上的)

希腊字母

α	精细结构常数 $\alpha = e^2/4\pi\varepsilon_0\hbar c$
	角

	单位长度的增益 $\alpha(\nu)$
	一种粒子的名称 (氦原子核)
β	玻尔磁子
	角
	一种粒子的名称 (放射性 β^+ 和 β^-)
γ	旋磁比
	一段电磁辐射的名称, 指 γ 射线
Γ	力矩, 或一个力系的合力矩
δ	微分, 增量
	激光器的平衡布居数差
Δ	拉普拉斯算符
	线宽 (频率或波长)
ε	与单位 ε_0 有关的常量 (在 CGS 制中 ε_0 由 $1/4\pi$ 代替)
	量纲一的相对介电常数 ε_r
	圆锥曲线的偏心率
	任意非常小量
η	量纲一的分数: 量子效率; 腔的填充因子
θ	角; 特别是球坐标中的维度
Θ	德拜温度
κ	与单位 $\kappa^2 = \varepsilon_0\mu_0 c^2$ 有关的常量
	(在 MKSA 制中 $\kappa = 1$; 在 CGS 制中 $\kappa = c$)
λ	波长
Λ	康普顿波长 $\Lambda = h/mc$
μ	与单位 μ_0 有关的常量 (在 CGS 制中 $\mu_0 = 4\pi$)
	量纲一的相对磁导率 μ_r
	双体系统的约化质量
ν	频率
ϖ	压力
	概率
π	3.1416
	波的偏振记号 (偏振面与磁场平行)
ρ	单位频率间隔的能量密度 ρ_ν
	电荷密度
	密度
	径矢量的特殊值
σ	一种统计率的平均平方偏差

	相互作用有效截面
	圆偏振波的偏振记号; σ^+ 和 σ^-
Σ	求和符号
τ	时间常量 (例如寿命、弛豫时间等)
φ	角, 特别是球坐标中的经度
	正弦函数的相位
ϕ	归一化线形 $\phi(\nu)$
Φ	磁通量
	两个正弦函数之间的相位差
χ	角
	电极化率或磁化率
ψ	角
	粒子或原子的波函数
ω	转动的角速度 $\omega = v/R$
	正弦函数的角频率 $\omega = 2\pi\nu$
Ω	立体角
	宏观转动的角速度

第 11 章　有心势中无自旋的单个电子

11.1　引言, 复习

上册前面各章表明, 原子物理学的许多问题都可采用简单模型和与经典力学很相近的分析方法来理解. 但每当我们希望进行深入细致的研究时, 就会要求做些不太自然、不太浅显的假说, 以致要使经典理论发展与实验方面保持协调一致变得十分困难.

相反, 量子力学方法则突出地显示了它们适用于原子物理. 它们的渐进发展进程 (从非相对论波动力学、狄拉克的相对论量子力学到场的量子理论) 允许完整地理解和描述现象; 在第 15 章 (见 15.5 节) 我们将看到, 电子自旋概念的出现是量子力学发展的自然结果. 然而从现在起我们应当始终记住, 严格的处理只有对氢原子的情况才有可能, 但即使对它非常严格也是不容易的. 只有借助于各种不同的近似方法以后, 才能研究比较复杂的系统. 在这一章中, 我们将阐明, 怎样来描写有心势中一个无自旋电子的行为. 这种研究包含只有一个电子的氢原子和类氢系统的情况. 然而读者在本章中将可觉察到这样一个更为宽泛的考量: 对于有心势中单个电子的研究结果将是研究多电子原子的基础.

对一个类氢原子中单个电子运动的定量研究要放到量子力学著作的背景里去进行. 本章中我们将主要通过对物理现象和结果的描述来讨论一些基本点, 尽可能采用常用的量子力学标记法. 尽管对原子系统只有用这种量子描述才是唯一能令人满意的, 我们还是要对经典描述做一个复习, 以便引出后面要用的标记法.

11.1.1　玻尔模型的描述

1913 年玻尔为氢原子引入了简单的经典模型. 这个模型将为描述原子、分子的特征参量的数量级提供一个参照系, 并能为本领域物理学家常用的原子单位给出定义.

这个模型把电子的可能运动局限于电子在圆形轨迹上围绕着假定其质量为无穷的核的运动. 规定为圆轨迹 (半径 $r = C$ 常量) 等于要求两个运动常量之间有一个关系; 这两个运动常量是总能量 E 和角动量 $\mathcal{L} = m_e vr$(m_e 和 v 分别为电子的质量和速度). 事实上, 原子的静电势能是由电荷为 $-e$ 的电子和相距为 r、电荷为 Ze

的点状核形成的, 它由下式给出:

$$W(r) = -\frac{1}{4\pi\varepsilon_0}\frac{Ze^2}{r} = \frac{C}{r}, \quad C = -\frac{Ze^2}{4\pi\varepsilon_0}\text{为负常量} \tag{11.1}$$

此式意味着, 势能的原点选为: 当 $r \to \infty$, $W(r) \to 0$.

牛顿定律将相应的力与电子加速度联系起来, 两者与电子的位置矢量 $\vec{r}$ 共线, $\vec{r}$ 的方向是从电子指向核:

$$\vec{F} = -\frac{\mathrm{d}W}{\mathrm{d}r} = \frac{C}{r^2} = -\frac{m_e v^2}{r} \ \Rightarrow \ v = -\frac{C}{\mathcal{L}}$$

运动的总能量 $E = \frac{1}{2}m_e v^2 + W(r) = -\frac{1}{2}m_e v^2$ 和轨道角动量 $\mathcal{L} = m_e vr$ 由下式联系:

$$E = -\frac{m_e C^2}{2\mathcal{L}^2} \tag{11.2}$$

玻尔认为, 轨道上的电子尽管加速, 却不发射电磁波; 但是, 若电子开始处在一个能量为 E_p 的轨道上, 当它不连续地过渡到能量为 E_n 的轨道时, 却会发射出频率为 ν_{np} 的辐射. 把辐射能量写成等于原子的能量损失时, 我们有

$$h\nu_{np} = \frac{hc}{\lambda_{np}} = E_p - E_n = \frac{m_e C^2}{2}\left(\frac{1}{\mathcal{L}_n^2} - \frac{1}{\mathcal{L}_p^2}\right)$$

玻尔试图找到在常量 C 中 $Z = 1$ 时这个式子和氢原子发射波长的巴耳末–里德伯实验规律 (见上册 1.3.1 节) 的一致性:

$$\frac{1}{\lambda_{np}} = R\left(\frac{1}{n^2} - \frac{1}{p^2}\right) \ \Rightarrow \ h\nu_{np} = \frac{hc}{\lambda_{np}} = Rhc\left(\frac{1}{n^2} - \frac{1}{p^2}\right) = 2\pi R\hbar c\left(\frac{1}{n^2} - \frac{1}{p^2}\right)$$

其中, n 和 p 是两个整数, R 称为里德伯常量. 为了在 n 和 p 两个数为任意值时使两个有关 $h\nu_{np}$ 的式子等效, 玻尔给经典运动方程附加了一个电子轨道角动量量子化的假说:

$$\mathcal{L}_n = n\hbar \tag{11.3}$$

如果我们把量子化的角动量值放到能量的表达式中, 就得到里德伯常量的表达式为

$$R = \frac{m_e C^2}{4\pi c\hbar^3} = \frac{m_e e^4}{(4\pi\varepsilon_0)^2 4\pi c\hbar^3} \tag{11.4}$$

其中, c 是真空中的光速.

采用这个模型后, 我们就可以证实, 氢原子的不同能态有一个负的能量:

$$E_n = -Rhc/n^2$$

我们赋予“零能量”这样的意义：通常它相当于电子远离原子核而处于无穷远处，其速度为零；就是说，原子被电离了. 从这个通例可定义零能量为电离极限，因而可以说，在绝对值上量子化能量表示处在 n 态上的原子在电离时所需要提供的能量，或还可以说，它代表原子中电子的结合能.

11.1.2　圆运动的特征参量

对经典圆运动还可算出其他一些参量 (现在要保留原子序数 Z 以便最后加以推广).

a) 电子速度

电子速度由下式给出：$v=-\dfrac{C}{\mathcal{L}}=+\dfrac{e^2}{4\pi\varepsilon_0\hbar}\dfrac{Z}{n}$. 如果用电子速度与光速之比 v/c 来进行计算，就会出现下面这个常数：

$$\boxed{\alpha=\frac{e^2}{4\pi\varepsilon_0\hbar c}=\frac{1}{137.04}\ \Rightarrow\ \frac{v}{c}=\alpha\frac{Z}{n}} \tag{11.5}$$

我们知道在 CGS 单位制中，$4\pi\varepsilon_0=1$. 这就是为什么在许多书里可以找到不同的表达式：$\alpha=\dfrac{e^2}{\hbar c}$，但是它们的数值是相同的，因为 α 是量纲一的. 这个常量叫做“精细结构常数”，其理由将会在后面看到 (参见 15.5 节).

对 $Z=1$ 和 $n=1$ 的氢原子情况，v 比 c 小得多，其比值等于 α；这证明不考虑相对论的计算是合理的.

b) 运动能量

利用精细结构常数可把运动能量写成简单的形式：

$$E=W(r)+\frac{1}{2}m_ev^2=-\frac{1}{2}m_ev^2\ \Rightarrow\ \boxed{E_n=-m_ec^2\frac{\alpha^2}{2}\cdot\frac{Z^2}{n^2}=-Rhc\frac{Z^2}{n^2}} \tag{11.6}$$

(m_ec^2=511keV 是电子静止质量的能量，令 $n=Z=1$，很容易得到氢原子基态能量为 $E_1=-13.6\text{eV}$).

里德伯常量也可写为：$R=\dfrac{m_ec}{h}\dfrac{\alpha^2}{2}$.

c) 轨道半径

玻尔轨道半径由下式给出：

$$r=\frac{C}{2E}=-\frac{\mathcal{L}^2}{m_eC}=\frac{\hbar^2}{m_eC}n^2=4\pi\varepsilon_0\frac{\hbar^2}{m_ee^2}\frac{n^2}{Z}$$

或还可写为

$$r_n(Z)=\frac{4\pi\varepsilon_0\hbar^2}{m_ee^2}\cdot\frac{n^2}{Z}=\frac{h}{m_ec}\cdot\frac{1}{2\pi\alpha}\cdot\frac{n^2}{Z}=\frac{\Lambda}{2\pi\alpha}\cdot\frac{n^2}{Z}$$

(我们称 $\Lambda = h/m_e c = 0.0024\text{nm}$ 为康普顿波长, 参见上册 2.3.2 节).

在氢原子基态的情况 ($Z = 1$, $n = 1$) 下, 有 $r = a_0$, 称为 “玻尔半径”:

$$a_0 = \frac{4\pi\varepsilon_0 h^2}{m_e e^2} = \frac{\alpha}{4\pi R} \simeq 0.0529\text{nm} \tag{11.7}$$

对于原子序数为 Z 和任意 n 的类氢离子, 相应的轨道半径为

$$r_n = a_0 \frac{n^2}{Z} \tag{11.8}$$

我们得到了数量级与从阿伏伽德罗常量或从 X 射线衍射实验得到的原子间距离相一致的长度. 这个量 a_0 常被理论原子物理学家在原子单位制中作为长度单位.

11.2 氢原子的量子研究, 库仑场

11.2.1 薛定谔方程

我们所要处理的问题是: 一个电荷为 $-e$ 的电子, 被核的库仑静电场所吸引. 倘若核是带正电荷 e 的质子, 这个问题就是中性氢原子问题. 倘若核所带的电荷等于 $2e, 3e, \cdots$, 则所研究的系统就是一次、二次 …… 电离的原子, 或者我们更严格地称这些 “原子” 为类氢离子. 为了使叙述更为普遍化, 取核的电荷为 Ze, Z 是原子序数.

在核的库仑势中电子形成的系统的势能由表达式 (11.1) 给出 (在量子力学中通常称势能为 “势”):

$$W(r) = -\frac{1}{4\pi\varepsilon_0}\frac{Ze^2}{r} = \frac{C}{r}, \quad \text{其中} \quad C = -\frac{Ze^2}{4\pi\varepsilon_0}$$

这里选择势能的原点为: 当 $r \to \infty$, $W(r) \to 0$.

在原子质心坐标系中原子系统的总能量由哈密顿算符来表示, 它写为

$$H = \frac{P^2}{2\mu} + W(r) = -\frac{\hbar^2}{2\mu}\Delta + W(r) \tag{11.9}$$

这里相对运动的动能是由相对动量算符 $\vec{P}$ 和与电子质量 m_e 稍有不同的、系统约化质量 μ 来描述的. 通过引入系统的约化质量解决了把原子核牵涉进来的问题, 这是在经典和量子两种力学中都采用的一样的方法 (参见上册 A.3 节和后面 11.4.1b 节). 在量子力学中, 作用在波函数上的算符 $\vec{P}$ 的三个分量是梯度算符 $\vec{\nabla} = \dfrac{\partial}{\partial r}$ 的三个分量 (参见附录 6 的 A.6.1 节):

$$\vec{P} \to \frac{\hbar}{i}\vec{\nabla}, \quad \text{由此得} \quad P^2 \to -\hbar^2\Delta$$

其中, Δ 是拉普拉斯算符, 微分是相对于电子对核的位置矢量 $\vec{r}$ 的三个分量来计算的.

在写出哈密顿量 $H\psi = E\psi$ 的本征值方程时, 本征值 E 代表系统和相应本征波函数 ψ 的一个可能的能量值, 而本征波函数描述原子的一个定态, 这样我们就得到了薛定谔方程:

$$-\frac{\hbar^2}{2\mu}\Delta\psi + \left(\frac{C}{r} - E\right)\psi = 0$$

或者, 把拉普拉斯算符用球坐标表示, 有

$$-\frac{\hbar^2}{2\mu}\left[\frac{1}{r^2}\frac{\partial}{\partial r}\left(r^2\frac{\partial\psi}{\partial r}\right) + \frac{1}{r^2\sin\theta}\frac{\partial}{\partial\theta}\left(\sin\theta\frac{\partial\psi}{\partial\theta}\right) + \frac{1}{r^2\sin^2\theta}\frac{\partial^2\psi}{\partial\varphi^2}\right] + \left(\frac{C}{r} - E\right)\psi = 0 \tag{11.10}$$

对于系统的束缚态, 能量 E 是负的, 而波函数 ψ 是归一化的 (参见 11.3 节).

在量子力学中, 对有心力场 (其中 W 为只与 r 有关的有心势) 运动的一般研究表明, 由于问题的球对称性, 哈密顿算符会与轨道角动量算符的任一分量相对易. 这种对易意味着薛定谔方程的解与角算符 L^2 和 L_z 的共同本征函数 $Y(\theta,\varphi)$ 成正比, 这里 $\vec{L}$ 是轨道角动量, L^2 是它的模的平方, L_z 为它在原本是任意选择的量子化轴 Oz 上的分量. 换句话说, 薛定谔方程的解可以用一径向函数和角向函数 $Y(\theta,\varphi)$ 的积来表示 (参见量子力学教程):

$$\psi(r,\theta,\varphi) = \mathcal{R}(r)Y(\theta,\varphi) \tag{11.11}$$

考虑到所期待的 $\psi(r,\theta,\varphi)$ 的形式, 可把薛定谔方程写成:

$$\frac{1}{\mathcal{R}}\frac{\partial}{\partial r}\left(r^2\frac{\mathrm{d}\mathcal{R}}{\mathrm{d}r}\right) + \frac{2\mu}{\hbar^2}r^2\left(E - \frac{C}{r}\right) = -\frac{1}{Y}\left[\frac{1}{\sin\theta}\frac{\partial}{\partial\theta}\left(\sin\theta\frac{\partial Y}{\partial\theta}\right) + \frac{1}{\sin^2\theta}\frac{\partial^2 Y}{\partial\varphi^2}\right] \tag{11.12}$$

这个方程的两部分分别依赖于不同变量, 它们只有在各等于常数 λ 的情况下才能相等. 就是说, 下面两个方程应当同时成立:

$$\begin{cases} (a)\ \dfrac{\mathrm{d}}{\mathrm{d}r}\left(r^2\dfrac{\mathrm{d}\mathcal{R}}{\mathrm{d}r}\right) + \dfrac{2\mu r^2}{\hbar^2}\left(E - \dfrac{C}{r}\right)\mathcal{R} - \lambda\mathcal{R} = 0 \\ (b)\ \dfrac{1}{\sin\theta}\dfrac{\partial}{\partial\theta}\left(\sin\theta\dfrac{\partial Y}{\partial\theta}\right) + \dfrac{1}{\sin^2\theta}\dfrac{\partial^2 Y}{\partial\varphi^2} + \lambda Y = 0 \end{cases} \tag{11.13}$$

不需要对方程求解就可看出方程的变量是分离的: (a) 只跟径向变量有关, 而 (b) 则只跟角向变量有关. 常数 λ 是分离参量.

11.2.2　角向部分研究, 球谐函数

角动量算符的研究是量子力学教程的重要一章. 有关轨道角动量 $\vec{L}$ 的结果表明, 算符 L^2 和 L_z 对易, 具有共同的本征函数 $Y_{lm}(\theta,\varphi)$, 它同时满足下面本征值的

两个方程：

$$\begin{cases} L^2 Y_{lm}(\theta,\varphi) = l(l+1)\hbar^2 Y_{lm}(\theta,\varphi) \\ L_z Y_{lm}(\theta,\varphi) = m\hbar Y_{lm}(\theta,\varphi) \end{cases} \tag{11.14}$$

本征值用常数 $\hbar$ 和两个量子数 l 与 m 的函数表示. 对一个角动量而言, 这个函数中 $\hbar$ 的形式都是相同的. 量子数 l 可为正值或零 ($l \geqslant 0$), 表征轨道角动量的模, 下面将会看到, 这是一个整数. 量子数 m 表征角动量在量子化轴上的投影, 它只能取 $2l+1$ 个值：$-l, -l+1, \cdots, l-1, l$. 因为角算符 L^2 和 L_z 在球坐标中的形式是

$$\begin{cases} (a)\ L^2 = -\hbar^2 \left[\dfrac{1}{\sin\theta}\dfrac{\partial}{\partial\theta}\left(\sin\theta\dfrac{\partial}{\partial\theta}\right) + \dfrac{1}{\sin^2\theta}\dfrac{\partial^2}{\partial\varphi^2}\right] \\ (b)\ L_z = \dfrac{\hbar}{i}\dfrac{\partial}{\partial\varphi} \end{cases} \tag{11.15}$$

函数 $Y_{lm}(\theta,\varphi)$ 就需要满足两个等效于方程 (11.14) 的微分方程.

a) **分离变量 θ 和 φ—— 与 φ 的关系**

首先注意到, L_z 只跟变量 φ 有关：

$$L_z Y_{lm}(\theta,\varphi) = \frac{\hbar}{i}\frac{\partial}{\partial\varphi} Y_{lm}(\theta,\varphi) = m\hbar Y_{lm}(\theta,\varphi) \tag{11.16}$$

这个方程的解为两个角向变量 θ 和 φ 互相分离的一个函数：

$$Y_{lm}(\theta,\varphi) = \Theta_{lm}(\theta)\cdot\Phi_m(\varphi) \tag{11.17}$$

其依赖于 φ 的部分由一个虚指数函数来描述：

$$\Phi_m(\varphi) = \text{常数} \times \mathrm{e}^{im\varphi} \tag{11.18}$$

存在一个物理上可被接受的解意味着 Φ 是 φ 角的单值函数, 即

$$\Phi_m(\varphi) = \Phi_m(\varphi + 2\pi) \quad \text{或} \quad \mathrm{e}^{im\varphi} = \mathrm{e}^{im(\varphi+2\pi)}$$

指数 $\mathrm{e}^{im\cdot 2\pi}$ 应等于 1, 这只有在 m 是正负整数时才有可能. 由此可导出, 在一个轨道角动量情况下, l 也是整数.

b) **与 θ 的关系**

借助于算符 $L_+ = L_x + iL_y$ 和 $L_- = L_x - iL_y$ 的递推关系可以确定 $\Theta_{lm}(\theta)$ 的函数. 最直接的解法是在球坐标中解 L^2 算符的本征值方程 (11.15)(a). 我们注意到, 在有下面等式的条件下：

$$\lambda = l(l+1) \quad l\text{为整数, 且} \quad l \geqslant 0$$

这个方程与 (11.13)(b) 等同. 把与函数 Φ_m 相关的 L_z 算符 [参见 (11.16) 式] 取平方, 把结果代入微分方程 (11.13)(b), 该方程就分解为两个独立成分:

$$\begin{cases} (a)\ \dfrac{\mathrm{d}^2\Phi}{\mathrm{d}\varphi^2}\cdot\dfrac{1}{\Phi}=-m^2 \\ (b)\ \dfrac{1}{\Theta}\dfrac{1}{\sin\theta}\dfrac{\mathrm{d}}{\mathrm{d}\theta}\left(\sin\theta\dfrac{\mathrm{d}\Theta}{\mathrm{d}\theta}\right)+\left[l(l+1)-\dfrac{m^2}{\sin^2\theta}\right]=0 \end{cases} \tag{11.19}$$

我们在 (11.19)(b) 中作变量替换, 令 $x=\cos\theta$, 函数 $\Theta(\theta)$ 成为 $P(x)$, 并有 $\dfrac{\mathrm{d}\Theta}{\mathrm{d}\theta}=-\sin\theta\dfrac{\mathrm{d}P}{\mathrm{d}x}$. 方程变成如下形式:

$$\frac{\mathrm{d}}{\mathrm{d}x}\left[(1-x^2)\frac{\mathrm{d}P}{\mathrm{d}x}\right]+\left[l(l+1)-\frac{m^2}{1-x^2}\right]P(x)=0 \tag{11.20}$$

方程 (11.20) 对一切 x 值都具有有限的解, 所以在 $|m|\leqslant l$ 的条件下, 对于电子–核束缚态的物理问题是可以接受的.

对于 $m=0$, $P(x)$ 是勒让德多项式 $P_l(x)$; 对于 $m\neq 0$, 其解是勒让德缔合函数 $P_l^{|m|}(x)$:

$$P_l^{|m|}(x)=(1-x^2)^{|m|/2}\frac{\mathrm{d}^{|m|}}{\mathrm{d}x^{|m|}}P_l(x) \tag{11.21}$$

因此, 薛定谔方程角向部分的解为

$$\boxed{Y_{lm}(\theta,\varphi)=N_{lm}P_l^{|m|}(\cos\theta)\cdot\mathrm{e}^{im\varphi}} \tag{11.22}$$

N_{lm} 是一个归一化常数, 后面我们将对此加以说明. 表 11.1 对常用的 l 值给出了 P_l^m 的表达式 ($m\geqslant 0$).

表 11.1　$Y_{lm}(\theta,\varphi)$ 角向函数表达式中相关的勒让德缔合函数[参见 (11.22) 式]

l	m	$P_l^m(\cos\theta)$
0	0	1
1	1	$\sin\theta$
1	0	$\cos\theta$
2	2	$3\sin^2\theta$
2	1	$3\cos\theta\sin\theta$
2	0	$\frac{1}{2}(3\cos^2\theta-1)$
3	3	$15\sin^3\theta$
3	2	$15\cos\theta\sin^2\theta$
3	1	$\frac{3}{2}(5\cos^2\theta-1)\sin\theta$
3	0	$\frac{1}{2}(5\cos^3\theta-3\cos\theta)$

函数 $Y_{lm}(\theta,\varphi)$ 称为 "球谐函数". 它们由量子数 l 和 m 表征, 在目前情况下它们表示与电子运动相联系的轨道角动量的可能取值. 在相对于坐标原点的反演变换中, 它们具有确定的宇称: $(-1)^l$. 在一般数学上, 它们组成一个角向函数的正交集.

11.2.3　径向部分研究

a) 径向方程的建立

上节计算表明, 方程 (11.13) 的分离参量 λ 应有值为 $l(l+1)$, 它决定了径向方程 (11.13)(a). 另一种处理方法是让方程 (11.15)(a) 中的 L^2 算符明显地出现在薛定谔方程 (11.10) 中:

$$-\frac{\hbar^2}{2\mu}\frac{1}{r^2}\frac{\partial}{\partial r}\left(r^2\frac{\partial\psi}{\partial r}\right)+\frac{L^2}{2\mu r^2}\psi+\left(\frac{C}{r}-E\right)\psi=0$$

L^2 算符只对 (11.11) 式所给的 ψ 函数的角度因子有作用. 把它用其本征值 $l(l+1)\hbar^2$ 代替, 并把上述方程中所有的项都用 $Y(\theta,\varphi)$ 来化简, 我们就得到径向方程 (11.13)(a), 且 $\lambda=l(l+1)$.

对下面的未知函数作变换后可以把二次项简化:

$$\mathcal{R}(r)=\frac{\chi(r)}{r}\ \Rightarrow\ \frac{\mathrm{d}}{\mathrm{d}r}\left(r^2\frac{\mathrm{d}\mathcal{R}}{\mathrm{d}r}\right)=r\frac{\mathrm{d}^2\chi}{\mathrm{d}r^2}$$

我们得到

$$\frac{\mathrm{d}^2\chi(r)}{\mathrm{d}r^2}+\left[\frac{2\mu}{\hbar^2}\left(E-\frac{C}{r}\right)-\frac{l(l+1)}{r^2}\right]\chi(r)=0 \tag{11.23}$$

为了使其解在 $r=0$ 时为有限, 此式应符合条件 $\chi(0)=0$.

求解这个微分方程可利用下列约化参量:

$$\boxed{A=-2\mu E/\hbar^2,\ B=-2\mu C/\hbar^2=2Z/a_0,\ \lambda=l(l+1)} \tag{11.24}$$

(仅限于能量 E 为负的状态, 参量 A 和 B 为正). 利用这些约化量得到

$$\frac{\mathrm{d}^2\chi}{\mathrm{d}r^2}-\left(A-\frac{B}{r}+\frac{\lambda}{r^2}\right)\chi=0 \tag{11.25}$$

b) 径向方程的解

读者可从量子力学著作中找到解这个约化方程的详细讨论, 这里只对其主要步骤做一个回顾:

1) 找到当 r 趋于无穷时 $\chi(r)$ 的 "渐近" 行为: 这只要把 (11.25) 式中的 $1/r$ 和 $1/r^2$ 项略去就可以了, 因此立即可得解

$$\chi_{asympt}(r)=\mathrm{e}^{\pm\sqrt{A}\cdot r}$$

2) 考虑到这个渐近行为, 应在下列形式中去寻找 $\chi(r)$:

$$\chi(r) = u(r)\mathrm{e}^{-\sqrt{A}\cdot r} \tag{11.26}$$

其中, $u(r)$ 是一个可以展开为整数级数的函数. 指数前取负号是为了当 r 为无穷时使波函数有一个有限值, 否则就会与波函数归一化 (参见 11.3 节) 的事实发生矛盾. $u(r)$ 函数要满足:

$$\frac{\mathrm{d}^2u}{\mathrm{d}r^2} - 2\sqrt{A}\frac{\mathrm{d}u}{\mathrm{d}r} + \left(\frac{B}{r} - \frac{\lambda}{r^2}\right)u = 0 \quad \text{条件为} \quad u(0) = 0 \tag{11.27}$$

3) 这个关于 $u(r)$ 微分方程的解的形式将是下列 r 的递增幂级数:

$$u(r) = r^s \sum_q b_q r^q = \sum_q b_q r^{s+q} \tag{11.28}$$

其中, $b_0 \neq 0$, s 和 q 是整数, 并有 $s > 0$ 和 $q \geqslant 0$[为满足 $u(0) = 0$].

当我们把 (11.28) 式的 $u(r)$ 代入 (11.27) 式时, 要使 r 的幂级数项的系数都等于零. r^{s-2} 最低级项 (q= 0) 的系数等于零导致:

$$b_0\left[s(s-1) - \lambda\right] = b_0\left[s(s-1) - l(l+1)\right] = 0$$

这里只有 $s = l + 1$ 的解与由 $u(0) = 0$ 所加的 $b_0 \neq 0$ 的条件相容. 对于 $q \neq 0$, r^{s+q-1} 项的系数等于零将给出一个可用多项式展开的系数之间的递推关系:

$$b_{q+1}\left[(s+q)(s+q+1) - \lambda\right] = b_q\left[(s+q)2\sqrt{A} - B\right] \tag{11.29}$$

可是, 为了满足问题的实际物理条件, 对于所有 r 值, 即使在 $r \to \infty$ 时, $\chi(r)$ 也应当保持有限值. 我们可以证明, 这只有在 $u(r)$ 的 (11.28) 多项式展开中只保留有限项数时才能满足. 因此, 递推关系应当从某个级次 q 开始终止, 使 r 的幂级数在超过 q 级以上的系数都为零. 在 (11.29) 式中令 $b_q \neq 0$ 和 $b_{q+1} = 0$, 这只有在 A 和 B 满足下列关系时才有可能:

$$B = (s+q)2\sqrt{A} = (l+1+q)2\sqrt{A} = n\cdot 2\sqrt{A} \ \Rightarrow \ \boxed{\sqrt{A} = \frac{B}{2n} = \frac{Z}{na_0}} \tag{11.30}$$

因此, 我们将看到, 当级数超过 $q = n - l - 1$ 时所有幂级数项的系数都等于零. $u(0) = 0$ 的条件意味着 $q \geqslant 0$, 并且整数 n 应满足条件:

$$\boxed{n \geqslant l + 1}$$

n 称为主量子数. 我们将看到, 它表征类氢原子的能量.

当这个条件满足时, $u(r)$ 是一个有限的多项式. 回头来看 $\mathcal{R}(r)$ 的表达式, 并且, 考虑到 (11.28) 式中 $s=l+1$, 我们有

$$\mathcal{R}(r)=K\left(\frac{2Zr}{na_0}\right)^l \mathrm{e}^{-Zr/na_0}\,L_{n+l}^{2l+1}\left(\frac{2Zr}{na_0}\right) \tag{11.31}$$

其中, a_0 是氢原子的玻尔第一轨道半径 [参见 (11.7) 式], K 是一个归一化常数. $L_{n+l}^{2l+1}(x)$ 是从拉盖尔多项式 $L_k(x)$ 导出的多项式的表达式, 它满足关系:

$$L_k^s(x)=\frac{\mathrm{d}^s}{\mathrm{d}x^s}L_k(x)$$

其中, $x=2Zr/na_0$.

表 11.2 给出了若干 n 和 l 值的 $L_{n+l}^{2l+1}(x)$ 的表达式. 图 11.1 表明径向函数 $\mathcal{R}(r)$ 的行为.

表 11.2　径向函数中涉及的多项式 $L_{n+l}^{2l+1}(x)(x$ 正比于 $r)$[参见 (11.31) 式]

n	l	$L_{n+l}^{2l+1}(x)$
1	0	$-1!$
2	1	$-3!$
3	2	$-5!$
4	3	$-7!$
2	0	$2x-4$
3	1	$24x-96$
4	2	$720x-5760$
3	0	$-3x^2+18x-18$
4	1	$-60x^2+600x-1200$
4	0	$4x^3-48x^2+144x-96$

11.2.4　主要结果, 能级

上面提到了解薛定谔方程的主要步骤, 其解引出了下列在物理问题上具有极端重要性的一些定义:

—— 涉及与 φ 有关的角向部分的磁量子数 m, 从这个量子数 m 可以得到轨道角动量分量 L_z 的可观察值;

—— 轨道量子数 l, 由这个量子数可求得 $\Theta(\theta)$ 函数的可接受的解, 并且满足 $l \geqslant |m|$(这个量子数 l 表征轨道角动量的大小);

—— 主量子数 n, 这个量子数是在求解径向方程时引入的, 并有 $n \geqslant l+1$.

哈密顿算符 H 的本征值 E, 即电子–核系统总能量的可能值, 是从 (11.30) 式条件中导出的. 利用约化参量 A 和 B 的表达式 (11.24), 我们可把它转化为下面形式:

$$B^2=\frac{4\mu^2C^2}{\hbar^4}=4n^2A=-4n^2\frac{2\mu E}{\hbar^2}$$

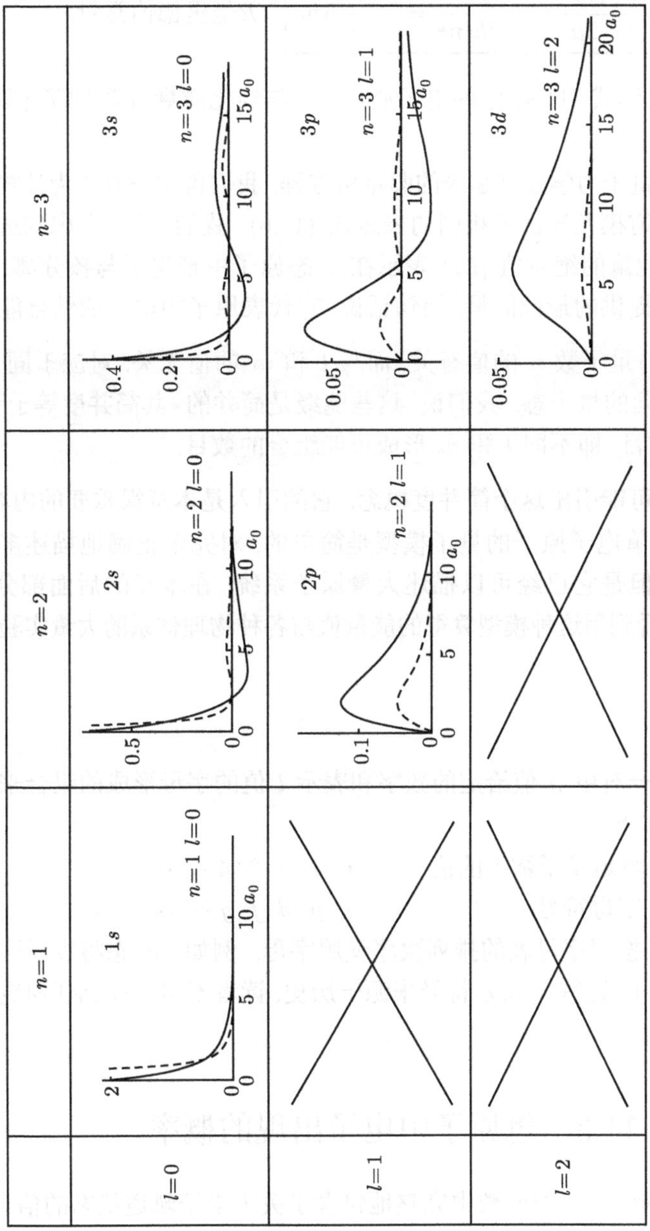

图11.1　氢原子波函数的径向部分$\mathcal{R}(r)$

— 横坐标是以a_0为单位的矢径，a_0为氢原子玻尔第一轨道半径($a_0\approx0.0529$ nm)

— 纵坐标为量纲一的量$(a_0)^{3/2}\mathcal{R}(r)$

— 虚线为$\mathcal{R}^*\mathcal{R}$的相对值

这规定了能量的可能值只与 n 有关, 这些能量可能值写为

$$\boxed{E_n = -\frac{A\hbar^2}{2\mu} = -\frac{\mu C^2}{2\hbar^2 n^2} = -\frac{Z^2}{n^2}Rhc} \quad R\text{是里德伯常量} \tag{11.32}$$

这里我们把 R 的表达式 (11.4) 中的电子质量 m_e 与约化质量 μ 混同了 (参见后面 11.4.1b 节).

这样通过解由量子力学建立起来的薛定谔方程, 我们再次得到了为计算量子化能量而从玻尔圆轨道模型导出的相同的表达式 (11.6). 我们回想, 考虑到选择能量零点的通则, 这个能量的绝对值 $|E_n|$ 表示在 n 态原子中把电子与核分离, 把它拉到无穷远处时所要提供的最低能量, 换句话说, 它代表原子中电子的结合能.

能量值 E 只与量子数 n 的值有关, 而与 l 和 m 的值无关. 对应于同一个能量, 存在着许多不同的量子态. 我们说, 这些能级是简并的, 其**简并度**等于这些不同量子化能态的数目, 即不同 l 和 m 形成可能组合的数目.

从玻尔模型不可能引出这个简并度概念. 它的引入是本章很重要的内容.

虽然库仑势中单电子原子的量子模型是简单的, 对完全正确地描述多电子原子显然是不够的, 但是它已经可以描述大量原子系统. 在本章的后面部分 (参见 11.4 节), 我们将会看到用这种模型算得的能量值与各种物理体系的大量实验结果的比较.

标记法

我们常常利用一对由 n 值给定的数字和表示 l 值的字母形成的组合来表征不同的电子态, 代码如下:

轨道量子数 l 的值	0	1	2	3	4	……
字母符号	s	p	d	f	g	……

对 $l > 3$ 的值, 我们按照字母表的排列次序使用字母. 例如, $3p$ 态将表示这样的量子数值: $n = 3, l = 1$. 这些 s, p, d 符号来源于历史, 读者不可能找到任何逻辑上的解释.

11.3　氢原子中电子出现的概率

薛定谔方程的解 —— 波函数中完整地包含了关于电子轨道状态的信息, 波函数平方的模代表了空间某一点上出现电子的概率. 事实上, 在用球坐标处理的这个问题中, 量

$$\psi^*(r,\theta,\varphi)\cdot\psi(r,\theta,\varphi)\mathrm{d}\mathcal{V} = |\psi(r,\theta,\varphi)|^2\,\mathrm{d}\mathcal{V}$$

(ψ^* 是 ψ 的复数共轭函数) 代表在单元体积元 $\mathrm{d}\mathcal{V}$ 中找到电子的概率, $\mathrm{d}\mathcal{V}$ 由图 11.2 来定义, 其体积等于:

$$\mathrm{d}\mathcal{V} = r^2 \sin\theta \mathrm{d}r \mathrm{d}\theta \mathrm{d}\varphi$$

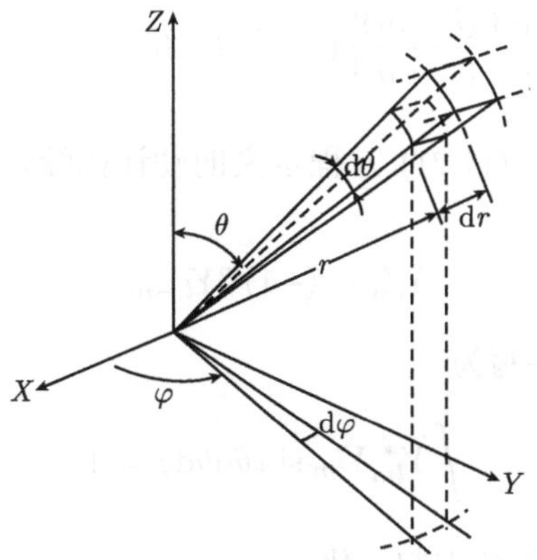

图 11.2　球坐标中微分体积元

11.3.1　归一化问题

为了赋予这个概率一个确切的意义, 必须把波函数归一化, 以使这个出现概率对整个空间的积分等于 1, 即

$$\int_0^\infty \int_0^\pi \int_0^{2\pi} \psi^* \psi r^2 \sin\theta \mathrm{d}r \mathrm{d}\theta \mathrm{d}\varphi = 1 \tag{11.33}$$

下面除非特殊标明, 我们将认为所有积分都有这同样的积分限 ($r \in [0, \infty]$, $\theta \in [0, \pi]$, $\varphi \in [0, 2\pi]$), 而不作说明.

波函数 ψ 用函数积的形式 $\psi = \mathcal{R}\Theta\Phi$ 来表示. 归一化条件可用相对于变量 r, θ 和 φ 的三个独立条件的形式来描写:

$$\begin{cases} (a) \displaystyle\int \mathcal{R}^* \mathcal{R} r^2 \mathrm{d}r = 1 \\ (b) \displaystyle\int \Theta^* \Theta \sin\theta \mathrm{d}\theta = 1 \\ (c) \displaystyle\int \Phi^* \Phi \mathrm{d}\varphi = 1 \end{cases} \tag{11.34}$$

这三个表达式可用来计算上面用过的归一化常数. 考虑到这些常数后, 波函数写成:

$$\psi(r, \theta, \varphi) = \mathcal{R}(r) \cdot \Theta(\theta) \cdot \Phi(\varphi) = \mathcal{R}(r) \cdot Y(\theta, \varphi)$$

其中

$$\mathcal{R}_{nl}(r) = -\sqrt{\left(\frac{2Z}{na_0}\right)^3 \frac{(n-l-1)!}{2n\left[(n+l)!\right]^3}} \left(\frac{2Zr}{na_0}\right)^l \mathrm{e}^{-Zr/na_0} L_{n+l}^{2l+1}\left(\frac{2Zr}{na_0}\right) \quad (11.35)$$

$$Y_{lm}(\theta,\varphi) = \sqrt{\frac{2l+1}{4\pi}\frac{(l-m)!}{(l+m)!}}(-1)^m P_l^m(\cos\theta)\mathrm{e}^{im\varphi} \quad 对 m \geqslant 0$$

其中, $P_l^m(\cos\theta)$ 是一个由 (11.21) 方程定义的勒让德缔合函数, 对 $m<0$, 我们利用下列关系式:

$$Y_{lm}^* = (-1)^m Y_{l,-m}$$

对 Y_{lm} 的归一化条件写为

$$\int Y_{lm}^* Y_{lm} \sin\theta \mathrm{d}\theta \mathrm{d}\varphi = 1 \quad (11.36)$$

因此, 径向函数和角向函数分别归一化.

注: 按习惯不同, 不同作者可能对 $Y(\theta,\varphi)$ 采用不同的代数写法. 我们采用 A. Messiah 的《量子力学》、Condon 和 Shortley 的《原子光谱理论》以及 C. Cohen-Tannoudji、B. Diu 和 F. Laloë的《量子力学》的写法. 读者在计算波函数时要特别当心.

11.3.2 径向概率

径向和角向变量分离以后, 径向函数 $\mathcal{R}$ 就只跟变量 r 有关了. 我们定义径向概率密度 $D(r)$ 为

$$D(r)\mathrm{d}r = \mathcal{R}^*\mathcal{R}r^2\mathrm{d}r \quad (11.37)$$

它表示在半径为 r 和 $r+\mathrm{d}r$ 的两个球面之间找到电子的概率, 也就是说, 电子与核的距离处在 r 和 $r+\mathrm{d}r$ 之间. 从 $\mathcal{R}$ 的解析表达式出发, 可以画出 $D(r)$ 随 r 变化的函数图. 图 11.3 表示类氢原子某几个量子态的 $D(r)$ 概率密度. 注意, $D(r)$ 函数为零的数目等于 $n-(l+1)$.

a) **出现在原点上的概率**

对 $r=0$ 的原点上, 不能用 $D(r)$ 概率密度来估价出现电子的概率. 我们注意到, 在以原点为中心的小体积 $\mathrm{d}\mathcal{V}$ 中找到电子的概率正比于 $\mathcal{R}^*\mathcal{R}\mathrm{d}\mathcal{V}$. 从图 11.1 中我们看到, 除了 s电子以外, 在 $r=0$ 处 $\mathcal{R}^*\mathcal{R}$ 都等于零. 因此对 s 电子, 核所在处有出现电子的概率. 这是量子力学处理所特有的结果, 具有重要意义. 在第 17 章中我们将会专门看到这个结果的后续效应.

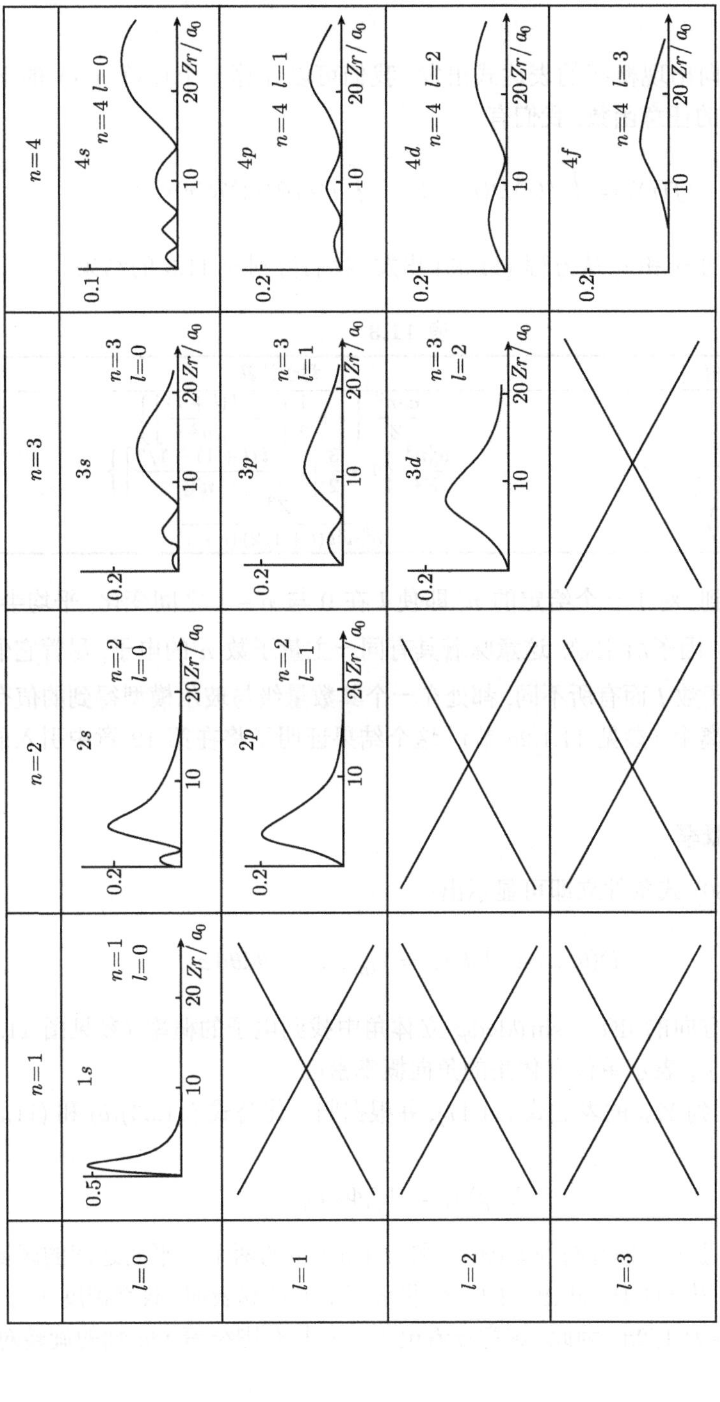

图11.3 对不同 n 和 l 值的径向概率密度 $D(r)$

横坐标的径矢, 以 a_0/Z 为单位. 本图表是从图11.1给出的径向函数中导出的. 在1s, 2p, 3d, 4f 的情况下, 可在1, 4, 9, 16 处找到$D(r)$ 的单个极大值, 这些地方对应于玻尔模型中的圆轨道半径

b) 平均半径

从给出径向出现概率的表达式出发, 我们可以计算一个算符 $f(r)$ 的平均值. $f(r)$ 为位置 r 的任意函数, 我们有

$$\langle f(r)\rangle = \int f(r)D(r)r^2\mathrm{d}r = \int f(r)\mathcal{R}(r)^*\mathcal{R}(r)r^2\mathrm{d}r$$

对于给定的 n 和 l, 从方程 (11.35) 出发, 我们得到表 11.3 的结果.

表 11.3

平均值	量子计算
$\langle r\rangle$	$\dfrac{a_0n^2}{Z}\left\{1+\dfrac{1}{2}\left[1-\dfrac{l(l+1)}{n^2}\right]\right\}$
$\langle r^2\rangle$	$\dfrac{a_0^2n^4}{Z^2}\left\{1+\dfrac{3}{2}\left[1-\dfrac{l(l+1)-1/3}{n^2}\right]\right\}$
$\left\langle\dfrac{1}{r^3}\right\rangle$	$\dfrac{Z^3}{a_0^3n^3l(l+1/2)(l+1)}$

我们注意到, 对于一个给定的 n, 即使 l 在 0 与 $n-1$ 之间变化, 平均半径 $\langle r\rangle$ 的变化由 $\dfrac{a_0n^2}{Z}$ 因子所主导. 这意味着具有同一主量子数 n 的电子, 尽管它们的角向分布随着量子数 l 而有所不同, 都处在一个其数量级与玻尔模型得到的值有很少差别的平均距离上 (参见 11.1.2c 节). 这个结果证明了将在第 12 章中引入的电子“壳层”的概念.

11.3.3　角向概率

根据 (11.36) 式条件立即可显示出:

$$D(\theta,\varphi)\sin\theta\mathrm{d}\theta\mathrm{d}\varphi = Y_{lm}^*Y_{lm}\sin\theta\mathrm{d}\theta\mathrm{d}\varphi$$

代表在 (θ,φ) 方向的 $\mathrm{d}\Omega=\sin\theta\mathrm{d}\theta\mathrm{d}\varphi$ 立体角中找到电子的概率 (参见图 11.2), 而 $D(\theta,\varphi)=Y_{lm}^*Y_{lm}$ 表示单位立体角的角向概率密度.

此外, 考虑到 Y_{lm} 的表达式 (11.17), 并根据归一化公式 (11.34)(b) 和 (11.34)(c), 我们有

$$D(\varphi)\mathrm{d}\varphi = \Phi_m^*\Phi_m\mathrm{d}\varphi$$

表示空间中在通过 z 轴并与 x 轴成 φ 和 $\varphi+\mathrm{d}\varphi$ 角的两个半平面之间的区域内找到电子的概率. 从 (11.18) 式出发的一个非常简单的计算表明, 概率密度 $D(\varphi)$ 与 φ 无关, 且总是等于 $1/2\pi$. 因此, 这意味着电子分布具有围绕着 Oz 轴的旋转对称性. 因而有

$$D(\theta,\varphi)\sin\theta\mathrm{d}\theta\mathrm{d}\varphi = Y_{lm}^*Y_{lm}\sin\theta\mathrm{d}\theta\mathrm{d}\varphi = \Theta^*\Theta\frac{\mathrm{d}\Omega}{2\pi}$$

考虑到围绕着 z 轴的旋转对称性, 因此, 在一个固定值立体角中找到一个电子的概率将正比于 $\Theta^*\Theta$. 读者将不难证明, 球对称的粒子分布具有一个恒定的单位立体角概率: 这个性质证明用 $D(\theta) = \Theta^*\Theta$ 来表示概率密度是合理的.

这个研究最有意义的结果由图 11.4 给出, 它显示极坐标中不同状态的 $D(\theta) = \Theta^*\Theta$, OM 的长度正比于 $D(\theta)$. 我们立即看出, 对 s 态, 概率密度 $D(\theta) = 1/4\pi$, 与 θ 无关; 而因 $D(\varphi)$ 总是与 φ 无关, s 态 $(l = 0)$ 相当于轨道角动量为零, 具有球对称性. 这个结果显得特别令人满意, 因为在玻尔模型中从经典轨道出发是不可能解释存在零角动量的, 只是为了保证与实验解释一致, 才不得不采纳这样的事实.

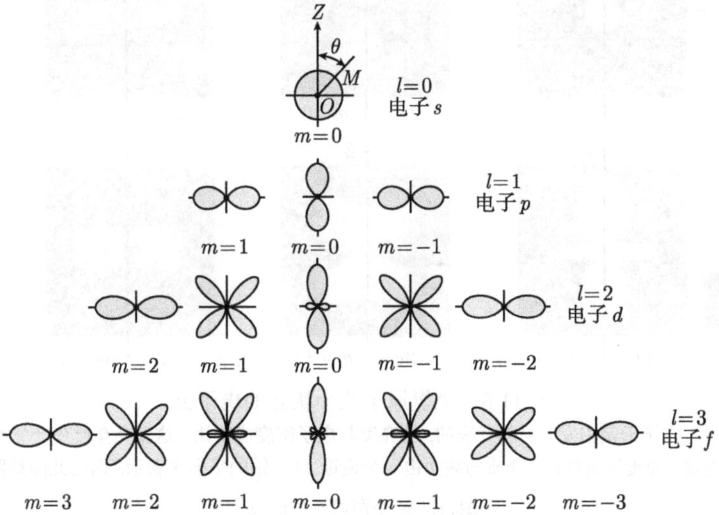

图 11.4　极坐标中对不同 l 和 m 值的角概率密度 $D(\theta)$(密度与 n 无关)

总之, 必须放弃经典力学意义上的电子轨道概念. 取而代之的是通过波函数用电子出现概率的术语来描写. 为了语言上的简化, 像在量子力学上所用的, 称这种描述体系为 “轨道波函数”, 在本书后面, 读者经常会遇到 “2s 轨道态”、“有心势中一个电子的轨道态” 等这样的表述*. 因此必须把这样的表述翻译为量子语言.

作为这 11.3 节的小结, 我们将在图 11.5 中表示由上述两个代表 $D(r)$ 和 $D(\theta)$ 图组合结果得到的 “电子云” 图. 对于每个所示的轨函数, 电子密度与子午面 (包含旋转轴 Oz) 上每个点的 “电子云” 的亮度成正比. 该图给出了量子力学上原子中电子非定域分布的图像.

---

* 在法语和英语中, 有两个与 “轨道” 相对应的词汇, “orbite” 和 “orbitale”(英文后面均少一个 “e”), 前者表示经典意义上的确定轨道, 后者表示一种量子力学意义上的电子出现概率分布状态, 借用 “轨道” 二字. 为确切起见, 本书根据不同场合译为 “轨道态” 或 “轨道波函数”, 有时也简称 “轨函”. —— 译者

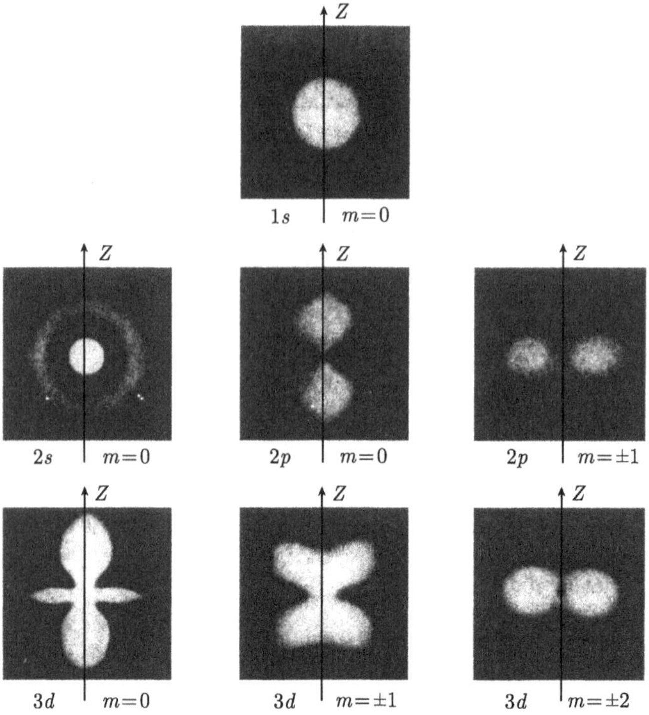

图 11.5　类氢原子几个状态的电子云

读者要意会到, 电子云是由发光材料代表的, 其亮度与电子密度成正比. 这发光介质有一个围绕 OZ 轴 (图上的垂直线) 的旋转对称性. 介质的截面由一个通过 OZ 轴的平面来表示. 因而此图是图 11.3 和图11.4 两个图组合的结果

读者要记住这个事实, 由于物理问题的球对称性, 轨道角动量不等于零的电子的出现概率绝不会有角向的依赖关系. 事实上, 在所研究的问题中若不存在特殊方向, 量子化轴的方向就是任意的, 它的选择只相当于给变量 θ 和 φ 的角向函数选择一个基函数. 在一个显示有特殊方向的问题中, 球对称性被解除了, 例如, 存在静电场或静磁场, 这个作为量子化轴的方向选择就变得很重要了, 因为一个合理的选择可以简化问题的处理.

11.4　与实验的比较

11.4.1　氢原子谱

a) *谱系*

从关于氢原子量子化能量的结果 (参见 11.2.4 节), 并借助于表示能级和光谱

跃迁 (原子从一个能级过渡到另一能级, 参见图 1.3) 的图, 立即可以解释上述观察到的氢原子光谱 (上册 1.3 节). 光谱包含波长 λ_{np}, 它具有不连续的值, 并且由巴耳末–里德伯实验规律相联系:

$$\frac{1}{\lambda_{np}} = T_n - T_p = R\left(\frac{1}{n^2} - \frac{1}{p^2}\right)$$

其中, n 和 p 为整数, R 是里德伯常量. $T_n = \dfrac{R}{n^2}$ 这个量称为 "光谱项", 简单来说, 它就是以波数为单位的能量绝对值的量度: $E_n = -hcT_n = -\dfrac{Rhc}{n^2}$. 相应的频率 $\nu_{np} = \dfrac{c}{\lambda_{np}}$ 由玻尔关系式给出:

$$\nu_{np} = \frac{E_n - E_p}{h}$$

其中, E_n 和 E_p 是对应于 n 和 p 两个特殊原子态的能量.

同一谱系的光谱线是原子跃迁落到同一低能级时发射出来的:

$$\begin{cases} \text{低能级: } n=1, \text{ 紫外光谱系} & \dfrac{1}{\lambda} = R\left(1 - \dfrac{1}{p^2}\right) \text{ (莱曼, 1906)} \\ \text{低能级: } n=2, \text{ 可见光谱系} & \dfrac{1}{\lambda} = R\left(\dfrac{1}{4} - \dfrac{1}{p^2}\right) \text{ (巴耳末, 1885)} \\ \text{低能级: } n=3, \text{ 红外光谱系} & \dfrac{1}{\lambda} = R\left(\dfrac{1}{9} - \dfrac{1}{p^2}\right) \text{ (帕邢, 1908)} \\ \text{低能级: } n=4, \text{ ——} & \dfrac{1}{\lambda} = R\left(\dfrac{1}{16} - \dfrac{1}{p^2}\right) \text{ (布拉开, 1922)} \\ \text{低能级: } n=5, \text{ ——} & \dfrac{1}{\lambda} = R\left(\dfrac{1}{25} - \dfrac{1}{p^2}\right) \text{ (普丰德, 1924)} \end{cases}$$

当 p 趋于无穷时, 每个谱系的极限波长相当于起初处于电离态的原子落到相应的 n 能级时的跃迁. n 能级的能量 E_n, 或更确切地说, 它的绝对值代表原子处在 n 能级时的电子结合能.

最稳定的能态是 $n = 1$ 时得到的最低能态; 这就是原子基态. 所有莱曼系的谱线都是共振线 (参见上册 1.3.2 节). 莱曼系的极限波长为 $\lambda_l = 91.2\text{nm}$, 相当于电离态到基态的跃迁. 正常原子就处在基态. 在这个跃迁中起作用的能量是把原子电离所需要提供的最低能量, 即电离能 $W_i = eV_i$. 因此有

$$-E_1 = Rhc = hc/\lambda_l = eV_i$$

从 R 与 λ_l 的数值可以容易地找到氢原子的电离势为 $V_i = 13.6\text{V}$. 我们还可以验证, 这个极限波长也是这同一原子光电离的阈波长 (上册 1.2.4 节中已这样称呼过).

b) 核质量效应 (核牵动效应) 和里德伯常量

正像我们在本章引言中提到的, 认为质量为 m_e 的电子围绕着不动的核旋转的看法是不正确的, 除非与电子相比核的质量为无穷. 但在一次近似中这样做还是有价值的, 因为质子质量 M_H 约为电子质量 m_e 的两千倍. 然而, 严格说来, 质子–电子系统的质心是固定的; 它们的相对运动由具有约化质量的一个粒子围绕着质心的约化运动来描述 (参见上册附录 3). 此外还可以指出, 两个粒子体系的总能量和总角动量分别等于约化运动的能量和角动量.

在 11.2 节中的量子力学计算也适用于约化运动, 因为薛定谔方程已经用约化质量 $\mu = \dfrac{m_e M_H}{m_e + M_H}$ 写出. 在 11.2.4 节中的能量表达式 (11.32) 是解薛定谔方程的结果, 其中引入的里德伯常量应当被修正, 因为最初从玻尔模型求得的该常数表达式 (11.4) 里包含电子质量 m_e, 而不是系统的约化质量 μ. 为了避免混淆, 我们把两个记号区别开来:

- R_∞ 用电子质量 m_e 计算的里德伯常量, 即假定核的质量为无穷的 [参见 (11.4) 式]:

$$R_\infty = \frac{m_e C^2}{4\pi c\hbar^3} = \frac{m_e e^4}{(4\pi\varepsilon_0)^2 4\pi c\hbar^3} = \frac{m_e c\alpha^2}{2h} = 109\ 737.3\text{cm}^{-1}$$

- R_H 氢原子的里德伯常量, 用考虑质子有限质量 M_H 的系统约化质量 μ 计算得来:

$$R_H = R_\infty \frac{\mu}{m_e} = \frac{R_\infty}{1 + m_e/M_H} = 109\ 677.7\text{cm}^{-1} \tag{11.38}$$

这样算得的里德伯常量 R_H 比 R_∞ 稍微小一点, 相对偏差为 $m_e/M_H = 1/1836 = 0.54 \times 10^{-3}$. 采用这个常量 R_H 可在比 10^{-5} 更好的精确度上与实验值吻合.

得益于激光技术而使光谱测量改善以后, 当今氢原子能级位置的测量精确度达到了 $10^{-11} \sim 10^{-12}$. 这样高的精确度应当对以 11.3 节的叙述为基础的量子模型做大量修正. 相对论修正和量子电动力学修正 (参见上册第 10 章自由电子的 "反常" 磁矩) 导致精细结构常数 α 为一个复杂的幂级数有限展开式, 由此可得到与之相比的精确度 (参见 15.5 节). 总之, 里德伯常量的精确度可达到优于 10^{-10}. 它把三个基本常数 m_e, e 和 h 联系起来 (c 是由长度标准定义而准确确定的, 参见上册 5.4.2e 节), 它为改善这些常数的测定值提供了一个不可绕过的参照点.

11.4.2　类氢系统

上面刚刚做过的所有这些计算都适用于由两个符号相反的荷电粒子形成的其他原子系统, 只要对粒子的电荷和系统的约化质量作改变, 对这样的系统就可以使用与氢原子相同的计算. 这种计算还可应用于涉及不同于质子和电子的荷电粒子形成的类氢离子或奇特原子系统.

a) 类氢离子

当我们从原子序数为 $Z=2$ 的氦原子中夺走一个电子，或从原子序数为 $Z=3$ 的锂原子中夺走两个电子时，我们得到了“类氢”离子 He^+ 和 Li^{++}，它们只带有一个电子. 在这种情况下，我们可以严格应用氢原子的计算方法，只不过要把核电荷和质量加以变化. 这样，我们可以非常简单地来解释 He^+、Li^{++} 和 Be^{+++} 等离子的光谱.

能量值正比于力定律常数 C 的平方，即正比于核电荷的平方. 这样我们得到能量的可能值为

$$E=-Rhc(Z^2/n^2)$$

平均半径 $\langle r\rangle$(参见 11.3.2 节) 由因子 $\dfrac{a_0n^2}{Z}$ 所主导，它表征离子的大小.

对一次电离的氦的情况，我们有 $E=-4Rhc/n^2$.

在一级近似下，常量 R 与氢原子相同 (若氦与氢两个核的质量可被认为是无穷大，则完全相同)，则 He^+ 离子某些谱线与 H 原子谱线重叠.

例如，He^+ 离子的皮克林 (Pickering) 系相当于落入下能级为 $n=4$ 的跃迁，相应的波长由下式给出：

$$\frac{1}{\lambda}=4R\left(\frac{1}{16}-\frac{1}{p^2}\right)=R\left(\frac{1}{4}-\frac{4}{p^2}\right)$$

对应于偶整数 p 值的波长等于 H 原子巴耳末系的波长. 历史上观察到的这种符合并未立即就被理解，因而造成某种混乱.

在二级近似下，我们必须考虑常量 R 与核的质量有关.

对 H 原子和 He^+ 离子，这个常数值应当稍有差别；精密测量确实表明，上面我们刚刚说到的这种符合并不是绝对准确的.

事实上，对 He^+ 离子，人们测得的里德伯常量是 $R_{\mathrm{He}}=109\ 722.3\mathrm{cm}^{-1}$，这完全可由下式解释：

$$R_{\mathrm{He}}=\frac{R_\infty}{1+m_e/M_{\mathrm{He}}}$$

(氦的质量是氢质量的 4 倍；由此可得出，相对于 R_∞ 偏差应为氢原子情况的 1/4，即相对偏差为 0.14×10^{-3}.)

b) 里德伯原子

当原子中一个电子处在主量子数 n 很大 (n 可达到 ~100) 的轨道态上时，原子就处在很高的、接近于电离极限的能态. 我们称这个原子处于里德伯状态，或简称“里德伯原子”. 从 20 世纪 70 年代以来，随着波长可调激光器的发展，可以有选择地将原子激发到一个特定的里德伯态，对里德伯态做了大量研究.

这类研究特别集中在碱金属原子上, 它们近似于一个类氢系统. 实际上, 如我们将在后面 11.5 节中见到的, 这是一种有效电荷接近于 $Z_{\text{eff}} \approx 1$, 由原子核和全部其他电子组成的 "原子实" 外只具有一个电子的原子.

在这些非常特殊的原子态, 激发态电子与原子核的平均距离极大, 它们贯穿原子实的概率极小. 相对于遥远的电子而言, 这个原子实也可认为是点状的. 对一个给定的 n, 我们对最大的轨道角动量 $l = n - 1$ 的态特别感兴趣, 我们不妨称它们为 "圆" 态, 因为它们可以用玻尔模型来描述而比较令人满意. 对这些态, 以主量子数为变量的系统规律得到了很好的验证. 例如, 相对于核的电子平均距离 $\langle r_n \rangle$(见 11.3.2 节) 非常接近于 $n^2 a_0$, 而量子力学对这个可观察量的方均根偏差 Δr_n 的变化为

$$l = n - 1 \Rightarrow \Delta r_n = \sqrt{\langle r_n^2 \rangle - \langle r_n \rangle^2} \approx n^2 a_0 \frac{1}{\sqrt{2n}} = \langle r_n \rangle \frac{1}{\sqrt{2n}}$$

这意味着电子所处的平均距离随着玻尔圆轨道的半径而增长 (参见图 11.6). 正像图 11.7 所显示的, 出现电子的概率密度的计算表明它越来越集中在围绕这个平均距离上. 对 n 数超过 100 的, 电子距离大于 1μm. 因此里德伯原子具有一个几乎是宏观可观察到的大小, 因而对外部干扰 (静电、磁场、与带电粒子的碰撞等) 是十分敏感的.

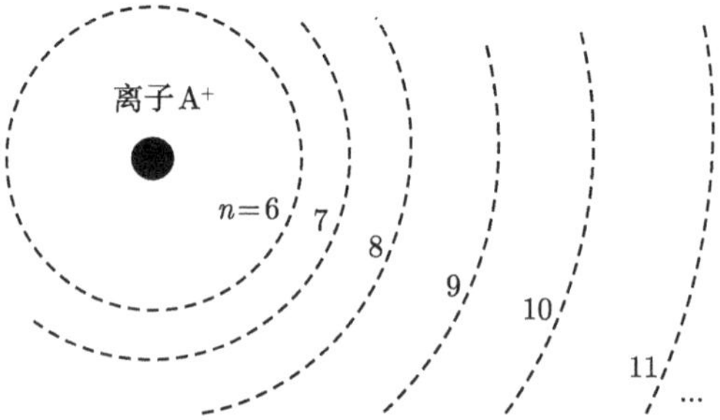

图 11.6　里德伯原子的原子实 A^+ 的大小与 "圆轨道"($l = n - 1$) 态的平均半径之比较, 后者是主量子数 n 的函数 ($n = 6 \sim 11$)

由于它们的寿命比较长, 才可能开展对 "圆轨道" 里德伯原子进行操控的实验. 一般来说, 这个寿命随着 n^3 而增长, 但对 "圆轨道" 态, 则随 n^5 而增长. 圆里德伯态朝向较低的相邻能态的辐射跃迁, 其发射的频率相对较低, 处在射频段. 由于两个相邻能级之间的能量间隔较小, 从相干激发的两个相邻里德伯态的荧光中就可能观察到这个射频的量子拍. 晚近的本实验室实验报道了里德伯原子与腔内电磁波的相互作用. 在温度很低 (~10~100K) 的星际介质中, 可以观察到由离子与低能电子复合形成的里德伯原子的无线电发射.

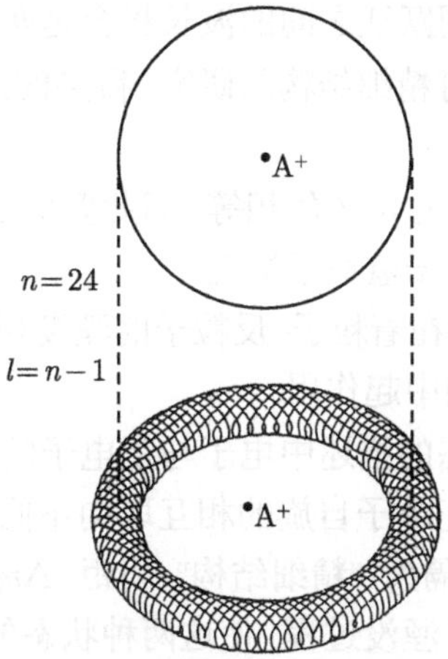

图 11.7　主量子数 $n = 24$ 的 "圆轨道"($l = n - 1$) 里德伯原子的图示

— 图的比例尺比图 11.6 缩小到了 1/10, 与 $n = 24$ 平均半径的圆相比, 离子 A^+ 缩小成为一个点

— 下面表示以上面的圆为中心的一个环体的透视图, 这个环内的电子出现概率为 50%

c) **奇特系统: 电子偶素, μ 子素, 介原子**

这是一些涉及与电子相关的反粒子, 即正电子 (质量相同而电荷相反), 或正、负的 μ 介子起作用的系统. 因此我们也有 "类氢" 系统, 其中两个电荷相反的粒子在库仑相互作用下形成如同氢原子的系统, 但其约化质量有别于电子质量. 对这些系统, 以前的量子研究在一级近似下也可应用, 而玻尔模型方法可以方便地估计轨道大小和能量的数量级.

表 11.4 总结了正电子和介子的主要性质.

表 11.4

	正电子 e^+	μ_+或μ_-介子
质量	$m_e = 0.9109 \times 10^{-30}\text{kg}$	$m_\mu = (206.767 \pm 0.003)m_e$
电荷	$+e$	$+e$ 或 $-e$
自旋	1/2	1/2
旋磁比	$\gamma_p = -\gamma_e = +1.001\ 159(e/m_e)$	$+1.001\ 167(e/m_\mu)$
寿命	稳定 (但遇电子时湮没)	$2.2 \times 10^{-6}\text{s}$

➤ **电子偶素**

电子偶素 (e^+-e^-) 由互相吸引的电子和正电子结合而形成. 它是 1951 年由 Deutsch 发现的, 基本上是在能量为 MeV 量级的正电子束被气体阻止时形成的.

我们不妨把它认为是比氢原子轻的同位素 (正电子的质量为质子的 1/1836). 因此, 初步的量子研究定性地导致了与氢原子相同的结果; 取系统的约化质量等于电子质量的一半, 就会得到定量的结果. 因此, 能级间的能量差十分明显地等于氢原子的一半, 而所预期的不同跃迁之间的波长将会是两倍大.

更精确的研究, 特别是对精细结构的研究, 得到的结果与氢原子相比有显著差别. 分析起来, 其理由是:

—— 正电子的磁矩在数值上与电子的相等, 因此要比质子的大得多. 自旋–自旋相互作用的影响要远远大于氢原子情况.

—— 在正电子与电子之间存在着粒子–反粒子的湮没相互作用, 这将在用量子电动力学方法计算精细结构中起作用.

尤其是, 对电子偶素基态的描述中电子与正电子的自旋耦合起着作用, 这与氢原子完全不同. 根据电子与正电子自旋的相互取向不同, 我们可得两种状态: 总自旋 $S=0$ 和 $S=1$, 其能量间隔为 "精细结构" 间距, $\Delta\nu_0 = 200\text{GHz}$. 电子与正电子的这种耦合影响电子–正电子湮没过程, 使这两种状态的寿命有所不同:

—— 在 $S=1$ 态 (正态电子偶素), 湮没前的电子偶素的寿命为 $1.4 \times 10^{-7}\text{s}$; 湮没发射三个 γ 光子;

—— 在 $S=0$ 态 (仲态电子偶素), 寿命为 $1.25 \times 10^{-10}\text{s}$; 湮没发射两个 γ 光子. 稳态状况下, 电子偶素连续不断地生成, 仲态电子偶素的寿命短得多, 这导致该态的布居数很低.

电子偶素的实验研究是非常重要的, 通常可用以检验一种很复杂的理论.

➢ μ 子素

μ 子素是正 μ 介子–电子系统 $(\mu_+ - e^-)$, 1960 年为 Hughes 所发现. 它是在 μ_+ 介子束被气体靶子阻断时得到的. 从能级观点看, 它同样也可认为是氢原子的一种轻的同位素. 由于没有湮没现象, 且 μ 介子的磁矩要比正电子小得多 (约为其 1/200), 这种研究便与氢原子的研究十分相似.

可以对这种双粒子系统进行严格处理; 特别是, 基态超精细结构可用依赖于精细结构常数 α 的项的形式来表述. 作为检验理论的实验测量同样具有很大的重要性. 基态子能级之间的跃迁可以通过 μ 介子的衰变而得到的正电子来显示.

➢ 介原子

介原子是在一个 μ_- 介子被核俘获时形成的. 它们是在高能介子束被高密度物质靶子阻止时出现的 (Wheeler, 1953).

11.3.2 节计算的一个轨道态的玻尔半径 n^2a_0 或平均距离 $\langle r\rangle$ 与组成原子的粒子和核的约化质量成反比. μ_- 介子比电子重约 200 倍, 因此, 其玻尔半径要小到 1/200, 要比电子更靠近核 200 倍. 因而在核电荷分布内介子出现的概率很大 (参见图 11.8). 研究与核的各种不同的相互作用成为研究介原子的一个基本目标. 在这种情况下, 介原子会保持其电子云, 不过要做些变化以保证电荷平均是中性的. 但是, μ_- 介子的轨道要比电子轨道小得多, 它们受到核的总电荷 Ze 的作用, 而对较远的电子相互作用很不敏感. 在介原子研究的多数情况下, 电子是不起什么作用的.

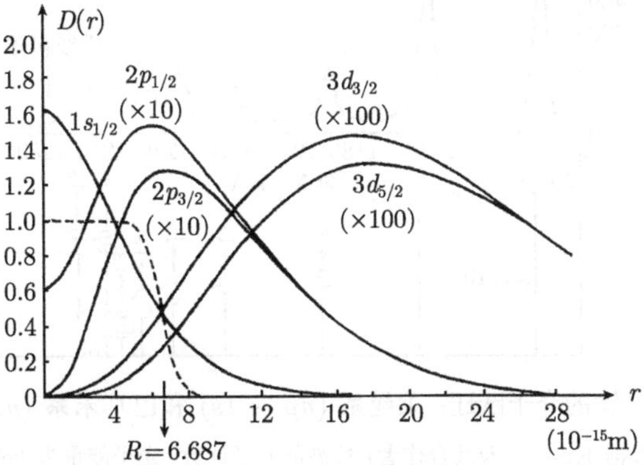

图 11.8　介原子

实线是对以铅核 ($Z = 82$) 组成的介原子的各种状态下介子的径向概率密度 $D(r)$; 虚线是核的电荷分布 (核半径 $R = 6.687 \times 10^{-15}$m)

介原子的能级

设一个介子被一个核俘获. 因为只有一个, 除了一个态以外, 所有介子态都是空的. 如果我们想象, 它被一个对应于 $n = 7$ 的能级俘获, 它将通过串级退激发跃迁到要低得多的能级, 每次这样的跃迁将以发射电磁辐射来表征. 观察到的谱线相当于氢原子谱图. 然而它们的能量则应乘以 $200Z^2$ 倍; 其一般数量级为 $10^5 \sim 10^7$eV, 处于 X 射线和 γ 射线的范围. 人们利用通常用于 γ 射线的光子计数技术; 光子能量则直接用 keV 为单位来进行测量. 图 11.9 表示记录谱线的两个例子.

介子在核电荷内部有大量分布, 这对引起与核的有限尺寸相关的能级移动 (参见第 17 章同位素移动) 有重要影响.

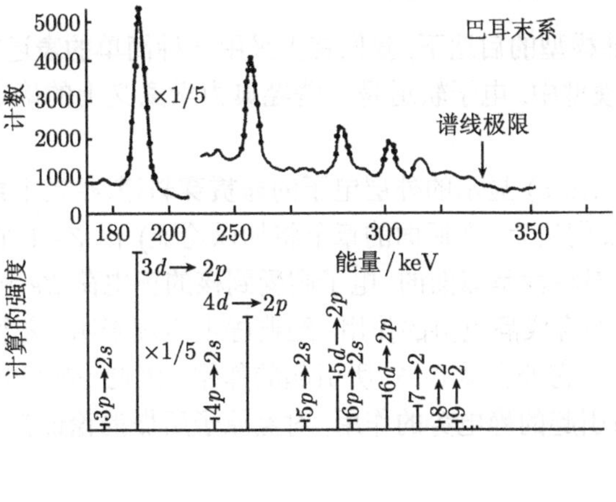

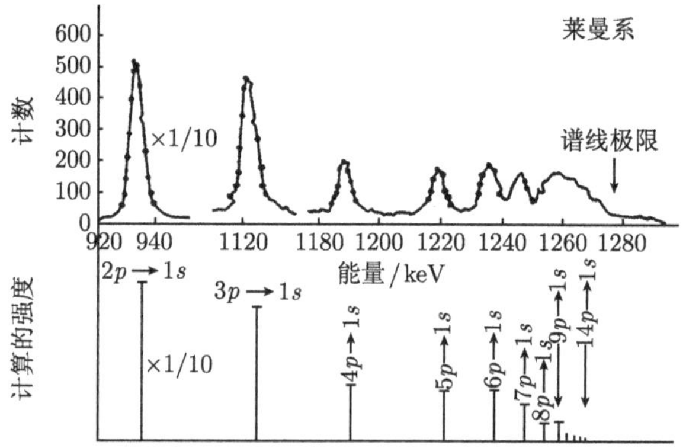

图 11.9 钛的介子跃迁：莱曼系 ($np \to 1s$) 和巴耳末系 ($nd \to 2p$)
(根据 Kessler 及其合作者) 按高能光子计数, 光子能量为 keV

11.5 非库仑有心势情况 (l 简并的解除)

为了解释多电子原子更为复杂的光谱, 开发出了一些模型. 不同的电子与核的平均距离不同, 在后面的章节中将会出现一系列 "电子壳层" 的概念, 用以精确描述这些距离. 某些原子属于一种特殊情况, 那里一个电子与核的平均距离要远大于其他电子的, 而后者是可用具有球对称性来进行总体描述的体系; 我们称这种原子为**具有一个外层电子的原子**. 这种原子中通常观察到的不同态之间的差别仅在于外层电子的轨道态不同, 而对其他电子的描述则不会改变.

只具有一个外层电子的原子是一种现实存在, 我们将对其进行更为精确的描述. 本节中我们将研究受到由核与其他电子组成、整体上具有球对称性的原子实作用下外层电子的运动.

11.5.1 贯穿轨道态与非贯穿轨道态

在玻尔–索末菲模型的启迪下, 我们首先采用一种简单的表述方法, 根据想象来提出问题. 在这种模型中, 电子轨道是一些经典力学意义上的确定的椭圆轨道. 我们将看到两种图像:

- 第一种是由图 11.10(a) 显示的外层电子的**非贯穿轨道**(相当于角动量很大, 因而 l 较大). 假如我们认为 (在后面的章节将加以论证) 由 $Z-1$ 个内部电子组成的电子云的**平均**对称性是球面的, 电子则受到核的正电荷 Ze 和球状分布的负电荷 $-(Z-1)e$ 的合成静电势的作用. 经典静电定理表明, 这个球对称电荷在它外部的作用等于它处在球心 N 所引起的作用. 因此, 外部电子受到一个等于单个电荷 e 所引起的静电势的作用, 对氢原子所做的论证在这里仍然有效.

- 反之, 有一种较扁的**贯穿轨道**, 其角动量较小 (l 较小); 外层电子轨道贯穿到 "原子实" 的内部 (见图 11.10(b)), 对其研究要复杂得多. 然而轨道轴的方向是任意的, 系统的球对称性仍保持着 (参见 11.3.3 节最后), 这就论证了利用有心势是合理的.

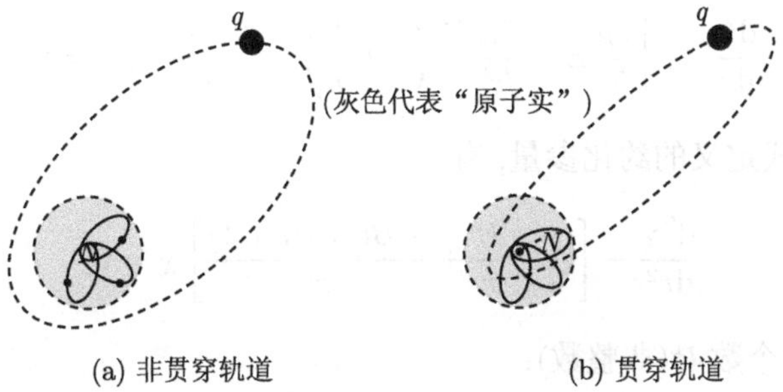

图 11.10　经典力学对一个有单一外层电子的原子的想象图解, 下面两种情况有所不同: (a) 非贯穿轨道 (大角动量); (b) 电子轨道贯穿到原子实内部 (小角动量)

在量子力学上, 只要回顾一下表明径向函数 $\mathcal{R}(r)$ 的图 11.1 就足够了. 在那里我们看到, 对 s 轨道态 ($l = 0$), 在原子实处 ($r \simeq 0$) 电子存在的概率很大, 而对 p 轨道态 ($l = 1$), 这个概率很小, 而对 d 轨道态 ($l = 2$), 它就更小了.

11.5.2　具有一个外层电子的原子的量子模型

在研究类氢原子的量子态时, 我们已经看到, 不可能把电子轨道局限于确定的轨迹上, 而只有电子出现概率的概念才有意义. 我们只要记住, 当电子非常接近于核的时候, 系统的能量具有如下形式:

$$W(r) = -\frac{1}{4\pi\varepsilon_0}\frac{Ze^2}{r}$$

在远距离情况下, 这个势要小得多:

$$W(r) = -\frac{1}{4\pi\varepsilon_0}\frac{e^2}{r}$$

在确定了一个有心势以后就可以解薛定谔方程. 这个有心势的解析形式要加以调整, 以便最好地描述原子, 使得与实验结果相符合. 一般说来, 这个解只能用数值方式来做. 使用过各种不同方法, 如托马斯–费米 (Thomas-Fermi) 法, 哈特里–福克 (Hartree-Fock) 法; 这些都属于专家们关心的事, 在这里我们即使是做点表面的概述也是不可能的. 然而, 我们还是可以用一种概括的方式来进行处理, 以便了解一些基本结果. 我们用下式写出势能:

$$W(r) = -\frac{1}{4\pi\varepsilon_0}\frac{e^2}{r}\left(1+\frac{b}{r}\right) = \frac{C}{r}\left(1+\frac{b}{r}\right) \quad 其中 \quad C = -\frac{e^2}{4\pi\varepsilon_0}$$

在远距离处, 其行为如同 $-e^2/r$, 调整正参量 b, 使其在核附近表现为接近于 $-Ze^2/r$. 这个势具有一个基本的优点, 可以容易地进行解析讨论. 在十分接近于 11.2 节论证的启发下, 可以求解薛定谔方程. 用完全相同的方式可以把角向和径向变量分离开来, 角向方程是一样的. 而径向方程 (11.23) 则写成不同的形式:

$$\frac{\mathrm{d}^2\chi}{\mathrm{d}r^2}+\left[\frac{2\mu}{\hbar^2}E-\frac{2\mu}{\hbar^2}\frac{C}{r}\left(1+\frac{b}{r}\right)-\frac{l(l+1)}{r^2}\right]\chi=0$$

或利用 (11.24) 式定义的约化参量, 有

$$\frac{\mathrm{d}^2\chi}{\mathrm{d}r^2}-\left[A-\frac{B}{r}+\frac{-Bb+l(l+1)}{r^2}\right]\chi=0$$

我们定义一个数 l^*(非整数):

$$l^*\left(l^*+1\right)=l(l+1)-Bb \tag{11.39}$$

这允许把径向方程写成与 (11.24) 式相同的约化形式, 只是有一点差别: $\lambda=l^*\left(l^*+1\right)$, l^* 是非整数. 所得的解的形式为

$$\chi(r)=\mathrm{e}^{-\sqrt{A}\cdot r}\cdot u(r)$$

它只有在 $u(r)$ 多项式仅具有有限项数的情况下才有物理意义. 如同为满足 (11.30) 式条件所需要的, 为了使相对于 $u(r)$ 多项式系数的递推关系能做到这一点, 递推关系必须在某个正或负的整数 q 级 "终止", 这里成为

$$B=2\left(l^*+1+q\right)\sqrt{A}\quad\Rightarrow\quad\sqrt{A}=\frac{B}{2(l^*+1+q)}$$

从这些约化变量的表达式出发, 唯一可能的能量值为

$$E=-\frac{\hbar^2}{2\mu}A=-\frac{Rhc}{(l^*+q+1)^2}\quad R\text{为里德伯常量}$$

因此我们看到, 当下在 E 的表达式中不仅出现了整数 q, 而且还有与量子数 l 相连接的 l^*. 我们把标记法改变如下:

1) 我们把这样的整数 n 叫做主量子数:

$$n=l+q+1$$

2) 我们把 n^* 称为有效量子数:

$$n^*=l^*+q+1=n-\Delta_l$$

量 $\Delta_l = n - n^*$ 称为 "量子数亏损", 我们写出:

$$E = -\frac{Rhc}{n^{*2}} = -\frac{Rhc}{(n-\Delta_l)^2}$$

在我们采用的简单模型中有 $\Delta_l = l - l^*$. 若 b 很小, $l \approx l^*$, 从 (11.39) 式和 (11.24) 式出发很容易估计:

$$\Delta_l \simeq \frac{Bb}{2l+1} = \frac{b}{a_0}\frac{1}{l+1/2}$$

而能量作为整数 n 和 l 的函数, 将由下面能量值所表征:

$$E_{nl} = -\frac{Rhc}{\left(n - \dfrac{b}{a_0}\dfrac{1}{l+1/2}\right)^2} \tag{11.40}$$

我们刚刚用特殊的势 $W(r) = \dfrac{C}{r}\left(1+\dfrac{b}{r}\right)$ 所做的研究让我们看到, **表征类氢系统轨道的量子数 l 的简并被解除了**, 一个能级由两个量子数 n 和 l 来表征. 我们认为, 这个结果与有心势的形式 $W(r)$ 无关, 我们要把这个结果作为本节的主要结论来记住.

根据关系式 (11.40), 容易看出, 对给定的 n 值, 能量的代数值是 l 的递增函数. 在下一章中我们还会来讨论能量标尺上能级 E_{nl} 的顺序, 这个顺序和势的形式 $W(r)$ 有点关系. 我们将看到, 这一点是很重要的 (参见图 12.1).

11.5.3　对钠原子的应用

在后一章中我们将看到, 碱金属原子 (锂、钾、钠、铷、铯) 属于具有一个外层电子的原子的图景. 这里对钠原子做一些细化的叙述.

表 11.5 显示对钠原子情况从不同 n 和 l 值的能量实验值出发计算得到的有效量子数 n^* 的数值.

表 11.5　对钠原子计算得到的量子数 n^* 的值

	$n=3$	$n=4$	$n=5$	$n=6$
$l=0$	1.627	2.643	3.647	4.649
$l=1$	2.117	3.133	4.138	5.141
$l=2$	2.990	3.988	4.987	5.986
$l=3$		3.999	4.999	5.999

从这个表我们注意到, 当 n 和 l 值升高时, n^* 向 n 靠拢. 这相当于非贯穿轨道态情况. 一种比较完整的理论应该考虑到原子实的 "极化", 即相对于球对称而言, 原子实有点形变. 形变由外层电子的电场引起 (参见图 11.11).

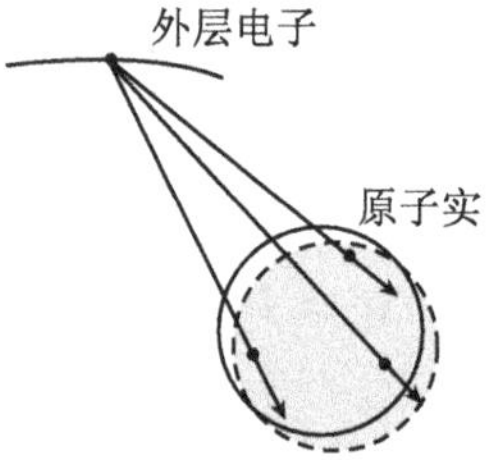

图 11.11 在外层电子电场影响下原子实的极化. 我们看到, 灰色的原子实失去了球对称

使用各种不同的近似解法可以得到对应于有心势中一个电子轨道的波函数. 和求类氢原子轨道波函数时所做的一样, 从求波函数径向部分出发, 可以画出径向概率密度 $D(r)$ 随与核的距离 r 而变化的函数曲线. 图 11.12 显示钠原子情况的曲线:

- 粗线画出的曲线表示在原子实处发现电子的径向概率密度; 读者可以见到用箭头表示的两个极大值: 它们体现了电子壳层概念 ($n=1$ 和 $n=2$). 这将在下一章引入.
- (a)、(b) 和 (c) 三条用细线画出的曲线分别代表外层电子的径向概率密度, 它们处在 $3s$, $3p$ 和 $3d$ 轨道态上. 在 "原子实" 内发现 $3d$ 电子的概率很小, 与 $3s$ 和 $3p$ 轨道态相反, 可以认为 $3d$ 轨道态是非贯穿的. 实际上曲线 (c) 与图 11.3 中 $n=3$ 一列中的 $3d$ 曲线十分接近. 相反, 对应于贯穿轨道态的曲线 (a) 和 (b) 与 11.3 图中的 $3s$ 和 $3p$ 曲线差别很大; 钠原子中 $3s$ 和 $3p$ 电子比氢原子中更为接近于核, 因为它们贯穿到 "原子实" 内部时受到更大的吸引力.

图 11.12 用量子语言描述了图 11.10 中用想象方式表示的图景.

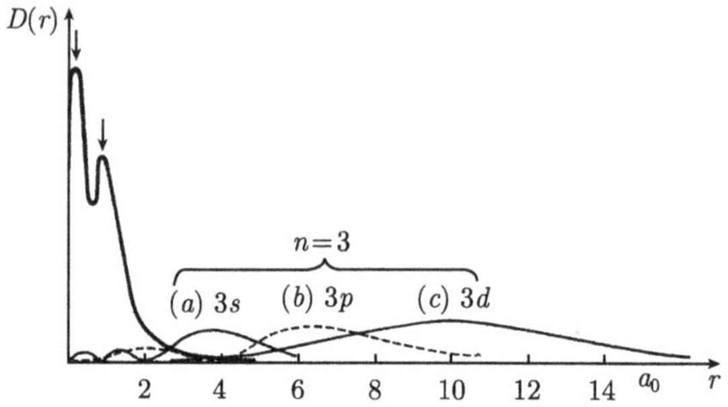

图 11.12 钠原子径向概率密度

— 细曲线表示不同状态下外层电子的径向概率密度

— 粗曲线表示原子实电子体系的径向概率密度. 两个箭头表示的两个极大值体现了原子实的两个电子"壳层"(参见下一章)

— 此图用量子语言表达了图 11.10 用经典图像描述的贯穿轨道态 ($3s$ 和 $3p$) 或非贯穿轨道态 ($3d$) 的区别

小　结

作为结论, 对在有心势中所研究的电子运动, 我们要记住:

1. 在解薛定谔方程时, 从物理问题的现实出发有必要引入量子数 n、l 和 m.

2. 在用电子出现概率的语言来描述时, 必须把经典轨道用轨道态 (或轨道波函数) 的概念来代替. 我们还要注意, s 轨道态 (对应于 $l=0$) 具有球对称性.

3. 特别是, 能级简并的概念: 即不同电子轨道态可以对应于同一个能量值.

在库仑势的特殊情况下, 能量只与量子数 n 有关. 在更一般的有心势情况下, **简并**可以被部分解除, 结果, 在 $W(r)$ 这种势中的电子能级依赖于两个量子数 n 和 l.

第 12 章　有心势中独立电子近似, 电子组态

12.1　近似的必要性

12.1.1　一个复杂原子中的各种相互作用

第 11 章中我们给出了两种简单模型：一种是氢原子, 被认为是没有自旋的电子在库仑势中运动; 另一种能给出具有一个外层电子的碱金属原子的简化图像, 其电子自旋也总是不考虑的.

假如我们想要全面地研究一个复杂的, 即具有多个电子的原子, 要把问题写成方程时, 应该涉及多种不同的相互作用：

(a) 电子与设想为点状核之间的静电吸引作用;

(b) 电子之间的静电排斥作用;

(c) 电子自旋与轨道运动之间的磁相互作用;

(d) 电子自旋磁矩之间的相互作用.

描写复杂原子的核还要考虑另外一些项：

(e) 电子的轨道和自旋磁矩与核磁矩之间的相互作用;

(f) 此外, 还应该作引入原子核因素后的各种修正：核质量的影响, 核的非点状形态, 当核电荷失去球对称性时核的电荷分布.

因此我们看到, 原子研究是一个极端复杂的问题. 在忽略了一定数目的相互作用下可以实现一种近似解法：相互作用 (e) 与 (f) 表达了核的影响, 它们只引起能级的轻微移动; 在多数问题中, 忽略它们对描述原子还是足够的. 我们将在第 17 章中对它们进行研究, 此前我们将限于研究相互作用 (a)、(b)、(c)、(d) 的效应.

此外, 对大多数原子来说, 通过下面两个假说就可引出主要概念：

(α) 使用非相对论的薛定谔方程;

(β) 自旋–自旋相互作用 (d) 比自旋–轨道相互作用 (c) 小得多.

现在我们必须指出, 原子内部的磁相互作用实际上是相对论效应的结果 (对此我们将在后面讨论自旋–轨道相互作用时阐明, 参见第 14 章), 但是, 它们将作为非相对论薛定谔方程的定态微扰来处理.

假如我们在考虑三个相互作用 (a)、(b)、(c) 和两条假说 (α) 与 (β) 下写出系统的哈密顿量, 将得到一个复杂的薛定谔方程, 不知道怎样严格地把它解出来, 必须采用一种逐级近似的解法. 哈密顿量中最重要的两项对应于静电相互作用的

(a) 和 (b); 我们首先写出加上了电子动能而忽略了磁相互作用 (c) 时所得的哈密顿量:

$$H=\sum_i\left(-\frac{\hbar^2}{2m}\Delta_i-\frac{1}{4\pi\varepsilon_0}\frac{Ze^2}{r_i}+\sum_{j>i}\frac{1}{4\pi\varepsilon_0}\frac{e^2}{r_{ij}}\right)$$

其中, Δ_i 是由第 i 个电子的坐标 (x_i,y_i,z_i) 定义的拉普拉斯算符, r_i 是核到 i 电子的距离, r_{ij} 是 i 电子到 j 电子的距离. 指标 $j>i$ 是为了在计算 i 与 j 电子的静电相互作用项 r_{ij} 时避免发生重复所必要的.

我们也不知道对哈密顿量中含有电子间静电排斥作用项的薛定谔方程如何严格求解. 在涉及 N 个粒子相互作用的一般情况下, 当 $N\geqslant 3$ 时, 上述不可能求解性不是量子力学所固有的. 在经典力学里也存在着同样的不可能性. 这是偏微分方程组的数学性质的普遍结果. 所以我们要寻求把问题进一步简化.

12.1.2　有心力场近似

有心力场近似假定原子可以用一个模型来描述, 其中电子之间是相互独立的, 它们受到一个有心势 $W(r)$ 作用; 这样, 系统的哈密顿量可用一个相对简单的表达式 H_0 来表示:

$$\boxed{H_0=\sum_i\left[-\frac{\hbar^2}{2m}\Delta_i+W(r_i)\right]}\tag{12.1}$$

H_0 称为有心力场哈密顿量. 在 12.2 节我们将看到, 由哈密顿量 H_0 描述的问题可以严格处理.

显然, 我们可取 $-\dfrac{1}{4\pi\varepsilon_0}\dfrac{Ze^2}{r_i}$ 为 $W(r)$ 受核吸引的唯一的一项, 但是, 这样做出来的近似很不恰当, 因为我们完全没有考虑电子–电子相互作用. 为了改善这种近似, 尝试用两项之和:

$$-\frac{1}{4\pi\varepsilon_0}\frac{Ze^2}{r_i}\quad 和\quad \sum_{j>i}\frac{1}{4\pi\varepsilon_0}\frac{e^2}{r_{ij}}$$

来更好地表示一个有心势 $W(r)$, 而 $W(r)$ 就不是库仑势了. 这样我们对第 11 章只有一个外层电子的原子情况做了推广, 在那里, 这个外层电子与原子实中电子的相互作用曾用修正了的 $1/r$ 势来表达. 从直观上看, 由于电子运动的周期性, 我们可以想象电子–电子静电相互作用的平均效应是球对称的, 可以用有心势来表述.

从原子中对不同电子算得的平均距离 $\langle r\rangle$(参见 11.3.2 节的表 11.3) 出发, 以及通过 12.4.2a 节 “电离势” 要讲的静电屏蔽效应的存在 (这可从 13 章描述对 X 射线的实验测量得以证实), 我们可以寻求确定这个 $W(r)$ 函数的线索.

无疑, 这种有心势不可能整体地考虑到上节所列举的一切相互作用. 但是, 它是一种从出发点开始的十分有用的近似, 可以用来对原子特征做第一手的描述. 第 14 章中我们将看到对它做更精确的描述所需要的修正. 应用定态微扰理论可以改善有心力场近似的结果, 还可加上以前被忽略的磁相互作用项. 我们把 H_0 称为 “无微扰哈密顿量”, 而把 “微扰” 后的哈密顿量写成下面形式:

$$H = H_0 + T_1 + T_2 \tag{12.2}$$

其中, 微扰哈密顿量 T_1 表示当把两个静电相互作用项用有心势 $W(r)$ 替代时所带来的误差, 而微扰哈密顿量 T_2 表示整套自旋–轨道磁相互作用.

12.2　有心势中 N 个独立电子系统的能量, 组态

12.2.1　能量值

可以把 N 个独立电子组成系统 (若涉及电离原子, N 与原子序数 Z 不同) 的哈密顿量 H_0 写成各个哈密顿量之和的形式, 各个哈密顿量都是相同的, 但每个只与唯一一个电子的坐标有关:

$$H_0 = \sum_i h_i \quad 其中 \quad h_i = -\frac{\hbar^2}{2m}\Delta_i + W(r_i)$$

每项 h_i 表示一个受有心势 $W(r_i)$(势能) 作用而无自旋的电子的哈密顿量, 寻求其本征值的问题与我们已经做过的相似. 从每个独立项 h_i 出发可以计算 H_0 的本征值.

a) 一个电子的个体结合能

上章对有心势中没有自旋的电子所进行的研究中, 我们得到了能量是电子的两个量子数 n 和 l 的函数. 这两个量子数与磁量子数 m 一起, 确定了一个轨道态. 然而, 一个轨道态的能量与 m 数无关. 对问题进行更仔细的研究证明, **各个能量的位置与 $W(r)$ 势的确切形式关系不大**, 图 12.1 指明了按能量增长的排列顺序, 那里每个轨道态的能量用主量子数 n 和一个表示轨道量子数 l 的字母 (11.2.4 节对这些字母的写法做了规定) 来标定. 对应于不同 n 和 l 值的某些轨道态可能有十分接近的能量, 故它们在能量标尺上的相对位置可能与 $W(r)$ 势有关; 在图 12.1 中我们已经把它们混在一起表示了.

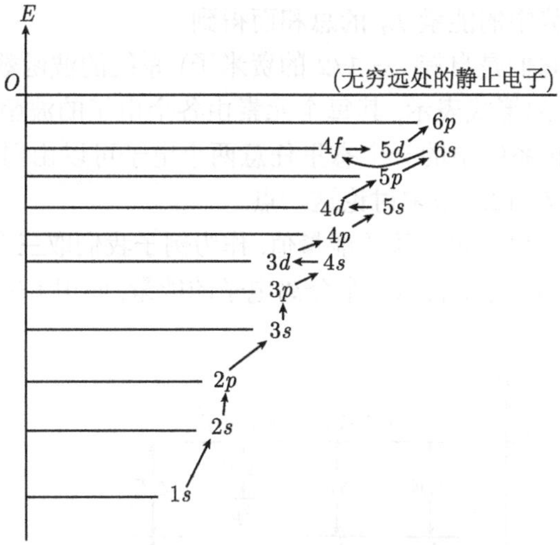

图 12.1　有心势中单个电子结合能的顺序

每个能量由主量子数 n 和一个字母 s, p, d 或 f 来标注, 它们依次表示量子数 l 的值为 0, 1, 2 或 3. 箭头表示电子填充的正常次序

上节模型证明, 对一个固定的 n 值, 能量总是量子数 l 的递增函数: “圆” 轨道态 $(l = n - 1)$ 的能量要比贯穿轨道态的高. 对于 n 量子数较小的值, 它实际上起着主量子数的作用, 能量值主要由它来决定: 所有 $n= 2$ 的轨道态都处在 $n= 1$ 的轨道态之上, 所有 $n= 3$ 的轨道态之下. 但从 $n = 4$ 开始, 情况就不这么简单了: 对应于 n 或 l 值变化引起的能量差成为同一数量级的了. 这样, $4s$ 轨道态的能量与 $3d$ 轨道态的能量非常接近 (甚至还稍微低一些); 又如, $5s$ 或 $6s$ 轨道态的能量分别与 $4d$ 或 $5d$ 的能量非常接近 (常常还更低). 而我们观察到更大的偏差是 $4f$ 轨道态, 它的能量显著高于 $5s$ 和 $5p$ 两个轨道态, 非常接近于 $5d$ 轨道态.

注: 图 12.1 指出的轨道态能量的次序对 (11.32) 表达式中不管什么样的力定律常数 C 都是成立的, 但是这个量子化能量的值则随常数 C 的平方而变化, 亦即随核电荷数 Z 的平方而变化, 因而是随原子种类的差异而非常不同的. 在下一章中我们将看到, X 射线实验是如何测得这些结合能的.

b) 系统总能量

知道了轨道态能量 E_i, 即各个哈密顿量 h_i 的本征值以后, 现在我们要寻求代表 N 个电子系统总能量的哈密顿量 H_0 的本征值. 所有电子是不可分辨的, 我们必须考虑到它们有半整数的自旋 $(s= 1/2)$, 这决定了在应用全同粒子理论时它们的费米子本性. 这里我们先复习一下量子力学教程阐明的全同粒子系统的一些结果.

i) 不考虑它们之间的相互作用时, N 个全同粒子系统的能级可由属于每个粒

子单独处在 $W(r_i)$ 势中的能量 E_i 的总和而得到.

ii) N 个电子 (它们是自旋 $s=1/2$ 的费米子) 系统的波函数可用行列式 [斯莱特 (Slater) 行列式] 的形式表示, 其每个元素由各个电子的波函数得到. 这个波函数的反对称特性禁止系统中的一个态里任意两个电子可以由同一组量子数来描述 (泡利原理). 我们将在 12.3 节中讨论这一点.

从性质 i) 立即可以确定系统的能量值. 作为例子我们取三个电子的系统; 我们在图 12.2 中用 (a)、(b)、(c) 表示三个分离电子的能量, 而用 (d) 表示相应的总系统能量.

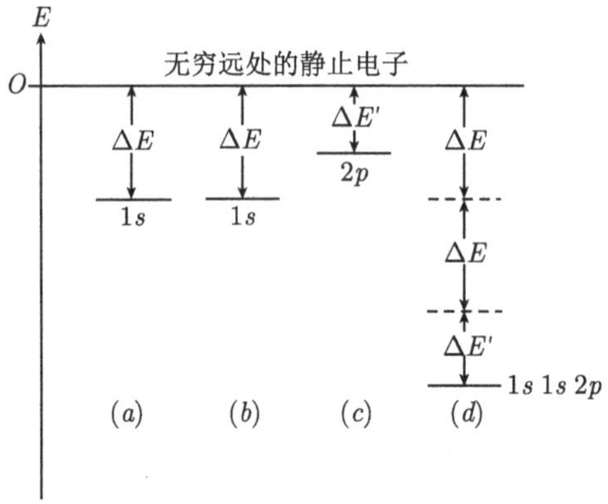

图 12.2　确定三个独立电子系统的总能量

12.2.2　电子态的描述, 组态

a) 自旋–轨道态

上章中我们看到, 在有心势中运动的各个电子的波函数是由三个量子数来描述的: 主量子数 n、轨道量子数 l 和磁量子数 m. 后两者表征电子轨道运动的角动量. 现在我们必须引入电子自旋角动量, 它在量子化轴上的投影由自旋磁量子数 m_s 来表征, 其值为 $\pm1/2$(参见第 10 章). 下面为了避免混乱, 我们不再把与轨道角动量相联系的磁量子数记做 m, 而是用一个下标 l, 记做 m_l.

总之, 原子中一个电子的量子态是由一个轨道变量的函数和一个自旋 "函数" 乘积的形式来描述的:

$$\boxed{\varphi_{n,l,m_l,m_s} = \psi_{n,l,m_l}(r,\theta,\phi)\sigma_{m_s}} \qquad (12.3)$$

我们说, 电子处在一个轨道和自旋的状态, 或简称 "自旋轨道态", 或 "自旋–轨道态", 它由四个量子数表征:

n: 主量子数;

l: 定义轨道角动量 $\vec{L}$ 的轨道量子数;

m_l: 磁量子数, 它定义轨道角动量 $\vec{L}$ 在量子化轴 (称为 Oz 轴) 上的分量;
$m_s = \pm 1/2$: 定义电子自旋在量子化轴上分量的自旋 (磁) 量子数.

电子能量只与量子数 n 和 l 有关, 而一个自旋–轨道态对中心 O 反演的宇称取决于角向函数的宇称 $(-1)^l$.

b) **组态, 壳层和支壳层**

由独立电子形成的原子的总波函数是由各个电子的波函数来构建的, 但相应的能量则只依赖于电子的量子数 n 和 l. 给定了每个电子的量子数, 就确定了原子的**组态**.

有心力场近似可以表明, 具有同一 n 值的电子都处在一个距力心差不多的平均距离上 (参见 11.3.2 节的表 11.3). 因而这些电子有心势 $W(r)$ 的数值是同一数量级的. 我们称这些电子处于同一**电子壳层** n.

假如处在同一壳层 n 的电子具有同一量子数 l, 我们说它们属于同一**支壳层**nl. 根据约定的规则, 我们把每个支壳层用一个等于主量子数 n 的数字跟一个代表量子数 l 的字母来标记 (参见图 12.2: 两个电子属于支壳层 $1s$, 一个电子属于支壳层 $2p$).

我们将指明每个电子是属于哪个支壳层 nl 的, 从而确定了原子组态. 原子组态的标记方式是在被占据支壳层的符号后面用上角标记下该支壳层的电子数 (占据数).

实例

- 对应于图 12.2 的组态应标记为 $1s^2 2p$.
- 一个含有两个 $1s$ 电子, 两个 $2s$ 电子和 6 个 $2p$ 电子的组态应记为 $1s^2 2s^2 2p^6$.

在所有原子组态中, 其中一个能量最低, 称它为基态组态, 对应于最稳定的结构, 其他一切组态都是激发组态. 现在必须指出, 某些激发组态是不大可能存在的, 因为当它们被激发时要同时改变许多电子的状态.

12.3 泡利原理和组态的简并

12.3.1 斯莱特行列式与泡利原理

根据量子力学的对称化假设, N 个不可分辨电子 (它们是自旋 $s = 1/2$ 的费米子) 组成的系统的波函数相对于粒子置换是反对称的. 它写为各个电子波函数 (自旋–轨道波函数) 乘积的反对称组合, 可用一个 $N \times N$ 行列式 (称为斯莱特行列式)

的形式来表示:

$$\Psi = \frac{1}{\sqrt{N!}}\begin{vmatrix} \varphi_1(1) & \varphi_{2.}(1) & \cdots & \varphi_N(1) \\ \varphi_1(2) & \varphi_2(2) & \cdots & \varphi_N(2) \\ \vdots & \vdots & & \vdots \\ \varphi_1(N) & \varphi_2(N) & \cdots & \varphi_N(N) \end{vmatrix} \tag{12.4}$$

对一个自旋轨道波函数的记号 $\varphi_k(i)$ 涉及两个指标. 每一列的下标 k 表示由 n_k, l_k, m_{lk} 和 m_{sk} 四个量子数所表征的某个量子态. 每一行括号中的数字 i 表示一个电子的坐标集, 电子的数字编号是任意给定的, 已知 N 个编号的电子的某种置换代表系统同一物理状态, 而这种置换的数目等于 $N!$. 行列式的计算要一直做到 $N!$ 项的组合, 每一项是 N 个自旋轨道波函数的乘积, 其中第 k 个 (k=1,2, $\cdots$, N) 自旋轨道波函数分别被指标为 i 的电子的某次特定置换所占据. 在这个组合中, 每个乘积出现时都带有一个由相应置换的宇称给出的符号: “+” 表示偶次置换, “−” 表示奇次置换. $\frac{1}{\sqrt{N!}}$ 是一个归一化因子.

这个行列式有一个重要特性, 若两列是全同的, 也就是说, 两个被占据的自旋轨道态是相同的, 则行列式为零. 这是泡利原理数学表述的结果, 这个原理通常陈述如下: 在一个原子中, 各个电子的波函数应该都是互相不同的, 因此两个电子的一组 n, l, m_l 和 m_s 四个量子数不可能有全同的值.

在原子物理中这个原理有重要后果:

- 它能确定每个支壳层中电子的最大数目, 由此可得到原子中具有同样能量的电子的最大数目.
- 由此可估计一个组态的简并度. 在有心势模型中, 给定了一个组态就表明了每个电子量子数 n 和 l 的值, 并对应于某个能量, 这个能量是各个电子的能量之和. 因此我们看到, 对应于一个给定能量的组态, 存在着一定数目的系统总函数, 它们中每个电子的 m_l 和 m_s 值是不同的. 因此一个组态将有一定的**简并度**. 这个数目也就是非零斯莱特行列式的数目, 它们之间的区别在于为该组态所允许的、每个电子的 m_l 和 m_s 可能值不同. 下一章我们考虑 T_1 和 T_2 项时, 将出现能量修正, 它将会或多或少地解除这个简并.

12.3.2 属于同一壳层或支壳层的最多电子数目

a) 一个支壳层情况

我们寻求同时具有相同 n 和 l 值的最大电子数目. 这些电子或是它们的 m_l 值不同 [它可取在 $-l$ 和 $+l$ 之间 ($2l$+1) 个整数值], 或是 m_s 值不同 (它可取 +1/2 或 −1/2 两个值).

因此, 对应于同样的 n 和 l 值, 有 $2(2l+1)$ 个不同的量子态; 因此, 对量子数 l 的支壳层, 我们最多可以有 $2(2l+1)$ 个电子 (表 12.1).

表 12.1　支壳层中最大的电子数

$l=0$ (s 电子)	最大电子数 $=2$
$l=1$ (p 电子)	最大电子数 $=6$
$l=2$ (d 电子)	最大电子数 $=10$
$l=3$ (f 电子)	最大电子数 $=14$

含有 $2(2l+1)$ 个电子的支壳层称为是满的.

b) **一个壳层情况**

现在来确定具有相同的 n, 但量子数 l, m_l, m_s 不同的最大电子数目. 我们知道 (参见第 11 章), 量子数 l 可取满足 $l \leqslant n-1$ 的一切正值或零, 即有 n 个不同值.

利用上述结果, 我们对每个支壳层的最大电子数求和如下:

s电子$(l=0)$	p电子$(l=1)$	l任意	$l=n-1$
最大电子数	最大电子数	最大电子数	最大电子数
$2+$	$6+\cdots$	$+2(2l+1)+\cdots$	$+2(2n-1)$

可把这个 n 项的序列写成:

$$\sum_{l=0}^{l=n-1} 2(2l+1) = 2n + 4\sum_{l=0}^{l=n-1} l = 2n + 4\frac{n(n-1)}{2} = 2n^2 \tag{12.5}$$

这里应用了前 $n-1$ 项整数求和的经典结果.

因此量子数 n 的最大电子数为 $2n^2$. 这样在一个 $n=1$ 的组态中, 我们最多有 2 个电子, 在 $n=2$ 的组态中有 8 个, 在 $n=3$ 的组态中有 18 个, 等等.

一个含有最大数目电子, 即 $2n^2$ 个电子的壳层, 我们称为满壳层.

12.3.3　一个组态的简并度与宇称

在 12.3.1 节我们看到, 一个给定的组态具有某种简并度. 现在我们来估算简并度 G.

a) **每个支壳层只有一个电子**

在所考察的组态中, 任何电子都不能用一对相同的量子数 n 和 l 来表征. 根据 m_l 和 m_s 的值, i 电子可以有 Y_i 个态; Y_i 代表支壳层中的位置数 (参见 12.3.2 节):

$$Y_i = 2(2l_i+1)$$

对应于这个组态的不同态的数目为

$$G = \prod_i Y_i$$

例　在三个电子系统, 我们很容易找到下面组态的简并度:

$$1s2s2p \ \rightarrow \ G = 2 \times 2 \times 6 = 24$$
$$2p3d4f \ \rightarrow \ G = 6 \times 10 \times 14 = 840$$

b) **同一支壳层中有多个电子**

在组态中 X 个电子具有相同的量子数 n 和 l. 对于这个 l 值, 一个电子可以有 $Y = 2(2l+1)$ 个不同的态, 它们由不同的 m_l 和 m_s 值来表征.

为了对可能的状态数分类, 必须考虑泡利原理和电子的不可分辨性. 用一个简单图像就可容易地解决问题: 我们要求解相当于把 X 个不可分辨的小球在 Y 个格子里排列的组合个数的问题, 每个格子最多只能放一个小球.

在实现了 Y 个格子之间的所有排列后, 我们得到所有这样的组合数为 $Y!$ 个排列. 但是在所有这样的排列中, 有大量数目的排列是不可能得到有区别的、不同的组合的. 它们是:

$X!$ 属于两个小球的置换, $(Y-X)!$ 对应于空格子的两两置换, 它们都不能产生可观察到的变化. 因此实际上有区别的组合数为

$$g = \frac{Y!}{X!(Y-X)!}$$

这个数 g 也代表属于同一支壳层中 X 个电子的不同状态数.

注: 在一个满支壳层的特殊情况下, 只存在唯一的组合 $X = Y \rightarrow \quad g = 1$.

把相关其他支壳层电子的简并度 g 相乘, 其乘积就得组态的总简并度.

例 1　碳的基本组态 $1s^2\ 2s^2\ 2p^2$ 的简并度 G 是多少?

a) $1s$支壳层:　2个电子,　满　$\rightarrow \ g = 1$

b) $2s$支壳层:　2个电子,　满　$\rightarrow \ g = 1$

c) $2p$支壳层:　2个电子,　$X = 2, Y = 6 \rightarrow g = 15$

$\rightarrow G = 1 \times 1 \times 15 = 15$

例 2　氮的一个激发组态 $1s^2\ 2s^2\ 2p^2 3p^1$ 的简并度是多少?

a) $1s$支壳层:　满　$\rightarrow \ g = 1$

b) $2s$支壳层:　满　$\rightarrow \ g = 1$

c) $2p$支壳层:　2个电子　$X = 2, Y = 6 \rightarrow g = 15$

d) $3p$支壳层:　1个电子　$X = 1, Y = 6 \rightarrow g = Y = 6$

$\rightarrow G = 15 \times 6 = 90$

c) **组态的宇称**

把一个电子的坐标相对于中心 O 进行反演, $\vec{r} \to -\vec{r}$, 它所占据的自旋–轨道波函数有确定的宇称 $(-1)^l$. 对于占据了 N 个不同自旋–轨道态的 N 个电子的组态, 因为斯莱特行列式的所有项是 N 个自旋–轨道波函数的乘积, 在所有电子坐标相对于中心 O 进行一次反演时有

$$\vec{r}_i \to -\vec{r}_i, \quad (i = 1, 2, \cdots, N)$$

一个组态的宇称由 $(-1)^{\sum\limits_i l_i}$ 给出.

12.4 元素周期分类法

12.4.1 基态组态

自然界能查到的各种不同原子是以等于原子序数 Z 的某个电子数来表征的. 原子基态是由电子总能量最低的组态来描述的. 为了描写这个原子, 必须采用本章叙述的各种性质.

a) 总能量等于每个电子单独处于有心势 $W(r)$ 中时电子具有的能量之和.

b) 属于不同支壳层电子的能量递增的顺序与有心势 $W(r)$ 的确切形式关系不大, 它对应于图 12.1 的指标: $1s$; $2s$, $2p$; $3s$, $3p$, 等等.

c) 属于每个支壳层的电子存在着一个最大数目是电子不可分辨性和泡利原理的结果.

已知原子的电子总数为 Z, 从这三个性质就可确定原子的基态组态.

对每个原子, 其基态组态如下:

Z=1	H	一个电子;	组态: $1s$
Z=2	He	$1s$ 态有 2 个电子;	组态: $1s^2$
Z=3	Li	$1s$ 壳层有最大电子数等于 2;	组态: $1s^2\ 2s$
Z=4	Be	支壳层 $2s$ 满;	组态: $1s^2\ 2s^2$
Z=5∼9	···	支壳层 $1s$ 和 $2s$ 满; 逐步填充 $2p$ 支壳层	
Z=10	Ne	支壳层 $2p$ 满;	组态: $1s^2\ 2s^2\ 2p^6$
Z=11∼17	···	支壳层 $1s$, $2s$ 和 $2p$ 满; 先后填充 $3s$ 和 $3p$ 支壳层	
Z=18	Ar	5 个低能量支壳层填满;	组态: $1s^2\ 2s^2\ 2p^6 3s^2 3p^6$

对于具有大于 18 个电子的原子, 很难直接确定其基态组态. 实际上, 我们已经知晓 (参见 12.2 节和图 12.1), 某些电子态, 像 $4s$ 和 $3d$, $5s$ 和 $4d$, 它们的能量十分接近, 在递增的能量标尺上它们的上下次序与用来更好地描写原子有心势的形式有关. 因此, 最低能量会对应于一个与预期不同的组态. 下面两页的表 12.2 给出了不同原子的基态组态. 考察这个表可以做出下面几个注解.

1) 除了少数例外, 支壳层的填充次序由图 12.1(箭头的方向) 给出. 当有心势假说中多个电子轨道具有几乎相同的能量时, l 最小的轨道 (s 态, $l=0$) 最先被填满. 我们看到, 壳层填充的顺序与 $n+l$ 这个量有规则地增加相对应.

2) 这个填充次序是: 某些支壳层已开始被填充时, 而一个主量子数较小的支壳层却还是完全空的. 许多原子的基态组态属于这种特例.

例

钾、钙 ($Z=19$ 和 20): 当 $4s$ 填满时, $3d$ 还是空的.

铷、锶 ($Z=37$ 和 38): 当 $5s$ 填满时, $4d$ 还是空的.

$Z=39\sim57$: 当 $5s$ 填满, 然后再填充 $5p$ 时, $4f$ 还是空的.

3) 我们称下面这三个族, 每族 10 种元素为**过渡元素**, 它们相当于 ns 支壳层已经填满, 而正在逐渐填充 $(n-1)d$ 支壳层. 存在着三个过渡元素族为:

填充 $3d$, 从 Z=21 到 Z=30, 铁族.

填充 $4d$, 从 Z=39 到 Z=48, 钯族.

填充 $5d$, 从 Z=71 到 Z=80, 铂族.

4) 我们称相应于 $4f$ 支壳层逐渐填充, 而 $6s$ 支壳层已经填满的 14 种元素为**稀土元素 (镧系元素)**($Z=57$ 到 $Z=70$), 而称 $5f$ 支壳层逐渐填充, 而 $7s$ 支壳层已填满的 14 种元素为**锕系元素**($Z=89$ 到 $Z=102$).

5) 填充次序存在着不规则性: 例如, 我们可以从比较原子序数为 23 与 24, 40 与 41, 57 与 58, 77 与 78 等相邻元素中看到这一点.

12.4.2 原子的基态组态与性质

a) 电离势

从莱纳尔那样一类实验可以显示与原子其余部分结合得最为松散的那些电子的结合能, 从而可确定电离势 V_i 的值 (参见上册第 1 章).

图 12.3 显示原子的电离势和它的原子序数之间的函数关系 (直到 $Z=40$). 这也是以电子伏特为单位的电离能 W_i, 它定义为把一个处于基态的原子一次电离所需提供的最低能量. 所谓一次电离就是从原子中夺走第一个电子. 在具有一个外层电子的原子情况 (氢原子或碱金属原子), 可以说, W_i 等于电子结合能. 对复杂原子情况, 就很难建立起定量关系. 在一切情况下, W_i 表示原子基态能级和第一电离极限 (即第一个电子脱离原子) 之间的能量差.

通过简单的思考就可理解图 12.3 所概括的结果.

本质现象就是靠近原子核的球对称的荷电壳层 (n 很小) 对较远的电荷所施加的静电屏蔽效应 (参见 11.3.2 节计算的壳层平均距离). 图 11.5“电子云” 的图像显示, 支壳层的电荷空间分布可以远远地偏离于球对称性. 然而, 如果同一 n 壳层的一切支壳层都是填满的, 电荷体系呈现的平均分布离球对称不会太远.

壳层			K	L		M			N				O					P						Q
支壳层			1*s*	2*s*	2*p*	3*s*	3*p*	3*d*	4*s*	4*p*	4*d*	4*f*	5*s*	5*p*	5*d*	5*f*	5*g*	6*s*	6*p*	6*d*	6*f*	6*g*	6*h*	7*s*
行1	1	H	1																					
	2	He	2																					
行2	3	Li	2	1																				
	4	Be	2	2																				
	5	B	2	2	1																			
	6	C	2	2	2																			
	7	N	2	2	3																			
	8	O	2	2	4																			
	9	F	2	2	5																			
	10	Ne	2	2	6																			
行3	11	Na	2	2	6	1																		
	12	Mg	2	2	6	2																		
	13	Al	2	2	6	2	1																	
	14	Si	2	2	6	2	2																	
	15	P	2	2	6	2	3																	
	16	S	2	2	6	2	4																	
	17	Cl	2	2	6	2	5																	
	18	Ar	2	2	6	2	6																	
行4	19	K	2	2	6	2	6		1															
	20	Ca	2	2	6	2	6		2															
	21	Sc	2	2	6	2	6	1	2															
	22	Ti	2	2	6	2	6	2	2															
	23	V	2	2	6	2	6	3	2															
	24	Cr	2	2	6	2	6	5	1															
	25	Mn	2	2	6	2	6	5	2									过渡元素(第一族)						
	26	Fe	2	2	6	2	6	6	2															
	27	Co	2	2	6	2	6	7	2															
	28	Ni	2	2	6	2	6	8	2															
	29	Cu	2	2	6	2	6	10	1															
	30	Zn	2	2	6	2	6	10	2															
	31	Ga	2	2	6	2	6	10	2	1														
	32	Ge	2	2	6	2	6	10	2	2														
	33	As	2	2	6	2	6	10	2	3														
	34	Se	2	2	6	2	6	10	2	4														
	35	Br	2	2	6	2	6	10	2	5														
	36	Kr	2	2	6	2	6	10	2	6														
行5	37	Rb	2	2	6	2	6	10	2	6			1											
	38	Sr	2	2	6	2	6	10	2	6			2											
	39	Y	2	2	6	2	6	10	2	6	1		2											
	40	Zr	2	2	6	2	6	10	2	6	2		2											
	41	Nb	2	2	6	2	6	10	2	6	4		1											
	42	Mo	2	2	6	2	6	10	2	6	5		1											
	43	Tc	2	2	6	2	6	10	2	6	5		2					过渡元素(第二族)						
	44	Ru	2	2	6	2	6	10	2	6	7		1											
	45	Rh	2	2	6	2	6	10	2	6	8		1											
	46	Pd	2	2	6	2	6	10	2	6	10													
	47	Ag	2	2	6	2	6	10	2	6	10		1											
	48	Cd	2	2	6	2	6	10	2	6	10		2											
	49	In	2	2	6	2	6	10	2	6	10		2	1										
	50	Sn	2	2	6	2	6	10	2	6	10		2	2										
	51	Sb	2	2	6	2	6	10	2	6	10		2	3										
	52	Te	2	2	6	2	6	10	2	6	10		2	4										
	53	I	2	2	6	2	6	10	2	6	10		2	5										
	54	Xe	2	2	6	2	6	10	2	6	10		2	6										

壳层			K	L		M			N				O					P						Q	
支壳层			1s	2s	2p	3s	3p	3d	4s	4p	4d	4f	5s	5p	5d	5f	5g	6s	6p	6d	6f	6g	6h	7s	
行6	55	Cs	2	2	6	2	6	10	2	6	10		2	6				1							
	56	Ba	2	2	6	2	6	10	2	6	10		2	6				2							
	57	La	2	2	6	2	6	10	2	6	10		2	6	1			2							稀土元素
	58	Ce	2	2	6	2	6	10	2	6	10	2	2	6				2							
	59	Pr	2	2	6	2	6	10	2	6	10	3	2	6				2							
	60	Nd	2	2	6	2	6	10	2	6	10	4	2	6				2							
	61	Pm	2	2	6	2	6	10	2	6	10	5	2	6				2							
	62	Sm	2	2	6	2	6	10	2	6	10	6	2	6				2							
	63	Eu	2	2	6	2	6	10	2	6	10	7	2	6				2							
	64	Gd	2	2	6	2	6	10	2	6	10	7	2	6	1			2							
	65	Tb	2	2	6	2	6	10	2	6	10	9	2	6				2							
	66	Dy	2	2	6	2	6	10	2	6	10	10	2	6				2							
	67	Ho	2	2	6	2	6	10	2	6	10	11	2	6				2							
	68	Er	2	2	6	2	6	10	2	6	10	12	2	6				2							
	69	Tm	2	2	6	2	6	10	2	6	10	13	2	6				2							
	70	Yb	2	2	6	2	6	10	2	6	10	14	2	6				2							
	71	Lu	2	2	6	2	6	10	2	6	10	14	2	6	1			2							过渡元素 (第三族)
	72	Hf	2	2	6	2	6	10	2	6	10	14	2	6	2			2							
	73	Ta	2	2	6	2	6	10	2	6	10	14	2	6	3			2							
	74	W	2	2	6	2	6	10	2	6	10	14	2	6	4			2							
	75	Re	2	2	6	2	6	10	2	6	10	14	2	6	5			2							
	76	Os	2	2	6	2	6	10	2	6	10	14	2	6	6			2							
	77	Ir	2	2	6	2	6	10	2	6	10	14	2	6	7			2							
	78	Pt	2	2	6	2	6	10	2	6	10	14	2	6	9			1							
	79	Au	2	2	6	2	6	10	2	6	10	14	2	6	10			1							
	80	Hg	2	2	6	2	6	10	2	6	10	14	2	6	10			2							
	81	Tl	2	2	6	2	6	10	2	6	10	14	2	6	10			2	1						
	82	Pb	2	2	6	2	6	10	2	6	10	14	2	6	10			2	2						
	83	Bi	2	2	6	2	6	10	2	6	10	14	2	6	10			2	3						
	84	Po	2	2	6	2	6	10	2	6	10	14	2	6	10			2	4						
	85	At	2	2	6	2	6	10	2	6	10	14	2	6	10			2	5						
	86	Rn	2	2	6	2	6	10	2	6	10	14	2	6	10			2	6						
行7	87	Fr	2	2	6	2	6	10	2	6	10	14	2	6	10			2	6					1	
	88	Ra	2	2	6	2	6	10	2	6	10	14	2	6	10			2	6					2	
	89	Ac	2	2	6	2	6	10	2	6	10	14	2	6	10			2	6	1				2	锕系元素
	90	Th	2	2	6	2	6	10	2	6	10	14	2	6	10			2	6	2				2	
	91	Pa	2	2	6	2	6	10	2	6	10	14	2	6	10	2		2	6	1				2	
	92	U	2	2	6	2	6	10	2	6	10	14	2	6	10	3		2	6	1				2	
	93	Np	2	2	6	2	6	10	2	6	10	14	2	6	10	4		2	6	1				2	
	94	Pu	2	2	6	2	6	10	2	6	10	14	2	6	10	5		2	6	1				2	
	95	Am	2	2	6	2	6	10	2	6	10	14	2	6	10	6		2	6	1				2	
	96	Cm	2	2	6	2	6	10	2	6	10	14	2	6	10	7		2	6	1				2	
	97	Bk	2	2	6	2	6	10	2	6	10	14	2	6	10	8		2	6	1				2	
	98	Cf	2	2	6	2	6	10	2	6	10	14	2	6	10	10		2	6					2	
	99	Es	2	2	6	2	6	10	2	6	10	14	2	6	10	11		2	6					2	
	100	Fm	2	2	6	2	6	10	2	6	10	14	2	6	10	12		2	6					2	
	101	Md	2	2	6	2	6	10	2	6	10	14	2	6	10	13		2	6					2	
	102	No	2	2	6	2	6	10	2	6	10	14	2	6	10	14		2	6					2	
	103	Lr	2	2	6	2	6	10	2	6	10	14	2	6	10	14		2	6	1				2	

表 12.2　元素的电子组态

每一纵列相当于一个支壳层, 注明了它的电子数, 满壳层用灰底色表示.

(第一列标号: 行 1, 行 2…… 行 7 对应于元素周期表 12.3 中的行数)

利用静电库仑定律的结果高斯定理, 可以计算在球面上均匀分布的表面电荷所产生的电场; 这个结果可以被推广到具有一定厚度的球形壳层:

—— 在球形壳层内部电场为零;

—— 在球形壳层外部这个电场等于位于球心的球形壳层总电荷所产生的电场.

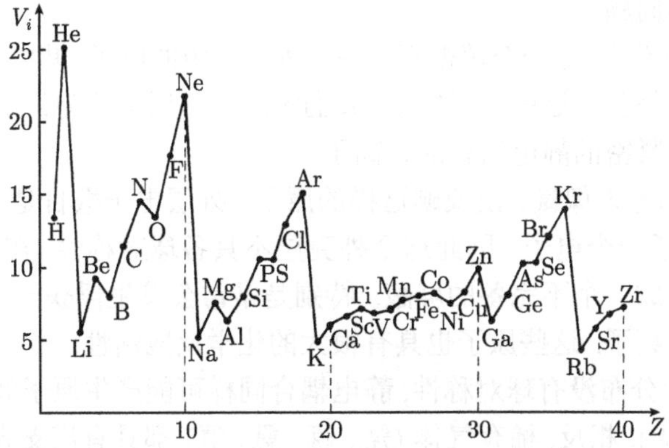

图 12.3　原子序数从 1 到 40 之间的原子的电离势 V_i

这样, 含有 2, 8 或 18 个电子的每个满壳层就会使吸引原子最外层电子的表观正电荷数目随之减少. 若 X 是最外层 (即量子数 n 最大的那层) 的电子数. 基本的静电模型表明, 每个外层电子看到的电场相当于仅为 X 个正电荷所吸引的场. 若外层电子只有一个, $X=1$, 因此, 这个电子的束缚要远小于一个属于 X 数目较大的外层的电子. 因此, 电离势 V_i 是随 X 而增加的函数, 这可以特别容易地从图 12.3 看出来: 对于碱金属原子 (Li, Na, K, Rb, Cs), 它只有一个外层电子, V_i 最小, 相反, 对稀有气体 (He, Ne, Ar, Kr, Xe), V_i 最大, 它的外层 s 和 p 支壳层是满壳层, 共有 $X=8$ 个电子.

如果我们考虑锂 ($Z=3$) 和铷 ($Z=37$) 这两个电离势值十分接近的情况, 屏蔽效应的重要性就特别明显地表现出来了, 尽管它们的核电荷一个比另一个大10 倍多.

- 上述图解十分不完善, 因为相继填充电荷的球对称壳层图像并非完全实际. 我们特别要注意, 钾和铜, 外层都有一个 s 电子, 但电离势却显著不同. 内支壳层的本性起着作用, 它或多或少有效地屏蔽了核电荷. 实际上, 我们回头来看给出非库仑有心势中电子出现概率密度的曲线 (参见图 11.12 钠的情况). 我们注意到, 从电子与核的距离来看, 一个 $3d$ 电子的出现概率扩展的距离要远大于 $3p$ 电子的. 因此, 我们可以理解, 在钾原子的外层 $4s$ 电子和核电荷之间的内壳层 $1s^2\,2s^2\,2p^6 3s^2 3p^6$ 形成的一个屏蔽要比铜原子内壳层 $1s^2\,2s^2\,2p^6 3s^2 3p^6 3d^{10}$ 形成的屏蔽有效得多.

下一章中 (X 射线谱) 我们还会看到这种屏蔽效应.

b) 化学性质

原子的化学性质和这个原子与其他原子结合的可能性有关. 这个问题极端复杂: 它涉及各种不同的相互作用, 尤其是与起源于量子效应的交换相互作用项有关 (参见 15.3.2 节). 我们仅限于指出几个非常基本的, 特别是涉及原子组态与其化学性质之间的关系问题.

1. 上面我们看到, 在一个填得不太满的外壳层中的电子, 其电离势是比较弱的. 相应的原子很容易丢失这些外层电子, 我们称这些外层电子为价电子. 而这时原子则形成一个源于紧密的静电结合的正离子.

2. 现在我们考虑像氯、溴或碘这样的原子. 外层电子数目是 $X=7$. 为了填满支壳层 p, 它少了一个电子. 因此这个外壳层不具备球对称性, 在原子外部电荷和核电荷之间只形成一个不完备的屏蔽. 特别是常常会发生俘获一个额外电子的事, 从而形成一个负离子. 这些原子也具有很大的化学反应活性.

3. 由于电荷分布没有球对称性, 静电耦合同样可能产生原子间的相互作用 (参见附录 9: 多极矩). 相反, 稀有气体 (氖、氩、氪、氙) 都具有满支壳层, 电荷分布具有球对称性, 这就可以理解它们在化学上非常没有活性.

4. 从表 12.2 中我们注意到, 某些元素的内支壳层没有完全被填满, 我们把它们叫做 "过渡元素". 这些未填满支壳层的电子可能具有与外层电子稍有不同的结合能. 可能形成许多不同种类的正离子, 这种元素将以多价为特征 (读者会想到: 单价或双价铜, 双价或三价铁、铬、锰等). 这些过渡元素还以显著的磁性为特征: 原子 (或离子) 的磁矩是未填满的支壳层的轨道磁矩和自旋磁矩合成的结果, 它们一般具有很大的值.

c) 元素的周期分类

在 19 世纪, 门捷列夫从元素的化学性质出发用一张表的形式提出了一个元素分类法. 在表中, 具有相近化学性质的元素处于同一纵列; 在同一横行中的元素形成一个周期. 每种元素的原子序数 Z 可从表中格子的编号中得到.

化学家对门捷列夫的表做了改进, 他们把每个纵列分成两列, 一列 A 和一列 B. 我们在表 12.3 中把它们分别画出来显示. 这个表中所列出的信息与填充电子壳层相关的数据和电离势的数值相符合是十分值得注意的, 这也与上节的讨论相一致.

从表 12.3 中读者会发现一种比较简单的周期分类的表示法, 它显示元素的性质与电子组态之间的关联; 图中对应于用纵列分类的元素部分用粗线画出. 关于电子组态的信息则用细线和细字母表示: 横线上每部分都用正在填充的支壳层的符号来标记; 在每个纵列的底部标出了这个未填满支壳层的电子数. 中间是过渡元素族. 打叉的那个格子对应于传统上叫做 "稀土" 的元素. 这些元素 (参见表 12.2) 主要由填充 $4f$ 支壳层的不同来区分. 它们的化学性质非常相近.

表12.3　元素周期分类表

门捷列夫原始的表的每列编号

最后支壳层的符号

	IA	IIA
1s	1 H	2 He
2s	3 Li	4 Be
3s	11 Na	12 Mg
4s	19 K	20 Ca
5s	37 Rb	38 Sr
6s	55 Cs	56 Ba
7s	87 Fr	88 Ra
	1	2

	IIIA	IVA	VA	VIA	VIIA	VIIIA			IB	IIB
3d	21 Sc	22 Ti	23 V	24 Cr	25 Mn	26 Fe	27 Co	28 Ni	29 Cu	30 Zn
4d	39 Y	40 Zr	41 Nb	42 Mo	43 Tc	44 Ru	45 Rh	46 Pd	47 Ag	48 Cd
5d	71 Lu	72 Hf	73 Ta	74 W	75 Re	76 Os	77 Ir	78 Pt	79 Au	80 Hg
6d	89 Ac	90 Th	91 Pa	92 U						
	1	2	3	4	5	6	7	8	9	10

	IIIB	IVB	VB	VIB	VIIB	VIIIB
2p	5 B	6 C	7 N	8 O	9 F	10 Ne
3p	13 Al	14 Si	15 P	16 S	17 Cl	18 Ar
4p	31 Ga	32 Ge	33 As	34 Se	35 Br	36 Kr
5p	49 In	50 Sn	51 Sb	52 Te	53 I	54 Xe
6p	81 Tl	82 Pb	83 Bi	84 Po	85 At	86 Rn
	1	2	3	4	5	6

基态的最后支壳层中的电子数

(圆圈所画的为例外)

	1	2	3	4	5	6	7	8	9	10	11	12	13	14
4f	57 La	58 Ce	59 Pr	60 Nd	61 Pm	62 Sm	63 Eu	64 Gd	65 Tb	66 Dy	67 Ho	68 Er	69 Tm	70 Yb

注：为了使这个表不致过于复杂，超铀元素(非稳定的)没有标出.

我们用灰底色标注了一些元素, 它们的化学性质与外层电子的亲和性相对应 (参见 12.4.2b 节化学性质). 在某些传统化学著作中, 它们被称为类金属元素.

小 结

采用独立电子模型, 并借助于上一章结果, 我们可以在有心力场近似中来确定有 N 个电子的原子 (或离子) 的能级和电子态.

在这个近似中, 能级是简并的, 并引出了电子组态的概念. 一个组态由原子的 N 个电子中每个电子的量子数 n 和 l 的数据来确定, 并代表一个具有相同能量的量子态的子空间, 这些量子态是 N 个单个电子态的反对称组合. 这些单个电子态是自旋–轨道态, 由一组四个量子数 n, l, m_l 和 m_s 来表征. 按照泡利原理, 一个给定的自旋–轨道态只能被一个电子所占据. 相对于两个量子数 m_l 和 m_s 的能级简并, 可引入电子壳层和支壳层模型, 电子壳层由主量子数 n 来表征, 支壳层由两个数 n 和 l 来表征.

在设想对多电子原子进行更精确的描述之前, 我们将在下一章中叙述 X 射线谱的实验. 这些实验将会证实利用独立电子模型和泡利原理所得到的理论结果.

第13章 X 射线谱

与波长为 0.1nm 数量级的 X 射线相对应的频率要比可见光高得多. X 射线谱涉及重原子 (原子序数 Z 较大) 最 "深" 的能级; 与这些 "深" 能级相对应的是那些离核最近, 以最大的负能量被束缚住的电子. 在这种条件下, 相对于上章 (参见 12.1.1 节) 中所研究的其他各种相互作用能相比, 与核的静电相互作用能显然占有最重要的地位. 其结果是第 12 章 "有心势中独立电子" 的一级近似在此处特别适用, 它能对 X 射线谱做相对简单的解释.

在本章前几节, 我们将首先看到利用 X 射线的三种不同实验技术是如何测量原子深能级的, 然后在最后一节我们将解释这样测得的能量值.

13.1 X 射线发射

我们先来回顾一下 X 光管是如何工作的: 我们用强加速的电子轰击一块称为 "对阴极" 的金属板. 金属板就成为 X 射线源, X 射线就会从金属板的电子轰击点上发出. X 光管发出的电磁波, 其波长或频率分布在很宽阔的区域, 对它作分析就得到光管的 X 射线谱.

13.1.1 波长或频率的测量

可以用晶格对 X 光的衍射做成的晶体谱仪来分析发出的射线谱. 回顾上册 6.3.2 节关于中子的讨论 (参见图 6.4), 我们知道, 波长 λ 的入射波应与一系列晶格平面形成一个能产生强 "反射" 的角度 θ_B, 从布拉格关系式可确定:

$$2d\sin\theta_B = k\lambda = kc/\nu$$

(d 是相邻两晶格平面的间距; k 是一个整数.)

我们象征性地画出了所用的晶体平面, 一般说来, 它们与一块晶体的外表形式并不一致.

图 13.1 画出了用作这种分析的实验装置原理图. 晶体谱仪起单色仪的作用, 也就是说, 它以 θ 角接收一束射线, 只让频率 ν 满足布拉格衍射定律的单色射线出来. 我们改变角度 θ, 再用一个检测器 (照相底板或计数器) 测量接收到的强度随角度 θ(即频率) 变化的函数关系 (必须同时转动晶箔、出射缝和检测器).

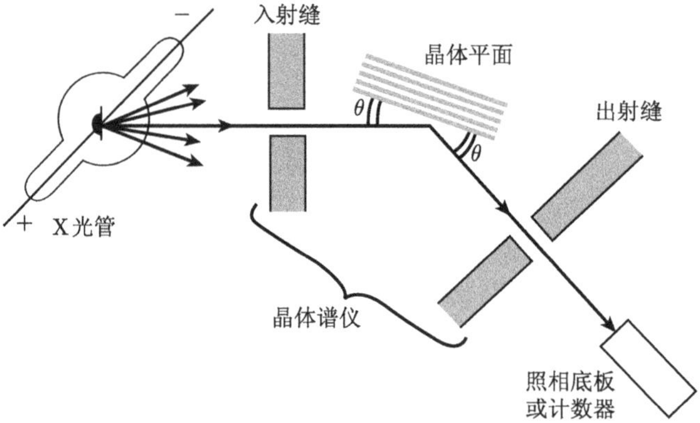

图 13.1　X 射线的谱分析

所用晶体平面的象征性图示, 一般它与一块晶体的外形并不一致

13.1.2　连续谱与谱线

所得射线谱呈现出的是连续谱与线状谱的叠加, 这就是说, 在频率坐标上部分 X 射线的强度分布是连续的, 即连续谱; 而在某些精确的频率值上则可观察到特别强的发射强度, 即线状谱 (参见图 13.2).

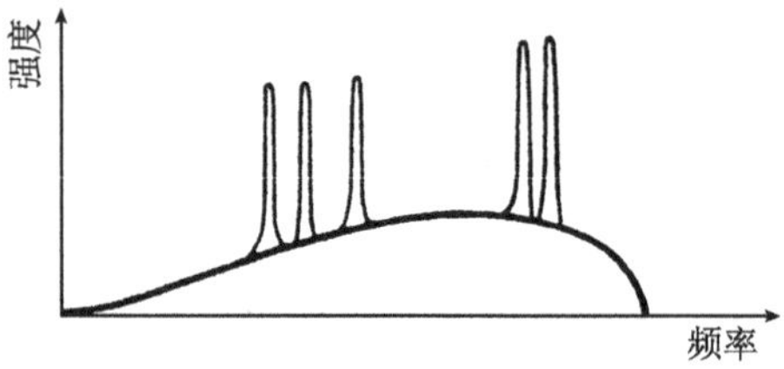

图 13.2　一个 X 光管的发射谱

谱线和连续本底在解释上是完全不同的. 连续谱与线状谱成因的区别可从下面 a) 和 b) 所解释的两种现象得以阐明.

a) X **荧光现象**

当我们用一束有一定方向和确定频率的 X 光照射到一块物质时, 它部分地吸收了光束, 而它自身就像是个 X 光源, 向与入射光不同的方向发射. 分析这个新射线的谱, 可以区分:

- 散射光
  —— 频率不变 (汤姆孙散射, 参见附录 8, A8.1.3 节);
  —— 或频率改变 (康普顿散射, 参见上册 2.3 节).

- 荧光辐射. 确切地说, 荧光射线本身形成线状谱, 其频率就是散射物质的特征频率：这线状谱和 X 光管中用电子轰击同类物质所产生的谱是完全相同的. 然而, 在荧光谱中不可能找到任何分布在一个频段上的连续谱. 这是和 X 光管中高速电子被对阴极阻断时对阴极所发出的射线谱的连续谱相反的.

　　每次我们使用荧光这个名词时是指原子在吸收一个入射电磁波后其自身成为发射源的辐射. 和光波波段一样, 在 X 光波段也会发生这种现象. 在荧光现象中原子内部结构起着作用. 这就是荧光现象与散射现象的区别, 后者不改变原子的内部状态.

b) X 光管连续谱的特征

　　连续谱的本质特征示于图 13.3(a) 和图 13.3(b), 那里画出了表示不同实验条件下对阴极发出的 X 射线的强度随频率 ν 变化的函数关系的各种曲线 (为了简化起见, 图上删去了谱线).

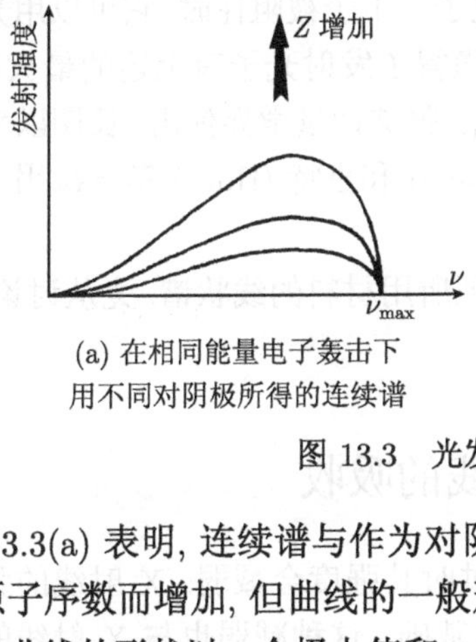

(a) 在相同能量电子轰击下用不同对阴极所得的连续谱

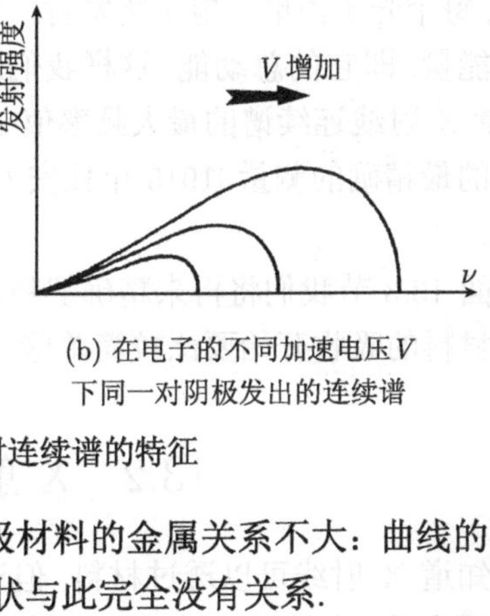

(b) 在电子的不同加速电压 V 下同一对阴极发出的连续谱

图 13.3　光发射连续谱的特征

　　图 13.3(a) 表明, 连续谱与作为对阴极材料的金属关系不大：曲线的高度随着金属的原子序数而增加, 但曲线的一般形状与此完全没有关系.

　　这种曲线的形状以一个极大值和一个迅速下落为零的、确定的最大频率值 $\nu_{\max}$ 为特征, 高于此频率就没有任何射线发射了. 这个最大频率值 $\nu_{\max}$ 与组成对阴极的金属绝对无关; 但相反, 却与电子的加速电压 V 关系很大, 如图 13.3(b) 所示; 而这和谱线的频率相反, 它与电压 V 无关. 最大频率值 $\nu_{\max}$ 随电压 V 成正比地增加, 即随轰击电子的动能而增加. 我们认为, 连续谱是由此而引起的.

c) 连续谱的解释

　　假如我们测量加速电压 V 和最大频率值 $\nu_{\max}$ 之间的比例常数, 我们得到一个等于常数 h/e 的数值, 这个数值也包含在光电效应中 (参见上册第 1 章), 即

$$\boxed{eV = (1/2)mv^2 = h\nu_{\max}} \tag{13.1}$$

既然这个连续谱基本上决定于入射电子的速度 v, 就认为相应的 X 射线是由这些电子发出来: 当以很高速度 v 运动的电子被对阴极阻住时, 它们受到一个基本上是来自组成金属晶格的原子核的强静电力的作用. 因此电子遭受强烈的加速 (用矢量语言, 在方向上实为减速); 经典辐射理论证明, 加速电荷会发射电磁波, 其频率随着加速度的增强而提高 (参见附录 8, A8.1.3 节). 因而, 电子在穿透对阴极时的突然制动就是产生连续谱的原因, 我们管这叫做 "轫致辐射", 欧美著作中通常是用德语名称 "Bremsstrahlung".

如果说经典辐射理论很好地解释了轫致辐射原理, 它却不能解释这个机理的细节, 这里也牵涉到量子理论. 问题可以用入射电子和静止晶格靶子之间的弹性碰撞来处理, 碰撞中部分电子的动能转移给了光子的动能 (我们认为所有光子能量都是动能, 参见上册第 2 章). 投射粒子的能量比晶格靶子的静止能量低得多; 根据碰撞问题的规则, 晶格 "接纳" 电子的动量, 实际上却并不吸收其任何能量 (参见上册 2.5 节, 表 2.4).

总之, 每个光子由单一电子所发射; 当电子一下子被阻住时, 它可以用光子形式交出最大能量, 即它的总动能. 这样我们就懂得了发射光子有上述的最大能量. 事实上, 测量 X 射线连续谱的最大频率值 $\nu_{\max}$ 曾被计量学界使用, 长期以来还是常量比 h/e 的最精确的测量 [1915 年杜安 (Duane) 和亨特 (Hunt) 第一次用这种方法测量了 h].

在后面 13.3 节我们将再来精确解释表征所用材料的线状谱. 先从讨论 X 射线透过这些材料的吸收开始要比较简单些.

13.2 X 射线的吸收

我们知道 X 射线可以透过材料, 但透过时其强度会减弱. X 射线的强度减弱与透过介质有关, 这是医学或工业放射学的基础. 这种减弱也与 X 射线的频率有关: 高频 X 射线 (能量 $h\nu \geqslant 100\text{keV}$, 或波长 $\lambda \leqslant 0.01\text{nm}$) 称为硬 X 射线, 因为它们的衰减要比频率低的 X 射线 (称为软 X 射线, 能量 $h\nu \leqslant 1\text{keV}$, 或波长 $\lambda \geqslant 1\text{nm}$) 小得多. 但是这种衰减不是频率的单调函数, 而这种与频率的函数关系正是我们所要研究的.

13.2.1 吸收谱

为了得到这个谱, 我们利用与图 13.1 相似的晶体单色仪; 不过在单色仪的出射缝与检测器之间插入了一片厚度为 z 的被研究元素 (通常是金属) 的薄板. 我们测量强度 $I(z)$, 它要小于没有薄板时的强度 I_0. 从强度比 $I(z)/I_0$ 可以导出频率为 ν 时金属的吸收系数 $K(\nu)$, 它是按照吸收现象的经典公式来定义的 (参见上册 3.1

节):

$$\frac{\mathrm{d}I}{I} = -K(\nu)\mathrm{d}z \Rightarrow I(z) = I_0 \exp\left[-K(\nu)z\right] \quad (13.2)$$

这样, 我们就可以测量表征所用吸收介质的吸收系数 $K(\nu)$, 它与其厚度 z 无关.

a) 吸收谱的不连续性

可以用晶体单色仪来改变透过吸收介质的入射束的频率, 画出吸收系数 $K(\nu)$ 与频率的函数曲线: 这称为所用材料的吸收谱. 实验人员差不多总是把结果用波长 λ 的函数来表示. 我们已经把它们转换为频率 ν 的函数来表示, 在解释现象上频率作为参量是更为方便的. 图 13.4 是一个表示所得曲线行为的典型例子. 差不多是随着 C/ν^3(C 为常数) 变化的规则曲线被几个突变的不连续点所断开, 就是说, 当频率变化到某个确定值时, 比例常数突然猛增.

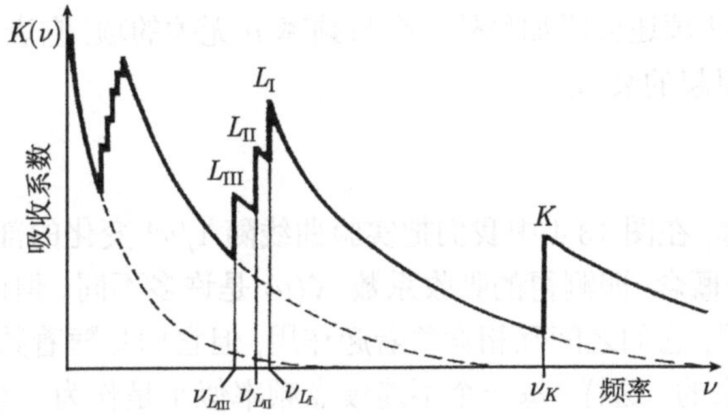

图 13.4　透过一块由单种金属组成的薄板时 X 射线的吸收谱

下面更确切地来说明, 图 13.4 所示的是吸收屏全用单种化学元素做成时所得到的典型曲线. 我们看到, 随着频率的下降, 有:

—— 一个频率不连续点, 其频率显著高于其他的, 称为不连续点 K;
—— 然后是邻近的三个不连续点, 称为 L_{I}, L_{II}, L_{III};
—— 在更低频率上有五个相邻的不连续点 M_{I}, M_{II}, M_{III}, M_{IV}, M_{V};
—— 然后是七个其他不连续点, 用字母 N, $\cdots$ 表示, 它们只存在于较重的元素 (原子序数较高的).

当吸收屏的成分中有多种元素时, 在其吸收谱中存在着每种元素分别使用时所有可观察到的不连续点频率. 不管什么样的化学组分, 只要这些元素共同存在, 就都是这样的情况. **不连续点频率是化学元素, 即不同类型原子的特征参量, 不管它们是处在什么样的分子中.**

例如, 对原子序数 $Z=47$ 的银原子, 我们观察到: $\lambda_K \simeq 0.05\text{nm}$, 相当于光子能量为 $h\nu_K \simeq 25\ 000\text{eV}$; $\lambda_L \simeq 0.35\text{nm}$, 相当于光子能量为 $h\nu_L \simeq 3\ 600\text{eV}$.

注 1：上面刚才说到的, 只在一级近似下才成立. 假如我们画出高分辨率谱, 并且, 当我们研究的频率较低 (或波长较长, 即软 X 射线) 时, 我们会观察到频率的细微变化, 它随着元素所属的分子而有所不同. 改善测量精密度后甚至可以开发出一种基于观察这些微弱的频率移动 (能量变化在电子伏特或几分之一电子伏特量级) 的完整的研究方法. 用这样高的频率精密度还可以看到 K, L 等不连续点的形式并非绝对是突变的 (参见 13.3.3a 节).

注 2：为了确定吸收系数的数量级, 我们指出有一个布拉格和皮尔斯 (Pierce) 实验规律, 它对一种原子序数为 Z 的元素给出质量吸收系数 (即吸收系数除以介质密度)：

$$K/\rho \simeq CZ^3\lambda^3$$

若 K/ρ 用 CGS 单位表示, λ 用 0.1nm, 对 $\lambda > \lambda_K(\nu < \nu_K)$, 常数 $C \simeq 1/1000$; 对 $\lambda < \lambda_K$ $(\nu > \nu_K)$, $C \simeq 1/100$.

对 $CZ^3\lambda^3$ 项还应附加另外一个与频率 ν 无关的项, 它表示入射 X 光束受散射现象而引起的衰减.

b) 谱的解释

为了便于解释, 在图 13.4 中我们把实验曲线随 $1/\nu^3$ 变化的部分用虚线延长开来. 这给我们一个概念, 即测得的吸收系数 $K(\nu)$ 是许多不同、但同时随 $1/\nu^3$ 变化的过程相加的结果, 它们之间互相竞争着起作用, 但它们是随着频率的增加一个一个地逐渐呈现出来的. 这样, 每一个不连续点频率似乎是作为一个**阈值**出现的, 在这个阈值之上, 新过程将对吸收做贡献; 而在这个阈值之下, 不可能产生这个特定过程.

我们以一种原子 A 的不连续点 K 为例来进行说明; 假定存在一种机制, 在入射光子的能量 $h\nu$ 高于一个值 $h\nu_K$, 即 $h\nu > h\nu_K$ 的条件下, 原子 A 能够湮没入射光子.

这个频率和能量阈值是金属光电效应的基本特征参量 (参见上册第 1 章); 它基于这样的事实, 即必须带给电子一份超过其金属脱出能的能量：$h\nu > W_S = h\nu_S$.

如果 A 原子有一个电子, 其结合能为 $E_K = -h\nu_K$(我们仍旧保持这样的规则, 当该电子在无穷远处静止时, 其能量为零); 为了把该电子从原子中剥夺出来, 必须供给的脱出能为 $W_K = -E_K = +h\nu_K$. 在每个电子只能与一个光子起作用的假说中, 我们再次得到了条件 $h\nu \geqslant h\nu_K$.

这样, 我们解释了每个吸收的不连续点就是光电效应的一个阈值. 每个不连续点对应于一个不同的脱出能, 即对应于剥夺一个不同结合能的电子.

下一节我们将证明这种解释, 并且将把结合能 E_K, E_L, E_M 与分别对应于主

量子数为 $n=1, n=2, n=3$ 的理论能级等同起来.

13.2.2　X 射线光电子的速度谱

把 X 射线的吸收机制解释为光电效应是法国物理学家莫里斯 · 德布罗意用实验证明的 (1922; 他曾把巴黎的私邸改造成为地下实验室):

a) 首先, 他观察了威耳逊云室中在 X 射线作用下产生的荷电粒子的轨迹 (光电子与康普顿电子的区别在于光电子是沿着波的电场方向发出的, 即与入射 X 射线的传播方向垂直).

b) 然后, 他测量了荷电粒子的荷质比 q/m, 证实了这些荷电粒子是电子.

c) 最后, 他采用至今仍在实验室使用、我们即将描述的速度谱仪技术测量了光电子的速度.

我们知道, 光电子的动能将计入光电效应能量交换的平衡结算中; 所以测量它们的速度很有意思. 在以寻常光线实施的金属光电效应中所使用的测量方法不能应用于 X 射线的光电子, 因为与 X 射线光子的高能量相关, 其光电子的动能要高得多. 测量高能荷电粒子速度的常用方法是测量磁场中它们的轨迹的曲率半径; 这个在质谱仪或在核物理威耳逊云室中所用的方法也适用于 X 射线光电子.

a) **测量装置**

测量装置示于图 13.5(a). **单色**X 射线束 (从图 13.1 的单色仪发出) 的吸收在一条极细的金属细丝 M(垂直于图面) 中产生, 以使:

—— 从原子中夺走的电子以尽可能短的路径通过金属材料, 使其在逸出之前减速最小;

—— 电子轨迹的原点是精确确定的.

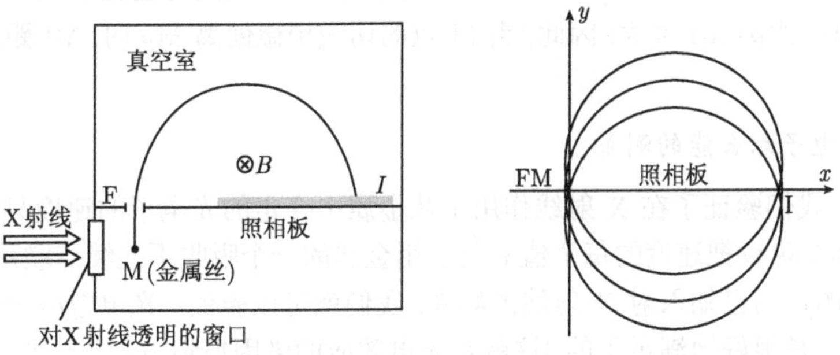

(a) 速度谱仪原理图　　(b) 金属丝M发出的不同电子轨迹

图 13.5　光电子速度分析

金属丝处于一个真空室中, 电子可在其中自由移动. 真空室全部处在电磁铁的磁隙中, 电磁铁产生磁感应强度 $\vec{B}$, 垂直于图 13.5 平面. 在金属丝 M 附近有一个很小的缝 F, 它选出速度矢量平行于特定方向 MF 的光电子, 这个方向垂直于磁感应矢量. 在这些条件下, 电荷为 $-e$ 的光电子描出圆轨迹, 圆平面垂直于磁场 (即图面), 其半径与其动量成正比:

$$R = \kappa \cdot mv/eB \tag{13.3}$$

(只要写出把洛伦兹力与加速度的法向分量联系起来的方程, 我们就可得到这个公式: $evB/\kappa = mv^2/R$. 我们记得, 若用 MKSA 单位制, 系数 $\kappa = 1$, 参见本册复制的附录 1).

为了测量圆的半径, 我们把电子阻止在一块照相板上, 从而可以观察撞击点 I 的痕迹. 如果照相板放置在垂直于 MF、通过 F 的平面上, 电子在撞击前描绘出一个半圆; 我们测量圆的直径, FI = $2R$.

缝 F 在平行于矢量 $\vec{B}$ 的方向 (垂直于图面) 上是有长度的, 有同样速度 v 的电子的撞击点形成平行于该方向的一条小的直线段.

当一次实验后冲洗照相底板时, 可以观察到一系列的平行小线段, 其形状与光谱完全相似, 因此称为速度谱.

每条线与缝 F 的距离正比于电子的速度 v, 这样就可以算出速度.

注: 这套装置的优点是对从金属丝 M 出来, 带有同样大小, 但方向略有不同的速度 v 的电子可以有某种聚焦作用; 因为缝有一定的宽度, 这些电子还是经过缝 F 选出来的. 图 13.5(b) 指出了这一点, 那里画出了从 M 点发出的三条直径相等的圆轨迹 (速度模值相等), 它们在 M 点上的切线相互形成一个小的角度. 这些圆在 M 点直径的对面点附近相交; 因为它们相交的角度很小, 在 M 点对面小区域内它们之间的距离也相差不多. 换句话说, 我们考虑一组通过 M 点的相等的圆, 并关心它们在 Mx 轴上的交点 I: 当圆与垂直于 Mx 的 My 轴相切时, 距离 MI 最大; 因此, 当 M 点的切线稍微偏离 My 时, MI 距离的变化很小.

b) *原子中电子结合能的测量*

这样, 我们验证了在 X 射线作用下从金属中夺走的光电子的速度只能取某些特定值. 因此可以把速度的每个值 v 与所用金属的一个吸收不连续点联系起来 (上节所讨论的), 而已知入射 X 射线的频率, 我们就可以验证: 光电效应中能量交换的平衡结算是很好地满足了的 [这就是光电效应的爱因斯坦方程, 上册公式 (1.3), W_K 称为电子脱出能]:

$$\boxed{h\nu = W_K + \frac{1}{2}mv^2 = h\nu_K + \frac{1}{2}mv^2} \tag{13.4}$$

(对符号为 L_{I}, L_{II}, L_{III}, M, N 等的其他不连续点也有同样的方程).

测量光电子的速度证明了把 X 射线吸收的每个不连续点解释为光电效应阈值的正确性, 也证实了电子结合能测量所得的是

$$E_K = -h\nu_K, \quad E_L = -h\nu_L, \quad E_M = -h\nu_M, \quad \cdots\cdots$$

反过来, 假如事先不知道吸收不连续点, 这种技术提供了一种容易得多的方法以测量脱出能 $W_K = h\nu - (1/2)mv^2$, 即原子内部的电子结合能 $E_K = -W_K$.

注 1: 假如改变入射 X 射线的频率 ν, 光电子的动能也要改变, 速度谱的谱线就会移动. 然而, 有可能某些速度谱线的位置不随入射射线的频率 ν 而变化, 也就是说, 某些电子从金属中出来时其动能与该频率无关. 这是俄歇 (Auger) 效应, 我们将在后面做解释 (参见 13.3.2 节最后的注).

注 2: ESCA 当今, 电子速度谱技术的改进可以将电子动能测量的精确度提高到十分之几电子伏特, 在某种情况下甚至达到百分之几电子伏特. 因而根据原子所属分子或分子团的不同, 有可能区分该原子同一电子 (K, L_{I}, L_{II}, L_{III}, M_I, 等) 的不同结合能. 这是一种新的研究化学组分的方法, 称为**化学分析用电子能谱学**(ESCA, Electron Spectroscopy for Chemical Analysis).

注 3: 在核物理学上, 这个速度谱技术还可用来测量 γ 光子的频率: 设事先已知电子的脱出功, 测量它们的动能可以导出入射 γ 光子的能量 $h\nu$.

13.3 X 射线的发射谱线

13.1.2 节我们看到, 在 X 光发射中观察到十分确定的谱线频率是与所用的技术 (荧光或电子轰击) 无关的, 它们只与所用材料组分的化学元素有关. 这些频率表征组成材料的原子类型, 这与上册开头所研究的气体放电中光发射频率的情况一样 (参见 1.3 节), 这些光发射曾用不同能级之间的跃迁来解释.

13.3.1 与吸收谱的比较

我们还曾看到, 从 X 射线吸收谱我们可以测量原子中深层电子的结合能; 这些结合能的知识可用来解释发射谱, 并说明这些谱的两个普遍特征.

a) 显著不同的谱线系

同一谱系的谱线频率属于同一数量级; 各个谱系之间互相不交错, 因为它们是以每个吸收不连续点邻近的频率来分组的. 事实上在图 13.4 中我们已经看到了吸收不连续点 K, L 或 M 频率的数量级的差别, 也就是相应的 E_K,E_L 和 E_M 能级

的数量级的差别.

当结合能相对较低的电子跃迁到很深能级 $E_K = -h\nu_K$ 时发射出 K 系光子; 因此它们要比 L 系光子的能量大得多, 后者对应于落到能级 $E_L = -h\nu_L$ 的跃迁; L 系光子本身的能量要比 M 系光子能量大得多, 后者对应于落到能级 $E_M = -h\nu_M$ 的跃迁, 等等.

b) **谱线频率 = 吸收不连续点的频率差**

这个等式 (发射谱频率 = 吸收不连续点之间的频率差) 证明用结合能来解释吸收不连续点是正确的. 这在上节中我们已经看到了, 下面我们要举出几个例证.

K 系是由一个电子落入相同低能级 E_K 的一切跃迁形成的; 在这个谱系中我们有:

—— K_α 线, 频率为 $\nu_{K_\alpha} = \nu_K - \nu_L \Rightarrow h\nu_{K_\alpha} = E_L - E_K$

—— K_β 线, 频率为 $\nu_{K_\beta} = \nu_K - \nu_M \Rightarrow h\nu_{K_\beta} = E_M - E_K$

—— K_γ 线, 频率为 $\nu_{K_\gamma} = \nu_K - \nu_N \Rightarrow h\nu_{K_\gamma} = E_N - E_K$

L 系是由一个电子落入相同低能级 E_L 的一切跃迁形成的; 在这个谱系中我们有:

—— L_β 线, 频率为 $\nu_{L_\beta} = \nu_L - \nu_M \Rightarrow h\nu_{L_\beta} = E_M - E_L$

—— L_γ 线, 频率为 $\nu_{L_\gamma} = \nu_L - \nu_N \Rightarrow h\nu_{L_\gamma} = E_M - E_N$

每个谱系都一样. 为了简化上述例证, 我们没有区别能级 L_I, L_{II}, L_{III} 或 M_I, M_{II}, M_{III}, 等等. 更仔细的研究可以把它们区分开来. 这导致: 例如, L 系分为**三条有区别、但互相交错的子谱系**L_I, L_{II}, L_{III}, 因为在相应的跃迁中电子落到能级 E_{L_I}, $E_{L_{II}}$ 或 $E_{L_{III}}$, 它们之间十分接近, 谱线频率处于同一数量级 (在后面 13.3.3 节图 13.7 的能级图上将看到一个这类子谱系的代表).

作为例子, 表 13.1 指出了对应于四个谱系或子谱系 K, L_I, L_{II}, L_{III} 中观察到谱线的跃迁. 横的表示这些跃迁的上能级, 纵的表示下能级; 每一格的符号表示观察到的谱线的谱学代号, 没有任何逻辑上的意义. 我们注意到, 表中有大量格子是空着的. 事实上, 我们只看到某几对能级之间的跃迁, 而另外一些却没有. 对氢原子情况, 我们看到对应于所有各对能级之间的跃迁, 这是例外情况. 一般情况下, 存

表 13.1　X 射线发射谱线

跃迁下能级 ↓		跃迁上能级														
		L_I	L_{II}	L_{III}	M_I	M_{II}	M_{III}	M_{IV}	M_V	N_I	N_{II}	N_{III}	N_{IV}	N_V	N_{VI}	N_{VII}
K 系	K		$K_{\alpha2}$	$K_{\alpha1}$		$K_{\beta2}$	$K_{\beta1}$				$K_{\gamma2}$	$K_{\gamma1}$				
L_I 系	L_I					$L_{\beta4}$	$L_{\beta3}$				$L_{\gamma2}$	$L_{\gamma3}$				
L_{II} 系	L_{II}				L_η			$L_{\beta1}$		$L_{\gamma5}$			$L_{\gamma1}$			
L_{III} 系	L_{III}				L_i			$L_{\alpha2}$	$L_{\alpha1}$	$L_{\beta6}$			$L_{\beta'2}$	$L_{\beta2}$		

在着"选择定则",它可以从**先验地**认为是有可能的所有各对能级中确定实际存在的跃迁 (参见第 15 章最后一节).

总之, 物理学家拥有三种不同的实验技术, 它们共同用于测量原子中相同的深能级 $E_{\mathrm{K}}, E_{\mathrm{L_I}}, E_{\mathrm{L_{II}}}, E_{\mathrm{L_{III}}}, E_{\mathrm{M_I}}, E_{\mathrm{M_{II}}}$, 等等.

我们将在 13.4 节确认这些能级与上章讨论的有心势中独立电子模型里的能级是等同的; 相应的电子能态可以归属于第 12 章的壳层或支壳层. 我们说 K 壳层 ($n = 1$), L 壳层 ($n = 2$) 或 M 壳层 ($n = 3$), 等等, 而例如, 在 L 壳层, 可以区别三个支壳层 $\mathrm{L_I}$, $\mathrm{L_{II}}$ 和 $\mathrm{L_{III}}$.

13.3.2　观察X线系的条件, 不相容原理

我们坚持这样的事实: X 谱线的频率只与所研究的原子有关, 而与实验条件无关. 相反, 观察这条或那条谱线的可能性则依赖于实验条件.

当我们分析 X 光管发出的射线时, 观察到的谱线总是叠加在连续谱上的 (图 13.2); 人们从来没有观察到过频率超过连续谱最大极限值 $\nu_{\max}$ 的谱线. 假如由于电子的加速电压 V 很小, 这个频率过低, 在观察到的谱中某些谱线就会缺失 (参见图 13.6(c), (d) 和 (e)).

更确切地说, 在观察到的光谱中, 一个给定谱系或子谱系的谱线会同时全部缺失, 或整体全部存在; 在谱中呈现全部谱系的**条件是连续谱的最大频率值 $\nu_{\max}$ 超过对应于这个谱系或子谱系的吸收不连续点的频率**. 例如, K 谱系全部出现的条件是加速电压 V 比较高, 以致:

$$\nu_{\max} > \nu_K, \quad \text{亦即} \quad \boxed{\frac{1}{2}mv^2 = eV = h\nu_{\max} > h\nu_K = W_K} \tag{13.5}$$

(比较图 13.6(a),(b) 和 (c))

这意味着, 轰击对阴极的加速电子动能应当超过以能量 E_K 束缚于原子的电子的脱出能 $W_K = -E_K$; 这样加速电子就能够把动能交给原子, 并从原子中夺走一个 K 能级的电子.

在荧光发射现象中我们再现了同样条件: 我们曾看到过, 用入射 X 光束照射与对阴极元素相同的原子会发射荧光, 其光谱与 X 光管的光谱相同. 但是, 若入射 X 光的频率 ν 过低, 就完全不能观察到这个光谱. 某些谱系是缺失的. 和上面的情况完全一样, 在观察到的光谱中, 这同一谱系或子谱系的谱线或全部同时缺失, 或整体全部存在. 一个谱系全部呈现于谱中的条件是: 入射 X 射线的频率 ν 超过相应的吸收不连续点频率; 例如, 对 K 系, 要 $\nu > \nu_K$.

因此, 只有当入射射线能够电离原子, 夺走一个结合能为 E_K 的电子, K 系才会呈现. 总之, 不管采用什么技术, **对应于一个电子落到 K 能级的 K 系跃迁, 只有**

能从原子中夺走一个 K 能级电子的先决条件下才有可能(比较图 13.6(b) 和 (c)).

对应于其他能级的每种谱系, 也可观察到同样的现象. 这提供了一种清晰区分谱系 (例如, 三个 L 谱系) 的手段 (参见图 13.6). 改变入射电子的能量 eV(在 X 光管发射中), 或改变入射 X 射线的能量 $h\nu$(荧光发射中), 根据能量的高低, 足以一次从 L 能级中的一个、或两个、或同时从三个能级中夺走一个电子:

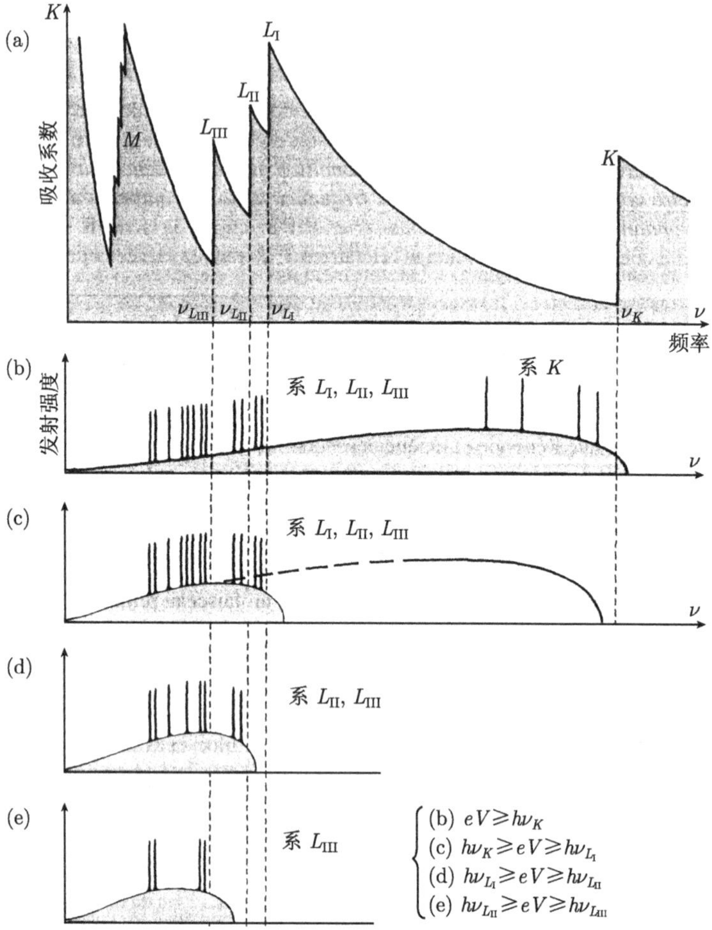

图 13.6　X 吸收谱 (a) 与根据 X 光管加速电压不同的发射谱 (b)(c)(d) 和 (e) 的比较

—— 若 eV(或 $h\nu$) $\geqslant h\nu_{L_I}$, 可观察到三个系 L_I, L_{II}, L_{III}(图 13.6(b) 和 (c));

—— 若 $h\nu_{L_I} \geqslant eV$(或 $h\nu$) $\geqslant h\nu_{L_{II}}$, L_I 系消失, 只能观察到 L_{II} 和 L_{III} 两个系 (图 13.6(d));

—— 若 $h\nu_{L_{II}} \geqslant eV$(或 $h\nu$) $\geqslant h\nu_{L_{III}}$, 只能观察到一个 L_{III} 系 (图 13.6(e));

—— 若 $h\nu_{L_{III}} > eV$(或 $h\nu$), 不能观察到任何 L 系.

我们做这样的解释, 是基于在每个能级上电子可占用位置的数目是有限的这个假说. 最稳定的能态是能量最小的能态, 在正常情况下原子中电子在最深的能级上积累, 那里电子占据了所有可用的位置. 这样, 对绝大多数原子 (除了最轻的以外), K 和 L 能级正常是全部占满的; 我们说 K 和 L 是满壳层. 因此高能级电子不可能落到 K 能级 (发射 K 系谱线) 或 L 能级 (发射 L 系谱线), 除非预先创造了一个空位.

总之, 一个原子的 X 光子发射产生于**一次电离以后**的电子自发重组, 该电离在电子最深能级创造了一个空位.

结论: X 射线发射谱的研究证明了理解原子结构的一个最基本的假说: 具有相同结合能的电子 (占据同一壳层或支壳层) 的数目是有限的; 在正常情况下, 所有深能级的可用位置都是被占满的.

现在只剩下确定每个能级 (或每个壳层) 上的可用位置数了. 这个研究导致了 1925 年泡利不相容原理的提出, 它是建立门捷列夫元素周期表系统的关键 (参见第 12 章).

注: 俄歇效应　有时候电离原子的自发重组会以极不相同的方式在实验上表现出来, 这种现象在 1925 年已由法国物理学家俄歇观察到并做了解释: 例如, 当一个电子从 L 能级沿着能量坐标下降, 在 K 能级取得了一个可用位置, 它释放的能量为

$$E_L - E_K = h(\nu_K - \nu_L)$$

这个能量可以用 K_α 线光子的形式呈现出来. 但它也可用在原子内部, 例如, 给另一个 L 能级的电子提供脱出能 $W_L = -E_L = +h\nu_L$(即把它带到无穷远处静止时所需的能量, 这是把它从原子中夺走所必需的). 为了使能量交换结算达到平衡, 必须让电子以动能形式携带着多余的能量:

$$\frac{1}{2}mv^2 = (E_L - E_K) - W_L = h(\nu_K - 2\nu_L)$$

这样解释了在光电子速度谱中观察到的事实: 某些光电子速度与入射射线的频率无关 (参见 13.2.2 节最后的注 1). 总之, 俄歇效应是表征原子特性的发射频率所产生的内部光电效应. 受到俄歇效应的原子被两次电离; 这个效应可以串级地多次重复发生, 从而使原子遭受很强的电离.

13.3.3　与光谱的比较

我们刚才解释了, X 射线是在深能级有一个空位的**离子**发出来的, 此时电子则从正常情况下被占据的、不太深的能级出发跃迁到该深能级. 与此相反, 发射光谱线的是**中性原子**(这是更常见的情况), 而电子则从通常是空的激发态出发产生跃迁. 这是 X 射线与光学谱线的重要区别, 值得进一步分析.

a) X **共振线**

我们可以把重原子的能级及其相互间的跃迁用上面几章表述氢原子能级及其相应的光学跃迁时曾用过的方式 (用纵坐标轴表示**每个电子结合能值$\boldsymbol{E_K = -W_K}$**的) 来进行讨论. 这就是用简化方式图示于图 13.7 上的 (a) 部分 (能量坐标尺上的比例不相称：和 K 能级的能量相比, 所有更高能级应该挤得更紧).

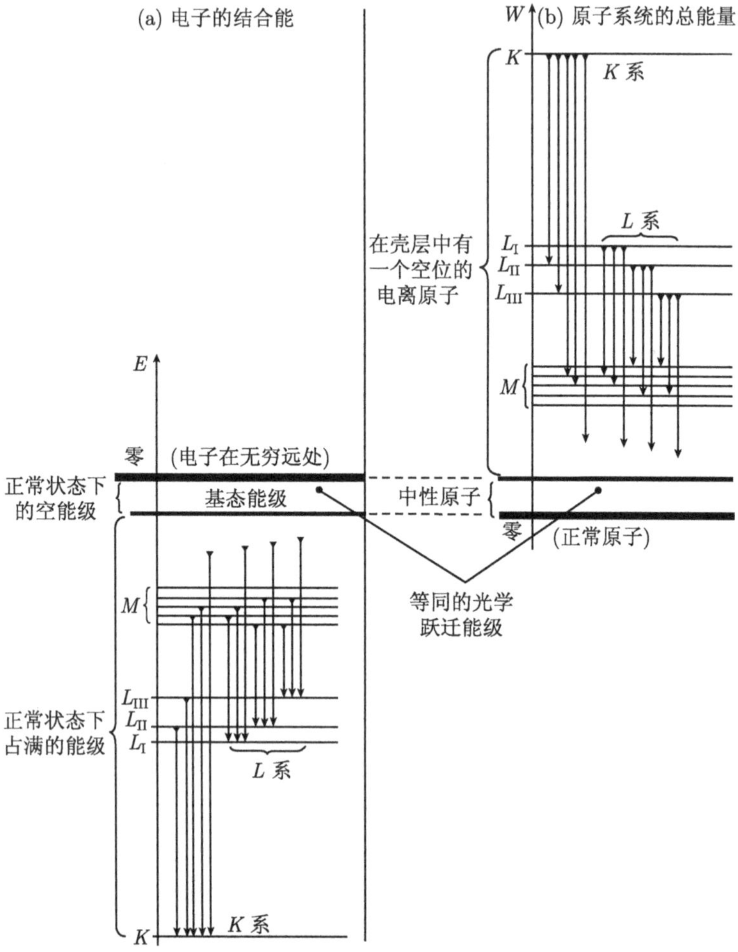

图 13.7　原子结构两种表示法的比较

(a) 特定电子的结合能 (习惯上, 选无穷远处的静止电子的能量为零)

(b) 发射 X 射线的电离原子的总能量, 它在靠近原子核处有一个空位. (习惯上, 认为处在正常状态, 或基态下的原子的能量为零)

在氢原子情况下, 基态能级通常是被唯一的电子所占据, 是能量最低的能级.

在具有电子数 Z 较大的重原子情况, 所有较深的能级通常是完全被占据的. 最高被占据能级是光谱的基态能级; 一切比它更高的能级是通常未被占据的激发态.

光谱线对应于通常是空的激发态能级之间的跃迁, 光学共振线除外, 那里电子回落到基态能级. 相关的能量最大是几个电子伏特. 相反, X 谱线对应于通常是被占据的深能级之间的跃迁, 相关的能量从几百电子伏特到 100 000eV 以上.

这样就解释了, 为什么实际上不可能像光学共振 (参见上册 1.3.2 节) 那样做 X 光实验: 例如, 用它的本征谱线 $K_\alpha(h\nu_{K_\alpha} = E_L - E_K)$ 照射原子. K 能级电子吸收这个能量, 上升到更高能级 L, 这是不可能的, 因为正常情况下所有 L 能级的可用位置都已被占满了. 为了用给定的谱线有可能来做光学共振实验, 必须使相应跃迁的下能级在正常情况下被电子占据, 但同时还必须使跃迁的上能级有可用的空位.

在光学段, 关于下能级的第一个条件是重要的, 它把共振线与其他光谱线区别开来; 因为高能级是激发态能级, 一般情况下是未被占据的.

相反, 通常在 X 波段观察到的谱线对应于深能级之间的跃迁, 它们通常是被电子占据的, 相关上能级的第二个条件是不满足的. 共振实验只有对一个深能级和一个激发态能级之间的跃迁才有可能, 但这种跃迁的频率与吸收不连续点的频率十分接近 (即谱系的极限), 其能量差仅为几个电子伏特; 其频率差和再发射的强度常常是可忽略的, 因而与这个不连续点混淆不清.

不过还有点余地, 假如我们画出高分辨力吸收谱, 我们可以观察到吸收不连续点不像图 13.4 和图 13.6 紧缩的频率坐标尺上所示的那样干净; 它们在吸收系数 $K(\nu)$ 的上下很窄的频率间隔中展现出真正的 "结构". 表示原子电离的真正极限, 事实上是处在许多低频率共振吸收线前面的那一边 (指高频那一边), 这些共振吸收线表示深能级 (对应于这个极限的) 与某些通常是未被占据的激发态能级之间的跃迁.

b) 原子系统能级的表示

X 射线专家采用另外的一种语言来表示跃迁, 这就产生了一种有别于我们所采用的能级图. 为此在图 13.7 中有对应的 (b) 部分.

事实上, 在上面讨论中我们已经利用了每个电子单独的结合能 E_K、E_L 等. 习惯上, 这个能量定义认为: 当每个电子处于无穷远处 (在原子外面), 且其速度为零时, 其能量为零. 在这样的条件下, 结合能都是负值.

但是, 我们也可以从原子系统总能量的角度来开展论证; 这样**我们认为原子在正常状态 (基态) 下的能量为零**. 这毫不改变光学跃迁的表示法. 这只是简单地把能量坐标尺做个移动 (移动零点). 对由电离原子发射的 X 射线则相反, 它要把能级顺序完全颠倒. 事实上, 把一个 K 能级电子从原子夺走时, 要给它提供脱出能:

$$W_K = -E_K = +h\nu_K$$

这样, 一个 K 能级具有空位的原子用等于 $+h\nu_K$ 的很高正能量来表示; 一个 L 能级具有一个空位的原子则用小得多的正能量 $W_L = h\nu_L$ 来表示, 等等.

当我们要来表示谱跃迁时：

- 不用我们至今所用的说法：一个高结合能的电子落到一个低结合能的能级.
- 而是现在应当说：在 K 能级有一个空位的高能量离子变成了一个在 L 能级有一个空位、总能量较低的离子. 这就是图 13.7(b) 所表示的图解.

这种新的表示法在多次电离原子的情况下是不可或缺的, 在俄歇效应中就是如此 (参见 13.3.2 节末注), 因为随着原子系统电离态的不同, 电子结合能可能会稍微有些不同.

13.4　莫塞莱定律

本章前三节阐明了如何证认和测量原子的深能级, 如今我们将关心这样测得的精确值, 以便与有心势中独立电子模型的结果 (参见第 12 章) 进行比较.

13.4.1　作为原子序数函数的结合能

我们把每个原子中对应于最深能级 (在理论模型中量子数 $n = 1$) 的能量值 E_K 进行比较. 这个电子与电荷为 Ze 的核做相互作用; 在理论模型中, 能量值随相互作用常数 C 的平方而变化 (参见 11.1.1 节). 因而我们期待这个能量的模值 $|E_K| = h\nu_K$ 随着原子序数 Z 而增加, 大体沿着抛物线 Z^2 而变化 [参见 11.2.4 节 (11.32) 式].

$$|E_K| = RhcZ^2/n^2 = RhcZ^2 \quad (\text{因为}n = 1, R\text{为里德伯常量})$$

这样确定了抛物线规律的常数, 即

$$\frac{|E_K|}{Rhc} = \frac{\nu_K}{Rc} \simeq Z^2 \quad \text{对具有}Z\text{个电子的原子} \tag{13.6}$$

在图上, 线性规律比抛物线规律更容易检验. 这就是为什么把以原子序数 Z 为函数所代表的曲线用一个量纲一的量 y 画出来是比较方便的,

$$y = \sqrt{\frac{|E_K|}{Rhc}} = \sqrt{\frac{\nu_K}{Rc}} = \sqrt{\frac{1}{R\lambda_K}}$$

用这个量 y 来表示随 Z 变化的函数, 应该接近于一条直线. 我们可以用类比的方式, 从每一个其他能级 E_{L_I}, E_{L_II}, E_{L_III}, E_{M_I} 等出发来定义量 y, 画出 y 变化的同样的图来. 这样, 我们就得到了图 13.8 所复制的玻尔–科斯特 (Coster) 图.

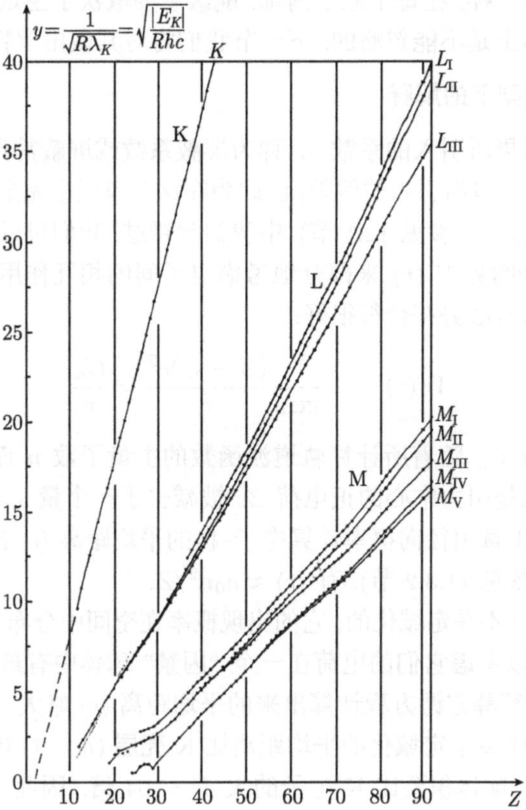

图 13.8　玻尔–科斯特图 (1930 年修改版)

X 射线吸收极限频率的平方根接近于原子序数的线性函数

从这个图我们看到, 这样画出来的曲线, 在**一次近似**上非常接近于直线; 这些直线并不相交于原点, 但是与 Z 轴相交于横坐标点 s 上:

—— 能级 K: 一条直线, 斜率为 1: $y = Z - s_K$　$(s_K \approx 1 \sim 2)$

—— 能级 L: 三条直线, 斜率为 1/2: $y = (1/2)(Z - s_L)$ $(s_L \approx 10)$

—— 能级 M: 五条直线, 斜率为 1/3: $y = (1/3)(Z - s_M)$ $(s_M \approx 20)$

这就是说, 在**一次近似**下不同原子的深能级的数值由以原子序数 Z 为函数的同一个公式所给出:

$$\boxed{E_n = -Rhc\frac{(Z-s_n)^2}{n^2}}\quad \begin{cases} \text{能级 K} \ \ n=1; \quad s_1 \approx 1 \sim 2 \\ \text{能级 L} \ \ n=2; \quad s_2 \approx 10 \\ \text{能级 M} \ \ n=3; \quad s_3 \approx 20 \end{cases} \tag{13.7}$$

如同和氢原子一样, 在每个原子内部, 能级主要取决于主量子数 n. 但是用 s_n 表示的修正项实际上是不能忽略的; 下一节我们将对其做出解释.

13.4.2 有心势模型下的解释

为表示实验结果所引入的系数 s_n 称为屏蔽系数或屏蔽常数; 这是一个与真正独立的电子模型相比较而引入的偏差值, 因为在这个模型中完全忽略了电子之间的相互作用. 但是在上章 (参见 12.1 节) 中我们解释过, 我们可以选择一个有别于与核相互作用简单势的势 $W(r)$ 来部分地考虑电子间的相互作用. X 射线谱的实验结果与下面形式的有心势符合得很好:

$$W(r) = -\frac{1}{4\pi\varepsilon_0}\frac{(Z-s_n)e^2}{r} = \frac{C_n}{r} \tag{13.8}$$

这里相互作用常数 C_n 随着所计算轨道波函数的主量子数 n 而变化; 电子间相互作用的效应似乎就是引力中心的正电荷 Ze 被减去了一个量 s_ne.

这可以从第 11 章由径向概率计算电子–核的平均距离 $\langle r\rangle$ 出发而得到解释, 它随 n^2/Z 而变化 (参见 11.3.2 节), 有 $\langle r\rangle \approx a_0n^2/Z$.

实际上, 电子并不是定域化的, 它的出现概率在空间中分布很广 (参见图 11.3), 在一级近似下, 可以考虑它们的电荷在一个 "囚禁" 球体中有最大的分布概率, "囚禁" 球半径要比从解薛定谔方程计算出来的平均距离 $\langle r\rangle$ 略大, 但属于同一数量级.

L 壳层 ($n = 2$) 电子定域化的平均距离比 K 壳层 ($n = 1$) 电子的大 4 倍; 这就是说, 它的 "囚禁" 球体积要比 K 电子的大 $4^3 = 64$ 倍. 因此, L 壳层电子电荷分布的主要部分处在 K 壳层电子的 "囚禁" 球体积之外. 对其他电子壳层就更是这样了.

经典静电理论指出, 一个球对称分布的电荷体系对比它更接近于对称中心的电荷没有任何作用. 在一级近似下, 可以认为 K 电子是十分接近于核的, 原子中其他电子对它们只有微弱的作用, 它们受到简单核电势的作用, 但有一个很小的修正 (屏蔽系数很小, $s_1 \approx 1 \sim 2$).

这个经典静电理论同样指出, 一个球对称分布的电荷体系对比它更远的电荷有一个等效于体系的总电荷处在球心时的作用. 在同样的一级近似下, 可以把 (13.7) 和 (13.8) 的系数 s_n 解释为一个比 L 和 M 壳层电子更接近于中央核的电子电荷的平均数, 它们在核与更远的壳层之间形成一个屏蔽 (每一壳层本身形成一个部分的屏蔽).

这样, 我们解释了有心势规律 C/r 中常数 C 的变化是合理的, 它表达了静电屏蔽效应, 即在一级近似下, 代表了电子之间的相互作用. X 射线谱证实了有心势中独立电子近似的合理性.

小　　结

总之, X 射线谱的研究提供了三种不同而互相协调的方法, 以确定 “深” 能级电子, 即与核结合得最紧密的电子 (负能量最低) 的结合能. 因此, X 射线在支撑产生于量子力学的新发展, 尤其是在支撑第 12 章中所叙述的电子壳层和支壳层概念中扮演了重要角色. 从 X 射线实验得到两条主要结果:

- 只有在原子先被电离, 夺走了该跃迁低能级电子的条件下才能观察到 X 射线发射谱线. 这表明了具有同等结合能 (占据相同能级) 的电子数目是有限的. 这支持了泡利不相容原理.
- 测得的 “深” 能级电子结合能数值遵从莫塞莱定律, 在一级近似下验证了上章用有心势中独立电子方法所做的计算. 但这只是一级近似, 在后面几章中将必须进行修正和完善.

第 14 章 角动量与能级的统计

原子的一个可能状态不仅通过它的能量，而且还要用它的总角动量来表征. 这个总角动量是由原子中各种角动量的相加而得到的. 本章中我们假设原子核不具备角动量，因而我们只考虑电子的角动量. 这样，所得的结论只能适用于无核矩的原子. 更全面普遍的问题将在第 17 章处理.

确定一个原子态的总角动量有两方面的意义：

- 由此可得出与总角动量密切相关的总磁矩，而我们知道，总磁矩可通过各种实验进行测量 (参见上册第 7~9 章). 但是我们把全面确定原子的总磁矩和对实验做正确的理论解释推迟到第 17 章来讨论.
- 确定总角动量要详细研究原子内部相加的各个元角动量以及它们之间相互取向的方式. 各种不同的可能取向对应于不同的能量值，因而就会部分地解除每个组态的简并. 在一般情况下是不可能计算这些能量的，但相反，预测这些不同能量值的个数却是容易的，也就是说，允许对可观察到的分立能级做一个统计. 本章将讨论这第二个课题.

14.1 角动量的合成

14.1.1 有关角动量的量子力学结果

a) 角动量算符

某个角动量可记做 $\vec{j}\hbar$，其中 $\vec{j}$ 是**量纲一**的矢量算符. 事实上，常数 $\hbar$ 具有角动量的量纲，可以用来作为角动量的单位. 读者可从附录 6 里复习量子力学关于角动量的主要特性. 对本研究来说，我们认为角动量 $\vec{j}\hbar$ 可以用两个可观察量来表征，即由两个量纲一的厄米算符 $\vec{j}^2$ 和 j_z 来表示. 这样，角动量的模值的平方为 $\vec{j}^2\hbar^2$，它在称为 Oz 轴的量子化轴上的分量为 $j_z\hbar$. 这两个可观察量 $\vec{j}^2$ 和 j_z 由两个量子数 j 和 m 来表征. 视情况而不同，它们可为整数或半整数，由它们来表述的算符本征值为 (参见上册 8.2 节图 8.4)：

$$
\begin{array}{lll}
\vec{j}^2\text{的本征值：} & j(j+1) & j \geqslant 0 \\
j_z\text{的本征值：} & m & -j \leqslant m \leqslant +j
\end{array}
$$

如果我们只考虑特定电子的轨道角动量，则 $\vec{j}\hbar$ 简单地与 $\vec{l}\hbar$ 混同，量子数 j 是整数, 它与第 11 章为在一个有心势情况下解薛定谔方程而引入的量子数 l 混同.

b) 角动量的合成

在量子力学教程中还建立了角动量的合成 (矢量和) 规则. 考虑有量子数分别为 j_1, m_1 和 j_2, m_2 的两个角动量 $\vec{j}_1\hbar$ 和 $\vec{j}_2\hbar$. 合成角动量 $\vec{j}\hbar$ 可由 $\vec{j}=\vec{j}_1+\vec{j}_2$ 得到, 它由量子数 j 和 m 来表征:

$$\begin{cases} |j_1-j_2| \leqslant j \leqslant j_1+j_2 \\ -j \leqslant m \leqslant +j \quad \text{对每个可能的} j \end{cases} \tag{14.1}$$

j 只能取最大、最小两个极限值之间变化为 1 的数.

若 j_1 和 j_2 都是整数, 或都是半整数, 合成量子数 j 必然是整数. 相反, 若 j_1 和 j_2 中一个是整数, 另一个是半整数, 则 j 必然是半整数.

从 (14.1) 式可见, j 的可能值的数目等于 $2j_1+1$ 和 $2j_2+1$ 这两个数中较小的一个.

14.1.2　标记法

在原子研究中必须对一定数目不同来源的角动量下个定义. 对一个以 $\hbar$ 为单位的角动量, 我们用同一个字母来表示量纲一的矢量算符和相应的量子数:

$\vec{l}$= 一个电子的轨道角动量算符;

$\vec{s}$= 一个电子的自旋算符;

$\vec{j}$= 一个电子的总角动量算符;

$\vec{L}$= 总轨道角动量算符, 原子中所有电子的轨道角动量之和;

$\vec{S}$= 总自旋算符, 原子中所有电子的自旋角动量之和;

$\vec{J}$= 原子总角动量算符.

相关的量子数记为: l, s(它总是等于 1/2), j, L, S, J.

上述角动量在量子化轴 Oz 上投影的算符分别记做 l_z, s_z, j_z, L_z, S_z, J_z, 而相关的磁量子数分别为 m_l, m_s, m_j, m_L, m_S, m_J.

例

原子的总角动量用算符 $\vec{J}\hbar$ 来表示, 其量纲一算符为 $\vec{J}$, 这样我们有:

—— $\vec{J}\hbar$ 平方的模的本征值为: $J(J+1)\hbar^2$.

—— $J_z\hbar$ 分量的本征值为: $m_J\hbar$, $m_J=-J,-(J-1),\cdots,J-1,J$.

有了这些标记法, 我们可以把原子中角动量的合成表述如下 (以 $\hbar$ 为单位):

$$\begin{cases} \vec{j}_i = \vec{l}_i + \vec{s}_i \\ \vec{L} = \sum\limits_i \vec{l}_i \\ \vec{S} = \sum\limits_i \vec{s}_i \\ \vec{J} = \vec{L} + \vec{S} = \sum\limits_i \vec{l}_i + \sum\limits_i \vec{s}_i \\ \text{或}\vec{J} = \sum\limits_i \vec{j}_i \end{cases} \tag{14.2}$$

求和 $\sum$ 要遍及原子中所有以下标 i 注明的电子.

把量纲一的矢量等式投影到某个轴 Oz 上, 我们就得到磁量子数之间的关系:

$$m_j = m_l + m_s, \quad m_L = \sum_i m_{l_i}, \quad m_S = \sum_i m_{s_i}$$

$$m_J = m_L + m_S = \sum_i m_{j_i} = \sum_i m_{l_i} + \sum_i m_{s_i}$$

这种关于量子数和与其相结合的量纲一矢量的标记法是国际上光谱学家所共同采用的. 要记住, 在量子力学教程中常常采用不同的标记法.

14.1.3 一个满支壳层的总角动量

一组形成满支壳层 (参见 12.3.2 节) 电子的合成角动量为零. 事实上, 表示相对于量子化轴取向的量子数 m_l 可取 $-l$ 和 $+l$ 之间的一切值, 而具有 $m_s = +1/2$ 和 $m_s = -1/2$ 的电子数是相等的. 因此, 不管我们把角动量矢量投影到什么样的 Oz 轴, 对该组电子我们有

$$m_J = \sum_i m_{l_i} + \sum_i m_{s_i} = 0$$

这个零值是 m_J 的唯一可能值, 这意味着量子数 $J = 0$, 因而总角动量为零.

这个特性使我们可以把寻求原子总角动量的问题化简: 这个总角动量是由未填满支壳层的电子角动量组合而成的. 因此, 在只有最外面的支壳层是未填满的最常见情况下, 问题就特别简单. 过渡元素情况是比较复杂的, 因为有一个内支壳层也是未填满的.

14.1.4 基态角动量

在 12.4.2 节中我们列出了一张基态组态表 (表 12.2). 对于某些原子我们很容易通过指明基态角动量来把这张表补充填满. 下面举几个例子:

- 钠原子的基态组态：$1s^2 2s^2 2p^6 3s$. 只有一个轨道角动量为零的 $3s$ 电子以它的自旋给原子提供了一个等于 $\hbar/2$ 的角动量. 银原子也属于这种情况, 它在满壳层外只有一个 $5s$ 电子, 从而可解释用银原子做施特恩–格拉赫实验的历史重要性. 通过证明基态存在磁矩, 并确定了必须给银原子以一个量子数为 $J=1/2$ 的角动量, 这个实验表明, 它的结果是与电子拥有固有磁矩的理论相符合的.
- 形成汞原子的所有支壳层都是满的, 因此总角动量为零.
- 碳原子也具有几个满壳层和两个外层 $2p$ 电子. 因此, 根据轨道和自旋角动量组合方式的不同, 其合成角动量可以有不同的数值. 后面几节的更精确的研究表明, 其基态组态的简并 (这里, 简并度为 15, 参见第 12 章) 将被解除, 对应于这个组态将有许多能级待确定, 但它们将由另外一些参量来表征. 这些能级中能量最小的一个将是基态能级, 有一个角动量与它结合在一起. 只有更为精深的研究才能确定这些能级 (参见 14.4 节).
- 钆原子非常复杂, 支壳层 $4f(n=4, l=3)$ 含有七个电子. 这七个电子的角动量和一个也是未填满的支壳层 $5d(n=5, l=2)$ 电子的角动量组合成总角动量. 求得基态组态的简并度将等于 34 320; 上面关于碳原子的讨论在这里也适用.

14.2　自旋–轨道相互作用

当我们在原子的哈密顿量中阐述与电子自旋相关的磁相互作用时, 就涉及角动量的合成. 实际上, 这些磁相互作用来自相对论效应. 借助于把狭义相对论公设与量子力学相结合的狄拉克方程, 对于氢原子情况是可以正确描述这些磁相互作用的. 然而, 这里我们采用一种适合于多电子原子普遍情况的做法, 这就是在非相对论薛定谔方程中加上几个相对论修正项. 需要考虑的最重要的修正项就是代表电子自旋磁矩和它们的轨道运动之间的相互作用. 我们把它们叫做自旋–轨道相互作用, 或自旋–轨道 “耦合”.

为了理解这个相互作用的物理原因, 并找到角动量算符的函数表达式, 我们首先考虑有心势 $W(r)$ 作用下一个电子的情况, 并对其进行经典动力学量的计算. 速度为 $\vec{v}$ 的电子描述出一个轨道, 其轨道角动量为 $\vec{\mathcal{L}}=\vec{r}\times m\vec{v}$. 它具有一个自旋, 与其相结合的有一个磁矩.

如下面 14.2.1 节和 14.2.2 节所示, 计算分成两步.

14.2.1　电子坐标系中的磁场 $\overrightarrow{B'}$

电荷为 $q=-e$ 的电子在静电势 $V(r)$ 中运动,

$$V(r)=W(r)/q=-W(r)/e$$

因而在实验室参考系 (R) 中存在着库仑电场 $\vec{E}=-\nabla V(r)$. 但在与电子联结的参考系 (R') 中, 由于它的运动和相对论电磁学规律, 还存在着一个磁场 $\overrightarrow{B'}$, 它可从 $\vec{v}$ 和 $\vec{E}$ 出发来进行计算. 考虑两个伽利略参考系 $(R)Oxyz$ 和 $(R')O'x'y'z'$; 参考系 (R') 是沿着 Ox 方向相对于 (R) 以速度 v 做匀速平移运动的. 对于电场和磁场, 通常的坐标变换公式写为 (利用了在本书卷首附录中所规定的, 对与单位制相关的常数 κ 的规则):

$$\begin{cases} E'_x = E_x \\ E'_y = \dfrac{E_y - \dfrac{v}{\kappa}B_z}{\sqrt{1-v^2/c^2}} \\ E'_z = \dfrac{E_z + \dfrac{v}{\kappa}B_y}{\sqrt{1-v^2/c^2}} \end{cases} \qquad \begin{cases} B'_x = B_x \\ B'_y = \dfrac{B_y + \dfrac{\varepsilon_0\mu_0}{\kappa}vE_z}{\sqrt{1-v^2/c^2}} \\ B'_z = \dfrac{B_z - \dfrac{\varepsilon_0\mu_0}{\kappa}vE_y}{\sqrt{1-v^2/c^2}} \end{cases}$$

我们的问题还要更复杂些, 因为电子不是做直线运动. 我们选一个特定的时刻 t 做论证, 并选该时刻与电子运动轨迹相切的伽利略坐标系为运动坐标系 (R'): 它的原点与该时刻电子位置一致, 其速度 $\vec{v}$ 与该时刻 t 的电子速度相符; 因此 $O'x'$ 轴是轨道的切线. 同样, 我们选择与实验室相联结的参考系 (R) 的原点 O 与时刻 t 电子的位置相适合 (参见图 14.1). 就是在这两个参考系之间我们使用了上面写出的场的变换公式.

此外我们假定:

1) $v \ll c$, 因而根式 $\sqrt{1-v^2/c^2}$ 实际上等于 1;

2) 在实验室参考系中磁场是零

$$B_x = B_y = B_z = 0$$

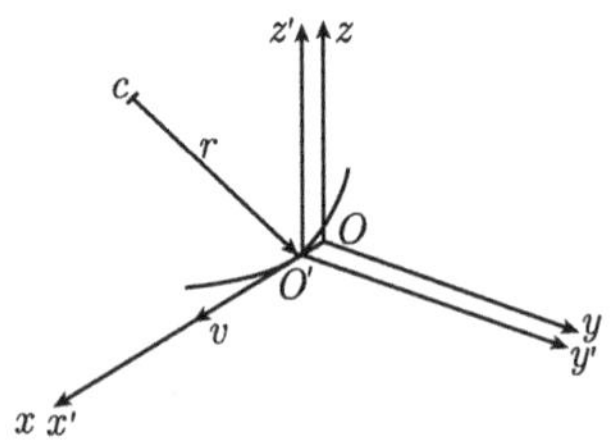

图 14.1 自旋–轨道耦合

表示运动参考系 $O'x'y'z'$ 与电子运动 "相切"($O'x'$ 根据速度 v 而定), 选 $Oxyz$ 为实验室固定参考系, Ox 与 $O'x'$ 重合

这样在参考系 (R') 中得到了

$$\begin{cases} B'_x = 0 \\ B'_y = \dfrac{\varepsilon_0\mu_0}{\kappa}vE_z = \dfrac{\kappa}{c^2}vE_z \\ B'_z = -\dfrac{\varepsilon_0\mu_0}{\kappa}vE_y = -\dfrac{\kappa}{c^2}vE_y \end{cases} \quad (\text{考虑到关系式}\varepsilon_0\mu_0c^2 = \kappa^2)$$

或者还可写成矢量形式, 它与我们用来计算的特定坐标轴无关:

$$\overrightarrow{B'} = \frac{\kappa}{c^2}(\vec{E} \times \vec{v}) \tag{14.3}$$

由于参考系 (R') 运动而产生的磁场 $\overrightarrow{B'}$ 还称为运动场.

14.2.2　自旋磁矩与磁场 $\overrightarrow{B'}$ 的相互作用

我们将自旋–轨道相互作用能称为 ΔE, 是磁场 $\overrightarrow{B'}$ 和自旋磁矩 $\vec{\mathcal{M}}_S$ 相互作用的结果:

$$\vec{\mathcal{M}}_S = \frac{1}{\kappa}\frac{q}{m_e}\hbar\vec{s} = -\frac{1}{\kappa}\frac{e}{m_e}\hbar\vec{s} = -2\beta\vec{s}$$

(q 是负的, 但玻尔磁子 β 则是正的.)

下面的叙述只要利用经典电磁学的结果即可, 为此写出:

$$\Delta E = -\vec{\mathcal{M}}_S \cdot \overrightarrow{B'} = +\frac{1}{\kappa}\frac{e}{m_e}\hbar\vec{s} \cdot \overrightarrow{B'}$$

然而必须注意, $\overrightarrow{B'}$ 只在一个与运动相切的瞬间特定参考系 (R') 中才有意义, 而电子不断地从一个参考系 (R')"转" 到另一个参考系. 托马斯在 1926 年曾对这种情况的耦合能 ΔE 做过严格的相对论计算. 用实验室参考系 (R) 来表述能量, 得到了一个带有因子 1/2 的修正结果:

$$\Delta E = -\frac{1}{2}\vec{\mathcal{M}}_S \cdot \overrightarrow{B'} = +\frac{1}{2\kappa}\frac{e}{m_e}\hbar\vec{s} \cdot \overrightarrow{B'} \tag{14.4}$$

因此, 在后面的计算中我们将采用这个表达式.

对 ΔE 更精确的计算并没有困难. 静电场 $\vec{E}$ 可从 $W(r)$ 导出:

$$\vec{E} = -\nabla V(r) = -\nabla\frac{-W(r)}{e} = \frac{1}{e}\frac{\mathrm{d}W}{\mathrm{d}r} \cdot \frac{\vec{r}}{r}$$

($\vec{r}$ 是径矢, 其方向从力的中心 C 指向电子所在处 O'.)

利用 (14.3) 式, 并引入电子运动的角动量:

$$\overrightarrow{B'} = \frac{\kappa}{c^2m_e}\vec{E} \times m_e\vec{v} = \frac{\kappa}{c^2m_ee}\frac{1}{r}\frac{\mathrm{d}W}{\mathrm{d}r}\vec{r} \times m_e\vec{v} = \frac{\kappa}{c^2m_eer}\frac{\mathrm{d}W}{\mathrm{d}r}\vec{\mathcal{L}} \tag{14.5}$$

我们得到了一个场, 其方向与角动量 $\vec{\mathcal{L}}$ 相同, 且与其成正比.

用算符 $\vec{l}\hbar$ 取代 $\vec{\mathcal{L}}$ 而出现在公式中, 有

$$\overrightarrow{B'} = \frac{\kappa}{c^2 m_e e r}\frac{\mathrm{d}W}{\mathrm{d}r}\hbar\vec{l}$$

于是, 磁矩 $\vec{\mathcal{M}}_S$ 和场之间的相互作用能 (14.4) 式成为 h_{SO}(自旋–轨道) 算符:

$$h_{SO} = -\frac{1}{2}\left(-\frac{1}{\kappa}\frac{e}{m_e}\hbar\vec{s}\right)\cdot\left(\frac{\kappa}{c^2 m_e e r}\frac{\mathrm{d}W}{\mathrm{d}r}\hbar\vec{l}\right) = \frac{\hbar^2}{2m_e^2c^2 r}\frac{\mathrm{d}W}{\mathrm{d}r}\vec{l}\cdot\vec{s}$$

它是 $\vec{l}$ 和 $\vec{s}$ 算符的函数, 是哈密顿量中自旋–轨道修正项 h_{SO} 的表达式. 这是对每个电子的.

注意到 $\mathrm{d}V/\mathrm{d}r$ 是负的, 故 $\mathrm{d}W/\mathrm{d}r$ 则是正的, 这是很重要的. 因此, 在标量积 $\vec{l}\cdot\vec{s}$ 前面的量是正的.

可以把上面的计算推广到不是有心势的情况, 这只要把 $\mathrm{d}W/\mathrm{d}r$ 用 W 对 r 的偏微分来代替就行. 当我们引入符号 $\xi(r)$ 来表示径向算符后, 最终可以把一个电子的自旋–轨道相互作用项写为

$$\boxed{h_{SO} = \frac{\hbar^2}{2m_e^2c^2}\frac{1}{r}\frac{\partial W}{\partial r}\vec{l}\cdot\vec{s} = \xi(r)\vec{l}\cdot\vec{s}} \tag{14.6}$$

注 1: 我们注意到, 这个结果里只涉及力学量. 因而公式在 MKSA 单位制或 CGS 单位制中有相同的文字表达式. 如果我们把上面的表达式转化为用玻尔磁子 $\beta = \dfrac{1}{\kappa}\dfrac{e\hbar}{2m_e}$ 来表示, 情况就不再是这样的了. 在用势 V 的微分来代替能量 W 的微分时, 我们得到

$$\overrightarrow{B'} = -2\varepsilon_0\mu_0\frac{\beta}{e}\frac{1}{r}\frac{\partial V}{\partial r}\vec{l} \quad 与 \quad h_{SO} = -2\varepsilon_0\mu_0\frac{\beta^2}{e}\frac{1}{r}\frac{\partial V}{\partial r}\vec{l}\cdot\vec{s}$$

注 2: 用一种更为简单、更为直观, 但不太普遍的论证方法也可以得到上面的结果. 假设电子描绘一个圆运动轨迹. 在其固有参考系里, 它看到核以速度 $-\vec{v}$ 转动. 应用电学基本规律, 读者不难证明, 由于核的运动电子将看到一个磁场:

$$\overrightarrow{B'} = \frac{\mu_0}{4\pi\kappa}Ze(-\vec{v})\times\frac{\vec{r}}{r^3} = \frac{\mu_0}{4\pi\kappa}\frac{Ze}{r^3}\vec{r}\times\vec{v}$$

径矢 $\vec{r}$ 从核 C 指向电子. 不难把 $\overrightarrow{B'}$ 转换为

$$\overrightarrow{B'} = \frac{\mu_0}{4\pi\kappa}\frac{Ze}{r^3}\frac{\vec{\mathcal{L}}}{m_e} = \frac{\kappa}{c^2 4\pi\varepsilon_0}\frac{Ze}{r^3}\frac{\vec{\mathcal{L}}}{m_e} = \frac{\kappa}{c^2 m_e e r}\frac{\mathrm{d}W}{\mathrm{d}r}\vec{\mathcal{L}}$$

$W(r)$ 是对应于核的库仑引力的势能. 我们得到了与 (14.5) 式相同的 $\overrightarrow{B'}$ 的表达式. 其计算结果也像以前一样.

14.2.3　原子中自旋 – 轨道耦合体系的估算

当我们研究一个电子在 $W(r)$ 势中运动时, 上面得到的对 h_{SO} 的表达式 (14.6) 使我们得以估算哈密顿量 H 的附加项, 我们把它称为 T_2, 它表示一切自旋–轨道相互作用 [参见 12.1.2 节公式 (12.2)].

我们注意到在这种计算中, 轨道角动量 $\hbar\vec{l}$ 只出现在表达自旋与电子在其中运动的势 $W(r)$ 的相互作用上. 在一个原子具有 N 个电子的情况下, 我们应当把 N 个项相加起来, 每一个项对应于一个标号为 i 的电子, 涉及标量积 $\vec{l}_i\cdot\vec{s}_i$. 读者很容易信服, 一个包含一个 q 电子轨道和一个 p 电子自旋这种形式的标量积 $\vec{l}_q\cdot\vec{s}_p$ 是毫无意义的. [严格意义上说, 只有在 12.1.1 节提到的 (α)(β) 两条假设情况下才是正确的. 事实上, 若在两个自旋 p 与 q 之间的直接磁相互作用是不可忽略的, 则通过自旋$_q$-轨道$_q$ 的耦合, 这个相互作用将导致自旋$_p$–轨道$_q$ 的耦合]. 哈密顿量 H 的附加项 T_2 写为

$$\boxed{T_2=\sum_i\frac{\hbar^2}{2m_e^2c^2}\frac{1}{r_i}\frac{\partial W(r_i)}{\partial r_i}\vec{l}_i\cdot\vec{s}_i=\sum_i\xi_i(r_i)\vec{l}_i\cdot\vec{s}_i}\tag{14.7}$$

其中, $W(r_i)$ 是第 i 电子在其中运动的势. 既然 T_2 是作为修正项而起作用的, 就可以在 $W(r_i)$ 中忽略非有心势部分. 因而 $W(r_i)$ 将是介入有心力场哈密顿量 H_0(参见 12.1.2 节) 的有心势. 这样 (14.7) 方程中的偏微分 $\dfrac{\partial}{\partial r_i}$ 就可用通常简单的微分 $\dfrac{\mathrm{d}}{\mathrm{d}r_i}$ 来代替.

14.3　多电子原子中能级的计算原理

当下我们希望说明如何在量子力学中**应用定态微扰理论**来改善第 12 章中叙述的有心力场近似的结果, 同时把以前忽略的磁相互作用项加进去. 读者可从任何量子力学参考书中找到该理论的阐述. 我们将在第 16 章和第 17 章中更明显地运用它. 假设哈密顿量 H 可写为已知其本征态和本征值的 “无微扰” 哈密顿量 H_0 与一项小得多的称为 “微扰的哈密顿量” 或 “微扰” 项之和, 就可以应用这个理论. 于是, H 就是 “考虑微扰后的” 哈密顿量 (简称 “微扰哈密顿量”). “定态” 这个词用以表示与时间无关的微扰.

在我们关于复杂原子的叙述中, 认为 (12.1) 式的哈密顿量 H_0 是 “无微扰” 哈密顿量, 我们已知其精确解的计算, 现在我们需要附加一些表明以前所忽略的相互作用的修正项. 下一节里我们将写出这些修正项.

14.3.1 附加在哈密顿量 H_0 上的修正项

我们以下述形式写出多电子原子的哈密顿量：

$$H = H_0 + T_1 + T_2 \tag{14.8}$$

• T_1 项代表我们用有心势 $W(r_i)$ 来代替两个静电相互作用项时引起的误差, 即有

$$T_1 = \sum_i \left[-\frac{1}{4\pi\varepsilon_0}\frac{Ze^2}{r_i} + \sum_{j>i}\frac{1}{4\pi\varepsilon_0}\frac{e^2}{r_{ij}} - W(r_i) \right] \tag{14.9}$$

显然, 要把势 $W(r_i)$ 选得使 T_1 尽可能小.

• T_2 项代表上节用 (14.7) 式计算的自旋–轨道磁相互作用.

为了确定系统可能的能量及其相应波函数, 我们可以对哈密顿量 H 应用定态微扰方法; 其中, H_0 是 "无微扰" 哈密顿量, T_1 和 T_2 是比 H_0 小的微扰哈密顿量; 根据这两项各自的数量级, 我们可以把它们或相继地、或同时地进行处理.

于是, 给定组态的简并将被部分地解除, 对应于同一组态, 我们将得到许多能级, 这样的表述将更符合实际. 这个问题有两个逐步加深的方面, 应该加以区分:

• 根据一些普遍考虑, 特别是关于对称性的考虑, 从哈密顿量 (14.8) 出发有可能说明, 简并是如何被解除的, 是哪些参量 (尤其是角动量) 可用来表征这样分离出来的能级. 这就是本章后面要讨论的.

• 下一步——对此我们不能进行严格的处理——是应用近似方法, 然后进行数值计算, 以确定能级的位置. 在第 15 章将给出对单电子或双电子原子简单情况的一个算法.

注： 在我们给出的 T_1 的明晰形式中只出现了电子–电子静电相互作用的修正. 当认为电子是带有一个自旋的粒子时, 从对全同粒子系统的量子研究所得的 $H_0 + T_1$ 的解中将涉及电子自旋态的描述 (参见 12.2.2 节和 12.3.1 节). 相应的能量项称为 "**交换项**"(参见 15.3.2 节). 读者要避免把这个交换项和被我们忽略的源于磁性的自旋–自旋相互作用项 [见 12.1.1 节 (d) 和假说 β] 相混淆. 在后面的章节中我们将多次指出交换项的重要性.

我们还要注意, T_1 项中只涉及 (从有心势的角度) 电子 i 与电子 j 之间的 "交叉" 相互作用. 而相反, 我们见到 T_2 只具有对于各个电子的 "平方" 项. 如果我们希望考虑自旋–自旋交叉磁相互作用 (d), 我们应当在 T_1 中说明它.

14.3.2 哈密顿量的逐级近似

哈密顿量 H 描述空间中的孤立原子, 因而其角动量 $\vec{J}$ 应当是运动常量. 在量子力学中, 这表现为矢量算符 $\vec{J}$ 与算符 H 对易. 此外, 这种对易意味着原子的整个确定状态是由一个总角动量量子数的值来描述的.

既然不可能严格求解由哈密顿量 H 所描述的问题, 就必须采用近似方法. 这里所用的方法就是定态微扰理论. 后面的讨论就是基于这个方法的, 并将用一系列步骤逐次实施. 但是我们将只限于在一级近似下使用定态微扰方法.

a) **第一步: 组态**

这一步在第 12 章已经做过了. 它只考虑哈密顿量 H_0, 其表达式已由 (12.1) 式给出: 这是有心力场近似, 其中考虑了有心势 $W(r)$ 中的独立电子. 它的解也就是第 12 章研究的电子组态.

哈密顿量 H_0 是无微扰哈密顿量. 它具有的本征值就是该组态的能量, 并有一个简并度 G(参见 12.3.2 节). 每个组态用下标 γ 做记号, 因而对应于同一能量为 E_γ 的 G 个不同量子态的一个集合, 它张开一个 G 维的子空间.

这第一步得到的解 (组态) 属于定态微扰计算中的零级解. 下面几步分别与 T_1 和 T_2 的数量级有关, 意味着角动量的两种不同组合方式.

b) **第二步: 谱项**

在这一步, 我们将给 H_0 附加以最重要的微扰项 (T_1 或 T_2) 以得到微扰哈密顿量:

—— 或 $H_1 = H_0 + T_1$, 若有 $T_1 \gg T_2$

—— 或 $H_2 = H_0 + T_2$, 若有 $T_1 \ll T_2$

于是我们就可以在一级近似下用定态微扰法对微扰哈密顿量进行处理, 对 γ 组态的能量 E_γ 的修正做计算. 计算在于把代表微扰 (T_1 或 T_2) 的矩阵在约化为 E_γ 简并 (即 γ 组态) 的子空间进行对角化. 而能量 E_γ 的修正值就由该矩阵所得的对角元给出. 微扰哈密顿量 (H_1 或 H_2) 的本征态由把微扰 (T_1 或 T_2) 对角化的基矢量给出. 这样, 能量 E_γ 的简并就被部分地解除了, 但这一步所得的微扰哈密顿量 (H_1 或 H_2) 的不同本征值仍将是简并的. 历史上, 这些本征值是在低分辨率光谱研究中首先得到的; 它们的简并子空间形成从 γ 组态派生出来的 "光谱项".

得到了与微扰哈密顿量 H_1 或 H_2 相对应的解, 我们就可过渡到下一步, 其目的是得到形成光谱项精细结构的能级.

c) **第三步: 精细结构能级**

在这一步中, 我们再次应用一级定态微扰法, 以包括上一步被忽略的更弱的微扰 (T_2 或相应的 T_1). 而上一步中的微扰哈密顿量 (H_1 或 H_2) 则起到了无微扰哈密顿量的作用, 我们在对应于上一步 b) 得到的一个谱项的子空间内把最微弱的微扰对角化.

—— 若 H_1 受 T_2 微扰 ($T_1 \gg T_2$ 情况); 则在每个 L-S 光谱项内把 T_2 对角化而得到 L-S **耦合**能级;

—— 若 H_2 受 T_1 微扰 ($T_1 \ll T_2$ 情况); 则在每个 j-j 光谱项内把 T_1 对角化而得到 j-j **耦合**能级.

这两个词 L-S **耦合**和 j-j **耦合**对应于这两种不同的角动量组合的方式, 对此我们将在后面加以说明 (14.3.3 节和 14.3.4 节), 由此得到了原子的总角动量 $\vec{J}\hbar$.

在这两种情况下, 所得的简并解除引出了由总角动量量子数 J 所表征的 "能级". 与上一步计算的能级修正相比, 这一步计算的能级修正很小. 因此, 与光谱项的能量间隔相比, 这些能级之间的间隔很小. 我们说, 这些能级形成光谱项的精细结构.

精细结构的能量间隔是可以用当今的光谱技术测量的.

注: 在较普遍情况下, T_1 和 T_2 的数量级相同, 则求解的难度要大得多了. 实际上, 这就必须从写出上面使用过的这套或那套基出发, 把代表 $T_1 + T_2$ 之和的矩阵对角化. 这属于中间耦合情况, 在这个教程中我们不打算讨论这个问题.

14.3.3 L-S 耦合

设我们处于 $T_1 \gg T_2$ 的情况, 我们粗线条地研究一下上述 b) 和 c) 两步, 以便理解我们在第 12 章中所计算的组态简并如何至少是部分地被解除了.

a) **第一步: 组态 (仅供备忘)**

b) **第二步: 用哈密顿量 $H_1 = H_0 + T_1$**

哈密顿量 H_1 描述一个孤立系统, 作为总哈密顿算符 H 因而与总角动量 $\vec{J}$ 对易.

利用量子力学教程中阐明的不变量的普遍性质, 我们认为:

- T_1 也与 $\vec{L}$ 算符的某个分量对易, 特别是与算符 L_z 和 $\vec{L}^2$ 对易, 其中 $\vec{L}$ 代表由每个电子的轨道角动量 $\vec{l}_i$ 组合起来的总轨道角动量矢量.
- T_1 与 $\vec{S}$ 算符的某个分量对易, 特别是与算符 S_z 和 $\vec{S}^2$ 对易, 其中 $\vec{S}$ 代表由每个电子的各个自旋 $\vec{s}_i$ 组合起来的总自旋角动量矢量.

这里我们提醒读者, 尽管电子自旋并不明显地包含在 T_1 的表达式 (14.9) 中, 我们必须把它认为是代表电子的量子态的 "自旋–轨道态" 的定义 (参见 12.2.2 节和 12.3.1 节). 我们在后面 15.3.2 节描述了一个算例, 那里对静电能 T_1 的计算与自旋状态有关, 这就是我们所称的 "交换效应".

由此我们推导出下面几点:

(1) 上述对易性质规定了哈密顿量 H_1 的不同本征态是算符 H_0, $\vec{L}^2$, $\vec{S}^2$, L_z 和 S_z 的共同本征矢量, 记为 $|\gamma LSm_Lm_S\rangle$, 它使 T_1 对角化. T_1 的对角元是对组态能量的一些修正值, 它们由量子数 L 和 S 的一对可能值来表征. 这一对 (L, S) 确定

了一个**光谱项**.

电子之间的静电相互作用能与电子轨道在空间中的相对位置有关, 因而也与电子的 $\vec{l}_i$ 矢量之间的相对取向有关. 而这些取向决定了矢量 $\vec{L}$, 因此可以想象: 对量子数 L 的每一个值能量是不同的. 交换效应也意味着, 对 L 的一个给定值, 能量与 S 有关. 这样, 第一步 a) 中得到的组态的简并至少是部分地被解除了.

(2) 对应于一个 L 的可能值有 $2L+1$ 个该角动量相对于量子化轴的取向, 它们由 m_L 的不同可能值来表征; 同样, 对应于一个给定的 S 值有 $2S+1$ 个该角动量的可能取向, 它们由 m_S 的不同可能值来表征. T_1 是一个标量算符, (参见附录 6, A.6.2 节), 它的对角矩阵元与 m_L 和 m_S 无关. **光谱项**的能量由 L-S 耦合来表征, 它仍是 $(2L+1)(2S+1)$ 度简并的.

(3) 另一方面, 在 H_1 中并不包含任何表现各个电子的一对矢量 $\vec{l}_i$, $\vec{s}_i$ 之间耦合时相对取向的项. 不管 J 的可能值是什么, 一切由 L 和 S 给定值的能态都具有同样的能量.

在这个阶段近似中, 我们求得了与该组态相容的不同对的 (L, S) 量子数, 从而对从一个给定组态派生出来的不同光谱项得到了不同的能量值. 一个满支壳层的轨道角动量和自旋角动量的合成都是零, 为了得到 L 和 S 的可能值, 只要考虑未填满支壳层的电子就足够了. 然而, 当我们把矢量 $\vec{l}_i$ 和 $\vec{s}_i$ 分别组合以得到 $\vec{L}$ 和 $\vec{S}$ 时, 所有可能的数学解并非必然都是与泡利原理和电子不可分辨原理相容的. 我们打算通过 14.4 节的一些例子对此进行细致研究.

c) 过渡到第三步: 精细结构

我们要寻求在一级微扰中考虑了 T_2 项时可以预料到的结果, 哈密顿量 H_1 现在是无微扰哈密顿量. 上一步所得的每个光谱项代表对应于一个给定能量的简并子空间; 计算就在于把每个子空间中的 T_2 对角化. 在 15.3.3 节针对氦原子情况我们将更清晰地看到, 维格纳–埃克特 (Wigner-Eckart) 定理 (参见附录 6) 是如何把 T_2 写成 $T_2 = A_{\gamma LS}\vec{L}\cdot\vec{S}$ 形式的, 其中 $A_{\gamma LS}$ 是给定组态中与所考虑的光谱项有关的常数. 微扰哈密顿量 T_2, 以及因之哈密顿量 $H = H_0 + T_1 + T_2$ 不再与 $\vec{L}$ 和 $\vec{S}$ 的分量对易, 但只与 $\vec{L}^2$, $\vec{S}^2$, $\vec{J}^2$ 和 $\vec{J}$ 的某一分量, 特别是 J_z 对易. 因而 H 的本征态除了由 γ, L, S 以外, 还将由 J 和 m_J 来表征, 可记做 $|\gamma LSJm_J\rangle$. 带给一个光谱项的能量修正又依赖于 J(但不是 m_J), 而在第二步 b) 中的 (3) 所提到的 J 的简并将被解除.

自旋–轨道相互作用能 T_2 与一对矢量 $\vec{l}_i$, $\vec{s}_i$ 的相对取向有关, 因而也与合成矢量 $\vec{L}$ 和 $\vec{S}$ 的相对取向有关. 这个相对取向决定了矢量 $\vec{J} = \vec{L} + \vec{S}$: 这样我们明白了, 量子数 J 的每个值对应于一个不同的能量值, 并确定**能级**. 通常我们把由于 T_2 的影响而造成的同一对 S 和 L、但 J 不同的能级之间的能量差称为**精细结构间距**.

通过寻求与量子数 L 和 S 相容的 J 的所有数值, 我们得到了从第二步 b) 由同一 (L, S) 谱项派生出来的所有不同能级. 回顾 14.1 节的角动量合成规则, $\vec{J} = |L-S|, |L-S|+1, \cdots, L+S$. J 的可能值的个数等于两个数 $2S+1$ 和 $2L+1$ 中较小的那一个. 大多数情况下, S 是小于或等于 L 的, 因而从同一 (L, S) 光谱项派生出的不同能级的数目等于 $2S+1$. $2S+1$ 这个数一般称为第二步 b)(L, S) 谱项的**多重度; 甚至在 L 比 S 小的情况下, 我们仍然保留着这样的称呼**.

每个由量子数 J 表征的能级还会是 $2J+1$ 度 m_J 简并的, 因而对应于 $(2J+1)$ 个不同的量子态. 很容易验证, 对应于光谱项的量子态数目仍然不变, 把所有 J 能级相加有

$$\sum_{J=|L-S|}^{L+S}(2J+1) = (2L+1)(2S+1)$$

由于和哈密顿量中其他项相比, T_2 项是小项, 这样得到不同 J 能级是挨得很近的. 我们说, 它们组成一组多重能级:

—— 若 $2S+1=1$, 得单重能级,　　即有 $S=0$

—— 若 $2S+1=2$, 得双重能级,　　$S=1/2$

—— 若 $2S+1=3$, 得三重能级,　　$S=1$

—— 若 $2S+1=4$, 得四重能级,　　$S=3/2, \cdots$

图 14.2 总结了 p-p 组态情况 (碳或硅原子的情况) 下的研究结果, 它逐级表明了 T_1 和 T_2 的影响. 图上我们概括了分别对应于逐级近似的第二步 b) 和第三步 c) 的不同光谱项的不同位置. 在对可能能级的编号中我们考虑了泡利原理和电子不可分辨性原理的影响. 读者可能注意到, 特别是在 b), 并没有把 L 和 S(光谱项) 的值的所有可能组合都表示出来. 为了画出此图, 我们需要提前使用 14.4 节的结果.

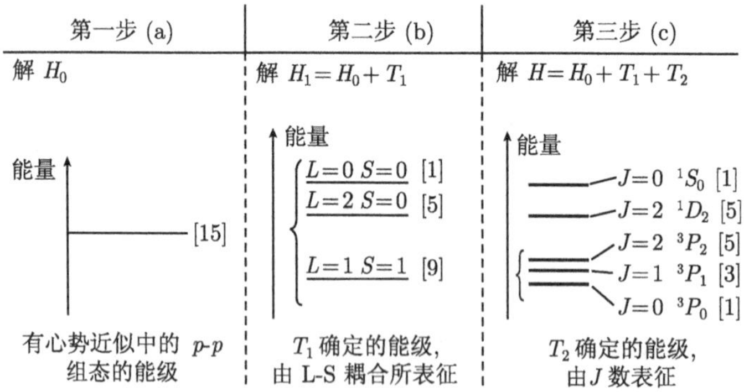

图 14.2　p-p 组态 L-S 耦合能级的精细结构

(方括号中的数字表示简并度) 能级位置完全是任意的

d) L-S 耦合的光谱标记法

对 L-S 耦合, 习惯上用一组可精确确定 L 和 S 值的符号来表示一个光谱项:

—— 用一个字母表征 L 值, 其规则是由光谱学家从谱系老名称出发而引进的. 这就是把 11.2 节末尾对一个电子的量子数 l 的字母改为大写:

字母符号	S	P	D	F	G	H	
对应的L值	0	1	2	3	4	5	$\cdots$

—— 在字母前面有一个指标给出一个多重度的值 $2S+1$, 而不是 S. 乍一看来, 这似乎不太合理, 但实际上却证明是合适的.

因此, 一个光谱项的标记为: $^{2S+1}[L$ 的字母符号$]$

一个由给定组态得到的光谱项, 对其所派生出能级的标记是: 先确定组态, 或至少是未填满的支壳层, 然后在光谱项符号后面用一个下标表明 J 的值.

归结起来, 一个精细结构能级可以概括地记为

$$(\text{组态})^{2S+1}[L\text{的字母符号}]_J$$

例

$$(1s^2 2s^2 2p 3p)^3D_2 \quad \mapsto \quad S=1 \quad L=2 \quad J=2$$
$$\cdots(6s^2 4f)^2F_{5/2} \quad \mapsto \quad S=1/2 \quad L=3 \quad J=5/2$$

在某些情况下所考虑能级所属的组态可以毫不含糊地用一个已被激发的电子的量子数 n 来表示. 例如, 汞原子的基态组态是

$$\text{(i)} \quad (\text{——})6s^2$$

而激发态的各种组态是:

$$\text{(ii)} \quad (\text{——})6s6p, \qquad \text{(iii)} \quad (\text{——})6s7p, \qquad \text{(iv)} \quad (\text{——})6s6d, \quad \cdots$$

—— (i), (ii) 和 (iv) 组态的不同能级只是在谱项记号前面加了一个数字 6: 6^1S_0, 6^3P_1, $6^3D_2, \cdots$;

—— 组态 (iii) 的能级则加上一个数字 7: $7^3P_1, \cdots$.

14.3.4　*j-j* 耦合

a) 第一步: 组态 (不变)

b) 第二步: 用哈密顿量 $H_2 = H_0 + T_2$

哈密顿量 H_0 是有心势 (12.1) 的哈密顿量, 而 T_2 由 (14.7) 式给出, 根据 14.2.3

节末尾所做的近似, 它也是从有心势导出的. 可以把 H_2 写成各个哈密顿量之和:

$$
\begin{aligned}
H_2 =& H_0 + T_2 = \sum_i \left[-\frac{\hbar^2}{2m}\Delta_i + W(r_i) + \vec{l}_i \cdot \vec{s}_i \cdot \frac{\hbar^2}{2m_e^2c^2}\frac{1}{r_i}\frac{\mathrm{d}W(r_i)}{\mathrm{d}r_i} \right] \\
=& \sum_i [h_i + h_{SOi}]
\end{aligned}
$$

这里出现一个独立全同粒子的哈密顿量 h_i, 它是有心力场近似下的有心势哈密顿量, 和一个自旋–轨道相互作用的微扰的哈密顿量 h_{SOi}. 各个哈密顿量的独立性允许对它们分别应用微扰法. 把各个电子的能量相加起来, 就不难求得这个哈密顿量 H_2 的本征值.

在处理自旋–轨道相互作用 h_{SOi} 时, 电子的量子态不仅由 n_i, l_i 和 s_i 所表征, 而且由对应于电子总角动量的量子数 j_i 和 m_{ji} 所表征 (参见 15.2 节). 一个电子的能量将被一个与 j_i 有关的 ΔE_{ji} 量所修正. 一组各个电子的量子数 j_i 决定了对应于 H_2 的一个特定本征值的 j-j 耦合的光谱项, 该光谱项和组态的能量差由各个能量修正值 ΔE_{ji} 之和给出.

上述做法与寻求在给定组态里把 T_2 对角化的总微扰计算完全等效. 实际上, 代表 T_2 的矩阵在算符 H_0, j_1^2, $j_2^2, \cdots$, j_{1z}, j_{2z}, $\cdots$ 的共同本征值矢量的基 (记为 $|\gamma j_1 j_2 \cdots m_{j1} m_{j2} \cdots\rangle$) 中对角化. 它们的对角矩阵元依赖于一组量子数 $(j_1, j_2, \cdots)$, 而与 $(m_{j1}, m_{j2}, \cdots)$ 无关; 很简单, 这些对角矩阵元由各个能量修正值 ΔE_{ji} 之和给出, 代表对组态能量的修正. 我们注意, 对于一个给定轨道态, j_i 只能取两个值: $l_i - 1/2$ 和 $l_i + 1/2$.

图 14.3 表明给定量子数 n、其可能 j 值为 1/2 和 3/2 的两个 p 电子情况下的能级. b) 部分决定了哈密顿量 H_2 的本征值. 我们注意到, 由于电子的不可分辨性, 两个态 $(j_1 = 1/2, j_2 = 3/2)$ 和 $(j_1 = 3/2, j_2 = 1/2)$ 有相同的能量, 代表同一个光谱项.

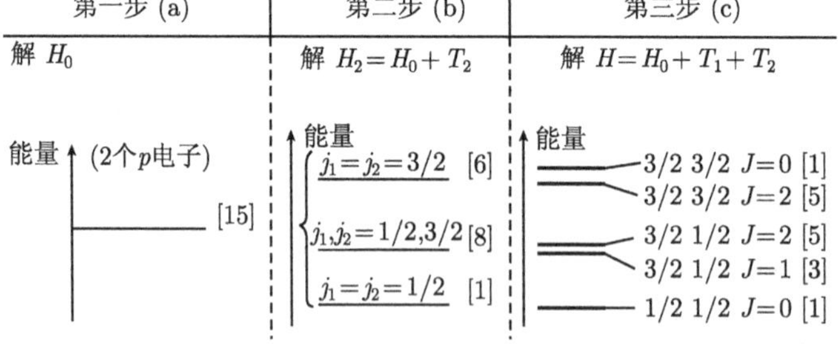

图 14.3 j-j 耦合中 p-p 组态能级的精细结构

铅的基态情况 (——)$6p^2$(方括号中表示简并度), 图 14.2 和图 14.3 上所表示的能级位置完全是任意的, 这只是一张原理图

c) 第三步: 求得 T_1 的影响

T_1 被认为是附加在无微扰哈密顿量 H_2 上的微扰项. 所得的与 H_2 的本征值相联系的谱项由不同的 j_i 来表征, 因而对应于不同的总角动量 J 的值. 因此, 这些谱项有 J 的能量简并度. 反过来, 哈密顿量 $H = H_2 + T_1$ 有以 J 为表征的本征值. J 的简并将被解除, 我们得到由 j_i 给定, 并具有一个 J 的特定值的能级.

这些分离能级的能量间距比谱项的间距更小, 它们代表这些谱项的精细结构. 图 14.3 的 (c) 部分给出了对具有两个 p 电子的原子的结果. 我们建议读者在研读了 14.4 节以后自己来验证, 出现在 (b) 和 (c) 中的能级数是电子不可辨认性和泡利原理的结果.

d) j-j 耦合的光谱标记法

我们注意到, j-j 耦合明显地完全没有牵涉到合成轨道角动量 L 和合成自旋角动量 S. j-j 谱项的标记应由每个电子的量子数 n_i, l_i 和 j_i 来确定. 对于精细结构的一个能级, 通常在括号里记下各个 j_i 值, 跟一个 J 值的下标, 前面是对角动量有贡献的电子 (即组态未填满支壳层的电子) 的一组 n_i 和 l_i 值.

例

对铅原子基态组态的一个能级 (对应于图 14.3) 将记为

$$6p6p(1/2,3/2)_2$$
$$(j_1,j_2)_J$$

注 1: 总角动量 $\vec{J}\hbar$ 是运动常量, 与哈密顿量 H 对易. 不管角动量的耦合方式是什么样的, 一个组态的简并解除将得出由 J 所给定的能级. 因而相应的 H 的本征态也是 $\vec{J}^2$ 和 J_z 的本征态. 这些能量仍保持着 m_J 的简并, 这是由于原子的球对称性引起的, 它只有存在破坏这个对称性的外部微扰时才能被解除 (参见 11.3.3 节最后).

实际上, 一个组态的简并度给定了相应子空间的维度. 在简并逐级解除过程中这个维度是保持不变的. 这意味着, 不管耦合类型是什么样的, 从一个组态派生出的量子态的数目始终是一样的. 从这里读者可以推导出, 具有同一个 J 值的能级个数与耦合的类型无关 (比较图 14.2 和图 14.3).

注 2: 从 14.3.1 节我们已经了解到, 在 14.3.4 节和 14.3.3 节所处理的两种情况是极端情况, 那里可以对一定数目的元素进行比较精确的理论研究; 但是大量实际情况不可能完善地用这种或那种模型来描述, 而需要有一种中间耦合的方式. 作为例子, 我们考虑一些内支壳层被填满, 而基态有两个 p 电子的元素, 如碳、硅、锗、锡、铅 (门捷列夫表的 IV B 列). 碳是可用 L-S 耦合来很好地描述, 铅要用 j-j 耦合, 而硅、锗和锡则应当用中间耦合来研究.

为了研究中间耦合, 提出了各种不同的模型; 尤其是针对涉及多于两个电子的原子情况 (特别是对稀有气体的激发态能级情况). 对这些研究, 即使是做些概括性的描述, 也已超过了本书的范围.

14.4 一个组态角动量的确定和能级的统计

上节中我们阐述了用 (a)、(b) 和 (c) 三步逐级近似计算能级方法的一般概念. 现在把这个研究往前推进一点. 考虑到, 一方面有电子的不可分辨性和泡利原理, 另一方面有角动量的组合规则, 在本节我们将说明, 对应于同一个组态, 如何计算不同能级的确切数目, 以及如何把它们归属于每个角动量.

在本节中我们只考虑 L-S 耦合情况. 对于 j-j 耦合情况, 读者可以作为一个很好的练习, 自己进行类似的研究.

上节中我们已注意到, 为了确定 L、S 和 J 的值, 只要把不属于满支壳层的电子角动量进行组合就行了. 对于不同元素, 这些电子数呈现在表 12.2 中白底的格子中. 下面考虑两种情况.

14.4.1 属于不同支壳层的电子

属于不同的未填满支壳层的任何电子不能同时具有与其他电子相同的两个量子数 n 和 l(我们说, 它们是非等效电子). $\vec{l}_i$ 和 $\vec{s}_i$ 两个矢量参与的一切组合都是可能的, 哪一个也不会被泡利原理所禁阻. 通过寻求一切可能组合, 先是分别做 $\vec{s}_i$ 和 $\vec{l}_i$ 的组合, 然后把 $\vec{S}$ 和 $\vec{L}$ 组合起来, 就可将量子数 L、S 和 J 确定下来. 对应于每个以不同方式得到的 J 值 (从不同的 L 或 S 值出发) 有一个不同的能级. 表 14.1 和表 14.2 解释了两个例子, 我们可以验证, 它们与求得的简并度相符.

表 14.1

第一步 (a)	第二步 (b)			第三步 (c)		
ns-np 组态	S	L	简并度 $(2S+1)(2L+1)$	J	能级	简并度 $2J+1$
$l_1=0, l_2=1$ 简并度 $(4l_1+2)(4l_2+2)=12$	0	1	3	1	$^1P_1$	3
	1	1	9	0	$^3P_0$	1
				1	$^3P_1$	3
				2	$^3P_2$	5
	2 个光谱项			4 个不同能级		

14.4.2 等效电子 (属于同一支壳层的)

在满壳层外面, 原子具有等效电子, 即属于同一支壳层, 而有相同量子数 n 和 l 的电子. 我们仅限于考虑两个等效电子的情况. 更复杂的情况可用上面给出的概念来处理.

可用一种很漂亮的方法来立即解决问题. 这只要应用波函数的对称性就行. 我们请熟悉量子力学的读者读一下专门著作 (A. Messiah, 量子力学, 第 2 卷,1964)*. 这里我们只用最基本的方式来计算满足泡利原理的不同能态, 并找出由这些能态形成的光谱项.

表 14.2

第一步 (a)	第二步 (b)			第三步 (c)		
np-mp 组态	S	L	简并度 $(2S+1)(2L+1)$	J	能级	简并度 $2J+1$
$l_1=1, l_2=1$ 简并度 $(4l_1+2)(4l_2+2)=36$	0	0	1	0	$^1S_0$	1
	0	1	3	1	$^1P_1$	3
	0	2	5	2	$^1D_2$	5
	1	0	3	1	$^3S_1$	3
	1	1	9	0	$^3P_0$	1
				1	$^3P_1$	3
				2	$^3P_2$	5
	1	2	15	1	$^3D_1$	3
				2	$^3D_2$	5
				3	$^3D_3$	7
	6 个光谱项			10 个不同能级		

我们以两个等效 p 电子为例来说明这个方法. 一个 np-np 组态的简并度 $G=15$(参见 12.3.3b 节). 做一张表 (表 14.3) 就可以将这些可能能态进行分类统计. 为此, 在横轴上列出一个电子 1 的磁量子数 $m_l(-1, 0, 1)$ 和 $m_s(-1/2$ 和 $+1/2)$, 然后在纵轴上则列出电子 2 的同样数据.

这样我们确定了 36 个格子中的数据, 但我们要注意:

(1) 位于表上主对角线的格子对应于具有相同 m_l 和 m_s 量子数的两个电子, 泡利原理禁止它们存在;

(2) 由于是等效电子, 由处在主对角线对称位置上的两个格子所代表能态是不可能区分的. 这样就消除了这个对角线以上的那些格子, 只保留了对角线以下的格子. 简单分析表明, 还剩下 15 个格子; 只有这 15 个能态是实际存在的, 这与上面计算的 G 一致.

在每个格子中我们填上了对应于总角动量的磁量子数 m_L 和 m_S 的值. 根据角动量组合原理, 它们分别等于

$$\begin{cases} m_L = m_{l1} + m_{l2} \\ m_S = m_{s1} + m_{s2} \end{cases}$$

* 读者可参阅曾谨言, 2007. 量子力学, 卷 II. 科学出版社: 299. —— 译者

表 14.3　一个具有两个等效电子的 $np-np$ 组态情况

$m_{\ell 2}$	m_{S2}	1, 1/2	1, −1/2	0, 1/2	0, −1/2	−1, 1/2	−1, −1/2
	$m_{\ell 1}$	1	1	0	0	−1	−1
	m_{S1}	1/2	−1/2	1/2	−1/2	1/2	−1/2
1	1/2					每个格子中	
1	−1/2	2　0				m_L　m_S	
0	1/2	1　1	1　0				
0	−1/2	1　0	1　−1	0　0			
−1	1/2	0　1	0　0	−1　1	−1　0		
−1	−1/2	0　0	0　−1	−1　0	−1　−1	−2　0	

斜线: (e) $^1S_0$；(d)、(c)、(b) ^3P；(a) $^1D_2$

在没有泡利原理和电子不可分辨原理的情况下, 我们在第二步近似 (b) 中得到了表 14.2 上的 6 个不同光谱项. 我们要说明, 在我们所关心的情况中, 上面指出的 m_L 和 m_S 的数值只能与有限数目的光谱项相容.

(1) 我们特别注意到, 在表 14.3 中不存在任何 $m_L=2$ 和 $m_S=1$ 的格子. 由于这个三重态中没有可实现的能态, 因而光谱项 ^3D 的一组三能级 ($S=1, L=2$) 是不存在的.

(2) 我们找到有 $m_L=2, m_S=0$ 和 $m_L=-2, m_S=0$ 的格子. 因此必定存在一个 $L=2$ 的光谱项; 正因为我们刚刚消灭了 ^3D 多重态, 故只有 $S=0$ 的态才能存在, 也就是说, ^1D 单重态是由唯一能级 $^1D_2$ 组成的. 处在斜线 (a) 上的一组格子允许构建这 $^1D_2$ 谱项.

(3) 在其余的格子中, 我们特别注意 $m_L=1, m_S=1$ 和 $m_L=1, m_S=-1$ 态. 光谱项 $S=1, L=1$ 因而应当存在; 对应于 $^3P_2, {}^3P_1, {}^3P_0$ 的能级可以构成一组位于斜线 (b), (c) 和 (d) 上的格子.

(4) 剩下的最后一个格子是在斜线 (e) 上的 $m_L=0, m_S=0$, 它必然对应于 $S=0, L=0$ 谱项, 它构成唯一能级 $^1S_0$.

总之, np-np 组态包含 5 个能级, 它们对应于表 14.4.

这就是我们在构建图 14.2 时已经采用的, 现在得到了证实.

表 14.4　等效电子情况

第一步 (a)	第二步 (b)			第三步 (c)		
np-np 组态	S	L	简并度 $(2S+1)(2L+1)$	J	能级	简并度 $2J+1$
$l_1=1$, $l_2=1$ 简并度$G=15$	0	1	1	0	$^1S_0$	1
	0	2	5	2	$^1D_2$	5
	1	1	9	0	$^3P_0$	1
				1	$^3P_1$	3
				2	$^3P_2$	5
			3 个光谱项		5 个不同能级	

14.4.3　洪德定则

刚才在 14.4.1 节和 14.4.2 节所做的研究使我们可以给对应于一个组态的能级数目做个统计, 但对这些能级的位置我们却没有任何哪怕是定性的信息. 洪德定则将部分地满足这个需要, 它能给出一个组态中能量最低的能级结构的信息. 洪德定则规定:

一个给定组态能量最小的能级具有最大的 S 可能值; 在这个 S 值下有最大的 L 可能值.

对这个定则的验证是不太严格的, 这已经超出了本书范围. 对基态组态情况, 洪德定则是十分精确的; 它可以确定基态能级的 S 和 L 的值, 在磁性研究中这是特别重要的.

小　结

有心力场近似只与原子中的**静电相互**作用有关. 它使我们能在第 12 章中引出组态概念, 并通过对各个电子的描述来表征原子, 这些电子则分布在造成壳层或支壳层的自旋–轨道态内.

通过引进两个微扰的哈密顿量 T_1 和 T_2, 本章所做的进一步讨论完善了原子模型; 这两个哈密顿量分别代表静电和磁 (自旋–轨道) 相互作用修正, 后者源于相对论. 逐级使用这两种微扰使有心力场近似中得到的每个组态的能级简并得以解除.

不管处理这些微扰的次序如何 (这个次序是根据它们各自的大小来安排的), 在最后一步所得的能级总是以总角动量的值 J 来表征的. 这样, 对应于一个给定组态就确定了可能存在的能级.

问题的复杂性使我们不能超越只对能级进行统计这个阶段; 但所得的结果是非常基本的: 它们是全部更为详尽的研究 (将作为下一章的研究对象) 的前提, 它们还将引出第 16 章关于原子磁性的讨论.

第 15 章　单电子和双电子体系的光谱学

上面几章的主要目的在于阐明和表征原子的不同能级. 我们先有了组态概念 (参见第 12 章), 然后是将能级用相关的不同角动量的函数来表征 (参见第 14 章). 然而我们只建立了严格说来仅仅是定性的结果, 几乎不可能得到关于这些能级在能量标尺上位置的更为确切的信息. 这主要是由于下面两方面的原因:

—— 正如我们在第 12 章开头所知晓的, 要得到严格的方程是极为复杂的: 根据所研究的原子不同, 应该考虑其量值大小变化多端的大量相互作用;

—— 任何严格计算是不可能的, 在大多数情况下定量研究要求使用数值解法.

与第 14 章相比, 本章的目标是新的, 在于对一些特殊情况勾勒出一些较为详细的研究; 对这些情况, 我们或能得到与能级位置有关的若干简单结果, 或能给出有意思的信息, 这些信息以其具有历史意义或因其从中提取的概念而显得重要.

还应该研究核的影响 [12.1 节所描述的相互作用 (e) 和 (f)]. 这些相互作用将作为本研究的最后阶段, 并将成为专门一章的主题 (参见第 17 章). 因此, 本章所得的结果 (除了微小的修正以外) 只适用于核自旋为零的原子.

原子光谱学是研究原子所发辐射的特征频率的. 因为通过观察到的光谱会呈现出大量原子性质, 这门学问具有相当重要的意义. 在这一章里, 我们还应该阐明能级与所观察到的辐射跃迁之间的关系. 可以把一个跃迁的频率 $\nu = c/\lambda$ 写成两个量子化能量之差的函数, $\nu_{pq} = (E_q - E_p)/h$(玻尔定则). 但是, 并非所有能量值的组合都是可能的: 只有有限数目的能级之间的跃迁才能被观察到, 这些能级由**选择定则**确定. 在简单情况下, 可用半经典辐射理论来建立选择定则. 在本章中, 针对每种研究情况, 我们将只限于给出选择定则, 并通过具体例子来说明其用法. 然而在 15.1 节, 我们将指出用以建立选择定则的量子研究的步骤. 其中某些部分读者只有在读了第 16 章和第 18 章 (18.3.3 节), 以及附录 6、附录 7 和附录 8 以后才能熟悉; 所以我们建议对这一节的深入研究可以放到后面去.

15.1　选择定则

对两个能级 1 和 2 之间可能跃迁的定量研究需要具备 A_{21}, B_{21}, B_{12} 系数 (参见上册第 3 章) 数值的知识. 在本章中我们主要感兴趣的是自发发射系数 A_{21}, 在量子表述中, 对它的直接研究显得比对 B_{21} 和 B_{12} 的研究更为困难; 但是我们注意

到有爱因斯坦关系:

$$A_{21} = \frac{8\pi h}{\lambda^3} B_{21}$$

通过它, 我们可以把问题引向研究吸收和感生发射系数 B_{12} 和 B_{21}(参见第 18 章).

这两个系数表达了原子与外部电磁场的相互作用. 存在这种场时, 原子的哈密顿量将在自由原子的哈密顿量上附加一些由附录 7 建立的 (A7.10) 关系式所确定的项. 在这些哈密顿量的项中, 一定数目的项组合成一个项 $H^{(1)}$, 它是与时间有关的. 因而对哈密顿量的研究要利用含时的微扰, 它告诉我们, 由 $H^{(1)}$ 感生出来的, 原子在 1 和 2 两个能态之间跃迁的概率正比于下面矩阵元的平方 (参见 18.3.3 节一个特殊情况中的演示):

$$\left\langle 1 \left| H^{(1)} \right| 2 \right\rangle$$

这里用的是狄拉克符号 (参见量子力学教程).

一般情况下, 不可能严格得到跃迁概率的值. 因此我们利用 $H^{(1)}$ 的级数展开, 按照多极矩的次序逐级展开得到许多项 (参见附录 9). 这些项逐级表达了:

—— 电场 $\vec{E}(t)$ 与原子的电偶极矩 $\vec{p}$ 之间的耦合, 假定在原子体积内电场是均匀的;

—— 磁场 $\vec{B}(t)$ 与原子的磁偶极矩 $\vec{\mathcal{M}}$ 之间的耦合, 假定磁场是均匀的;

—— 电场和磁场与原子的电四极矩和磁四极矩之间的耦合;

—— 等等.

在半经典理论中, 原子是用量子方式描述的, 在哈密顿量 $H^{(1)}$ 中它的多极矩是作为算符出现的; 而场则是以经典方式描述的, 在哈密顿量 $H^{(1)}$ 中它以相乘量出现.

我们局限于简单地分析**电偶极矩跃迁**情况, 它相当于哈密顿量 $H^{(1)}$ 级数展开式的第一项, 而忽略后面的项, 则 $H^{(1)}$ 写为

$$H^{(1)} = -\vec{D} \cdot \vec{E}$$

假定 $\vec{E}$ 是时间的正弦函数, 在原子体积内是均匀的, 跃迁概率正比于下面电偶极矩算符 $\vec{D}$ 矩阵元的平方 (18.3.3 节):

$$\left\langle 1 \left| \vec{D} \right| 2 \right\rangle$$

在量子力学中可以证明, $\vec{D}$ 算符是奇算符, 它只有在宇称相反的态之间才具有不为零的矩阵元. 因此, 一个电偶极矩跃迁只有在波函数的宇称发生变化时才能产生.

另一方面, $\vec{D}$ 是矢量算符. 假定 1 态由量子数 J 和 m_J 表征, 2 态由量子数 J' 和 m'_J 表征. 将维格纳–埃克特定理应用于矢量算符 (参见附录 6, A6.4 节) 的直接结果可以得到普遍的选择定则表述如下.

只有在下列条件下 $\left\langle 1 \middle| \vec{D} \middle| 2 \right\rangle$ 矩阵元才不等于零:

$$m_J - m'_J = 0, \pm 1$$

$$J - J' = 0, \pm 1$$

$$J = J' = 0 \text{ 除外}$$

关于量子数 m_J 的选择定则是我们从辐射的角动量守恒出发所得到了的, 并借助于塞曼效应所验证过的 (参见上册第 9 章). 我们还可指出, 利用电磁波–原子的量子相互作用也可得到这个选择定则 (18.3.3 节).

这样我们发现, 电偶极矩跃迁的选择定则对各种耦合类型都是适用的. 对于其他种类的选择定则, 或涉及 L-S 耦合中的 L 和 S, 或 j-j 耦合中的 j_1 和 j_2. 它们是从更复杂的分析中得到的, 在这里我们不打算加以讨论. 我们只注意类氢原子情况, 从波函数的表达式和缔合勒让德多项式的递推关系出发, 相对简单的计算就可证明, 偶极矩仅有的非零矩阵元的两个态 l 和 l' 要满足下面关系:

$$l = l' + 1$$

数值计算表明, 电偶极矩跃迁概率要比磁偶极或电四极矩跃迁概率大得多. 我们叫前面一种为 “容许跃迁”, 后面一种为 “禁阻跃迁”. “禁阻跃迁” 只能在电偶极矩跃迁被选择定则所禁止的某些条件下才能被观察到. 这些情况有: 对应于同一 J 能级的塞曼子能级之间的磁共振跃迁 (参见上册第 8 章), 和相邻超精细能级之间的超高频跃迁 (参见 17.2.3 节), 它们都是磁偶极跃迁. 在某些天体物理介质中粒子密度很小, 不可能发生亚稳态能级的碰撞退激发, 因而就只能发生这些所谓 “禁阻跃迁” 引起的辐射退激发.

15.2　具有一个带自旋的外层电子的原子

上面 (参见 11.5 节) 我们探讨了一个无自旋电子在非库仑有心势作用下形成的系统的能级. 该系统的每个能级由一个主量子数 n 和一个轨道量子数 l 的数值来表征. 对于周期表中 IA 族的元素 (碱金属), 所有观察到的能态都符合这样的图像: 一个外层电子和一个由原子核和其余电子组成的原子实. 对于这些特定系统, 哈密顿量之和 $H_0 + T_1$(参见 14.3.1 节) 可用非库仑有心势的哈密顿量 H' 来代替 (参见 11.5 节), 它可描述静电相互作用体系. 但是, 为了得到更加符合实际的结果, 还要考虑电子自旋, 这是通过引入总角动量和由自旋–轨道相互作用引起的能量修正来进行的.

注：IB 族的银也属于这种情况，而对铜的情况，则还观察到由更复杂组态形成的激发态.

15.2.1　总角动量

由满壳层形成的原子实，其轨道角动量和自旋角动量总加起来都为零，$\vec{L}$ 简化为 $\vec{l}$, $\vec{S}$ 化为 $\vec{s}$, $\vec{J}$ 化为 $\vec{j}$; $\vec{l}$, $\vec{s}$ 和 $\vec{j}$ 分别称为外层电子的轨道角动量、自旋角动量和总角动量. 为了得到原子总角动量，我们要根据角动量的组合规则把角动量 $\vec{s}$ 和 $\vec{l}$ 相加起来. 已知 $s = 1/2$, 对给定的不等于零的 l, 我们因而有角动量量子数 j 的两个值：$j = l \pm 1/2$. 对应于每个 j 值有一个能级，我们利用上章定义的光谱学符号对这些能级进行标记.

15.2.2　自旋–轨道耦合

考虑到电子之间的静电相互作用 (参见 11.5.2 节) 后所得的能量 E_{nl} 仍是简并的，因为其中每个能量还对应着 $\vec{s}$ 和 $\vec{l}$ 取向不同的能态. 回想这些能态是由不同 m_l 和 m_s 的自旋–轨道波函数以下面形式来描述的 (参见 11.2 节和 12.2 节)：

$$\varphi_{n,l,m_l,m_s} = \psi_{n,l,m_l}(r,\theta,\phi)\sigma_{m_s} = \mathcal{R}_{n,l}(r)Y_{l,m_l}(\theta,\varphi)\sigma_{m_s}$$

或者，我们还可以用狄拉克符号的右矢 $|nlm_lsm_s\rangle$. 我们现在要把自旋–轨道相互作用 [或自旋–轨道耦合，它源自相对论的磁相互作用，参见 14.2 节 (14.6) 式] 项附加到系统的哈密顿量上去：

$$h_{SO} = \frac{\hbar^2}{2m_e^2c^2r}\cdot\frac{\mathrm{d}W}{\mathrm{d}r}\vec{l}\cdot\vec{s} = \xi(r)\vec{l}\cdot\vec{s}$$

把这个项作为定态微扰来处理就是要把对应于与能量 E_{nl} 相关联的每个子空间里的矩阵对角化. 而对角化以后得到的本征值就是对能量 E_{nl} 的修正. 然而，实际上在此情况下没有必要写出要对角化的矩阵. 事实上，对于 h_{SO} 的角向部分，把合成算符 $\vec{j} = \vec{l} + \vec{s}$ 取平方，就可以把标积 $\vec{l}\cdot\vec{s}$ 写成如下形式：

$$\vec{l}\cdot\vec{s} = \frac{\vec{j}^2 - \vec{l}^2 - \vec{s}^2}{2}$$

在与算符 $\vec{l}^2$, $\vec{s}^2$, $\vec{j}^2$ 和 j_z 共同的本征矢量的基中，代表这个算符的矩阵是对角化的，可以用 $|\gamma lsjm_j\rangle$ 来标记，它是与算符 $\vec{l}^2$, l_z, $\vec{s}^2$ 和 s_z 共同的本征矢量 $|\gamma lm_lsm_s\rangle$ 的线性组合 (参见量子力学教程或附录 A.6.6 节); 其中记号 γ 用以区别不同能量 E_{nl}. 很容易计算这个矩阵的本征值，只要利用代表角动量平方算符本征值的表达式：

$$\frac{j(j+1) - l(l+1) - s(s+1)}{2}$$

至于 h_{SO} 的径向部分, 径向函数 $\mathcal{R}_{n,l}(r)$ 对能量 E_{nl} 的子空间的一切能态都是共同的, h_{SO} 的所有矩阵元的径向因子由 $\mathcal{R}_{n,l}(r)$ 算得的径向算符的平均值给出:

$$a(n,l)=\langle\xi(r)\rangle_{nl}=\int\frac{\hbar^2}{2m_e^2c^2r}\cdot\frac{\mathrm{d}W}{\mathrm{d}r}\left|\mathcal{R}_{n,l}(r)\right|^2r^2\mathrm{d}r \tag{15.1}$$

量 $a(n,l)$ 通过径向函数依赖于量子数 n 和 l, 可以用势能 $W(r)$ 表达式的函数来显示.

把径向部分与角向部分联合起来, 我们得到由自旋–轨道耦合引起的能量修正为

$$\boxed{\Delta E_{n,l}(j)=a(n,l)\frac{j(j+1)-l(l+1)-s(s+1)}{2}} \tag{15.2}$$

对于给定 n 和 $l(l\neq0)$ 的值, 我们有两个 j 的值: $j=l+\dfrac{1}{2}$ 和 $j=l-\dfrac{1}{2}$, 因而也有两个 $\Delta E_{n,l}(j)$ 值, 我们分别用 ΔE_2 和 ΔE_1 来表示. 我们注意到, 除了 s 能级 ($l=0$) 外, 从无自旋的碱金属简单模型得到的所有能级都分裂为二, 这样就得到了一个精细结构 (参见图 15.1).

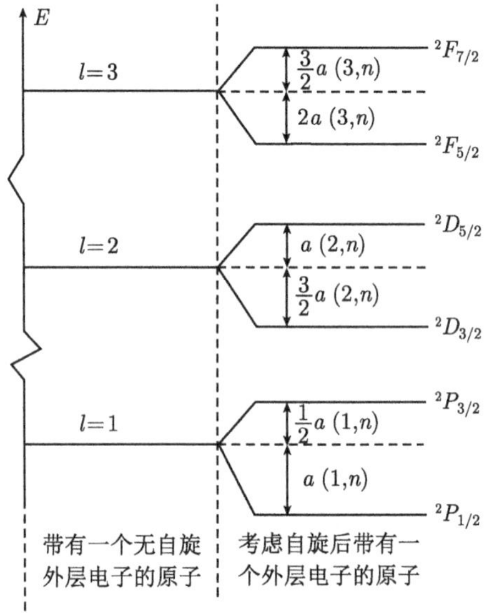

图 15.1 带有一个外层电子的原子

能量修正用系数 $a(n,l)$ 的函数表示

以电子的轨道角动量 $l=1$ 的情况为例, 我们有

$$\begin{cases}(1)l=1,j=3/2\mapsto\Delta E_2=a(n,1)\dfrac{(3/2\times5/2)-(1\times2)-(1/2\times3/2)}{2}=\dfrac{a(n,1)}{2}\\[2ex](2)l=1,j=1/2\mapsto\Delta E_1=a(n,1)\dfrac{(1/2\times3/2)-(1\times2)-(1/2\times3/2)}{2}=-a(n,1)\end{cases}$$

注：读者可以验证, 不管 l 的值是什么, 能量差 $\Delta E_2 - \Delta E_1 = a \cdot j_{\max}$, 其中 $j_{\max}$ 是一对能级中 j 值较大的一个.

把这些修正值附加到从理论 (该理论只有非库仑有心势起作用) 所得能量, H_0' 的本征值 E_γ 上去, 这样我们得到精细结构的两个能级:

$$\begin{cases} E_1 = E_\gamma + \Delta E_1 \\ E_2 = E_\gamma + \Delta E_2 \end{cases}$$

图 15.1 勾画出了不同 l 值下所得的结果, 图 15.2 细致表示实验所得的钠原子主要能级. 图中能级用第 14 章规定的光谱标记注明, 为了清楚起见, 对应于不同 l 值的能级沿着垂直于能量轴方向排在不同纵列上.

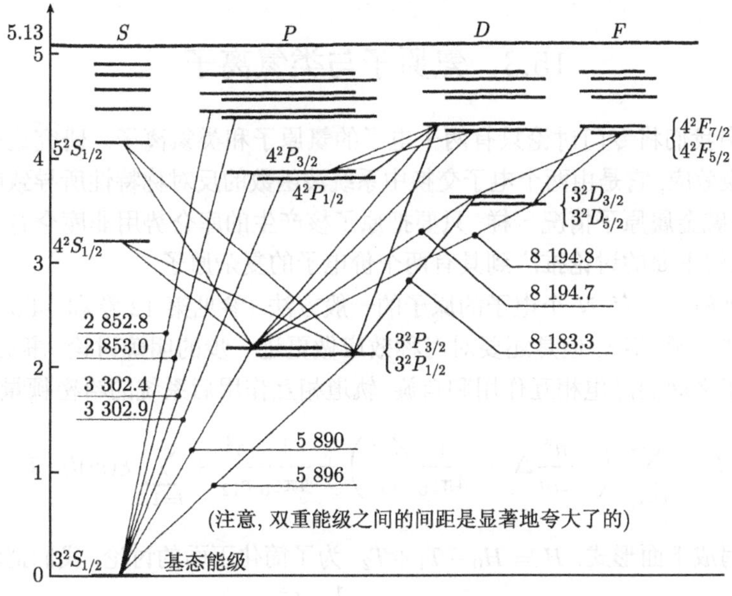

图 15.2　钠原子能级与光谱

图中只画出了一些跃迁. (数字代表波长, 以 0.1nm 为单位.) 纵坐标是能量, 以电子伏特为单位, 以基态能量为原点

我们指出, 碱金属原子双重态的存在具有重要历史意义: 它在实验上证明了自旋的存在.

15.2.3　观察到的光谱

所用的选择定则如下:

容许跃迁是从由量子数 n_1, l_1, j_1 描述的能级过渡到由量子数 n_2, l_2, j_2 描述

的能级, 并满足:

$$\boxed{\begin{aligned}&\Delta n = n_2 - n_1 = \text{任意数}\\&\Delta l = l_2 - l_1 = \pm 1, \text{宇称改变}\\&\Delta j = j_2 - j_1 = 0, \pm 1\end{aligned}}$$

从图 15.2 我们注意到, 与一个 S 态相连接的谱线是双重线, 不与 S 态连接的谱线是三重线. 两条线:

$$3^2P_{3/2} \to 3^2S_{1/2}(589.0\text{nm}) \text{ 和 } 3^2P_{1/2} \to 3^2\text{S}_{1/2}(589.6\text{nm})$$

是光谱中远强于其他线的最强谱线, 因此常被词语滥用而称为钠的 "双线"(以为 "双重线" 就只是指这两条线). 实际上存在着许多比较弱的其他双线!

15.3 氦原子与类氦离子

本节中我们将专门讨论只有两个电子的氦原子和类氦离子. 研究这些系统可以阐明交换效应, 它是由两个电子交换中系统波函数的反对称特性所导致的重要结果. 如同在碱金属原子情况一样, 只要把原子核产生的库仑势用非库仑有心势来代替, 就可以将下面的讨论推广到具有两个价电子的复杂原子.

可以把研究具有 N 个电子的原子的一般方法 (参见第 12 章和 14.3 节) 应用到 $N=2$ 的特殊情况, 但是还要对对称效应做更进一步的明确讨论. 事实上, 考虑了两个电子之间的静电相互作用和自旋–轨道相互作用后系统的哈密顿量写为

$$H = \sum_{i=1,2}\left(-\frac{\hbar^2}{2m}\Delta_i - \frac{1}{4\pi\varepsilon_0}\frac{Ze^2}{r_i}\right) + \frac{1}{4\pi\varepsilon_0}\frac{e^2}{r_{12}} + \sum_{i=1,2}\xi(r_i)\vec{l}_i\cdot\vec{s}_i$$

还可把它写成下面形式: $H = H_0 + T_1 + T_2$. 为了简化下面的讨论, 我们把两个电子之间的静电排斥作用简单地认为是 $T_1 = \dfrac{1}{4\pi\varepsilon_0}\dfrac{e^2}{r_{12}}$. 我们还假定 $T_1 \gg T_2$, 其中 T_2 表示自旋–轨道相互作用, 它就是对应于 L-S 耦合方式的 (参见 14.3.3 节).

15.3.1 有心力场近似

在有心力场近似中, 既有一个 H_0 的本征值 E_γ, 它是与一个给定的、标记为 γ 的组态相关联的能量, 还有它的简并度 G. 存在着 G 个非零的 2×2 斯莱特行列式 [参见 12.3.1 节方程式 (12.4)], 它们由两个自旋–轨道波函数组成:

$$\begin{aligned}&\varphi_{n_1,l_1,m_{l1},m_{s1}} = \psi_{n_1,l_1,m_{l1}}(r_1,\theta_1,\phi_1)\sigma_{m_{s1}} \quad \text{和}\\&\varphi_{n_2,l_2,m_{l2},m_{s2}} = \psi_{n_2,l_2,m_{l2}}(r_2,\theta_2,\phi_2)\sigma_{m_{s2}}\end{aligned}$$

我们也可把它们分别缩写成:

$$\varphi_1(1) = \psi_1(1)\sigma_1(1) \quad 和 \quad \varphi_2(2) = \psi_2(2)\sigma_2(2)$$

其能量分别为 ε_{n_1} 和 ε_{n_2}, 并有 $E_\gamma = \varepsilon_{n_1} + \varepsilon_{n_2}$. 自旋–轨道波函数是 H_0 和两个电子各个轨道角动量算符 $\vec{l}_1$ 与 $\vec{l}_2(\vec{l}_i^2$ 与 $l_{iz})$ 及自旋角动量算符 $\vec{s}_1$ 与 $\vec{s}_2(\vec{s}_i^2$ 与 $s_{iz})$ 的共同本征函数.

这些行列式的计算给出一个对电子交换是反对称的波函数, 其形式为

$$\Phi(1,2) = \frac{1}{\sqrt{2}}[\varphi_1(1)\varphi_2(2) - \varphi_1(2)\varphi_2(1)]$$

当两个电子的空间坐标和自旋态一起交换时, 这个函数改变符号 (φ 下标的数字 1 和 2 代表两个自旋–轨道的量子数; 括号中的数字 1 和 2 代表两个电子的坐标).

然而我们要注意, 当不考虑自旋–轨道耦合时, 总轨道角动量算符 $\vec{L}$ 和总自旋角动量算符 $\vec{S}$ 是运动常量, 它们分别独立地在轨道空间和自旋空间起作用. 因此我们可以发现, 对哈密顿量 H_0, 其能量为 E_γ 的算符 H_0, $\vec{L}^2$, L_z, $\vec{S}^2$ 和 S_z 的共同本征函数可分解为:

—— 一个由 L 和 M_L 表征, 用函数 $\psi(r,\theta,\phi)$ 描述的轨道部分;

—— 一个由 S 和 M_S 表征, 其本征态用 χ 表示的自旋部分.

至于在自旋空间, 在两个电子自旋为 1/2 的特殊情况下, 量子力学上它们的自旋组合总是得到一个总自旋为 $\vec{S} = \vec{s}_1 + \vec{s}_2$, S 有两个可能值 S =1 和 S =0; 而其本征态**相对于两个自旋的交换则具有一种完全确定的对称特性:**

- 自旋对称三重态

$$S = 1, M_\mathrm{S} = -1, 0, +1 \begin{cases} \chi_{S=1,M_\mathrm{S}=1}(1,2) = \alpha(1)\alpha(2) \\ \chi_{S=1,M_\mathrm{S}=0}(1,2) = \dfrac{1}{\sqrt{2}}[\alpha(1)\beta(2) + \alpha(2)\beta(1)] \\ \chi_{S=1,M_\mathrm{S}=-1}(1,2) = \beta(1)\beta(2) \end{cases} \tag{15.3}$$

- 自旋反对称单重态

$$S = 0, M_S = 0 \quad \chi_{S=0,M_\mathrm{S}=0}(1,2) = \frac{1}{\sqrt{2}}[\alpha(1)\beta(2) - \alpha(2)\beta(1)] \tag{15.4}$$

这里我们利用了通常的 α 和 β 的标记法来分别表示 σ_{m_S} 的两个态: $m_\mathrm{S} = \dfrac{1}{2}$ 和 $m_\mathrm{S} = -\dfrac{1}{2}$.

由此得到, 不管两个电子所占据轨道波函数 ψ_1 和 ψ_2 是什么样的, H_0, $\vec{L}^2$, L_z, $\vec{S}^2$ 和 S_z 的共同本征函数必然是合理地反对称化的, 其形式是

$$\begin{aligned}\Phi_{\text{三重态}}(1,2) &= \frac{1}{\sqrt{2}}[\psi_1(1)\psi_2(2)-\psi_1(2)\psi_2(1)]\chi_{S=1}(1,2) = \Psi_{\mathrm{T}}^{(\mathrm{Orb})}(1,2)\chi_{S=1}(1,2)\\ \Phi_{\text{单态}}(1,2) &= \frac{1}{\sqrt{2}}[\psi_1(1)\psi_2(2)+\psi_1(2)\psi_2(1)]\chi_{S=0}(1,2) = \Psi_{\mathrm{S}}^{(\mathrm{Orb})}(1,2)\chi_{S=0}(1,2)\end{aligned} \tag{15.5}$$

$\chi_{S=1}(1,2)$ 是方程式 (15.3) 所给的三个函数之一. 对自旋的三重态, 轨道部分波函数是反对称的, 而对自旋的单态则是对称的, 用以保证在交换时两个电子的总波函数的反对称性. 因为我们所关心的总是相当于能量为 E_γ 的 γ 组态的同一个子空间, 其波函数是由量子数 L, M_L, S 和 M_S 来表征的, 我们可以记做 $\Phi_{\gamma LM_LSM_\mathrm{S}}$, 它们形成另一组基, 是由自旋–轨道波函数构筑的斯莱特行列式的线性组合.

需要指出, 我们刚刚看到简单地构建起来的轨道部分只有对两个电子的系统才有可能, 因为它来源于自旋波函数的对称性质, 这个波函数或相当于一个自旋三重态, 或相当于一个自旋单态.

15.3.2　电子间的静电相互作用, 交换项

借助于 (15.5) 式的波函数, 我们就可以计算 (参见 14.3.2 第二步 b) 能量——哈密顿量 $H_1 = H_0 + T_1$ 的本征值. H_1 里包含了两个电子之间的静电排斥作用. 实际上, 对能量 E_γ 的修正是由属于 γ 组态的子空间内把 T_1 对角化而得到的 T_1 的本征值. 而 T_1 算符 (它是标量算符) 的旋转不变性意味着 T_1 矩阵在波函数 $\Phi_{\gamma LM_LSM_\mathrm{S}}$ 的基中是对角化的. 此外, 对于由 L 和 S 给出的一对值, 只要计算一个对角矩阵元就够了, 因为这些矩阵元与 M_L 和 M_S 都无关.

计算只涉及波函数的轨道部分, 它根据自旋态是三重态还是单态而有所不同. 以 (15.5) 式的三重态为例, 对于给定的两个轨道波函数 ψ_1 和 ψ_2, 我们有

$$\begin{aligned}\Delta E_{\mathrm{T}} =& \left\langle\Phi_{\text{三重态}}\left|T_1\right|\Phi_{\text{三重态}}\right\rangle = \int \Psi_{\mathrm{T}}^{(\mathrm{Orb})*}T_1\Psi_{\mathrm{T}}^{(\mathrm{Orb})}\mathrm{d}^3\vec{r}_1\mathrm{d}^3\vec{r}_2\\ =&\frac{1}{2}\int[\psi_1(\vec{r}_1)\psi_2(\vec{r}_2)-\psi_1(\vec{r}_2)\psi_2(\vec{r}_1)]^*T_1[\psi_1(\vec{r}_1)\psi_2(\vec{r}_2)-\psi_1(\vec{r}_2)\psi_2(\vec{r}_1)]\mathrm{d}^3\vec{r}_1\mathrm{d}^3\vec{r}_2\\ =&\frac{1}{2}\int[\psi_1(\vec{r}_1)\psi_2(\vec{r}_2)]^*T_1[\psi_1(\vec{r}_1)\psi_2(\vec{r}_2)]\mathrm{d}^3\vec{r}_1\mathrm{d}^3\vec{r}_2\\ &+\frac{1}{2}\int[\psi_1(\vec{r}_2)\psi_2(\vec{r}_1)]^*T_1[\psi_1(\vec{r}_2)\psi_2(\vec{r}_1)]\mathrm{d}^3\vec{r}_1\mathrm{d}^3\vec{r}_2\\ &-\frac{1}{2}\int[\psi_1(\vec{r}_1)\psi_2(\vec{r}_2)]^*T_1[\psi_1(\vec{r}_2)\psi_2(\vec{r}_1)]\mathrm{d}^3\vec{r}_1\mathrm{d}^3\vec{r}_2\\ &-\frac{1}{2}\int[\psi_1(\vec{r}_2)\psi_2(\vec{r}_1)]^*T_1[\psi_1(\vec{r}_1)\psi_2(\vec{r}_2)]\mathrm{d}^3\vec{r}_1\mathrm{d}^3\vec{r}_2\end{aligned}$$

确定了 T_1 算符相对于两个电子是对称的以后, 就可发现头两个积分是互相相等的, 后两个积分也是相等的. 这样我们就可以把 ΔE_{T} 表达为两个积分的函数:

$$\Delta E_{\mathrm{T}} = \mathcal{J} - \mathcal{K}$$

其中

$$\mathcal{J} = \frac{e^2}{4\pi\varepsilon_0}\int [\psi_1(\vec{r}_1)\psi_2(\vec{r}_2)]^* \frac{1}{r_{12}}[\psi_1(\vec{r}_1)\psi_2(\vec{r}_2)]\mathrm{d}^3\vec{r}_1\mathrm{d}^3\vec{r}_2 \tag{15.6}$$

和

$$\mathcal{K} = \frac{e^2}{4\pi\varepsilon_0}\int [\psi_1(\vec{r}_1)\psi_2(\vec{r}_2)]^* \frac{1}{r_{12}}[\psi_2(\vec{r}_1)\psi_1(\vec{r}_2)]\mathrm{d}^3\vec{r}_1\mathrm{d}^3\vec{r}_2 \tag{15.7}$$

积分 $\mathcal{J}$ 称为库仑积分或直接积分, 而 $\mathcal{K}$ 称为交换积分.

同样, 对于单态可以把 (15.5) 式中的 $\Psi_{\mathrm{S}}^{(\mathrm{Orb})}$ 的表达式写出来, 很容易证明有

$$\Delta E_{\mathrm{S}} = \mathcal{J} + \mathcal{K}$$

后面我们不再追求对积分进行显式计算, 它涉及以 $\psi_{n,l,m_l}(r,\theta,\phi) = R_{nl}(r)Y_{lm_l}(\theta,\varphi)$ 形式表示的各个轨道波函数的精确表达式 (对类氢原子已知其轨道波函数的解析形式, 而对一般情况则是数字形式), 以及众所周知的把算符 $\dfrac{1}{r_{12}}$ 用勒让德多项式 (参见 11.2.2 节) 或球谐函数的展开:

$$\frac{1}{r_{12}} = \sum_0^{\infty}\frac{(r_<)^l}{(r_>)^{l+1}}P_l(\cos\theta) = \sum_0^{\infty}\sum_{m=-l}^{+l}\frac{4\pi}{2l+1}\frac{(r_<)^l}{(r_>)^{l+1}}Y_{lm}^*(\theta_1,\varphi_1)Y_{lm}(\theta_2,\varphi_2)$$

其中, $r_> = \sup\{r_1, r_2\}$, 表示一对 r_1, r_2 中的大的; $r_< = \inf\{r_1, r_2\}$, 表示一对 r_1, r_2 中的小的. 球谐函数的性质可导致多项式中非零项的数目一般很少.

总之, 对氦原子或类氦离子以下标 γ 标注的、能量为 E_γ 的每个组态 $(nl\ n'l')$, 我们将有三重态 ^3L 和单态 ^1L 的谱项, 它们对应于不同的 L 可能值: $|l_1 - l_2| \leqslant L \leqslant l_1 + l_2$. 对三重态和单态, 这些谱项的能量分别由下式给出:

$$\begin{cases} E_{\mathrm{T}} - E_\gamma = \Delta E_{\mathrm{T}} = \mathcal{J}_{\gamma L} - \mathcal{K}_{\gamma L} \\ E_{\mathrm{S}} - E_\gamma = \Delta E_{\mathrm{S}} = \mathcal{J}_{\gamma L} + \mathcal{K}_{\gamma L} \end{cases} \tag{15.8}$$

代表静电排斥作用的 T_1 项把组态能量正向移动了一个小量, 单态在三重态上面, 其距离为交换积分的两倍.

这里我们得到了一个重要结果, 它显示了对称性假设的正确性. 事实上, 在这个近似阶段, 虽然两个电子系统的哈密顿量 $H_1 = H_0 + T_1$ 并不包含任何与自旋相关的项, 同属一个轨道总角动量的三重态与单态的能量并不相同, 而它们的差别只

在于总自旋的值不同. 可以把谱项之间的这个差别用泡利不相容原理来做物理解释, 这个原理是对称性假设的结果. 事实上, 这个原理不允许两个电子同时具有同一轨道态和自旋态. 在单态, 两个电子可以处在空间同一个点上, 因为它们的自旋是相反的, 然而它们不允许处在三重态, 因为那里的自旋是平行的. 其结果是平均说来, 单态的静电排斥作用比三重态要大.

有时人们用 "交换相互作用" 来解释这类简并的解除. 不过读者要注意, 这种简并解除是系统波函数的反对称性质引起的, 它并非是一个新的物理作用. 就是这同一个静电相互作用, 使同属一个轨道角动量 L、但 $2S+1$ 多重性不同的谱项具有不同能量. 这个能量分裂用交换积分或 "交换项" 来表示.

注: 借助于两个自旋 1/2 的相加关系, 很容易验证, 有可能把表达式 (15.8) 形式上写成一个表达式: $\Delta E = \mathcal{J}_{\gamma L} - \dfrac{1}{2}(1 + 4\vec{s}_1 \cdot \vec{s}_2)\mathcal{K}_{\gamma L}$.

事实上, $\vec{S}^2 = \vec{s}_1^{\,2} + \vec{s}_2^{\,2} + 2\vec{s}_1 \cdot \vec{s}_2$. 把 $\vec{s}_1^{\,2}$ 和 $\vec{s}_2^{\,2}$ 的每一个用它们的本征值 $\dfrac{1}{2}\left(\dfrac{1}{2}+1\right) = \dfrac{3}{4}$ 来代替, 得到 $\vec{S}^2 = \dfrac{3}{2} + 2\vec{s}_1 \cdot \vec{s}_2$ 或 $\vec{s}_1 \cdot \vec{s}_2 = \dfrac{1}{2}\vec{S}^2 - \dfrac{3}{4}$. 把 $\vec{S}^2$ 算符用其本征值的表达式 $S(S+1)$ 来代替, 并分别用表示三重态的 $S=1$ 和表示单态的 $S=0$, 我们就再一次得到了 (15.8) 两个表达式. 这样, 就在来自 T_1 的能量修正中出现了标量积 $\vec{s}_1 \cdot \vec{s}_2$, 尽管这里并不涉及电子自旋.

15.3.3　自旋–轨道相互作用

能级的精细结构是由对无微扰哈密顿量 H_1 引入一个作为微扰的自旋–轨道相互作用项 T_2 来描述的 (参见 14.2.2 节第三步 c), 它应当在标记为 ^{2S+1}L 的光谱项的每个子空间内对角化. 在引入 T_2 之前, 角动量 $\vec{L}$ 和 $\vec{S}$ 是运动常量, 把来自维格纳–埃克特定理 (参见附录 A.6.5 节) 的投影定理 [参见附录 6, 方程 (A6.21)] 分别应用于矢量算符 $\vec{l}_i$ 和 $\vec{s}_i (i = 1,2)$ 是合理的; $\vec{l}_i$ 和 $\vec{s}_i$ 分别正比于 $\vec{L}$ 和 $\vec{S}$:

$$\vec{l}_i = a_{\gamma L}\vec{L} = \frac{\langle \vec{l}_i \cdot \vec{L}\rangle_L}{\langle \vec{L}^2\rangle_L}\vec{L} \quad 和 \quad \vec{s}_i = a_{\gamma S}\vec{S} = \frac{\langle \vec{s}_i \cdot \vec{S}\rangle_S}{\langle \vec{S}^2\rangle_S}\vec{S}$$

从这里得到作为 $\vec{L}$ 和 $\vec{S}$ 函数的 T_2 表达式:

$$T_2 = A_{\gamma LS}\vec{L} \cdot \vec{S}$$

引入总角动量 $\vec{J} = \vec{L} + \vec{S}$ 后, 可以把它写成以下形式:

$$T_2 = A_{\gamma LS}\frac{\vec{J}^{\,2} - \vec{L}^2 - \vec{S}^{\,2}}{2}$$

T_2 矩阵在算符 H, $\vec{L}^2$, $\vec{S}^2$, $\vec{J}^{\,2}$ 和 J_z 的共同本征矢量 $|\gamma LSJM_J\rangle$ 的基中对角化. 它们的矩阵元给出如同 15.2.2 节中 (15.2) 式那样的能量修正:

$$\boxed{\Delta E_{\text{S-O}}(J) = A_{\gamma LS}\frac{J(J+1)-L(L+1)-S(S+1)}{2}} \tag{15.9}$$

对于单态, $S=0$, $J=L$, 只有唯一的能级 ${}^{2S+1}L_J$, 其能量简单地由 (15.8) 式的单态项给出. $S=1$ 的每个三重态来自 J 的简并解除 (除了 $L=0$ 以外), 它使一个精细结构分裂成三个能级: $J=L-1, L, L+1$. 这些能级的能量可在 (15.8) 式中三重态项的能量上附加 (15.9) 式修正而算得.

15.4 具有两个价电子的原子

在此标题下, 我们指的是除了两个电子以外都是由满支壳层所形成的原子. 除了氦原子外, 我们特别指由内部满壳层和两个价电子形成的原子, 像碱土金属 (镁、钙、钡、锶) 和锌、镉、汞. 可归入这类原子系统的还有另外一些, 特别是一些离子 (Li^+, C^{++}, N^{+++} 等). 可以用钙原子为例, 其基态组态是

$$\left[1s^2 2s^2 2p^6 3s^2 3p^6\right] 4s^2 = [-]\, 4s^2$$

可以出现多种类型的激发态, 概率最大的态是只有一个电子被激发的激发态:

$$[-]\,4sns \quad [-]\,4snp \quad [-]\,4snd \quad [-]\,4snf$$

我们还可看到这些态:

$$[-]\,3d4s \quad [-]\,3d4p \quad [-]\,3d3d \quad [-]\,4p4p$$

满支壳层的总角动量为零, 总自旋也为零, 因而在角动量合成中不起作用.

对具有两个价电子的复杂原子的简单描述是把上述讨论推广, 可将核库仑势用非库仑有心势来替代. 在这种推论中, T_1 可取 14.3.1 节给出的 (14.9) 式的一般形式, 无需做根本变化. 然而我们需要注意, 一个组态的能量 E_γ, 即有心势哈密顿量的本征值, 现在是代表一个 “平均” 能量. 这个能量包括由所用有心势产生的一切能量为常数的项, 即与光谱项无关的项, 特别是还包括一个原子实的电子的项. 类似于氦原子情况, 其能级结构若有 $T_1 \gg T_2$, 将由 L-S 耦合图像来描述, 而若有 $T_2 \gg T_1$, 则由 j-j 耦合图像描述.

15.4.1 L-S 耦合的能级位置

后面对静电积分不做详细计算, 我们认为在一般情况下有可能对 T_1 用下面的有效哈密顿量形式来描述:

$$T_1 = a_s \vec{s}_1 \cdot \vec{s}_2 + a_l \vec{l}_1 \cdot \vec{l}_2 \tag{15.10}$$

量 a_s 和 a_l 与静电相互作用积分有联系, 不包含任何与自旋有关的项 (参见 15.3.2 节最后的注). T_1 的有效哈密顿量形式 (15.10) 可以方便地用表征光谱项 ^{2S+1}L 的角动量量子数 L 和 S 的函数来描述能量修正. 事实上, 用 15.2.2 节对标量积 $\vec{l}\cdot\vec{s}$ 的同样方式, 我们从相加式 $\vec{S}=\vec{s}_1+\vec{s}_2$ 或 $\vec{L}=\vec{l}_1+\vec{l}_2$ 取平方出发, 就可计算标量积 $\vec{s}_1\cdot\vec{s}_2$ 或 $\vec{l}_1\cdot\vec{l}_2$. 在这第一步 (参见 14.3.3 节 b) 就得到了相对于 E_γ 组态平均能量的光谱项 ^{2S+1}L 的能量修正值:

$$\begin{aligned}\Delta E_\gamma(L,S)=&\frac{a_s}{2}[S(S+1)-s_1(s_1+1)-s_2(s_2+1)]\\&+\frac{a_l}{2}[L(L+1)-l_1(l_1+1)-l_2(l_2+1)]\end{aligned}\tag{15.11}$$

由此得到光谱项 ^{2S+1}L 的能量为 $E_{\gamma LS}=E_\gamma+\Delta E_\gamma(L,S)$.

第二步 (参见 14.3.3 节 c) 与氦原子情况 (参见 15.3.3 节) 相似, 引入自旋–轨道相互作用 $T_2=A_{\gamma LS}\vec{L}\cdot\vec{S}$, 由附加的 (15.9) 式给出的能量修正 $\Delta E_{\text{S-O}}(J)$ 而使 $E_{\gamma LS}$ 简并被部分解除.

最后, 对标记为 $^{2S+1}L_J$ 的、给定 J 值的精细结构能级, 得到能量表达式 $E_{\gamma LSJ}$ 为

$$\begin{aligned}E_{\gamma LSJ}&=E_{\gamma LS}+\Delta E_{\text{S-O}}(J)\\&=E_\gamma+\Delta E_\gamma(L,S)+\frac{A_{\gamma LS}}{2}[J(J+1)-L(L+1)-S(S+1)]\end{aligned}\tag{15.12}$$

可以容易地用图来表示不同能级的相对位置. 根据所考虑的实际情况, 系数 $A_{\gamma LS}$ 可正可负, 这解释了图 15.3 和图 15.4 上给出的情景, 它们对应于我们现在要讨论的两个例子.

首先考虑简单情况: 原子的外层电子一个为 s 电子, 一个为 p 电子. 在表 14.1(参见 14.4 节) 中细致地表示了对应于这种组态的四个能级. 下面在表 15.1 中我们复制了它们的量子数, 并指出了这里利用 (15.11) 和 (15.12) 关系式算得的相应的能量修正值.

表 15.1　*sp* 组态

能级	S	L	J	步骤 b(T_1)		步骤 c(T_2)
				$a_s\vec{s}_1\cdot\vec{s}_2$	$a_l\vec{l}_1\cdot\vec{l}_2$	$A\vec{L}\cdot\vec{S}$
$^1P_1$	0	1	1	$-(3/4)a_s$	0	0
$^3P_0$	1	1	0			$-2A$
$^3P_1$	1	1	1	$(1/4)a_s$	0	$-A$
$^3P_2$	1	1	2			$+A$

能级的相对位置示于图 15.3.

对比较复杂的两个 p 和 d 电子的情况也以同样方式处理, 为了计算能量修正 ΔE, 仍用关系式 (15.11) 和 (15.12). 表 15.2 给出了这些修正值, 图 15.4 画出了能级图.

在表 15.2 以及图 15.4 中, A_1, A_2 和 A_3 表示常数 A 的不同数值.

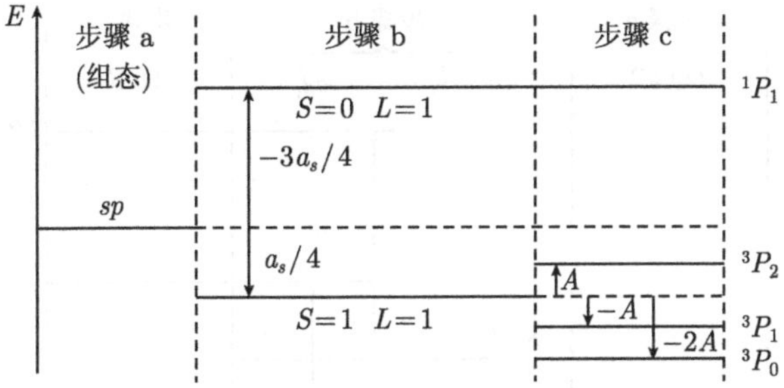

图 15.3　三重态和单态的能量移动 (步骤 b), 它来自 sp 组态中两个电子之间的静电排斥作用; 和三重态的精细结构 (自旋–轨道耦合, 步骤 c)

表 15.2　*pd* 组态

能级	S	L	J	步骤 b(T_1)		步骤 c(T_2)
				$a_s\vec{s}_1\cdot\vec{s}_2$	$a_l\vec{l}_1\cdot\vec{l}_2$	$A\vec{L}\cdot\vec{S}$
$^1P_1$	0	1	1	$-(3/4)a_s$	$-3a_l$	0
$^1D_2$	0	2	2		$-a_l$	0
$^1F_3$	0	3	3		$2a_l$	0
$^3P_0$	1	1	0	$(1/4)a_s$	$-3a_l$	$-2A_1$
$^3P_1$	1	1	1			$-A_1$
$^3P_2$	1	1	2			$+A_1$
$^3D_1$	1	2	1		$-a_l$	$-3A_2$
$^3D_2$	1	2	2			$-A_2$
$^3D_3$	1	2	3			$2A_2$
$^3F_2$	1	3	2		$2a_l$	$-4A_3$
$^3F_3$	1	3	3			$-A_3$
$^3F_4$	1	3	4			$3A_3$

15.4.2　L-S 耦合多重态的朗德间隔定则和重心

考虑一个 $S=1$ 三重态的三个能级 $^{2S+1}L_J$, 但它们各自的 J 值不同, 分别为 J_0, J_0+1, J_0+2. T_1(步骤 b) 的能量修正是相同的; 根据 (15.9) 式由 T_2 项产生的修正分别为:

—— J_0 能级: $\Delta E_{\text{S-O}}(J_0)=\dfrac{A}{2}[J_0(J_0+1)-L(L+1)-S(S+1)]$.

—— J_0+1 能级: $\Delta E_{\text{S-O}}(J_0+1)=\dfrac{A}{2}[(J_0+1)(J_0+2)-L(L+1)-S(S+1)]$.

—— J_0+2 能级: $\Delta E_{\text{S-O}}(J_0+2)=\dfrac{A}{2}[(J_0+2)(J_0+3)-L(L+1)-S(S+1)]$.

J_0 和 J_0+1 能级间的间距为 $A(J_0+1)$.

J_0+1 和 J_0+2 能级间的间距为 $A(J_0+2)$.

因此, 我们可以把朗德间隔定则陈述为: “在一个三重态中一对相邻能级的间隔正比于表征这对能级的 J 量子数较大的一个.”

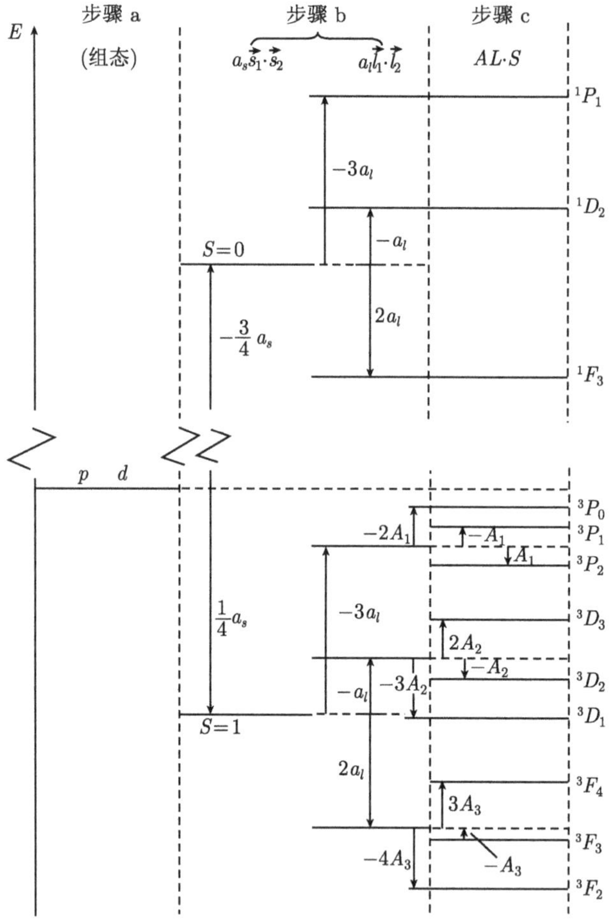

图 15.4　L-S 耦合能级图, 其组态为 dp(步骤 a)

谱项 (步骤 b) 和精细结构 (步骤 c)

在用 L-S 耦合描述的多电子原子的一般情况下, 对于一个任意多重态 $^{2S+1}L_J$, 朗德定则也是适用的. 它常用来作为检验 L-S 耦合方式是否适用的标准.

此外, 可以很容易验证, 对于一个其简并解除是由自旋–轨道相互作用能量修正 (15.9) 来描述的多重态, 每个能级带有一个统计权重 $2J+1$, 精细结构 J 能级的重心与 $E_{\gamma LS}$ 谱项的无微扰能量相符合:

$$\frac{\sum\limits_{J=|L-S|}^{J=L+S}(2J+1)[E_{\gamma LS}+\Delta E_{\text{S-O}}(J)]}{\sum\limits_{J=|L-S|}^{J=L+S}(2J+1)}=E_{\gamma LS}\quad 即\quad \sum_{J=|L-S|}^{J=L+S}(2J+1)\Delta E_{\text{S-O}}(J)=0$$

15.4.3　具有两个价电子原子的光谱

倘若 L-S 耦合严格成立, 则下面的选择定则适用, 从这些选择定则出发即可确定从激发态向基态进行电偶极跃迁时所观察到的谱线:

(1) 在自旋不同的两个态之间不可能发射任何跃迁, 即有: $\Delta S = 0$.

(2) 只有满足下列条件的跃迁才是容许的:

$$\Delta L = \pm 1, 0, \quad L = 0 \rightarrow L = 0\text{跃迁除外}$$

$$\Delta J = 0, \pm 1, \quad J = 0 \rightarrow J = 0\text{跃迁除外}$$

图 15.5 表示在放电中汞蒸气内可观察到的较强的跃迁.

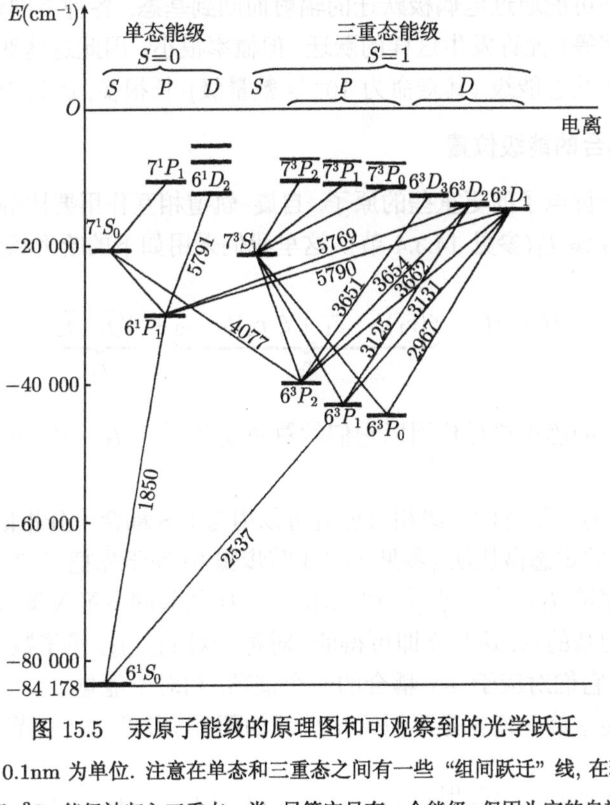

图 15.5　汞原子能级的原理图和可观察到的光学跃迁

数字表示波长, 以 0.1nm 为单位. 注意在单态和三重态之间有一些 “组间跃迁” 线, 在理想 L-S 耦合中它们是不存在的 (注意, $^3\mathrm{S}_1$ 能级被归入三重态一类, 尽管它只有一个能级, 但因为它的自旋值 $S = 1$, 这决定了选择定则)

门捷列夫周期表 IIA 族 (参见第 12 章) 带有两个价电子的原子, 像碱土金属, 和 IIB 族原子, 通常是较好地可用 L-S 耦合来描述的. 然而这种描述法有时是不够完善的. 我们举出几个这种不完善的例子, 它们特别表现在以下几点:

(a) 显著偏离朗德间隔定则. 汞原子的 $n=6$ 的三重态 ($^3D_3$, $^3D_2$, $^3D_1$) 是一个典型例子. 实验测得的 6^3D_3—6^3D_2 间隔为 35cm^{-1}, 6^3D_2—6^3D_1 间隔为 60cm^{-1}. 两个间隔的比值为 0.58, 而理论值为 1.5.

(b) 光谱中出现理想 L-S 耦合情况下被禁阻的线. 读者可注意到存在着 $6^3P_1 \to 6^1S_0$ 的 "共振" 线, 这是单态和三重态能级之间的 "组间" 跃迁线, 它违反了上述条件 (1), 在某些放电条件下它还可能特别强 (荧光管发出的光就来自该紫外跃迁激发下内壁涂层发出的荧光). 这是由于汞原子中的耦合不能用理想的 L-S 耦合来表示.

注: 在图 15.5 中我们还看到出现一些能级, 像 6^3P_0 和 6^3P_2, 没有任何自发跃迁从这些能级出发. 我们称这些能级为亚稳态能级. 实际上, 一个处在这些态上的原子不可能通过电偶极跃迁的辐射而回到基态. 各种不同过程 (碰撞、复杂辐射过程等) 允许发生这样的跃迁, 但概率很小. 因此这些亚稳态能级的寿命比其他激发态能级 (其寿命为 10^{-8}s 数量级) 长很多, 达到 10^{-3}s 数量级.

15.4.4 *j-j* 耦合的能级位置

对具有两个价电子的更重些的原子, 自旋–轨道相互作用要比静电相互作用强得多, 我们有 $T_2 \gg T_1$(参见 14.3.4 节). 这里我们采用如下的哈密顿量的写法:

$$H = H_0 + \underbrace{\xi(r_1)\vec{l}_1 \cdot \vec{s}_1 + \xi(r_2)\vec{l}_2 \cdot \vec{s}_2}_{T_2} + \underbrace{A'\vec{j}_1 \cdot \vec{j}_2}_{T_1} \tag{15.13}$$

这里两个电子间的静电排斥作用以它们的总角动量 $\vec{j}_1 = \vec{l}_1 + \vec{s}_1$ 和 $\vec{j}_2 = \vec{l}_2 + \vec{s}_2$ 的标量积来表示.

能量为 E_γ 的 γ 组态的能级相对位置可以用与 L-S 耦合十分相似的方法来加以确定. 这里所用的定态微扰法 (参见 14.3.4 节步骤 b) 在于先把 T_2 在组态内对角化. 如果我们利用算符 H_0, $\vec{l}_i^{\,2}$, $\vec{s}_i^{\,2}$, $\vec{j}_i^{\,2}$ 和 $j_{iz}(i=1,\,2)$ 的共同本征矢量 $|n_1l_1s_1j_1m_{j1}\rangle \otimes |n_2l_2s_2j_2m_{j2}\rangle$ 的基的话, 这是立即可得的. 对每一对 $(j_1,\,j_2)$ 量子数, 我们得到一个不同的本征值, 它们对应于 *j-j* 耦合的一个谱项. 相对于能量 E_γ, 由 $(j_1,\,j_2)$ 确定的不同谱项的能量修正值将是形似 (15.2) 式的两项 (参见 15.2.2 节) 之和:

$$\begin{aligned}\Delta E_\gamma(j_1,j_2) =& \frac{a_1}{2}[j_1(j_1+1) - l_1(l_1+1) - s_1(s_1+1)] \\ &+ \frac{a_2}{2}[j_2(j_2+1) - l_2(l_2+1) - s_2(s_2+1)]\end{aligned}$$

其中, $s_1 = s_2 = \dfrac{1}{2}$, $j_1 = l_1 \pm \dfrac{1}{2}$ 和 $j_2 = l_2 \pm \dfrac{1}{2}$, 量 $a_1 = a(n_1, l_1)$ 和 $a_2 = a(n_2, l_2)$ 可利用 (15.1) 式算得.

下一步 (参见 14.3.4 节步骤 c) 是把 T_1 在对应于谱项 (j_1, j_2) 的子空间内对角化. 在这个子空间中角动量 $\vec{j}_1$ 和 $\vec{j}_2$ 是运动常量; (15.13) 式中 T_1 的形式可用维格纳–埃克特定理加以证明. 把标量积 $\vec{j}_i \cdot \vec{j}_2$ 写成下列形式:

$$\vec{j}_i \cdot \vec{j}_2 = \frac{1}{2}[\vec{J}^{\,2} - \vec{j}^{\,2}_1 - \vec{j}^{\,2}_2]$$

其中原子总角动量是从 $\vec{J} = \vec{j}_1 + \vec{j}_2$ 得到的. 最后我们得到 γ 组态每个能级的能量修正值为

$$\begin{aligned}\Delta E_{\gamma j_1 j_2}(J) =& \frac{a_1}{2}[j_1(j_1+1) - l_1(l_1+1) - s_1(s_1+1)] \\ &+ \frac{a_2}{2}[j_2(j_2+1) - l_2(l_2+1) - s_2(s_2+1)] \\ &+ \frac{A'_{\gamma j_1 j_2}}{2}[J(J+1) - j_1(j_1+1) - j_2(j_2+1)] \end{aligned} \tag{15.14}$$

能量 $E_\gamma + \Delta E_{\gamma j_1 j_2}(J)$ 是以 M_J 的 $(2J+1)$ 度简并的, 相应的波函数是 $|\gamma j_1 j_2 J M_J\rangle$ 态, 它是算符 H_0, $\vec{l}^{\,2}_i$, $\vec{s}^{\,2}_i$, $\vec{j}^{\,2}_i$, $\vec{J}^{\,2}$ 和 $J_z (i = 1, 2)$ 的共同本征矢量.

图 15.6 表示根据 (15.14) 式画出的一个 sp 组态 j-j 耦合的能级图, 其中 $l_1 = 1$, $l_2 = 0$; 因而 a_2 消失了.

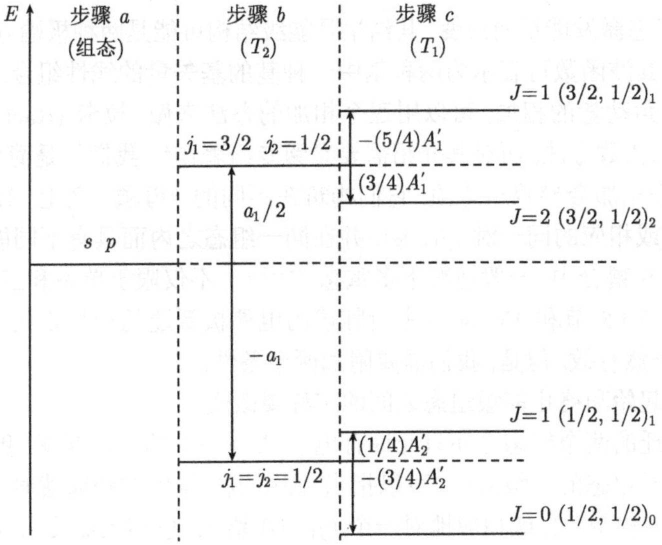

图 15.6　sp 组态情况下 j-j 耦合的能级图

j-j 耦合所用的选择定则如下:

(1) $\Delta J = 0, \pm 1$, $J = 0 \to J = 0$ 跃迁除外;

$$(2)\begin{cases} \quad\ \Delta j_1 = 0 \quad 和 \quad \Delta j_2 = 0, \pm 1 \\ 或 \ \ \Delta j_2 = 0 \quad 和 \quad \Delta j_1 = 0, \pm 1 \end{cases}$$

属于 j-j 耦合情况的实例不像 L-S 耦合那样明显. 周期表 IVB 族元素 (碳、硅、锗、锡、铅) 具有下列组态: 满支壳层和四个外层电子: 两个 s 电子, 两个 p 电子. 当把其中一个 p 电子带到不同能态时就得到了众多激发态. 因为两个 s 电子形成满支壳层, 对这些激发态的研究回到了双电子系统的研究. 碳是用 L-S 耦合描述的, 而铅则是用 j-j 耦合描写. 其他元素相当于中间耦合情况.

15.4.5 复杂原子

上面我们把氦原子作为一个具有多电子的复杂原子的例子来加以介绍. 实际上, 这个三体系统是一种特殊情况, 它允许用多种近似的理论方法来详细研究两个电子之间的关联效应 (参阅, 例如, Bethe 和 Salpeter 的著作). 不过, 上面所做的相对简单的描述可以作为系统研究复杂原子谱的先导.

一个 N 个电子组态内部的能级结构还可以描写为: 或用 L-S 耦合, 其中波函数是 $|\gamma LSJM_J\rangle$ 态, 并有 $\vec{L} = \sum_{i=1}^{N} \vec{l}_i$, $\vec{S} = \sum_{i=1}^{N} \vec{s}_i$ 和 $\vec{J} = \vec{L} + \vec{S}$; 或用 j-j 耦合, 其中波函数是 $|\gamma j_1 j_2 \cdots j_N JM_J\rangle$ 态, 并有 $\vec{j}_i = \vec{l}_i + \vec{s}_i$, $\vec{J} = \sum_{i=1}^{N} \vec{j}_i$. 适用的耦合方式可随着核电荷和组态激发能量而演变. 其结果是能级结构可能是两种极端方式之间的中间状态, 因而其波函数可表示为两种基中一种基的基矢量的线性组合, 称为中间耦合. 多于两个角动量的相加, 可以用逐个相加的办法来做. 拉卡 (Racah) 开发了一种比较烦琐的代数方法, 而对其介绍需要参阅专门著作*. 我们只是简单地指出, 角动量相继逐个相加会导致一些项, 它们构筑在不同的 "母项" 之上, 具有同一对量子数 (L, S), 或相应的同一对 (j_1, j_2), 并在同一组态之内而具有不同能量. 我们还要注意, 在 L-S 耦合中, 一般情况下多重态 $^{2S+1}L_J$ 不仅限于单态和三重态.

我们在 15.4.3 节和 15.4.4 节中所陈述的电偶极跃迁的选择定则, 按照适当的耦合方式而仍然有效; 但是, 我们需要附加两个条件:

—— 跃迁的起始和终止能级组态之间的宇称要改变;

—— 连接跃迁的两个组态之间只允许有电子 $\Delta l = \pm 1$ 的一次跃变. 我们所做的处理只限于定态的一级微扰. 可以指出, 在用该理论的二级微扰时, 对一个 γ 组态的 (L, S) 谱项, 或相应地对一个 (j_1, j_2) 谱项, 事实上需要用许多宇称相同的相邻组态 (许多个 γ 指标) 的线性组合来描写. 我们把它称为 "组态相互作用", 对于描述复杂原子谱, 这种效应常常是不可忽略的.

---

* 参阅曾谨言. 量子力学. 第II卷, 北京: 科学出版社, 2007: 240. —— 译者

15.5　氢原子的精细结构

本节中我们再次讨论氢原子情况, 不过现在要考虑相对论效应. 第 11 章所介绍的量子模型只是作为论述的初级阶段而出现的. 高分辨率的光谱观察表明, 不同谱线, 例如, $H_\alpha(n=3 \to n=2)$ 实际上是由许多波长很近的成分组成的. 必须研究能级的精细结构.

理论研究是困难的. 从 1928 年开始发展起来的狄拉克理论, 自旋概念是以固有的形式出现的, 这导致了一个以狄拉克命名的方程, 它同时遵从狭义相对论假说和量子力学假说, 可以照顾到实验结果. 然而, 在对氢原子那样属于弱相对论极限的情况, 可以表明, 问题归结为解薛定谔方程, 其哈密顿量的形式为 $H = H_0 + W_R$, 其中 H_0 为库仑势 $W(r) = -\dfrac{1}{4\pi\varepsilon_0}\dfrac{e^2}{r}$ 中原子的非相对论哈密顿量, W_R 则是一个包含了一系列相对论修正, 代表精细结构的哈密顿量. 因而能量计算可以把 W_R 看成是定态微扰. 可以忽略常数项 m_ec^2, 它代表电子静止质量的能量.

在写出一个电子在 $W(r)$ 势中运动的狄拉克方程时可以得到组成 W_R 各项的表达式, 在弱相对论极限下, 可以把能量用 v/c 的多项式展开. 这里我们不做明显展开, 而只满足于讨论其结果.

在展开中只保留第一项, 我们得到了 W_R 中的三项:

$$W_R = W_{mv} + W_{SO} + W_{\mathrm{D}}$$

其中, W_{mv} 是高速度电子引起的相对论修正, W_{SO} 是自旋–轨道耦合哈密顿量, 而 W_{D} 是达尔文 (Darwin) 项.

15.5.1　对不考虑相对论修正结果的回顾

对氢原子的量子研究 (在 11.2 节叙述) 得到了下述量子化能量的表达式:

$$E_n = -\frac{1}{2}\mu c^2\alpha^2\frac{1}{n^2} = -\frac{Rhc}{n^2}$$

α 是精细结构常数, $\alpha = \dfrac{e^2}{4\pi\varepsilon_0\hbar c}$, 而 $R = \dfrac{\mu c}{h}\dfrac{\alpha^2}{2}$ 是里德伯常量. 这里该能量是非相对论哈密顿量 H_0 的本征值. 它只与主量子数 n 有关, 是 $2n^2$ 度简并的 (对 l, m_l 和 m_s).

严格意义上说, 狄拉克方程所描写的是一个静止质量为 m_e 的电子, 在认为质量是无穷大的核所产生的库仑势中运动. 因而其结果是哈密顿量 H_0 中出现了电子质量 m_e, 而不是其约化质量. 在后面的讨论中, 我们把哈密顿量 H_0 中的电子质量简单地用它的约化质量 μ 来代替, 从而认为对原子做了更好的描述.

15.5.2　相对论修正

a) 速度项: W_{mv}

可以证明, 在量子力学中, W_{mv} 算符有这样的表达式:

$$W_{mv} = -\frac{P^4}{8m_e^3c^2}$$

其中, $\vec{P}$ 是电子动量算符.

上述表达式可以得到证明, 假如我们考虑把静止质量为 m_e, 动量为 $\vec{p}$ 的经典粒子的能量表达式以 $\frac{|\vec{p}|}{m_e c}$(与比值 $\frac{v}{c}$ 有相同数量级) 为函数来展开:

$$E = c\sqrt{p^2 + m_e^2c^2} + W(r) = m_ec^2 + \frac{p^2}{2m_e} - \frac{p^4}{8m_e^3c^2} + \cdots + W(r)$$

忽略静止质量的能量的常数项 m_ec^2, 在展开式的两项中把动量 $\vec{p}$ 用动量算符 $\vec{P}$ 来替代 (参见附录 6, A.6.1 节), 我们得到一个微扰哈密顿量, 其形式为

$$H = \frac{p^2}{2m_e} + W(r) - \frac{p^4}{8m_e^3c^2} = H_0 - \frac{p^4}{8m_e^3c^2}$$

其中, 无微扰哈密顿量 H_0 由第 11 章方程 (11.6) 给出.

从上述方程出发, 我们得到 $p^4 = 4m_e^2[H_0 - W(r)]^2$. 计算一级微扰涉及轨道部分 (n, l) 的平均值, 已知对应于氢原子的径向函数, 就可算得这个平均值. 这样的计算得以求出下面与自旋无关的相应能量修正的表达式:

$$\Delta E_{mv} = -\frac{1}{2}m_ec^2\alpha^4\frac{1}{n^4}\left(\frac{n}{l+1/2} - \frac{3}{4}\right) = -Rhc\frac{\alpha^2}{n^4}\left(\frac{n}{l+1/2} - \frac{3}{4}\right) \tag{15.15}$$

与相对论修正 W_{mv} 有关的微扰计算因而解除了第 11 章算得能级的 l 简并. 对于不同 l 值的相应能级示于图 15.7 的第 II 列上. 从这个单一修正计算得到的光谱线与实验并不符合; 所以还必须加入 15.5 节中所陈述的其他两种修正.

b) 自旋–轨道相互作用项: W_{SO}

在第 14 章中我们看到, 自旋–轨道相互作用起源于电子的固有磁矩与其在自身参考系中受核的静电场作用做轨道运动而产生的磁场的相互作用. 磁场的存在是一种相对论效应, 这就说明把自旋–轨道相互作用包括在相对论修正中的正确性.

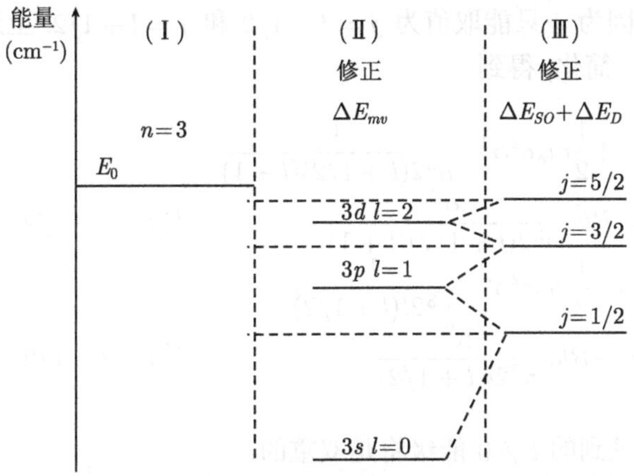

图 15.7　氢原子 $n=3$ 能级的精细结构

(巴耳末系第一线的上能级参见上册第 1 章图 1.3), E_0 表示从玻尔理论推得的能量. 第Ⅲ步计算中不同 l 能级的重合将因下一节的辐射修正 (拉姆位移) 而解除

计算是类似于对碱金属原子所做的, 对自旋–轨道相互作用能写下 15.2.2 节中重复过的哈密顿量 (14.6) 式的对角矩阵元. 该哈密顿量为

$$W_{SO} = h_{SO} = \frac{\hbar^2}{2m_e^2c^2r}\frac{\mathrm{d}W}{\mathrm{d}r}\cdot\frac{\vec{j}^{\,2}-\vec{l}^{\,2}-\vec{s}^{\,2}}{2}$$

但 W 是库仑势:

$$W(r) = -\frac{1}{4\pi\varepsilon_0}\frac{e^2}{r} \Rightarrow \frac{\mathrm{d}W}{\mathrm{d}r} = +\frac{1}{4\pi\varepsilon_0}\frac{e^2}{r^2} \Rightarrow W_{SO} = \frac{\hbar^2e^2}{8\pi\varepsilon_0m_e^2c^2r^3}\cdot\frac{\vec{j}^{\,2}-\vec{l}^{\,2}-\vec{s}^{\,2}}{2}$$

$1/r^3$ 的平均值用类氢原子的径向函数计算 (参见 11.3.2 节):

$$\left\langle\frac{1}{r^3}\right\rangle = \frac{1}{a_0^3n^3l(l+1/2)(l+1)}$$

$$\left(a_0 = \frac{4\pi\varepsilon_0\hbar^2}{m_ee^2}:\text{玻尔第一轨道的半径}\right)$$

把角动量算符用它们各自的本征值来替代, 并使用精细结构常数 α(11.5), 我们写出能量修正为

$$\Delta E_{SO} = \frac{1}{2}m_ec^2\alpha^4\cdot\frac{1}{n^3l(l+1/2)(l+1)}\cdot\frac{j(j+1)-\vec{l}(l+1)-s(s+1)}{2} \qquad (15.16)$$

对 $l=0$, 这个修正为零.

对于 $l \neq 0$, 因为 j 只能取值为 $j = l - 1/2$ 和 $j = l + 1/2$, 上述能量表达式可再次完整地表述、简化, 得到

$$\left.\begin{aligned} \Delta E_{SO} &= +\frac{1}{2}m_e c^2\alpha^4 \cdot \frac{1}{n^3 2(l+1/2)(l+1)} \\ &= Rhc\frac{\alpha^2}{n^3 2(l+1/2)(l+1)} \qquad \text{对} j = l+1/2 \\ \Delta E_{SO} &= -\frac{1}{2}m_e c^2\alpha^4 \cdot \frac{1}{n^3 2l(l+1/2)} \\ &= -Rhc\frac{\alpha^2}{n^3 2l(l+1/2)} \qquad \text{对} j = l-1/2 \end{aligned}\right\} \tag{15.17}$$

因而上面预见到的 $l \neq 0$ 能级将是双重的.

c) **达尔文项: W_{D}**

物理上这一项来源于电子与核的库仑场在康普顿波长 $\Lambda_C = \dfrac{\hbar}{m_e c}$ 尺度的数量级范围内的相互作用. 我们认为, 它的表达式是由势的拉普拉斯算子的函数来表示的:

$$W_{\mathrm{D}} = \frac{\hbar^2}{8m_e^2c^2}\Delta W(r)$$

其能量修正由坐标原点上波函数的平均值给出:

$$\Delta E_{\mathrm{D}} = \langle W_{\mathrm{D}} \rangle = \frac{e^2\hbar^2}{8\varepsilon_0 m_e^2 c^2}\left|\psi_{n,l,m_l}(0)\right|^2 \tag{15.18}$$

不过, 只有 s 轨道 $(l = 0)$ 的波函数在原点上才有非零的值. 因此该达尔文项修正为

$$\begin{cases} \Delta E_{\mathrm{D}} = 0 & \text{对} l \neq 0 \quad p, d \text{ 轨道} \\ \Delta E_{\mathrm{D}} = \dfrac{1}{2}m_e c^2\alpha^4\dfrac{1}{n^3} = Rhc\dfrac{\alpha^2}{n^3} & \text{对} l = 0 \quad s \text{ 轨道} \end{cases} \tag{15.19}$$

d) **能级位置**

在图 15.7 上所表示的不同能级的确切位置可在非相对论能量上附加下列修正而得到:

- 对 $l \neq 0$ 轨道, $\Delta E_{mv} + \Delta E_{SO}$
- 对 $l = 0$ 轨道, $\Delta E_{mv} + \Delta E_{\mathrm{D}}$.

我们可能注意到, 三种相对论修正都与 α^4 有关, 而非相对论能量则与 α^2 有关. 它表示相对论修正比非相对论能量小 $\alpha^2 \approx \left(\dfrac{1}{137}\right)^2 \sim 10^{-4}$ 数量级.

对于一个 $l \neq 0$ 的给定值, 从 (15.15) 式和 (15.17) 式出发我们得到

$$\left.\begin{aligned}&\text{(a) } \Delta E = \Delta E_{mv} + \Delta E_{SO} = -\frac{Rhc}{n^2}\frac{\alpha^2}{n}\left(\frac{1}{l+1} - \frac{3}{4n}\right) \quad \text{对} j = l + 1/2 \\ &\text{(b) } \Delta E = \Delta E_{mv} + \Delta E_{SO} = -\frac{Rhc}{n^2}\frac{\alpha^2}{n}\left(\frac{1}{l} - \frac{3}{4n}\right) \quad \text{对} j = l - 1/2\end{aligned}\right\} \tag{15.20}$$

现在考虑有两个 j 相同的能级, 但与两个相继的 l 值相对应 (例如, $D_{3/2}$ 和 $P_{3/2}$); 在 (a) 中把 l 换成 $j-1/2$, 在 (b) 中把 l 换成 $j+1/2$ 就得到了能量修正 ΔE. 而这两个值是相等的, 可用一个表达式给出:

$$\Delta E = -\frac{Rhc}{n^2}\frac{\alpha^2}{n}\left(\frac{1}{j+1/2} - \frac{3}{4n}\right) \tag{15.21}$$

这个值只依赖于 n 和总角动量量子数 j.

容易验证, 对于 $l = 0$, 有

$$\Delta E_{mv} + \Delta E_{\mathrm{D}} = -Rhc\alpha^2\frac{1}{n^3}\left(1 - \frac{3}{4n}\right)$$

若 j 取唯一值 $j = 1/2$, (15.21) 式也同样有效.

同一 j 值的能级因而都是重合的, 其能级图示于图 15.7 的第III列上.

我们注意到, 直接求解狄拉克方程和在定态微扰计算中求解含相对论修正的薛定谔方程, 所得到的能量修正表达式是相同的.

正像在第 11 章所做的那样, 从狄拉克方程解得的波函数可以得到出现电子的概率. 但所得结果显然与第 11 章给出的不同, 那里没有考虑电子自旋, 因而总角动量值是 $\hbar$ 的整倍数. 图 15.8 表示来自狄拉克理论结果的氢原子表象的某些方面. 它显示计算出来的某些概率密度 $D(\theta)$ 是如何变化的.

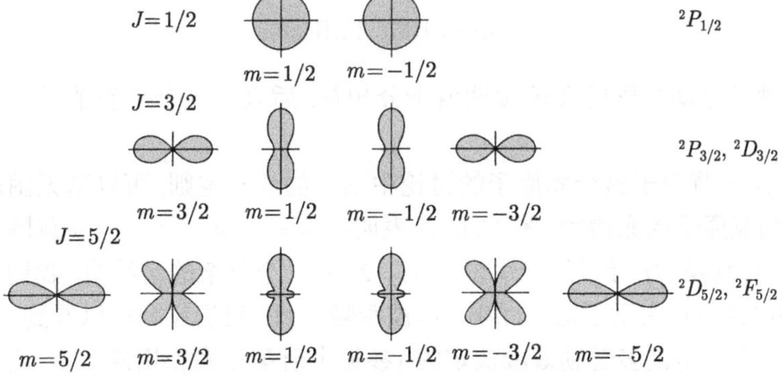

图 15.8　从狄拉克理论得到的氢原子角向概率密度 $D(\theta)$

请与第 11 章图 11.4 做比较

相反, 径向概率密度 $D(r)$ 对引入自旋所受到的影响不大, 它们与解非相对论薛定谔方程所得的结果非常明显地一致. 这一点是十分重要的, 它表明在许多应用上采用加修正的非相对论简单模型是合理的.

实验结果与狄拉克理论结果的完美一致 (除了下一阶段论证所做的修正以外) 应当被认为是物理学史上的重大成就, 它表明相对论理论的重要性, 并彻底澄清了电子自旋概念.

15.5.3 辐射修正

有关电磁波与原子相互作用现象, 只有在应用量子化电磁场理论的框架下才有可能进行正确描述. 在该理论中, 真空中单个电子是被一个电磁场所包围或 “穿戴 (缀饰)” 的. 电子和这个场相互作用的结果是传递给电子一个附加能量. 当电子是束缚在一个粒子系统并成为其一部分时, 这个与 “真空” 电磁场的相互作用还会使该电子的有效势能发生变化. 这 “辐射修正” 的计算产生一个以 $Z\alpha$ 展开的多项式, α 是精细结构常数, 其第一项为 $(Z\alpha)^4$:

$$\Delta E \sim \frac{\alpha(Z\alpha)^4 m_e^2 c^2}{2\pi n^3}$$

比例系数是量子数 l 的函数.

这个修正使同一个 j 能级之间的简并解除, 例如, 像 $S_{1/2}$ 和 $P_{1/2}$. 但在 $S_{1/2}$-$P_{1/2}$ 和 $P_{3/2}$-$D_{3/2}$ 能级之间的能量分裂值却是非常小的, 在波数尺度下约为几分之一 cm^{-1} 数量级, 比不同 j 能级之间的分裂则更小了. 1938 年, 通过光学干涉测量, 确定了 $n = 3 \mapsto n = 2$ 跃迁的分裂的数量级. 1947 年, 兰姆 (Lamb) 和雷瑟福 (Retherford) 以可观的精度直接测得了 $2S_{1/2}$-$2P_{1/2}$ 跃迁的分裂值, 它处在射频波段. 由于迪克效应 (参见上册 4.4.1 节) 避免了多普勒增宽, 射频段有可能得到很高的测量精度. 传统上专家们称这个测量值为 “兰姆移位”δS, 它是

$$\delta S = 1057.3\ \mathrm{MHz}$$

它与量子电动力学的理论预期值十分相符. 后来对这个分裂值又做过多次测量.

应用 15.2 节关于碱金属原子的讨论中确定的选择定则, 可以毫无困难地从能级出发得到**氢原子的光谱线**. 图 15.9(a) 表明在 $n = 1$, $n = 2$, $n = 3$ 范围内可观察到的跃迁. 特别是, H_α 跃迁 ($n = 3 \rightarrow n = 2$) 有一个复杂的谱结构. 我们称这个为 H_α 线的精细结构, 它示于图 15.9(b), 以波数做标尺. 我们还是可以看到, 由于光谱线的宽度基本上是由多普勒效应决定的 (参见上册第 1 章), 用法布里–珀罗干涉仪所做的较好分辨率的观察表明, H_α 线明显包含两个成分, 每个对应于许多跃迁的合成. 得力于消去多普勒效应的高分辨率激光光谱学, 才有可能对光频段的这个跃

迁进行分辨. 图 15.9(c) 给出了用偏振光谱学 (它是可以消除由多普勒效应引起的谱线增宽的饱和吸收光谱学的一种方法) 得到的谱线. 实际上, 在此情况下所得的谱线宽度只比自然线宽稍微大一点, 后者是跃迁上能级寿命的倒数 (参见上册第 5 章).

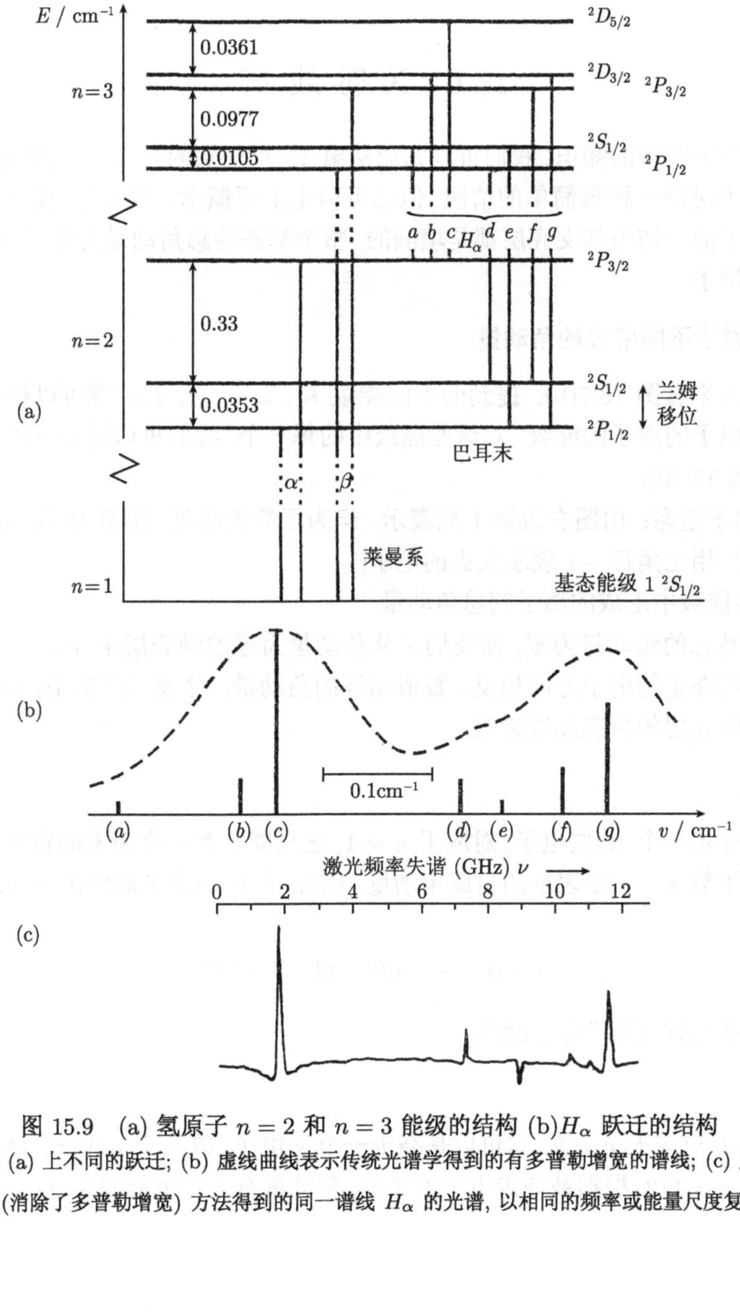

图 15.9　(a) 氢原子 $n=2$ 和 $n=3$ 能级的结构 (b)H_α 跃迁的结构

字母表示图 (a) 上不同的跃迁; (b) 虚线曲线表示传统光谱学得到的有多普勒增宽的谱线; (c) 用偏振光谱学 (消除了多普勒增宽) 方法得到的同一谱线 H_α 的光谱, 以相同的频率或能量尺度复制

氢原子的结构特别简单, 允许进行严格的研究. 因此, 理论与实验结果的比较显得格外关键: 在 1947 年和 1953 年之间当 "兰姆移位" 测量非常漂亮地验证了量子电动力学假说的时候, 引起了人们相当大的关注. 然而读者不应忘记, 氢原子代表了一种**非常特殊的情况**: l 简并只有在自旋–轨道耦合的影响下和在应用相对论力学规律时才会解除, 而对其他原子, 简并则因电子间静电相互作用而解除.

15.6 X 射线谱

用上节中获得的知识, 我们可以完成从第 13 章开始的对 X 光的研究. 基本上我们仅限于讨论一种很简单的情况, 但已可引出主要概念. 事实上, 我们将假设基态能级原子的一切内部支壳层都是填满的, 整个基态的总角动量为零. 镉或锌原子可以作为例子.

15.6.1 属于不同能级的角动量

回过头来看图 13.7(b). 提到的不同能级 K、L_{I}、L_{II}、L_{III} 等可以解释为原子失去一个电子的离子的能级. 对这些能级中的每一个, 我们可以用如下的方法来表征 (参见图 15.10):

—— 用电子组态: 由图右边第 I 列表示. 但为了简便起见, 用第 II 列中的轨道做标记, 用上角标 -1 表示失去的电子;

—— 用该能级中形成的离子的总角动量.

既然基态的角动量为零, 而我们又从角动量为零的满壳层中夺走了一个电子, 离子具有与夺走的电子方向相反、数值相等的角动量. 这表示在第 III 列上. 我们分别对不同壳层的情况加以说明.

a) *壳层 K*

假若夺走一个 K 层电子, 对应于 $n=1$, 它只能具有一个为零的轨道角动量和一个以量子数 $s=1/2$ 表征的自旋角动量. 因此, 相应的离子能级由下面的量子数来表征:

$$l=0, \quad s=1/2 \quad \text{和} \quad j=1/2$$

所以我们称它为 $^2S_{1/2}$ 能级.

b) *壳层 L*

壳层 L 对应于 $n=2$. 它可以是夺走一个 s 电子, 或一个 p 电子. 这些电子具有量子数 $s=1/2$, 根据被夺走电子的状况, 角动量有三种可能的组合:

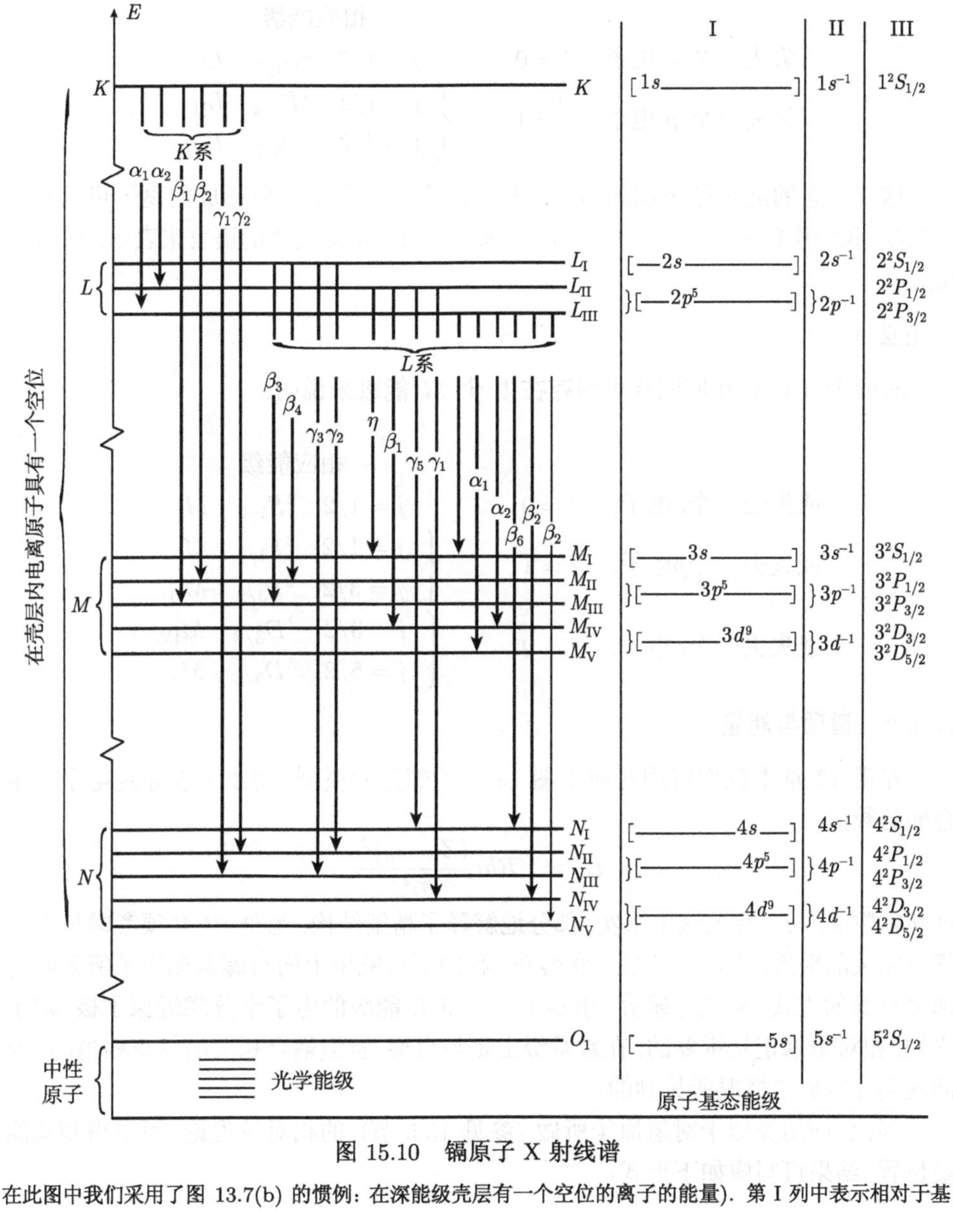

图 15.10　镉原子 X 射线谱

在此图中我们采用了图 13.7(b) 的惯例：在深能级壳层有一个空位的离子的能量）. 第 I 列中表示相对于基态组态的变化, 该组态是：$[1s^22s^22p^63s^23p^63d^{10}4s^24p^64d^{10}5s^2]$；这个变化概括在第 II 列中, 用失去的电子来表示. 能级的光谱标记在第 III 列表示（图中只列出了在表 13.1 中所提到的从 K 和 L 系发出的跃迁

相应能级

$$
\begin{array}{lll}
\text{失去一个 } s \text{ 电子}, \quad l=0 & j=1/2 \quad {}^2S_{1/2} \quad L_{\mathrm{I}} \\
\text{失去一个 } p \text{ 电子}, \quad l=1 & \left\{\begin{array}{l} j=1/2 \quad {}^2P_{1/2} \quad L_{\mathrm{II}} \\ j=3/2 \quad {}^2P_{3/2} \quad L_{\mathrm{III}} \end{array}\right.
\end{array}
$$

这三个态的能量是不同的, 因此从 L 层夺走一个电子所形成的离子可以有三个能级, 我们用符号 ${}^2S_{1/2}, {}^2P_{1/2}, {}^2P_{3/2}$ 来表示; 或用 X 能级的语言来表示: $L_{\mathrm{I}}, L_{\mathrm{II}}, L_{\mathrm{III}}$.

c) *壳层 M*

对应于 $n=3$, 我们同样可用**存在 5 个 M 能级**来说明:

相应能级

$$
\begin{array}{lll}
\text{或失去一个} s \text{电子}, \quad l=0 & j=1/2 \quad {}^2S_{1/2} \quad M_{\mathrm{I}} \\
\text{或失去一个} p \text{电子}, \quad l=1 & \left\{\begin{array}{l} j=1/2 \quad {}^2P_{1/2} \quad M_{\mathrm{II}} \\ j=3/2 \quad {}^2P_{3/2} \quad M_{\mathrm{III}} \end{array}\right. \\
\text{或失去一个} d \text{电子}, \quad l=2 & \left\{\begin{array}{l} j=3/2 \quad {}^2D_{3/2} \quad M_{\mathrm{IV}} \\ j=5/2 \quad {}^2D_{5/2} \quad M_{\mathrm{V}} \end{array}\right.
\end{array}
$$

15.6.2 谱项与能量

在第 13 章中我们曾用对应于图 13.7(a) 部分的惯例, 写出了被夺走电子的结合能的数值:

$$E_n = -Rhc\frac{(Z-s_n)^2}{n^2}$$

屏蔽常数 s_n 与 l 有关这个事实, 部分地解释了精细结构. 另外, 还必须考虑与 $l-s$ 耦合相关的现象. 不过对这后一种修正, 我们不可能用上面对碱金属原子所采取的那种分离的方式*来进行研究. 事实上, K 和 L 能级的电子十分靠近原子核, 对于它们, 相对论修正是重要的, 在数量级上是与自旋–轨道耦合相关的修正相当的 (如同我们在氢原子情况所见到的).

因此, 应用类似于对氢原子所做 (参见 15.5 节) 的相对论理论, 可以得到其能级位置. 结果可写成如下形式:

$$E_{n,l,j} = -\frac{Rhc(Z-s_n)^2}{n^2} + \frac{Rhc\alpha^2(Z-s_n')^4}{n^3}\cdot\left(\frac{3}{4n}-\frac{1}{j+1/2}\right)$$

α 是精细结构常数. 我们要注意, 在 α^2 项中所用的屏蔽常数 s_n' 与第一项中所用的数值是不同的.

---

* 指把外层电子与原子实电子分开处理.—— 译者

在 X 射线专门术语中, 像 $L_{\mathrm{I}} - L_{\mathrm{II}}$ 这样的裂距称为 “屏蔽裂距”, 像 $L_{\mathrm{II}} - L_{\mathrm{III}}$ 这样的裂距称为 “相对论自旋裂距”(能级 L_{I} 和 L_{II} 有同一个 j, 但 l 不同; 而能级 L_{II} 和 L_{III} 有同一个 l, 但 j 不同).

15.6.3 观察到的光谱

在 X 射线发射谱中能观察到的谱线决定于下面与光学跃迁相同的选择定则:

$$\begin{cases} \Delta n: \text{任意} \\ \Delta l: \pm 1 \\ \Delta j: \pm 1, 0 \end{cases}$$

图 15.10 的左边部分我们用箭头标出了可观察到的跃迁. 在第 13 章中没有说明白的一些地方现在就比较清楚了.

该图中只表示了表 13.1 中所提到的从 K 系和 L 系出发的跃迁. 读者可利用选择定则自己确定其他的容许跃迁.

某些元素 (像稀土元素这类) 的 X 射线的发射谱要远比图 15.10 所示的复杂. 其原因在于某些内部壳层未被填满, 因而具有不为零的角动量. 从这些非满壳层夺走一个电子时, 所形成的离子的角动量现在是两个角动量合成的结果, 从而可以得到许多数值. 这样问题就和光谱中多个价电子的原子情况类似, 就可观察到具有复杂结构的若干谱线. 所以我们把它们称为多重结构.

小　　结

本章中我们局限于几个相对简单的情况, 试图阐明怎样通过逐级使用微扰方法 (先是谱项, 然后是精细结构), 计算上一章中列举的原子能级的能量.

对具有一个或两个外层电子的原子, 我们给出了几个计算自旋–轨道相互作用能量的例子.

至于静电相互作用, 我们仔细处理了氦原子情况 (两个外层电子的最简单情况), 其目的在于阐明, 波函数的反对称如何以交换积分为媒介得到了与自旋耦合相关的能量值, 尽管自旋耦合并未明显地出现在静电能量的表达式中.

通过几个例子, 我们也指出了, 怎样应用选择定则来解释光谱学中可观察到的光谱跃迁, 并在实验上验证计算得到的能级间距.

然而我们不能忘记, 本章中所得的结果只能适用于半数原子, 它们的原子核既不具有自旋, 也没有磁矩. 要了解另一半原子的光谱, 必须考虑原子的核自旋和电子的电、磁矩之间的相互作用. 这将在第 17 章中讨论, 其中大部分内容从现在起就可以读懂, 而不必先读关于磁场中原子的下一章 (第 16 章).

第 16 章　静磁场中的原子

16.1　概述与复习

为了能确实观察磁场效应, 并以足够高的精度测量它, 作用在原子上的磁场应该相当强. 用以产生磁场的大电流线圈具有很高的自感应系数, 限制了电流迅速变化, 因而也限制了磁场的迅速变化. 原子对磁场变化的反应时间一般要短得多. 因此, 在我们所要描述的所有实验中, 磁场可以认为是静态的, 即在短时间内是恒定的.

上册第 8~9 章中我们已经描述了有关外磁场对原子作用的几个奠基性实验 (施特恩与格拉赫, 塞曼), 因而有了关于原子磁性的若干基本概念. 它们是:

—— 旋磁比 γ, $\mathcal{M}_z = \gamma\mathcal{L}_z = (gq/2\kappa m_e)\mathcal{L}_z$, 其中 g 是量纲一的朗德因子;

—— 磁矩沿磁场 $\vec{B}$ 方向 Oz 的纵向分量 $\mathcal{M}_z$ 的量子化值;

—— 在强度为 B 的磁场中, 零磁场能量为 E_0 的原子能态分裂为多个等距离的塞曼子能级 (参见 (8.9) 式):

$$E(m) = E_0 + W(m) = E_0 - \mathcal{M}_z B = E_0 + mg\beta B \quad (m\text{是整数或半整数})$$

其中, β 是玻尔磁子 (8.6), g 是量纲一的朗德因子.

—— 研究光的偏振就可建立选择定则, 以确定子能级之间可观察到的跃迁; 并可确认常数 $\hbar$ 是原子角动量的自然单位.

然而, 外磁场还作用于原子内部的每个电子, 而它们已经受到原子核和其他电子的作用. 这些内部和外部的各种相互作用的竞争是一个十分复杂的现象, 只有用量子力学才能处理. 这些相互作用对于理解和预测原子各种状态的不同磁性也是必不可少的, 这些状态则是对应于零场中观察到的原子的每个能级的.

从矢量势 $\vec{A}$(由此可导出磁场 $\vec{B} = \nabla \times \vec{A}$) 出发, 可以在最普遍情况下建立起磁场对原子中电子作用的哈密顿量算符的表达式, 在附录 7 中读者可以找到对这个表达式的精致论述. 这个普遍表达式是本章论述的出发点, 不过我们在开始时要对它做点简化.

实际上我们在上册第 8 章中已经描述了施特恩与格拉赫实验, 那里, 我们故意使用了一个不均匀磁场, 以使原子束偏转. 但是在本章塞曼或帕邢–巴克效应实验中, 我们要测量磁场 $\vec{B}$ 作用下原子能态的变化, 就要把它和磁场强度 (或其模值 B)

联系起来. 所以就必须使用均匀磁场, 使被研究样品中所有原子都处在同一磁场值 B 之下, 以保证测量精度. 磁场的均匀性可以使附录 7 中所建立的最普遍形式的哈密顿量算符得以简化. 在均匀场假说下得到的简化形式将在本章第二节中说明. 这样我们就可在第三节中处理弱场情况 (塞曼效应), 然后在第四节中处理强场情况 (帕邢–巴克效应).

16.2 均匀场下的哈密顿算符

本节中我们将展示从 (A7.10) 式出发在均匀与恒定场假说下得到的简化形式.

16.2.1 自由电子情况

假设磁场 $\vec{B}$ 是空间均匀的, 方向与 Oz 轴平行, 其值 B 是恒定的, 与坐标 x, y, z 无关. 很容易证明, 这个场可从矢量势中导出:

$$\vec{A}=\frac{1}{2}\vec{B}\times\vec{r} \quad 或 \quad A_x=-\frac{1}{2}B\cdot y;\quad A_y=+\frac{1}{2}B\cdot x;\quad A_z=0 \tag{16.1}$$

做相应计算得

$$\vec{B}=\nabla\times\vec{A}=\frac{\partial}{\partial\vec{r}}\times\vec{A}\quad\Rightarrow B_x=B_y=0;\quad B_z=B$$

在没有外电势下 ($V=0$), (A7.10) 式哈密顿算符成为

$$H=\frac{1}{2m_e}\left[-\hbar^2\Delta+i\hbar\frac{q}{\kappa}\nabla\cdot\vec{A}+2i\hbar\frac{q}{\kappa}(\vec{A}\cdot\vec{\nabla})+\frac{q^2}{\kappa^2}\vec{A}^{\,2}\right] \tag{16.2}$$

对这后三项容易进行计算, 有:

- $\nabla\cdot\vec{A}=0$
- $\vec{A}\cdot\vec{\nabla}=A_x\dfrac{\partial}{\partial x}+A_y\dfrac{\partial}{\partial y}=\dfrac{1}{2}B\left(-y\dfrac{\partial}{\partial x}+x\dfrac{\partial}{\partial y}\right)$

我们还知道, 根据 (A6.2) 式的定义, 轨道角动量的分量算符有

$$L_z=\frac{1}{i}\left(x\frac{\partial}{\partial y}-y\frac{\partial}{\partial x}\right)\quad\Rightarrow\quad 2i\hbar\frac{q}{\kappa}(\vec{A}\cdot\vec{\nabla})=-\frac{q}{\kappa}\hbar B\cdot L_z=-\frac{q\hbar}{\kappa}\vec{B}\cdot\vec{L}$$

- 方括号中最后一项为

$$\frac{q^2}{\kappa^2}\vec{A}^2=\frac{q^2}{4\kappa^2}(\vec{B}\times\vec{r})\cdot(\vec{B}\times\vec{r})=\frac{q^2}{4\kappa^2}(Br\sin\theta)^2$$

其中, θ 是径矢 $\vec{r}$ 与场方向 Oz 之间的夹角; 由此推得

$$H=\frac{1}{2m_e}\left[-\hbar^2\Delta-\frac{q}{\kappa}\hbar B\cdot L_z+\frac{q^2}{4\kappa^2}(Br\sin\theta)^2\right]$$

引入正的玻尔磁子 $\beta = -\dfrac{q\hbar}{2\kappa m_e}$(参见上册 (8.6) 式) 后有

$$\boxed{H = -\frac{\hbar^2}{2m_e}\Delta + \beta B \cdot L_z + \frac{q^2}{8m_e\kappa^2}B^2r^2\sin^2\theta} \tag{16.3}$$

我们注意到, 在轨道磁矩情况下有朗德因子 $g=1$, 上述哈密顿算符的第二项 βBL_z 可等于 $-\mathcal{M}_zB$ 式 (参见上册 (8.9a) 式); 而正是从这一项允许算出上册 8.3 节中的顺磁磁化强度. 含 B^2 的一项对应于抗磁性, 现在可看到, 它在数量级上要小得多. 在附录 8 中有关于抗磁项的一个经典计算, 计算是从拉莫尔定理出发的 (参见 A.8.5.2 节).

两个磁场项的比较

算符 L_z 是量纲一的 (它是一个小整数), 积 βB 决定了顺磁项的数量级. 在 8.2.2 节中我们计算了玻尔磁子的数值:

$$\beta \approx 10^{-23}\text{MKSA}$$

在磁场为

$$B \approx 10\,000\text{G} = 1T \Rightarrow \beta B \approx 10^{-23}\text{J} \approx 10^{-4}\text{eV}$$

为了在同样磁场下估算抗磁项, 我们认为几何因子 $r\sin\theta \approx 0.1\text{nm} = 10^{-10}\text{m}$(原子的大小), 电子电荷 $|q| = e = 10^{-19}\text{C}$, 质量为 $m_e \approx 10^{-30}\text{kg}$, 我们得到

$$(e^2/8m_e)B^2r^2\sin^2\theta \approx 10^{-28} \sim 10^{-29}\text{J} \quad (\text{在 MKSA 单位制中计算}, \kappa = 1)$$

抗磁项比顺磁项小约 10^5 的因子, 所以常常可以忽略.

16.2.2 一个原子情况

在第 12 章开始, 我们介绍了用定态微扰方法通过逐次近似进行计算的原理, 从那里得到了下面的哈密顿量形式 (12.2):

$$H = H_0 + T_1 + T_2$$

存在外部静磁场 B 时, 我们应当附加一个新的项, 它由所有原子中以下标 i 为编号的电子所具有的类似于上面 (16.3) 式的磁场项之和构成. 所以我们要像第 14 章所做的那样, 区别各个电子的角动量 $\vec{l}_i$ 和原子总角动量 $\vec{L} = \sum\limits_i \vec{l}_i$, 这个新项写为

$$W = \sum_i \left(\beta\vec{B}\cdot\vec{l}_i + \frac{q^2}{8m_e\kappa^2}B^2r_i^2\sin^2\theta_i\right) \simeq \sum_i (\beta\vec{B}\cdot\vec{l}_i) \tag{16.4}$$

这第二个表达式用于忽略了抗磁性项的最常见情况.

我们还必须考虑外磁场 B 与电子自旋之间的相互作用. 它本身归并在顺磁项内, 不过不要忘了轨道角动量 $\vec{l}$ 和自旋角动量 $\vec{s}$ 之间的重要区别 (参见第 10 章):

自旋的分量是

$$s_z = \pm 1/2 \quad 和 \quad \mathcal{M}_z = \pm\beta; \quad 或 \quad \mathcal{M}_z = 2\beta s_z \tag{16.5}$$

新项表示外磁场的作用, 因而可写为

$$W = \sum_i (\beta\vec{B}\cdot\vec{l}_i) + \sum_i (2\beta\vec{B}\cdot\vec{s}_i) = \sum_i \beta\vec{B}\cdot(\vec{l}_i + 2\vec{s}_i)$$

$$\boxed{W = \beta\vec{B}\cdot(\sum_i \vec{l}_i + 2\sum_i \vec{s}_i) = \beta\vec{B}\cdot(\vec{L}+2\vec{S}) = \beta B(L_z + 2S_z)} \tag{16.6}$$

其中, $\hbar\vec{L}$ 代表原子总轨道角动量; $\hbar\vec{S}$ 代表总自旋角动量, Oz 是磁场的方向.

W 的这个表达式要用在总哈密顿算符中:

$$\boxed{H_0 + T_1 + T_2 + W = H + W} \tag{16.7}$$

但是这个哈密顿算符不可能得到严格的数学解. 对其求解要用近似方法; 根据 T_1, T_2 和 W 项相对大小的不同, 要采用不同的程序. 在下面两节中我们把研究仅限于对 L-S 耦合的情况. 对于 j-j 耦合情况, 我们的基本思路仍然是相同的.

16.3　弱场中的塞曼效应, L-S 耦合情形

当 W 一项相对于 T_1 和 T_2 是小的时, 我们说, 我们是处在弱场条件下. 因而 W 项可作为对哈密顿算符 $H = H_0 + T_1 + T_2$ 所描写的系统的小微扰. T_2 项描述自旋–轨道耦合; 它在能级上表现为精细结构的间距 (参见第 14 章). 当磁场对能级的影响所表现出来的分裂间距远小于精细结构间距的情况下, 磁场自然是很弱的.

我们将要研究的原子能级, 是由电子组态 γ 和一组量子数 S, L, J 的数值来确定的. 在没有磁场时, 能级是 $2J+1$ 度简并的, 并用其能量 E_J^0 来表征. W 的影响要用微扰论来研究. 我们假定读者事先已经在量子力学课程中学习过这类问题. 下面我们只列出结果.

16.3.1　微扰论的应用

至今为止在讨论原子能级中我们只利用了微扰论, 却没有用到计算技术. 我们复习一下在**应用于简并能级**的一级微扰计算中用到的标记法和结论, 在量子力学著作中它们都有陈述:

—— 一个未被微扰的、标记为 n 的能级, 记做 E_n^0, 有简并度为 G_n, 受微扰 W 的作用;

—— 引入一个标记 k, 它可取 G_n 个值;

—— 在未被微扰的能量值 E_n^0 上附加了一级修正 $\delta E_{nk}^{(1)}$, 它们等于与本征值 E_n^0 相关的 G_n 维子空间中 W 的对角矩阵元. 也就是说, 要把在这个子空间内约化的 W 矩阵对角化, 要在对角化 W 矩阵的新的本征矢量 $|n,k\rangle$ 上附加矩阵元:

$$\langle n,k\,|W|\,n,k'\rangle = \delta E_{nk}^{(1)} \cdot \delta_{kk'}, \quad 其中\delta_{kk'} = 1(若k = k');或\delta_{kk'} = 0(若k \neq k')$$

若 $\delta E_{nk}^{(1)}$ 的值都是不相同的, 则原始能级就产生了 G_n 个子能级.

在我们感兴趣的问题中, 我们把 (16.6) 式的微扰加到原子能级 E_J^0 上去, 这个能级由给定角动量值 J 和简并度 $2J+1$ 所表征. 我们将在对应于能量值 E_J^0 的子空间的 $\{\vec{J}^2, J_z\}$ 表象中研究问题. 把所用基矢记做 $\left|E_J^0 J, m_J\right\rangle$. 使用我们刚才复习过的结果, 我们应当把 n 看做 J, 把 k 换成 m_J, 而 G_n 用 $2J+1$ 来代替. 在这个基中, W 是对角化的, 因为两个算符 L_z 和 S_z 与 J_z 是对易的. 从 W 的对角元出发, 我们得到的一级修正是:

$$\boxed{\delta E_{Jm_J}^{(1)} = W_{m_J\ m_J} = \left\langle E_J^0 J, m_J|W|E_J^0 J, m_J\right\rangle} \tag{16.8}$$

使用微扰论的条件要求:

$$\frac{W_{m_j\ m_j}}{\left|E_J^0 - {E'}_{J'}^0\right|} \ll 1 \quad 不管什么\ m_J\ 值, 不管什么能级\ {E'}_{J'}^0 \tag{16.9}$$

${E'}_{J'}^0$ 表示除了我们现在所研究的能级 E_J^0 以外的所有原子能级. 因此, 通过微扰 W 所引入的磁场影响会反映在比零场下存在的所有能级裂距更小的能量变化上. 这与本节开头所做的弱场假说相当.

16.3.2 维格纳–埃克特定理: 朗德因子的存在

我们从角动量算符 $\vec{L}$ 和 $\vec{S}$ 的矩阵元出发来计算上节 $W_{m_J m_J}$ 矩阵元. 为了这个计算, 我们采用了用于矢量算符的维格纳–埃克特定理的结果; 附录 6 中把坐标轴旋转中几何矢量不变的性质移用于量子力学时, 展示了这个定理. 现在我们在下面两个性质中把维格纳–埃克特定理表述出来.

a) 矢量算符矩阵元的正比性

在 $\left\{\vec{J}^2, J_z\right\}$ 表象中, 若我们限制在与原子的能量 E_J^0 和给定 J 值相对应的子空间 (由 $\left|E_J^0 J, m_J\right\rangle$ 来表示基矢的子空间) 中, 矢量算符分量的矩阵元是互相成正比的. 不同分量的比例系数是相同的.

假如 $\vec{A}$ 和 $\vec{B}$ 是两个任意矢量算符, 其两个分量记做 A_q 和 B_q, 下标 q 代表三个分量 (可以是 x,y 或 z; 或是标准分量情况下的 -1, 0, $+1$, 参见附录 6), 我们可写出:

$$\left\langle E_J^0 J, m_J \left| A_q \right| E_J^0 J, m'_J \right\rangle = a \left\langle E_J^0 J, m_J \left| B_q \right| E_J^0 J, m'_J \right\rangle$$

a 是比例系数, 与 m_J, m'_J 和 q 无关. 在更为简洁的形式下, 还可写为

$$\boxed{\text{在}\left\{\vec{J}^2, J_z\right\}\text{表象的 } E_J^0 \text{ 子空间中：} \vec{A} = a\vec{B}} \tag{16.10}$$

b) **投影定理**

在上面两个矢量算符中一个是角动量算符 $\vec{J}$ 的特殊情况下, 这个性质 b) 使我们可以对上述公式的比例系数 a 给出一个表达式: 在 E_J^0 子空间内, A_q 分量的矩阵元通过下式与角动量分量 J_q 相关:

$$\left\langle E_J^0 J, m_J \left| A_q \right| E_J^0 J, m'_J \right\rangle = \frac{\left\langle \vec{A}\cdot\vec{J} \right\rangle_J}{J(J+1)} \left\langle E_J^0 J, m_J \left| J_q \right| E_J^0 J, m'_J \right\rangle$$
$$\text{其中}\quad \left\langle \vec{A}\cdot\vec{J} \right\rangle_J = \left\langle E_J^0 J, m_J \left| \vec{J}\cdot\vec{A} \right| E_J^0 J, m_J \right\rangle \quad \text{与} m_J \text{无关} \tag{16.11}$$

(参见公式 (A6.21), 我们知道, 在 E_J^0 子空间, **标量算符**$\vec{A}\cdot\vec{J}$ 是由一个对角矩阵来表示的, 其矩阵元都是相等的, 与 m_J 无关 (参见附录 6)).

不要忘了, 分母的 $J(J+1)$ 是标量算符 $\vec{J}^2$ 的平均值. 所以可以把关系式 (16.11) 写成下面的符号形式来进行解释:

$$\text{在能量} E_J^0 \text{的子空间：} \vec{A} = \frac{\left\langle \vec{J}\cdot\vec{A} \right\rangle_J}{\left\langle \vec{J}^2 \right\rangle_J} \vec{J} \tag{16.11$'$}$$

就是说, 在这个子空间中, $\vec{A}$ 矢量的一切分量都与其角动量 $\vec{J}$ 上的投影成正比; 换句话说, 只有 $\vec{A}$ 在 $\vec{J}$ 上的投影才是可测量的. 矢量模型的几何表示是用一般方式说明这个性质的一种手段 (参见 A.6.7 节).

回到塞曼效应特殊问题和 (16.6) 式的微扰 W 上, 上述 a) 和 b) 结果告诉我们, 在 $\left|E_J^0 J, m_J\right\rangle$ 表象中, $L_z + 2S_z$ 和 J_z 的矩阵元是成正比的. J_z 矩阵是对角矩阵, $L_z + 2S_z$ 也应该是 (对此我们已经说过); 我们可以写出正比关系如下:

$$\left\langle E_J^0 J, m_J \left| L_z + 2S_z \right| E_J^0 J, m'_J \right\rangle = g_J \left\langle E_J^0 J, m_J \left| J_z \right| E_J^0 J, m'_J \right\rangle = g_J m_J \delta_{m_J m'_J} \tag{16.12}$$

(若 $m_J = m'_J$, $\delta_{m_J m'_J} = 1$; 若 $m_J \neq m'_J$, $\delta_{m_J m'_J} = 0$)

这个关系表明存在一个比例因子 g_J, 称为朗德因子. 这是维格纳–埃克特定理的一个直接结果.

16.3.3 朗德因子的计算

对朗德因子的估算可分两步.

a) L-S 耦合

我们可以使用这样的表象, 这里基矢 $\left|E_J^0, L, S, J, m_J\right\rangle$ 是算符 H, $\vec{L}^2$, $\vec{S}^2$, $\vec{J}^2$, J_z 的共同本征矢量, 他们互相对易: 而三个矢量 $\vec{L}$, $\vec{S}$ 和 $\vec{J}$ 的平方平均值是大家熟知的, 分别等于 $L(L+1)$, $S(S+1)$ 和 $J(J+1)$. 这使我们可以应用维格纳–埃克特定理来计算标量积:

$$\vec{J}\cdot(\vec{L}+2\vec{S})=\vec{J}\cdot(\vec{J}+\vec{S})=\vec{J}^2+\vec{J}\cdot\vec{S}$$

把 $\vec{L}=\vec{J}-\vec{S}$ 自乘为标量平方, 可写为

$$\vec{L}^2=\vec{J}^2+\vec{S}^2-2\vec{J}\cdot\vec{S} \quad \text{或} \quad \vec{J}\cdot\vec{S}=\frac{\vec{J}^2+\vec{S}^2-\vec{L}^2}{2}$$

或还可写成

$$\vec{J}\cdot(\vec{L}+2\vec{S})=\vec{J}^2+\vec{J}\cdot\vec{S}=\vec{J}^2+\frac{\vec{J}^2+\vec{S}^2-\vec{L}^2}{2}=\frac{3}{2}\vec{J}^2+\frac{\vec{S}^2-\vec{L}^2}{2} \tag{16.13}$$

由 (16.13) 式可导出:

$$\left\langle\vec{J}\cdot(\vec{L}+2\vec{S})\right\rangle=\frac{3}{2}J(J+1)+\frac{S(S+1)-L(L+1)}{2} \tag{16.14}$$

b) 在 E_J^0 子空间

现在把我们限制在 E_J^0 子空间.

16.3.2 节 (关于维格纳–埃克特定理) 的性质 a) 可归结为矢量等式:

$$\boxed{\text{在 } E_J^0 \text{ 子空间中} \quad \vec{L}+2\vec{S}=g_J\vec{J}} \tag{16.12$'$}$$

其条件是: 上式只能应用于 $\left\{\vec{J}^2, J_z\right\}$ 表象的 E_J^0 子空间中.

在这个子空间中我们可以利用上面算得的 $\vec{J}\cdot(\vec{L}+2\vec{S})$ 算符的平均值来把它应用于 16.3.2 节 (关于投影定理) 的性质 b).

在 $m_J=m_J'$ 的情况下, 利用 (16.14), (16.11) 和 (16.12) 关系式可写为

$$\left\langle E_J^0 J, m_J\left|L_z+2S_z\right|E_J^0 J, m_J\right\rangle=g_J\left\langle E_J^0 J, m_J\left|J_z\right|E_J^0 J, m_J\right\rangle$$

其中

$$\boxed{g_J=\frac{\left\langle\vec{J}\cdot(\vec{L}+2\vec{S})\right\rangle}{J(J+1)}=\frac{3}{2}+\frac{S(S+1)-L(L+1)}{2J(J+1)}} \tag{16.15}$$

由于有了维格纳–埃克特定理, 量子力学让我们可以从代表每个原子态的总轨道角动量 L、总自旋角动量 S 和总角动量 J 的量子数出发来计算朗德因子. 因存在两种不同来源的磁矩所引发的棘手问题从而迎刃而解.

容易验证, 这个公式与单一磁矩来源的特殊情况所得的结果是一致的:

—— 纯轨道磁矩情况: $S=0, J=L \quad \Rightarrow \quad g_J=1$;

—— 纯自旋磁矩情况: $L=0, J=S \quad \Rightarrow \quad g_J=2$.

用这些公式, 在某些情况下算得的 g_J 为负值.

16.3.4　弱场中的塞曼能级图

用 W 算符的表达式 (16.6), 并用 (16.12) 关系式, 我们把 W 的矩阵元写为

$$W_{m_J m'_J} = g_J \beta B m_J \delta_{m_J m'_J}$$

$$(\text{若} m_J = m'_J, \quad \delta_{m_J m'_J}=1; \quad \text{若} m_J \neq m'_J, \quad \delta_{m_J m'_J}=0)$$

根据 (16.8) 式, 立即可写出相对于初始能级 E_J^0 的一级修正:

$$\boxed{\delta E_{Jm_J}^{(1)} = W_{m_J m_J} = g_J \beta B m_J} \tag{16.16}$$

这里量子数 m_J 可取 $2J+1$ 个值:

$$m_J=-J, \quad m_J=-J+1, \quad \cdots\cdots \quad \text{直到} \quad m_J=+J$$

这样, 在弱场近似中我们以不同的语言又得到了还在上册第 8 章中已经表述了的结果: 磁场的存在解除了第 11 章和第 12 章中算得的原子能级的简并. 出现了 $2J+1$ 个等距的塞曼子能级, 两个相邻子能级之间的距离为 $g_J\beta B$. 公式 (16.16) 证实了把 m_J 称为 "磁量子数" 这个名称的正确性.

我们把弱场下的研究结果概括在图 16.1 上. 在图 16.1(a) 中, 读者将再次看到没有磁场时逐级近似的各阶段 (参见图 14.2, 但我们只限于 $L=1$ 和 $S=1$ 的值, 精细结构计算见图 15.3) 和在一个 B 的固定值下简并的解除.

图 16.1(b) 是图 16.1(a) 上的同一能级作为磁场强度函数而得到的更精确的图. 因而图 16.1(b) 就是三个精细结构能级 $^3P_0$, $^3P_1$, $^3P_2$ 的 "塞曼能级图". $^3P_0$ 能级是没有电子磁矩的, 显然不受外磁场的影响. 根据 (16.15) 关系式的计算可得到朗德因子的数值, 对 $^3P_1$ 和 $^3P_2$ 两个能级, 其值是相等的.

16.3.5　光谱中塞曼组分的观察

在实验观察上, 发现零场中频率为 ν_{12} ($h\nu_{12}=E_2-E_1$) 的唯一谱线在磁场作用下是由许多塞曼子能级之间 (上能级 E_2 和下能级 E_1) 光谱跃迁所组成的. 为了解释它们, 必须画出两个能级 E_2 和 E_1 的塞曼能级图.

可观察的塞曼谱线取决于选择定则 $\delta m=0,\pm1$(上册 9.3 节 (9.10) 式已指出). 这个选择定则被原子与电磁场交换过程中角动量守恒证明是正确的. 我们在第 15 章中从矢量算符的性质和维格纳–埃克特定理出发又从量子理论上再次证明了这一点; 在第 18 章末尾, 我们将用量子力学计算波与原子相互作用来给出这个定则 (参见 18.3.3 节).

请读者回顾上册 9.3.2 节中仔细处理了的一个例子: 图 9.5 上表示的塞曼组分 (在上能级 E_2 的 $2J_2+1$ 个子能级和下能级 E_1 的 $2J_1+1$ 个子能级之间的跃迁) 的能级图. 我们可以解释图 9.6 上实验室观察到的塞曼谱线的频率, 这里我们只注意它们的数值.

为了减轻书写负担, 并为了便于记忆, 我们把第 9 章的公式简化, 这里对能级 E_1, 我们令 $m_1=m_{J1}$ 和 $g_1=g_{J1}$, 对能级 E_2, 令 $m_2=m_{J2}$ 和 $g_2=g_{J2}$:

- 线偏振 π 跃迁 $(m_2-m_1=0)$:

$$\nu_\pi=\nu_{12}+m_1(g_2-g_1)\delta\nu_0\quad(m_1\text{或}m_2)$$

- 圆偏振 σ_+ 跃迁 $(m_2-m_1=+1)$:

$$\nu_{\sigma+}=\nu_{12}+g_2\delta\nu_0+m_1(g_2-g_1)\delta\nu_0\quad(m_1\text{或}m_2)$$

- 圆偏振 σ_- 跃迁 $(m_2-m_1=-1)$:

$$\nu_{\sigma-}=\nu_{12}-g_2\delta\nu_0+m_1(g_2-g_1)\delta\nu_0\quad(m_1\text{或}m_2)$$

其中 $\delta\nu_0=\beta B/h$ 是在 $g=1$ 情况下算得的经典轨道间距, 它等于拉莫尔频率 (参见上册 (9.11) 公式).

> **注: 磁共振** 在上册 8.4 节中我们已经描述过磁共振跃迁. 这是出自同一能级 E_J^0 的相邻塞曼子能级之间的直接跃迁. 在电偶极跃迁 (波的电场与原子电偶极矩之间的相互作用) 框架内这些跃迁是不容许的, 因为这类跃迁只有在宇称相反的能级之间才是可能的 (参见第 15 章). 但是, 作为磁偶极跃迁则是容许的, 这里, 波的磁场作用在原子的磁矩上.

16.4 强场中的帕邢–巴克效应, 中等场情况

上节我们只局限于研究 L-S 耦合情况. 当磁场引起的子能级间距显著超过自旋–轨道耦合的能量间距时, 就说是实现了强场条件. 因而在有磁场时原子哈密顿量 H 各项要描述为

$$T_1>W>T_2$$

上节所用的微扰论的应用条件就不再有效. 我们将相继分两步来进行运算, 它们概括地揭示于图 16.2(a).

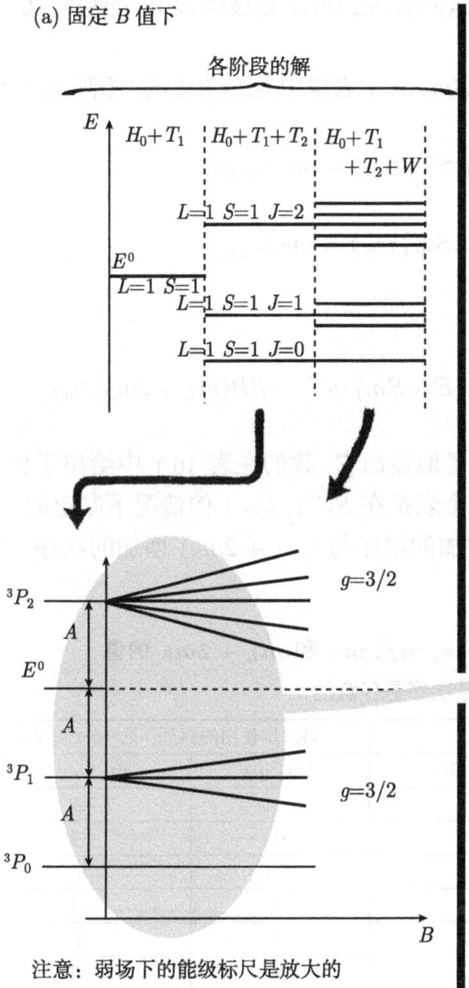

(b) 随磁场变化的函数

图 16.1　弱场情况

塞曼效应：此情况下能量标尺是放大的

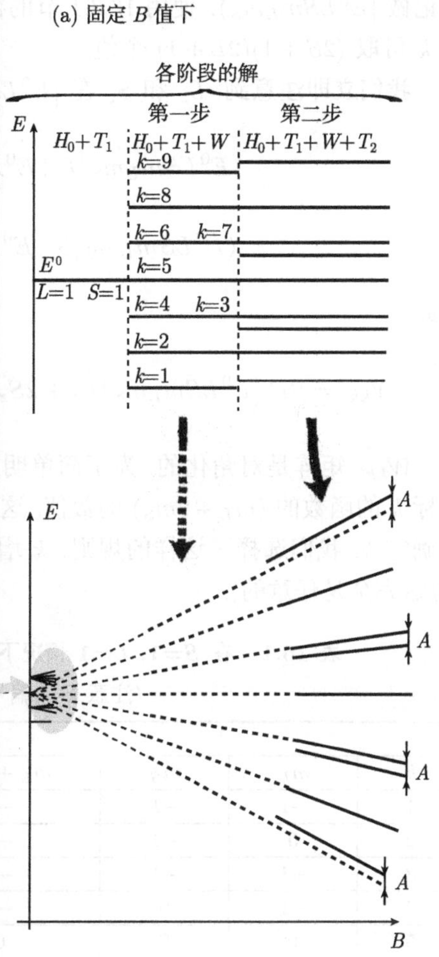

(b) 随磁场变化的函数

图 16.2　强场情况

帕邢–巴克效应：横坐标标尺是压缩的

16.4.1　第一步：忽略自旋–轨道耦合

假如我们忽略自旋–轨道耦合，我们就可把微扰 W 施加于哈密顿算符 $H_1 = H_0 + T_1$ 上，它不计自旋–轨道耦合. 这表示第一步，在没有场的情况下，**能量 E^0 相当于光谱项**，其值取决于角动量量子数 L 和 S，并且是 $(2S+1)(2L+1)$ 简并的. 因而我们利用算符 H_1, $\vec{L}$ 和 $\vec{S}$, L_z, S_z 的共同本征矢量所定义的基作为表象的基，我

们记做 $\left|E^0LSm_Lm_{\rm S}\right\rangle$. 使用 16.3.1 节的标记法, 把 $W_{kk'}$ 记做微扰 W 的矩阵元, 下标 k 可取 $(2S+1)(2L+1)$ 个值.

我们立即注意到, L_z 和 S_z 在 $\left|E^0LSm_Lm_{\rm S}\right\rangle$ 表象中是对角化的, 矩阵元写为

$$\left\langle E^0LSm_Lm_{\rm S}\left|L_z\right|E^0LSm'_Lm'_{\rm S}\right\rangle = m_L\delta_{m_Lm'_L}$$

$$\left\langle E^0LSm_Lm_{\rm S}\left|S_z\right|E^0LSm'_Lm'_{\rm S}\right\rangle = m_{\rm S}\delta_{m_{\rm S}m'_{\rm S}}$$

因此:

$$W_{kk'} = \beta B\left\langle E^0LSm_Lm_{\rm S}\left|L_z+2S_z\right|E^0LSm'_Lm'_{\rm S}\right\rangle = \beta B(m_L+2m_{\rm S})\delta_{kk'}$$

$W_{kk'}$ 矩阵是对角化的, 为了简单明了地读出它, 我们在表 16.1 中给出了作为下标 k 的函数的 $(m_L+2m_{\rm S})$ 的数值. 这个表是在 S= 1, L= 1 的情况下制定的. 为了确定 k, 我们选择了这样的规则: k 增加的次序与 $(m_L+2m_{\rm S})$ 增加的次序一致 (但这完全是任意的).

表 16.1 在 S=1, L=1 情况下 k, m_L, m_S 和 $m_L+2m_{\rm S}$ 的值

(注意 k 的编号次序是任意的)

				第二步使用的纵列 (见 16.4.2 节)	
k	m_L	m_S	$m_L+2m_{\rm S}$	Am_Lm_S	m_L+m_S
1	−1	−1	−3	$+A$	−2
2	0	−1	−2	0	−1
3	+1	−1	−1	$-A$	0
4	−1	0	−1	0	−1
5	0	0	0	0	0
6	+1	0	+1	0	+1
7	−1	+1	+1	$-A$	0
8	0	+1	+2	0	+1
9	+1	+1	+3	$+A$	+2

我们在 16.3.1 节 (微扰论) 中已经看到, 能量的一级修正 $\delta E^{(1)}$ 等于对角矩阵元 W_{kk}:

$$\boxed{\delta E^{(1)} = W_{kk} = \beta B(m_L+2m_{\rm S})} \tag{16.17}$$

对于固定磁场值 B 的这第一步结果示于图 16.2(a) 的中央部分 (我们总是仅限于 S= 1 和 L= 1 的特殊情况).

在图 16.2(b) 上, 我们用虚线画出了对应于 (16.17) 式所得到的能级随磁场强度 B 变化的函数. 在弱场下这些能级没有什么物理意义.

- 审视表 16.1 时我们注意到, 施加微扰 W 后某些能级仍然是简并的 (在本例中有 $m_L + 2m_S$=+1 或 −1).
- ($m_L + 2m_S$) 只能取整数, 因而我们得到的能级间距是由朗德因子等于 1 的塞曼效应经典关系式所给出的.

16.4.2 第二步: 加上自旋–轨道耦合

现在我们对刚才确定的能级施加由 T_2 项表述的微扰, 根据第 14 章所得的结果 (参见 14.2.3 节的公式 (14.7)), 在 L-S 耦合情况下, 它可写为

$$T_2 = \sum_i \xi_i \vec{l}_i \cdot \vec{s}_i$$

从 15.3.3 节我们已见到, 通过应用维格纳–埃克特定理 (参见附录 6), T_2 还可写成如下形式:

$$T_2 = A\vec{L} \cdot \vec{S}$$

(作为一种证明, 可参见 A. Messiah, 量子力学.)

考虑一个最简单的情况, 我们拟施加 T_2 的能级是非简并的. 根据微扰论的结果, 能量修正值等于在未被微扰的能态上算得的 T_2 的平均值. 假如我们把 T_2 写成

$$T_2 = A(L_x S_x + L_y S_y + L_z S_z)$$

括号中头两项的平均值为零. 而且, 能态是由给定值 m_L 和 m_S 来表征的, 而 $L_z S_z$ 的平均值等于积 $m_L m_S$, 因而有

$$\langle T_2 \rangle = A m_L m_S \tag{16.18}$$

读者利用各种不同的求平均值的规则可以严格推得这个结果, 并可把它推广到施加微扰 T_2 后能级仍是简并的情况 (详细例子见表 16.1 与图 16.2 中的 $k = 3$ 和 4; 以及 $k = 6$ 和 7 的情况).

这样, 在加上 (16.17) 和 (16.18) 以后, 我们最后写出各不同子能级在强场中相对于谱项能量 E^0 的能量间隔 $\Delta E^0(m_L, m_S)$ 为

$$\boxed{\Delta E^0(m_L, m_S) = \beta B(m_L + 2m_S) + A m_L m_S} \tag{16.19}$$

在施加了微扰 T_2 以后这第二步所得的结果显示于图 16.2, 这属于 16.3.4 节中已经研究过的特殊情况:

1) 图 16.2(a) 是对于固定磁场值 B 的 (上面);

2) 图 16.2(b) 上的粗实线是随磁场变化的函数 (下面).

注: 读者可以对另一些情况 (例如, S= 1, L= 2; 或 S= 1/2, L= 1; 等等) 制作一张类似于表 16.1 那样的表, 证明微扰 $A\vec{L} \cdot \vec{S}$ 并不总是能把作为 $H_0 + T_1 + W$ 的解的所有能级简并全都解除的. 因而在强场下, 作为微扰论一级近似解的某些能级仍然是简并的.

16.4.3　中等场情况

这相当于微扰都属同一数量级的情况, 因而我们应当直接对 $H_1 = H_0 + T_1$ 施加总微扰:

$$W = \beta(\vec{L} + 2\vec{S}) \cdot \vec{B} + A\vec{L} \cdot \vec{S}$$

因此, 我们需要在 $\left|E^0 L S m_L m_\mathrm{S}\right\rangle$ 表象中寻求算符 $A\vec{L} \cdot \vec{S}$ 的矩阵元. 作为微扰论计算结果的能量修正必须用一个物理参量的函数来表达, 这个参量的符号在一切磁场值下不变. m_L 和 m_S 不属于这种情况. 唯一保持不变的矢量是 $\vec{J}$ 矢量.

因此我们取 $m_J = m_L + m_\mathrm{S}$ 作为这样的参量, 它在被微扰的态中仍有物理意义. 计算矩阵元要将它们表达为 m_J 的函数的方式来进行. 计算一般是比较复杂的, 不过对 $S = 1/2$ 的特殊情况, 处理起来并不困难.

为了讨论实验, 通常使用能级图的定性形貌就足够了. 因而物理学者只要把上面弱场和强场两张图比较巧妙地 “拼接” 起来就行了. 一般说来, 考虑到下面两种性质以后, 拼接时就不会有所犹豫了:

—— 对一个给定能级, 总量子数 $m_J = m_L + m_\mathrm{S}$ 应保持不变;

—— 可以证明, 两个 m_J 相同的能级不交叉.

图 16.3 表示 ^3P 能级情况下覆盖了弱场、中等场和强场的能级图. 它是把图 16.1(b) 和图 16.2(b) 拼接起来得到的. 读者可看到存在着一定数目的 “能级交

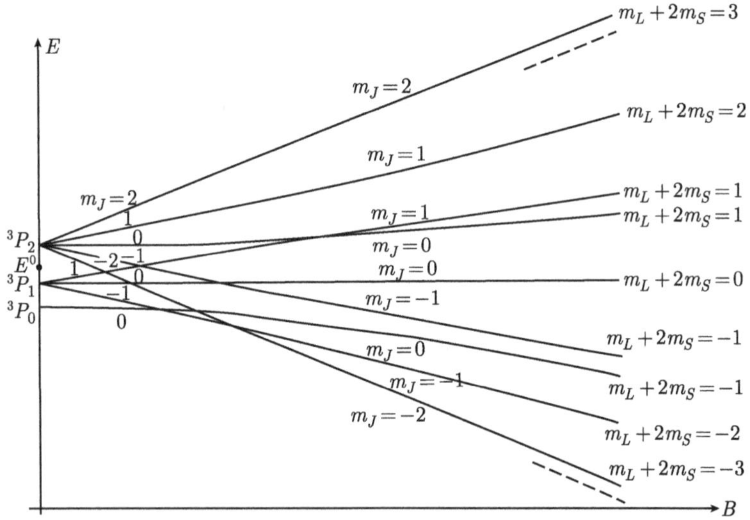

图 16.3　全能级图 (由图 16.1 和图 16.2 拼接起来得到)

我们注意到, 两个 $m_J = \pm 2$ 的能级是由直线来表示的. 某些能级在极强场下的渐近线, 正如用两条虚线表示的直线, 它们在零场时交会于未微扰能级 E^0

叉"(在 m_J 不同的能级之间). 有磁场时光谱跃迁在对应于能级交叉点的磁场值 B 上会呈现出某些奇异行为, 从而可从实验上检测这些交叉点.

注 1：　能级交叉(Franken, 1959) 由于一种量子效应, 能级交叉可在实验上观察到, 我们对此做一个简化的解释. 当两个将要交叉的能级 (1) 和 (2) 通过 (1) 和 (2) 两个跃迁与第三个共同的下能级相连接时, 就可以观察到这种能级交叉.

当两个频率 ω_1 和 ω_2 相等时, 能级激发 (可以是光激发或电子碰撞激发) 会使原子处于一种典型的量子态, 即两个能级 (1) 和 (2) 的叠加态. 在不到交叉时, 我们可以接收到两种不同的波, 它们是不相干的, $a_1\cos\omega_1 t$ 和 $a_2\cos\omega_2 t$, 我们测得它们的总强度为 $a_1^2+a_2^2$. 当交叉时, $\omega_1=\omega_2$, 考虑到原子的这个叠加态, 这两列波成为相干的了, 我们就可测得它们的总强度为 $(a_1+a_2)^2$. 设两个振幅 a_2 和 a_1 接近 (要选择合适的偏振条件), 观察到的强度就会增加一倍. 这个相干性随频率差的扩大而破坏, 其允许的宽度约为自然线宽 $1/\tau$ 的数量级, 它决定了可观察到的能级交叉宽度.

注 2： 设想原子系统处在极强的磁场中, 以致有：$W>T_1>T_2$.

这样, 我们就要采用微扰论的不同步骤, 先从对 E^0 施加微扰 W 开始; 而 E^0 则相当于有心势中的独立电子近似的能量 (参见第 12 章). 进行微扰计算并没有什么新困难. 然而, 实际上除了非常特殊的情况外, 这种极强的磁场条件在通常实验室是不可能实现的.

16.5　塞曼效应和帕邢–巴克效应, 具有一个或两个电子的情况

第 15 章已经详细研究了具有一个或两个电子的系统. 本节中我们把这个简单系统中有关原子磁性的补充信息汇集在一起.

16.5.1　具有一个外层电子的原子

16.3 节和 16.4 节所讨论的理论显然可以毫无困难地应用于本情况, 不过算符 $\vec{L}$ 和 $\vec{S}$ 分别表示外层电子的轨道角动量 $\vec{l}$ 和自旋角动量 $\vec{s}$ 而已.

为了表明理论研究成果, 我们在表 16.2 中对具有一个外层电子的碱金属元素给出了计算所得的朗德因子：

表 16.2　碱金属元素的朗德因子 g

$l=$	0	1	1	2	2	3	3
$s=$	1/2	1/2	1/2	1/2	1/2	1/2	1/2
$j=$	1/2	1/2	3/2	3/2	5/2	5/2	7/2
能级	$^2S_{1/2}$	$^2P_{1/2}$	$^2P_{3/2}$	$^2D_{3/2}$	$^2D_{5/2}$	$^2F_{5/2}$	$^2F_{7/2}$
$g=$	2	2/3	4/3	4/5	6/5	6/7	8/7

在图 16.4~图 16.6 中显示了碱金属原子的两条共振跃迁所涉及的塞曼和帕邢–巴克效应的能级图, 这两条共振跃迁通常称为 D_1 和 D_2 跃迁:

—— D_1 跃迁: 从激发态 $n^2P_{1/2}$ 能级到基态 $n^2S_{1/2}$ 能级;

—— D_2 跃迁: 从激发态 $n^2P_{3/2}$ 能级到基态 $n^2S_{1/2}$ 能级.

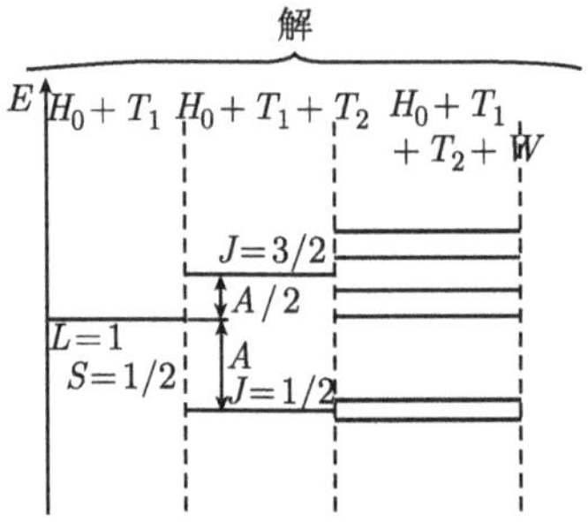

(a) 对固定磁场B

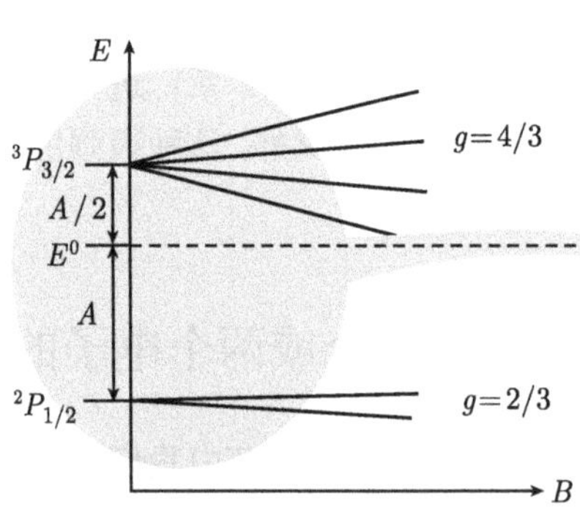

(b) 以磁场强度B为函数

图 16.4 碱金属原子的塞曼效应

(弱场情况)

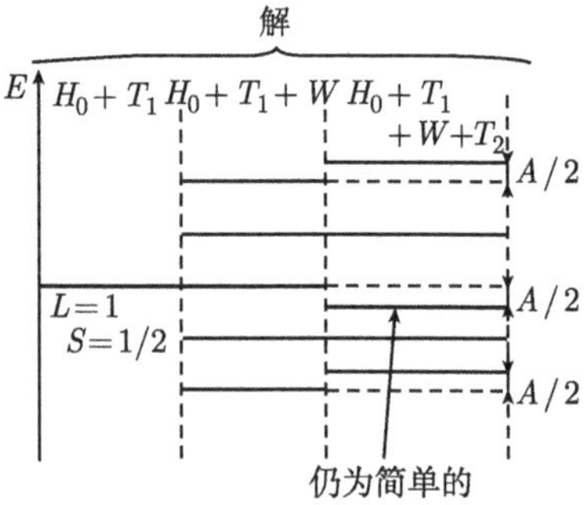

(a) 对固定磁场B

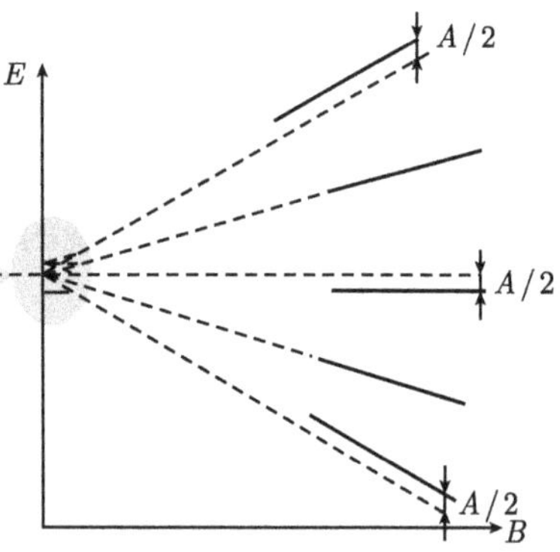

(b) 以磁场强度B为函数

图 16.5 碱金属原子的帕邢–巴克效应

(强场情况)

a) **激发态能级**

在讲述光谱跃迁本身之前需要研究一下磁场对相关能级的效应. 两个上能级 $^2P_{1/2}$ 和 $^2P_{3/2}$ 形成一个双重能级, 它们有共同的量子数 $s=1/2$ 和 $l=1$、但 j 量子数不同; 我们可以把上一节作为例子, 对 $S=1$, $L=1$ 情况所做的相关研究移用于此新情况.

在此新情况下, 图 16.4~图 16.6 分别起着上例中图 16.1~图 16.3 的作用.

图 16.4 代表弱场情况. 图 16.4(a) 表示固定磁场值 B 下各相继不同的计算阶段, 图 16.4(b) 表示用 (16.16) 式算得的结果, 显示随磁场值 B 变化的函数关系.

图 16.5 代表强场情况, 图 16.5(a) 和图 16.5(b) 的意义分别与上图相同, 是利用 (16.19) 式计算得到的.

图 16.6 的上部表示中间场区域两个激发态能级的总能级图, 是把弱场 (图 16.4(b)) 和强场 (图 16.5(b)) 两个区域已得到的结果拼接起来的. 我们注意到, 两个 $m_j = \pm 3/2$ 的能级是用直线表示的, 和两条虚线相差为 $+A/2$, 这两条虚线交汇于未微扰的能级 E^0(光谱项) 处. $m_L= 0$, $m_S = \pm 1/2$ 两个能级的渐近线用另两条虚线表示, 也交汇于未微扰的零场能级 E^0.

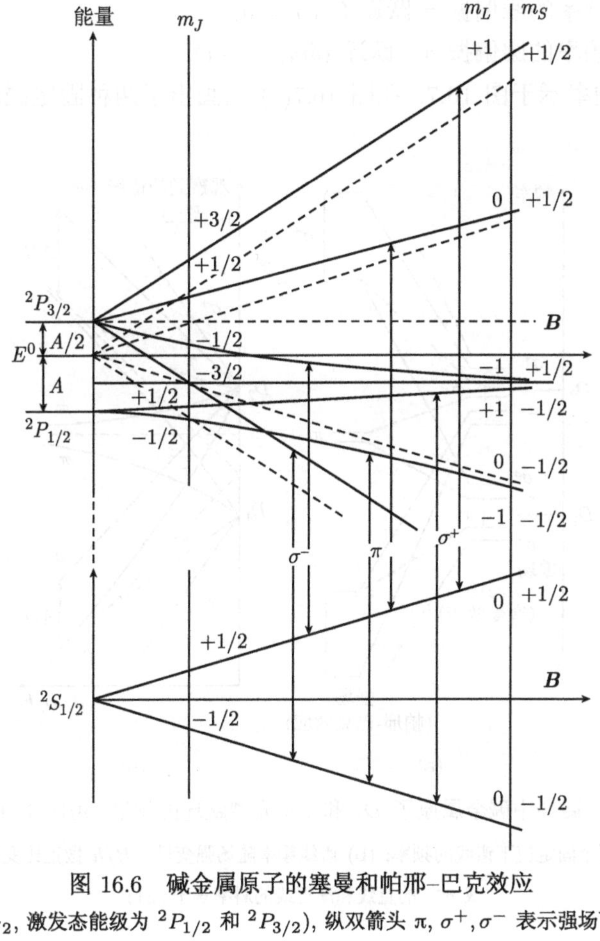

图 16.6　碱金属原子的塞曼和帕邢–巴克效应

(基态能级为 $^2S_{1/2}$, 激发态能级为 $^2P_{1/2}$ 和 $^2P_{3/2}$), 纵双箭头 π, σ^+, σ^- 表示强场下可能的光谱跃迁及其偏振

b) 基态能级与光谱跃迁

在图 16.6 下半部分我们附加了碱金属原子基态 $^2S_{1/2}$ 的塞曼组分图. 对这个图的解释一点也不难, 因为基态是轨道角动量等于零的态, 也没有自旋–轨道耦合,

因而对弱场和强场的计算并没有什么区别.

实验上可观察到的光谱跃迁是图 16.6 上、下两部分所表示的子能级之间的跃迁. 由于图上位置不够, 这里我们只画出了强场 (帕邢–巴克效应) 中根据选择定则由自旋磁量子数 $m_S =$ 常数所表征的那些跃迁, 因为光并不直接对自旋发生作用. 根据轨道磁量子数变化值 δm_L(其定义为 $\delta m_L = m_{L激发} - m_{L基态}$) 的不同, 我们可以区别三类跃迁:

—— 两个较高频率的圆偏振 σ^+ 跃迁 ($\delta m_L = +1$);

—— 两个中间频率的线偏振 π 跃迁 ($\delta m_L = 0$);

—— 两个最低频率的圆偏振 σ^- 跃迁 ($\delta m_L = -1$).

一组跃迁频率示于图 16.7. 在图 16.7(a) 上画出了两种固定磁场值 B 下的频率:

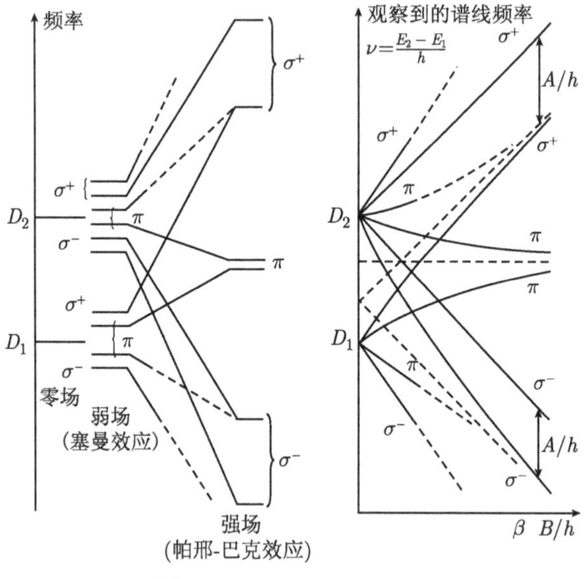

图 16.7　磁场中碱金属原子 D_1 和 D_2 光谱跃迁的频率 (由图 16.6 推得)

(a) 在弱场和强场两个固定值下谱线的频率; (b) 谱线频率随场强变量 $\beta B/h$ 做正比变化的函数关系 (σ^+ 或 σ^- 的直线和渐近线的斜率等于 ± 1)

- 磁场弱, 可观察到 D_1 的 4 个塞曼组分和 D_2 的 6 个塞曼组分. 利用选择定则 $\delta m_J = 0, +1, -1$(参见第 15 章), 可以验证, 在弱场下不同跃迁的频率及其偏振状态是完全符合图 16.7(a) 所表示的;
- 磁场强, 可观察到两条 D_1 和 D_2 线所共有的帕邢–巴克效应 (即图 16.6 所示的跃迁).

图 16.7(b) 表示观察到的频率以磁场值 B 为函数而变化, 它是把两种极端情况下的图拼接而成的结果.

我们注意, 弱场下观察到的某些谱线, 在磁场变强时消失, 因而强场下观察到的谱线数目比弱场下要少. 公式 (16.19) 说明, 在强场下把变量 $\beta B\ /\ h$ 选为横轴 (它与频率的量纲相同), 对应于圆偏振 σ^+ 和 σ^- 的直线和渐近线有斜率为 ± 1.

作为练习, 读者还可把不同碱金属原子差别较大的数量级标注到磁场和频率两个轴上去, 为此需要利用表 16.3 给出的数据.

表 16.3　碱金属原子的数据

	n	波长 λ(以 nm 为单位)		自旋–轨道耦合常数 A/cm^{-1}
		D_1 跃迁	D_2 跃迁	
锂	2	670.785		0.223 39
钠	3	589.592	588.996	11.4
钾	4	769.898	766.491	38.5
铷	5	794.764	780.023	158.4
铯	6	894.346	852.112	369.4

16.5.2　具有两个外层电子的原子, j-j 耦合

为了简化叙述, 我们对具有两个外层电子的原子不再重复 L-S 耦合情况, 因为这里与上面 16.3 节和 16.4 节所讲的没有原则上的差别. 可以把上两节所用的方法无大困难地移用到这里. 特别是, 上两节中详细处理过的 $L=1$, $S=1$ 的例子也可用于具有两个电子的情况, 因为两个自旋各为 $\vec{s}_1$ 和 $\vec{s}_2$ 的耦合可得到总自旋量子数为 $S=1$(另一个为 $S=0$).

然而, 在两个电子的情况下可能产生 j-j 耦合, 而这是新的. 因此我们要说明, 如何把 L-S 耦合所用的计算技术移用到 j-j 耦合情况, 其中, 把两个电子分开来计算的自旋–轨道耦合的能量要比其他耦合能量来得大.

a) 对每个电子分开来做自旋–轨道耦合

假设我们已经对两个电子的自旋–轨道耦合的能量使用了微扰方法; 这个阶段计算所得的能级由两个矢量来表征:

$$\vec{j}_1=\vec{l}_1+\vec{s}_1 \quad \text{和} \quad \vec{j}_2=\vec{l}_2+\vec{s}_2$$

对每个电子分别计算 l-s 耦合, 形式上与 16.3.3 节计算 L-S 耦合一样. 第一个电子的总磁矩写为

$$\vec{\mathcal{M}}_1=\beta(\vec{l}_1+2\vec{s}_1)=\beta(\vec{j}_1+\vec{s}_1)$$

计算与 16.3.3a 节相同, 我们可把 $\vec{j}_1$ 磁矩矢量的标量积写出来, 并计算其平均值:

$$\left\langle \vec{j}_1 \cdot (\vec{j}_1 + \vec{s}_1) \right\rangle = \frac{3}{2} j_1(j_1+1) + \frac{s_1(s_1+1) - l_1(l_1+1)}{2} \qquad \text{(参见 (16.14) 式)}$$

应用维格纳–埃克特定理可写出 $(\vec{j}_1 + \vec{s}_1)$ 矢量的分量与 $\vec{j}_1$ 矢量分量之间的正比关系:

$$\vec{j}_1 + \vec{s}_1 = g_1 \vec{j}_1 \quad \Rightarrow \quad \vec{j}_1 \cdot (\vec{j}_1 + \vec{s}_1) = g_1 \vec{j}_1^2 \qquad \text{(参见 (16.15) 式)}$$

其中

$$g_1 = \frac{\left\langle \vec{j}_1 \cdot (\vec{j}_1 + \vec{s}_1) \right\rangle}{\left\langle \vec{j}_1^2 \right\rangle} = \frac{3}{2} + \frac{s_1(s_1+1) - l_1(l_1+1)}{2j_1(j_1+1)} \tag{16.20}$$

根据对称性, 我们可以不对第二个电子做计算而推得

$$\vec{j}_2 + \vec{s}_2 = g_2 \vec{j}_2 \quad \text{其中} \quad g_2 = \frac{3}{2} + \frac{s_2(s_2+1) - l_2(l_2+1)}{2j_2(j_2+1)} \tag{16.21}$$

b) 弱场情况

在研究磁场作用之前, 需要考虑两个矢量 $\vec{j}_1$ 和 $\vec{j}_2$ 之间的 j-j 耦合. 这两个独立矢量合成为一个总角动量:

$$\vec{J} = \vec{j}_1 + \vec{j}_2$$

在这个阶段, l_1, s_1,l_2,s_2 已不再是好量子数. 我们应当通过把 $\vec{j}_2 = (\vec{J} - \vec{j}_1)$ 平方起来, 来表达 $\vec{j}_1$, $\vec{j}_2$ 和 $\vec{J}$ 之间的关系, 我们有

$$\vec{j}_2^2 = \vec{J}^2 + \vec{j}_1^2 - 2\vec{j}_1 \cdot \vec{J} \quad \Rightarrow \quad \vec{j}_1 \cdot \vec{J} = \frac{\vec{J}^2 + \vec{j}_1^2 - \vec{j}_2^2}{2}$$

在现阶段 $\vec{j}_1$ 和 $\vec{j}_2$ 是好量子数, 它们可以表达上述矢量平方的平均值, 即

$$\left\langle \vec{j}_1 \cdot \vec{J} \right\rangle = \frac{J(J+1) + j_1(j_1+1) - j_2(j_2+1)}{2}$$

用各个矢量 $\vec{j}_1$ 之间的维格纳–埃克特定理和总角动量 $\vec{J}$ 可以写出:

$$\vec{j}_1 = a\vec{J} \quad \Rightarrow \quad \vec{j}_1 \cdot \vec{J} = a\vec{J}^2$$

其中

$$a = \frac{\left\langle \vec{j}_1 \cdot \vec{J} \right\rangle}{\left\langle \vec{J}^2 \right\rangle} = \frac{J(J+1) + j_1(j_1+1) - j_2(j_2+1)}{2J(J+1)} \tag{16.22}$$

根据 1 和 2 之间的对称性论据, 可以不用计算而得到

$$\vec{j}_2 = b\vec{J} \quad 其中 \quad b = \frac{\left\langle \vec{j}_2 \cdot \vec{J} \right\rangle}{\left\langle \vec{J}^2 \right\rangle} = \frac{J(J+1) + j_2(j_2+1) - j_1(j_1+1)}{2J(J+1)} \tag{16.23}$$

利用上节 a) 的 (16.20) 和 (16.21) 关系式, 可由此推得总磁矩为

$$\vec{\mathcal{M}} = \beta(\vec{j}_1 + \vec{s}_1) + \beta(\vec{j}_2 + \vec{s}_2) = \beta g_1 \vec{j}_1 + \beta g_2 \vec{j}_2 = \beta(g_1 a + g_2 b)\vec{J}$$

或它在 Oz 轴上的纵向分量有

$$\boxed{\vec{\mathcal{M}} = g\beta m_J \quad 其中朗德因子 \quad g = g_1 a + g_2 b} \tag{16.24}$$

这里, g_1, g_2, a 和 b 由 (16.20) 式到 (16.23) 式给出.

c) 强场情况

在此情况下, 与磁场的相互作用能比 j-j 耦合中的能量 $A'\vec{j}_1 \cdot \vec{j}_2$ 为大. 因此必须在考虑这个耦合能量之前计算磁场效应. 这就是说, 要把磁微扰加于其上的能级 E^0**是由两个量子数** j_1 **和** j_2 **来表征的**, 它是 $(2j_1+1)(2j_2+1)$ 度简并的. 磁微扰分别加在每个电子上, 它是

$$W = \beta(\vec{j}_1 + \vec{s}_1) \cdot \vec{B} + \beta(\vec{j}_2 + \vec{s}_2) \cdot \vec{B} = \beta g_1 \vec{j}_1 \cdot \vec{B} + \beta g_2 \vec{j}_2 \cdot \vec{B} = (g_1 m_{j_1} + g_2 m_{j_2})\beta B$$

然后只要计算微扰 $A'\vec{j}_1 \cdot \vec{j}_2$, 如同在 16.4.2 节 (帕邢–巴克效应) 所做的那样, 把 (16.18) 式做点变换, 可以证明总的能量修正为

$$\Delta E(m_{j_1}, m_{j_2}) = (g_1 m_{j_1} + g_2 m_{j_2})\beta B + A_2' m_{j_1} m_{j_2}$$

小　　结

这一章叙述磁场对原子的作用, 它无疑向我们提供了量子力学计算的实际应用及其有效性的极好范例. 本章通过把微扰论的计算方法应用于具体实例, 还给出了第一个完整的例子, 来计算塞曼或帕邢–巴克效应的频率间隔, 它们是在磁场作用下的光谱实验中所测得的.

上册第 7~8 章描述的实验使我们可以测得朗德因子, 但却并不能使我们理解它们的简单分数值的缘由. 现在, 由于应用了维格纳–埃克特定理, 量子力学计算技术使我们解决了复杂问题: 原子磁性是由内部两种不同成因 (轨道和自旋) 引起的磁性而组成的.

这还可使我们在两种简单耦合的情况下, 应用**从头算起方法**来计算朗德因子, 结果与实验符合得很好. 在中间场情况下, 对一个能级的朗德因子的测量值告诉我们, 耦合方式要或多或少与两种极端情况中的某一种比较接近. 反过来, 在磁场作用下谱线的分裂情况已知时, 它就可用来估测存在于不可及介质 (天体物理、巨型等离子体喷气发动机等) 中的磁场.

磁场作用下的谱线分裂现象, 如弱场下的塞曼效应或强场下的帕邢–巴克效应, 是研究原子结构的最有效手段之一, 也是验证量子力学计算的最精密的方法之一.

第 17 章　原子核和原子物理学

上面几章中, 原子核被认为是一个点电荷, 它以一个随 $1/r$ 变化的、非常简单的静电势而发生作用. 这种假设对解释原子的大量性质显得富有成果, 但在解释某些实验结果时却显出不足. 特别是, 即使没有磁场, 用高分辨率光谱仪观察原子光谱线常常也会显示出 "超精细结构", 这在迄今已开发的原子模型框架下是无法解释的.

历史上, "谱线超精细结构" 是由迈克耳孙 (1891)、法布里和珀罗 (1897)、Janicki (1909) 发现的. 为了解释它, 泡利 (1924) 和罗素 (1927) 提出了一种假设, 认为核应当具有本征角动量和本征磁矩. 类比于电子, 把核的本征角动量称为核自旋.

当原子受一个外磁场作用时, 核磁矩的存在使原子磁性的研究更为复杂: 所以我们要把塞曼效应研究得更为完备, 特别是对原子束在磁场中偏转 (施特恩和格拉赫实验), 不考虑核磁矩是不可能做出正确描述的.

在估算核–电子静电相互作用时, 对原子的仔细研究还必须考虑到核的有限大小. 这种研究具有巨大的困难, 牵动了大量原子光谱研究团队的精力. 所以在这章中我们常常只限于定性研究, 给出研究相关物理现象的思路及其数量级, 并且还只限于几个简单的特殊情况.

17.1　核的磁矩和角动量

17.1.1　质子的磁矩

在上册第 10 章中我们说明了如何从施特恩和格拉赫实验 (参见上册第 8 章) 的解释推出了电子自旋假设 (也请参见 15.2.2 节). 几年之后, Esterman, 弗里希和施特恩 (1932) 发现了质子的角动量和磁矩.

氢分子由两个氢原子形成, 即具有两个电子和两个质子. 这个分子的磁矩由两个电子的轨道磁矩、自旋磁矩和两个质子的磁矩组成. 氢分子存在两种形式: 正氢 (其中质子的核矩互相相加) 和仲氢 (其中两个质子的核矩相反, 互相抵消). 基于热力学平衡性质的方法可以把这两种分子分开. Esterman, 弗里希和施特恩相继对正氢和仲氢做了施特恩–格拉赫实验, 因而两者所得结果之差别与质子的角动量和磁矩有关; 可用下面两个假设来给出与实验相符的解释:

- 质子具有本征角动量 $\vec{\mathcal{J}}_p$, 由自旋量子数 1/2 描述; 这个角动量遵从量子化的普遍规则:

—— Oz 轴分量: $\left\langle(\vec{\mathcal{J}}_p)_z\right\rangle = \pm s\hbar = \pm(1/2)\hbar$

—— 模的平方: $\left\langle(\vec{\mathcal{J}}_p)^2\right\rangle = s(s+1)\hbar^2 = (3/4)\hbar^2$

- 质子具有磁矩 $\vec{\mathcal{M}}_p$, 它与角动量 $\vec{\mathcal{J}}_p$ 平行, 方向也相同: 因而其旋磁比是正的, 这正好与电子相反. "质子磁矩" 这个名词我们通常不仅用来表示矢量 $\vec{\mathcal{M}}_p$, 而且还表示它在沿其角动量方向取向的轴上的分量值 μ_P. 如果我们把它用质子的元正电荷 e 和质量 M 的函数来表示, 在数值上我们有

$$\mu_P = \left|(\vec{\mathcal{M}}_p)_z\right| = 2.79\frac{e\hbar}{2\kappa M} = 2.79\beta_N$$

这里引入了 "核磁子" β_N, 是从上册玻尔磁子公式 (8.6) 中导出的 (还可参见 16.2.1 节), 不过把电子质量 m_e 用质子质量 M 来代替:

$$\beta_N = \frac{1}{\kappa}\frac{e\hbar}{2M} = \beta\frac{m_e}{M} = \beta\frac{1}{1836} \tag{17.1}$$

2.79 这个值是 Esterman, Simpson 和施特恩在 1937 年用同样方法所做的较精密的测量得到的. 这里只指出, 这个数据不可能从数学上来解释质子自旋磁矩的值. 因而引进核磁子是相当人为的, 尽管其数量级还是差不多的.

晚近用质子的磁共振 (参阅上册第 7~8 章) 所做的测量确认了这个值. 这是用测量频率得到的, 可以具有远高于质子磁矩测量的精密度. 目前所采用的数值是

$$\mu_P = 2.792\,847\beta_N \quad \text{或} \quad \mu_P = 1.410\,606\times10^{-26}\text{MKSA}$$

17.1.2　中子的磁矩

具有一定大小的带电粒子围绕一个轴旋转的图像是可以从经典论据出发定性地解释磁矩存在的. 从这样一个经典图像出发, 我们是不可能理解中子磁矩的, 因为它没有电荷.

对某些核反应结果的解释要求认为中子具有一个角动量 $\vec{\mathcal{J}}_n$, 它用量子数 1/2 来描述; 这就提出了一个磁矩的问题. 但不可能通过类似施特恩和格拉赫实验来测定中子的磁矩. 事实上这类实验要求一束准直得很好的极细粒子束, 而中子束却很难具有足够高的密度. 实际所用的方法是磁共振 (参见上册第 7~8 章).

实验的基本思想 (F. 布洛赫, 1936) 与有可能利用磁化介质的散射来得到部分极化的中子束相关联. 中子散射过程涉及中子磁矩 $\vec{\mathcal{M}}_n$ 与散射体原子磁矩之间的相互作用. 设散射体是一个饱和磁化的铁磁物质, 所有原子磁矩都处在与磁化场平行的同一方向; 散射中子数将依赖于入射中子磁矩 $\vec{\mathcal{M}}_n$ 与磁化方向的夹角. 因而沿

着直线通过的中子 (没有被散射到其他方向的中子), 其磁矩 $\vec{\mathcal{M}}_n$ 具有非各向同性的分布. 我们说, 这束中子是部分极化了 (参阅图 17.1). 所用极化中子的方法有点类似于用来极化电子的方法 (参见上册第 10 章).

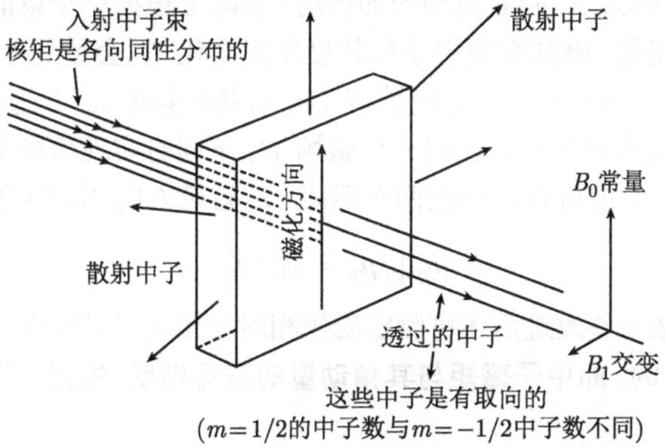

图 17.1　在一个饱和磁化的磁钢中散射中子的极化

现在来描述阿尔瓦雷茨和布洛赫在 1940 年所做的实验, 其原理示于图 17.2. 中子束是由氘轰击一个靶子根据下列核反应而获得的:

$$^{9}_{4}\mathrm{Be} + ^{2}_{1}\mathrm{D} \rightarrow ^{10}_{5}\mathrm{B} + ^{1}_{0}\mathrm{n}$$

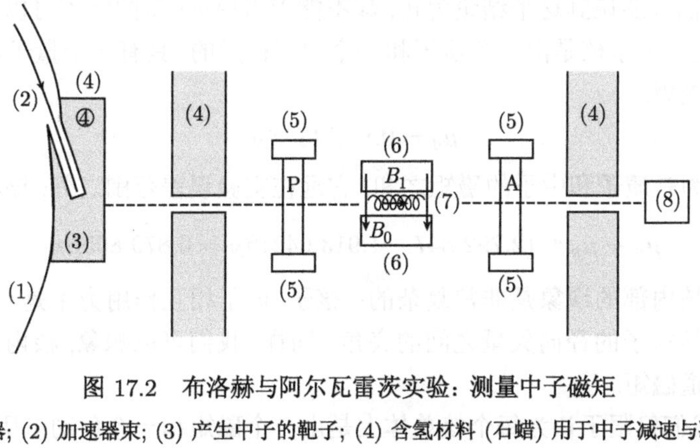

图 17.2　布洛赫与阿尔瓦雷茨实验: 测量中子磁矩

(1) 回旋加速器; (2) 加速器束; (3) 产生中子的靶子; (4) 含氢材料 (石蜡) 用于中子减速与准直; (5) 电磁铁极片 (未画出), 把两块磁钢磁化达到饱和, 用作极化器 P 和分析器 A; (6) 电磁铁极片, 产生磁共振的静磁场 B_0; (7) 产生射频场的线圈; (8)BF_3 中子检测器

通过一块饱和磁化磁钢 (称为 P, 形成 “极化器”) 的中子束是部分极化的. 然后, 它穿过一个充满静磁场 $\vec{B}_0$ 的区域, 磁场方向与中子的极化方向相同. 这意味着在这部分空间中带有磁量子数 $m = 1/2$ 的中子数与 $m = -1/2$ 的中子数是不相等

的. 设角频率为 ω_0(调谐到与中子的旋磁比相匹配) 的振动磁场 $\vec{B}_1$ 能在磁场值 B_0 下发生磁共振, 处在 $m=\pm1/2$ 的状态的中子数就会相等 (参见上册第 8 章), 因而中子束就不再是极化的了 (去极化).

第二块磁钢, 称为 A, 起着检测器的作用：实际上根据中子束的极化状况, 通过的中子数就会有变化. 磁共振使中子极化度发生变化, 就会使到达检测器的中子束强度改变, 从而被检测出来. 已知磁场值 B_0, 从共振频率 ω_0 的值就可推得中子的磁矩. 实际上, 装置的设计允许在同一个磁场 B_0 下同时实现角频率为 ω_0' 的质子磁共振; 测量 ω_0 和 ω_0' 就可直接得到两个磁矩 (沿磁场方向 $\vec{B}_0$ 的分量) 之比：

$$|\mu_n|/\mu_p=\omega_0/\omega_0'$$

磁共振装置做一些改进后还可测定磁矩相对于角动量的取向, 亦即旋磁比的符号. **这个符号是负的, 即中子磁矩与其角动量的符号相反**. 根据习惯, 人们把这个负值安在磁矩上.

从 1956 年开始又多次重复了这些实验, 利用从反应堆产生的强得多的慢中子束, 得到了下列数据, 它们是目前都采用的：

$$\mu_n=-0.684\ 979\mu_p=-1.913\ 042\beta_N=-0.966\ 236\text{MKSA} \tag{17.2}$$

17.1.3　核的角动量和磁矩

因为构成核的成分都具有角动量和磁矩, 原子核应当具有一个角动量和一个磁矩. 然而, 我们只能说到这个结论为止, 却不能走得更远; 氘的例子可以使我们对此感到信服. 实际上氘核是由一个质子和一个中子构成的, 具有一个量子数等于 1 的自旋和一个磁矩：

$$\mu_d=0.857\ 438\beta_N$$

但它不能认为是质子和中子的磁矩之和, 它远在实验误差范围之外; 该和的值是

$$\mu_n+\mu_p=(2.792\ 847-1.913\ 042)\beta_N=0.879\ 805\beta_N$$

事实上核内部的现象是非常复杂的：核子–核子相互作用力不是有心力, 它涉及磁矩与连接核子的径向矢量之间的夹角. 同样, 我们可以想象, 核内部的核子会具有一个轨道磁矩.

因此, 我们仅限于认为每个核总体上是由一个磁矩和一个角动量所描述的 (对某些核, 可能为零), 它们具有量子力学角动量算符的种种特性. 核角动量 $\vec{\mathcal{J}}_N$ 将由量子数 I 来表征, 它是整数或半整数, 我们将利用量纲一矢量 $\vec{I}$, 有

$$\boxed{\begin{aligned}&\left\langle\left(\vec{\mathcal{J}}_N\right)^2\right\rangle=I(I+1)\hbar^2;\\&\left\langle(\vec{\mathcal{J}}_N)_z\right\rangle=m_I\hbar\quad\text{有}\quad -I\leqslant m_I\leqslant +I;\quad\text{和}\quad \vec{\mathcal{J}}_N=\hbar\vec{I}\end{aligned}} \tag{17.3}$$

与质子和中子的情况一样, 习惯上我们把核磁矩矢量用它们在一个轴上的分量的最大值来表征, 这样 $m_I = I$. 在常数表中我们可以查到的, 以核磁矩 μ_N 命名的就是这个值. 根据作者不同, 有的测量以玻尔磁子 β 为单位, 有的则以核磁子 β_N 为单位 (参见 17.1.1 节). 用不同方法测得的实验值一般都是核磁子的数量级 (参见表 17.1).

表 17.1　某些核的 I, μ_N, g_I 和 Q

原子	核自旋	核矩 μ_N, 单位为		朗德因子		四极矩, 靶为单位(附录 9)
$^{A}_{Z}[\cdots]$	I	核磁子	玻尔磁子	g'_I	g_I	Q
$^{1}_{1}$H	1/2	+2.792	+0.001 521	5.588	0.003 042	—
$^{2}_{1}$D	1	+0.857	+0.000 467	0.857	0.000 467	+0.0028
$^{3}_{2}$He	1/2	−2.127	−0.001 158	−4.255	−0.002 317	—
$^{39}_{19}$K	3/2	+0.391	+0.000 213	0.260	0.000 142	+0.09
$^{67}_{30}$Zn	5/2	+0.875	+0.000 476	0.350	0.000 190	+0.17
$^{85}_{37}$Rb	5/2	+1.352	+0.000 736	0.541	0.000 294	+0.28
$^{129}_{54}$Xe	1/2	−0.776	−0.000 423	−1.553	−0.000 846	—
$^{133}_{55}$Cs	7/2	+2.579	+0.001 409	0.736	0.000 401	−0.003
$^{199}_{80}$Hg	1/2	+0.502	+0.000 273	1.005	0.000 547	—
$^{201}_{80}$Hg	3/2	−0.556	−0.000 303	−0.371	−0.000 202	+0.45

同样, 我们还要定义一个核的朗德因子. 不过, 读者要注意, 根据表或其他资料不同, 所用的规则常常是不同的, 或用玻尔磁子为单位, 或用核磁子为单位. 本书采用:

$$\boxed{\begin{aligned} &\vec{\mathcal{M}}_N = g_I\beta\vec{I} = g'_I\beta_N\vec{I} \\ &g_I = \frac{1}{1836.15}g'_I \quad \Rightarrow \quad \mu_N = g_I\beta I = g'_I\beta_N I \end{aligned}} \tag{17.4}$$

不同作者或把 g_I 或把 g'_I 称为核朗德因子.

上述公式建立在一般所用的符号规则上：当核磁矩和角动量具有同一方向时, 认为朗德因子为正; 在可能发生的相反情况下则为负. 同样, 根据它和核角动量是同方向或反方向, 一个核磁矩由一个正或负的数字来表示 (参见图 17.3).

我们要注意, 这个规则正好和用于电子磁矩的规则相反：当磁矩 (轨道或自旋) 是与相对应的角动量符号相反时, 原子的朗德因子 g_J 认为是正的 (参见图 17.3).

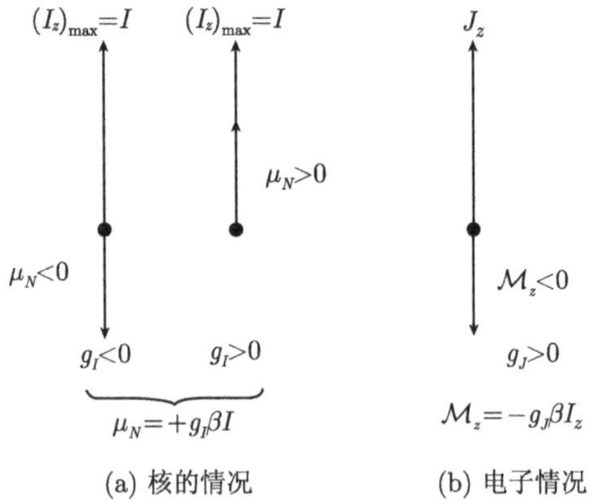

图 17.3　磁矩和朗德因子的符号规则

表 17.1 给出了常用的不同原子核的特征参量. 顾及到完整的核矩表后, 我们可确认:

- 一切同时具有偶数质量数 A 和偶数原子序数 Z 的同位素, 其核自旋等于零, 核磁矩也等于零.

  例如: ${}^4_2$He, ${}^{16}_8$O, ${}^{20}_{10}$Ne; 汞的所有偶数同位素 ($Z=80$, $A=196, 198, 200, 202, 204$ 等).
- 一切具有偶数质量数 A 和奇数原子序数 Z 的同位素具有整数核自旋.

  例如: ${}^2_1$D, $I=1$; ${}^6_3$Li, $I=1$; ${}^{10}_5$B, $I=3$; 等等.
- 一切具有奇数质量数 A 的同位素, 具有半整数 I 的自旋. 例子参见表 17.1 和表 17.3.

质量数 A	原子序数 Z	核自旋
偶	偶	$I=0$
偶	奇	I 整数
奇	任意	I 半整数

17.2　能级的磁超精细结构

巴克 (Back) 与古德斯米特 (Goudsmit) 用下面 17.2.1 节和 17.2.2 节中所说的两个假说解释了谱线中的超精细结构. 读者会注意到这与上述对无核自旋原子研究的相似性, 那里由于电子不同角动量之间存在着耦合能量 (由总角动量 J 表征), 必须对能级做修正 (参见第 14 章).

17.2.1　角动量的组合

原子总角动量 $\hbar\vec{F}$ 是核的角动量 $\vec{\mathcal{J}}_N = \hbar\vec{I}$ 与电子体系的总角动量 $\hbar\vec{J}$ 的总和, 即

$$\boxed{\hbar\vec{F} = \hbar\vec{J} + \hbar\vec{I};\quad \text{其中}Oz\text{轴上的分量}\quad F_z = J_z + I_z = L_z + S_z + I_z} \tag{17.5}$$

这个总角动量具有 14.1.1 节复习过的角动量算符的一切性质:

—— $\vec{F}^2$ 的本征值: $F(F+1), F \geqslant 0$;

—— F_z 的本征值: $m_F, -F \leqslant m_F \leqslant +F$.

在没有外场时, 总角动量 $\hbar\vec{F}$ 是运动常量; 两个算符 $\vec{F}^2$ 和 F_z 与原子哈密顿算符对易; 相应的量子数 F 和 m_F 是 "好量子数".

对给定的 I 和 J 值, 利用已经确定的角动量组合规则 (参见第 14 章) 就可得到算符 $\vec{F}$; F 的可能值的数目是两个数 $2J+1$ 和 $2I+1$ 中较小的一个. F 的最大值是 $I+J$; 其他中间值是 F 在 $|I-J|$ 和 $I+J$ 之间以整数变化的值. 因此, 对应于同一个 J 值有许多不同的 F 值. 考虑到超精细相互作用 (17.2.2 节) 后, J 能级的简并将会解除 (参见图 17.4 上的例子).

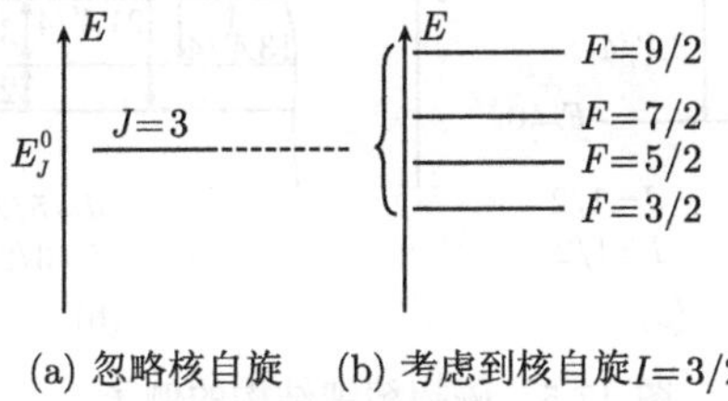

图 17.4　一个 J 固定的电子能级分裂成许多超精细能级, 对应于不同 F 值: $(I+J \geqslant F \geqslant |I-J|)$

17.2.2　超精细相互作用能量

考虑到核磁矩与电子磁矩之间的相互作用以后, 要对 J 能级的能量 E_J^0 做一个修正. 这个修正来自超精细微扰哈密顿算符 H_{HF}, 它可采取以下形式:

$$H_{HF} = A'\vec{I} \cdot \vec{J} \tag{17.6}$$

A' 是 J 能级超精细结构的一个特征常数.

这个假说 (我们将在 17.3 节中对它加以仔细讨论) 相当于假定核矩 $\vec{\mathcal{M}}_N = g_I\beta\vec{I}$(参见 (17.4) 式) 是与原子中电子所产生的磁场 $\vec{B}_0$ 起作用的, 而这个磁场平行于 $\vec{J}$. 这个在核的位置上的磁场是电子的轨道运动所产生的磁场和自旋磁矩所产生的磁场的总和. 因而超精细相互作用哈密顿量可写为: $H_{HF} = -\vec{\mathcal{M}}_N \cdot \vec{B}_0$. 这样就可解释 17.3 节中计算常量 A' 的原理.

上面 (17.5) 和 (17.6) 两个假说允许非常简单地来研究属于同一 J, 但 F 不同的超精细能级的相对位置. 正像我们在另一些情况下所做的那样 (参阅第 15、16 章), 由 F 所表征的能级和 E_J^0(无核矩的解) 能级之间的间距可从解析标量积 $\vec{I}\cdot\vec{J}$ 中得到. 为此, 我们把下面关系式做标积平方:

$$\vec{F}=\vec{I}+\vec{J}\Rightarrow\vec{F}^2=\vec{I}^2+\vec{J}^2+2\vec{I}\cdot\vec{J}$$

由此可得: $\vec{I}\cdot\vec{J}=(\vec{F}^2-\vec{I}^2-\vec{J}^2)/2$, 然后通过求本征值, 就可得到量子数为 F 的超精细子能级相对于未微扰能级 E_J^0 的移位:

$$\Delta E(F)=A'(\vec{I}\cdot\vec{J})=\frac{A'}{2}[F(F+1)-I(I+1)-J(J+1)] \tag{17.7}$$

图 17.5(a) 和图 17.5(b) 在两种特殊情况下精确地说明了在以量子数 F 和参量 A'(它与 J 有关, 但与 F 无关) 为函数的计算中所得的能级移位值 $\Delta E(F)$.

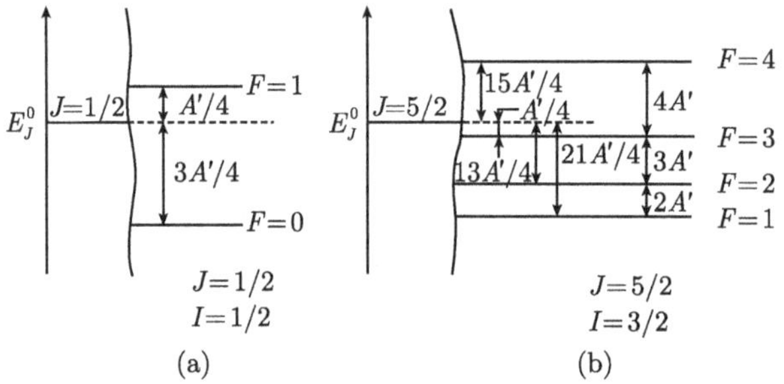

图 17.5　磁超精细结构的例子

注意, 实验上我们并不测量一个由 F 表征的能级移位 $\Delta E(F)$, 而是测量不同 F 能级之间的能量差 δE_{HF}, 一般是两个相邻数值 F 和 $F+1$ 能级之间的能量差. 这个能量差称为 "超精细间距" 或 "超精细结构":

$$\delta E_{HF}=\Delta E(F)-\Delta E(F-1)=\frac{A'}{2}[F(F+1)-(F-1)F]=A'F \tag{17.8}$$

这里我们再次得到了类似于第 15 章 (15.4.2 节) 见到的朗德间隔定则那样的规则: "对于给定 J 值, 相邻两超精细子能级之间的间隔正比于两个子能级中 F 数较大的那个数."

表 17.2 给出了某些能级超精细间距的值. 读者可见, 某些测量具有很高的精确度, 参见 17.2.3 节.

注: 根据所考虑的能级不同, 系数 A' 可为正或负:

- 首先, 核磁矩可以与矢量 $\vec{I}$ 同向或反向;
- 然后, 磁场 $\vec{B}_0$ 可以与 $\vec{J}$ 矢量同向或反向.

表 17.2　某些原子能级的超精细间距值

原子	核自旋	能级组态	J	跃迁 $F'' \to F'$	超精细间距测量值/MHz
$^{1}_{1}H$	1/2	$^*1s$	1/2	1→0	1420. 405 751[a]
$^{3}_{2}He$	1/2	$1s2s$	1	3/2→1/2	6739.701 3
$^{39}_{19}K$	3/2	$^*1s^22s^22p^63s^23p^64s$	1/2	2→1	461.719 71
$^{67}_{30}Zn$	5/2	[——]$4s4p$	2	9/2→7/2	2418.11
				7/2→5/2	1855.690
				5/2→3/2	1312.065
				3/2→1/2	781.865
$^{133}_{55}Cs$	7/2	*[——] $6s$	1/2	4→3	9192.631 770[a]

* 这些能级属于基态能级

a 用作频率基准的跃迁

实际上, 由于电子带有负电荷, 由电子轨道运动在核位置上产生的磁场 $\vec{B}_{0L}$ 是与 $\vec{L}$ 矢量反方向的 (参见图 17.6 和 17.3.1 节末尾的注). 相反, 由自旋磁矩 $\vec{\mathcal{M}}_S$ 在核位置上产生的磁场 $\vec{B}_{0S}$ 则是与矢量 $\vec{S}$ 同方向的. 对于原子中的电子体系, 在 L-S 耦合中根据 S 和 L 的各自数值不同 (或 j-j 耦合中不同的 $\vec{j}$ 值), 这些场的总和在 $\vec{J}$ 上的投影 (它代表在核位置上磁场的平均值 B_0) 可以有 $\vec{J}$ 的方向, 也可以与其相反.

17.2.3　相邻超精细能级之间的直接跃迁

在一个给定量子数 J 能级内部可以观察到相邻超精细子能级之间的直接跃迁. 这些跃迁是为第 15 章所表述的, 由波电场产生电偶极跃迁 (由宇称定则引起) 的选择定则所不允许的; 而是作为由波的交变磁场所产生的磁偶极跃迁 (参见附录 9, A.9.2 节) 被许可的.

超精细能级间距的值 δE_{HF} 相对较小, 跃迁处于射电超高频波段, 它们的自发发射概率极小 (参见上册第 3 章), 在实验室条件下不可能观察到自发发射. 然而, 利用频率调谐到这些跃迁频率的射频振荡器, 有可能观察到吸收或受激发射. 这种观察要假定在所考虑的子能级之间存在着布居数差, 它或是由光抽运方法 (上册 4.2.2 节) 产生; 或是通过其他激发方式使某些子能级得以优先布居; 或是通过原子束偏转方法 (参见上册 4.2.1 节) 产生. 由于在这个频段没有多普勒增宽 (参见上册 4.4.1 节), 在基态能级中超精细能级间隔的测量可以达到极高的精确度.

某些超精细间距现今是作为频率基准使用的, 因而也是时间基准. 1967 年举行的第 13 届国际计量大会决定放弃以天文观测为基础的秒定义, 而采用 “原子秒” 作为国际单位制的基本单位. 这个定义 “从不受外场干扰的铯 133 原子基态 $6^2S_{1/2}$ 的超精细能级 $F = 4$, $m_F= 0$ 和 $F = 3$, $m_F= 0$ 的跃迁出发, 其跃迁频率规定为

9 192 631 770Hz”. 依靠光抽运*(在红光极限或红外光下, 见 16.5.1 节表 16.3), 以及其后的铯共振线的光检测可以观察到这个高频跃迁.

氢原子基态超精细子能级之间 $(1^2S_{1/2}, F=1) \to (1^2S_{1/2}, F=0)$ 的跃迁频率为 1420MHz(波长为 21cm), 可用来构成氢激射器. 这里我们利用调谐于这个频率的谐振腔内用原子束偏转筛选出来的 H 原子上能级 (F=1) 发出来的波的受激发射. 这种氢激射器构成频率极端稳定的超高频振荡器, 通常用于计量.

我们还应当注意, 射电天文学家在星际空间的“云雾”发出来的射电波谱中也观察到了这同一条 1420MHz 的谱线, 是由构成这些星云的主要物质氢原子以“超辐射”(参见上册 4.3.4 节) 形式发出来的.

17.3 磁超精细结构常数的计算

17.2 节的结果是从原子中的电子在核位置上产生磁场 $\vec{B}_0$ 的假设下得到的. 定量研究结果证实了这个假设, 并建立了一种较为完善的方法以把参量 A' 与各种基本常数联系起来. 计算是十分复杂的, 属于专门的任务. 我们只能给出某些笼统的说明. 计算 A' 要求逐级研究各种不同原因引起的物理效应对能级移位 $\Delta E(F)$ 的贡献, 对此我们只做一个评述, 而不打算做严格的、十分复杂的计算.

17.3.1 核磁矩与电子轨道磁矩之间的相互作用

位于坐标原点的核磁矩 $\vec{\mathcal{M}}_N$ 在距离为 r 的空间所有各点上都产生一个矢量势 (参见上册 7.1.1 节, 或本册附录 9 的 A.9.2.2 节公式 (A9.7)):

$$\vec{A}(r) = \frac{\mu_0}{4\pi}\frac{1}{r^3}(\vec{\mathcal{M}}_N \times \vec{r})$$

第一步, 在空间每一个点上引入一个电流的体密度 $\vec{j}$, 把矢量势与电子云的相互作用能 w_1 表达出来; 再通过经典电磁关系式和对体积积分把 w_1 计算出来:

$$w_1 = -\iiint_{\text{空间}} \vec{A}\cdot\vec{j}\,\mathrm{d}x\mathrm{d}y\mathrm{d}z = -\frac{\mu_0}{4\pi}\iiint_{\text{空间}} \frac{(\vec{\mathcal{M}}_N \times \vec{r})\cdot\vec{j}}{r^3}\mathrm{d}x\mathrm{d}y\mathrm{d}z$$

对三个矢量混合积进行置换, 并把作用在电子密度上的 $\vec{\mathcal{M}}_N$ 矢量从积分号中提出来, 可写成

$$w_1 = -\frac{\mu_0}{4\pi}\vec{\mathcal{M}}_N\cdot\iiint\frac{\vec{r}\times\vec{j}}{r^3}\mathrm{d}x\mathrm{d}y\mathrm{d}z = -\frac{\mu_0}{4\pi}\vec{\mathcal{M}}_N\cdot\iiint\frac{\vec{r}\times\vec{v}}{r^3}\mathrm{d}q$$

* 更多的实验室和商品原子钟装置不用光抽运, 而是采用原子束中不同 F 态原子在不均匀磁场中偏转不同而选择原子态, 再把经过辐射场相互作用的原子通过第二个不均匀磁场来进行跃迁的检测. —— 译者

这第二个式子是由引入位于矢量 $\vec{r}$ 端点 M、并以速度 $\vec{v}$ 运动的电荷 $\mathrm{d}q$ 而得到的 (已知 $\vec{j}\mathrm{d}V = \sum_{\text{体积}\mathrm{d}V} q_i\vec{v}_i$).

这样出现了矢量积 $\vec{r}\times\vec{v} = (1/m)\vec{\mathcal{L}}$, 它定义了轨道角动量, 这是一个运动常量, 可以从积分号中提出来:

$$w_1 = -\frac{\mu_0}{4\pi}\vec{\mathcal{M}}_N\cdot\vec{\mathcal{L}}\frac{1}{m}\iiint\frac{\mathrm{d}q}{r}$$

然后, 引入以 $\hbar$ 为单位的轨道角动量和玻尔磁子, 由此导出量子力学上的哈密顿算符表达式:

$$W_1 = +\frac{\mu_0}{4\pi}\vec{\mathcal{M}}_N\cdot\hbar\vec{L}\frac{e}{\kappa m}\frac{1}{r^3} = \frac{\mu_0}{4\pi}\vec{\mathcal{M}}_N\cdot\vec{L}\frac{2\beta}{r^3}$$

这里 $1/r^3$ 可用 $\langle r^{-3}\rangle$ 替代, 它是用所研究量子态的径向波函数计算得来的 $(1/r^3)$ 对电子电荷密度的平均值. 当电子电荷用 $-e$ 来替代以引入玻尔磁子时, 式子里的负号就消失了. 最后, 在引入核自旋 $\vec{I}$ 后, 由 (17.4) 式我们得到算符的表达式:

$$W_1 = \frac{\mu_0}{4\pi}\frac{2g_I\beta^2}{r^3}\vec{I}\cdot\vec{L} \tag{17.9}$$

注: 假设点电荷 $q=-e$ 以速度 $\vec{v}$ 做经典轨道运动, 上述结果就可以很容易地用这样的描述来得到. 在给定瞬间, 它在核的位置上产生的磁场为

$$\vec{B}_{0L} = \frac{\mu_0}{4\pi\kappa}q\vec{v}\times\frac{-\vec{r}}{r^3} = \frac{\mu_0}{4\pi\kappa m}\frac{q}{r^3}\vec{r}\times m\vec{v} = -\frac{\mu_0}{4\pi\kappa}\frac{e}{mr^3}\vec{\mathcal{L}}$$

第一式中负号来自我们把 $\vec{r}$ 的方向看成是从核指向电荷 q, 而不是把原点选在产生磁场的电荷 q 上 (见图 17.6); 磁场 $\vec{B}_{0L}$ 是和角动量矢量 $\vec{\mathcal{L}}$ 反向的. 故而可以写出算符:

$$\vec{B}_{0L} = -\frac{\mu_0}{4\pi}\frac{2\beta}{r^3}\vec{L}$$

$$\Rightarrow W_1 = -\vec{\mathcal{M}}_N\cdot\vec{B}_{0L} = -g_I\beta\vec{I}\cdot\vec{B}_{0L} = \frac{\mu_0}{4\pi}\frac{2g_I\beta}{r^3}\vec{I}\cdot\vec{L}$$

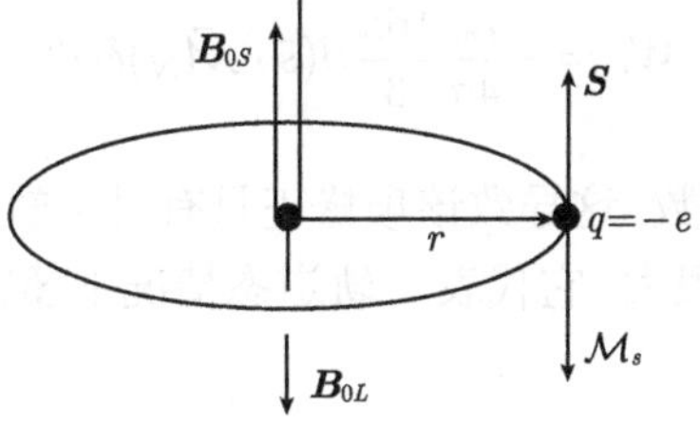

图 17.6　磁超精细结构的符号

电子轨道磁矩所产生的磁场 $\vec{B}_{0L}$ 与矢量 $\vec{L}$ 的方向相反, 由自旋磁矩产生的磁场 $\vec{B}_{0S}$ 与自旋矢量 $\vec{S}$ 同向

17.3.2 核磁矩对电子自旋的作用

a) 非贯穿电子轨道态情况

核磁矩 $\vec{\mathcal{M}}_N$ 和电子自旋磁矩 $\vec{\mathcal{M}}_S$ 被认为是磁偶极矩, 两者距离为 r. 利用经典电磁关系式 (参阅附录 9 的 A.9.1.2 节), 可得相互作用能为

$$w_2 = \frac{\mu_0}{4\pi}\left[\frac{\vec{\mathcal{M}}_S \cdot \vec{\mathcal{M}}_N}{r^3} - \frac{3(\vec{\mathcal{M}}_S \cdot \vec{r})(\vec{\mathcal{M}}_N \cdot \vec{r})}{r^5}\right] \tag{17.10}$$

(r 表示电子的径矢). 我们注意到, w_2 的 (17.10) 表达式是不能被简化的. 我们把它表示为量子力学算符的表达式:

$$w_2 = \frac{\mu_0}{4\pi}2\beta\left[\frac{\vec{s} \cdot \vec{\mathcal{M}}_N}{r^3} - \frac{3(\vec{s} \cdot \vec{r})(\vec{\mathcal{M}}_N \cdot \vec{r})}{r^5}\right] \tag{17.10$'$}$$

b) 贯穿电子轨道态情况

在属于贯穿电子轨道态情况下, 以核半径为半径的球面内出现电子的概率就不可忽略. 在上面的计算中电子–核的距离 r 可为零, 则所用的方法就没有任何意义了. 对于靠近核的那部分, 电子与核磁矩之间的耦合能的测算要通过费米 "接触项" 来进行.

s 轨道态情况是特别重要的. 我们在第 11 章中曾看到, 在这种情况下, $r = 0$ 处电子出现概率是有限值; 另一方面, 既然轨道磁矩为零, 因而 w_1 项也为零. 这样, 原点上接触项的贡献就是最重要的. 对类氢原子的一个轨道态计算核磁矩和电子自旋之间的相互作用相对简单: 我们以处于球对称磁化介质 (核) 中心的一个电子自旋磁矩能量的经典表达式作为出发点, 然后把这个介质内的磁化强度等同于单位体积的核磁矩.

可以证明, 描述这个接触项的哈密顿算符可写为

$$W_c = -\frac{\mu_0}{4\pi}\frac{16\pi}{3}\beta(\vec{s} \cdot \vec{\mathcal{M}}_N)\delta(\vec{r})$$

这里出现了狄拉克函数, 这导致该项修正只有对 s 轨道态才不为零. 需要指出的是, 这个接触项的数值很大, 它代表 s 轨道态情况下超精细分裂的主要贡献.

17.3.3 各种修正

对超精细结构的理论结果的讨论以及把它们与实验值相对照, 除了上面提到的基本相互作用之外, 还需要引进许多修正.

a) *内壳层的极化*

在原子具有多个电子的情况下, 由于电子交换现象, 内部满壳层的总自旋不能严格地认为是零的, 因为每个自旋在统计上有一种保持其方向与价电子的合成自旋相平行的微弱倾向. 因而在计算磁场 B_0 时, 就必须考虑内部壳层的 "磁化". 它对能级移位 $\Delta E(F)$ 的修正可能较大, 在锂原子情况, 它可达 30%.

b) *相对论效应*

对于原子序数 Z 较大的原子, 此项是比较重要的. 由于核的静电荷较大, 接近于核的电子速度很高, 相对论修正就是必需的了. 对于重原子和对应于 J 值较小的能级, 这项修正可以有一个因子为 2 的变化.

c) *体积效应 (磁的)*

若质子的线度只有氢原子玻尔第一轨道半径的 1/40 000, 则重原子核的线度约达价电子轨道的平均半径的 1/5000. 即使对于一个不太精确的计算, 点状核近似也不再能保持, 而必须考虑核的有限体积.

我们将上面列举的原子中不同电子的贡献 a)、b) 和 c) 集中起来, 可以把标积 $\vec{I}\cdot\vec{J}$ 作为因子提出来, 而式子的其余部分有一个平均值, 它只与能级 E_J^0 的描述有关, 于是就把它等同于参量 A'.

注: 一个有别于 s 轨道的类氢原子轨道态是特别简单的情况. 对这个情况, 超精细能级移位 $\Delta E(F)$ 可由 w_1 和 w_2 两项贡献得到

$$\Delta E(F) = w_1 + w_2$$

在量子理论框架内, 对它的研究得到特别简单的结果:

$$A' = \frac{\mu_0}{4\pi} 2 g_I \beta^2 \frac{Z^3}{a_0^3 n^3 (l+1/2) j(j+1)} \quad (l \neq 0)$$

17.4　对电子–核静电相互作用的修正

属于 J 相同的 F 能级之间的超精细分裂, 以频率为单位的裂距一般是 10^9Hz 的数量级. 因此, 相对于基态与激发态能级之间的能量间隔 ($\approx 10^{14}$Hz), 超精细结构表现为非常微弱的能量修正, 其相对值为 10^{-5} 数量级. 为了认识这种修正的意义, 通常要对原子进行具有足够精密度的普遍研究, 特别是有必要考虑原子核不能认为是点状的这一事实: 原子核与电子轨道大小之比为 10^{-3} 或 10^{-4}.

我们将相继研究两方面的问题: 首先我们将看到, 随着 F 值的不同, 四极耦合项将带来不同的修正, 因而解释超精细裂距要考虑这个效应. 其次, 我们将研究同

位素效应, 它们将表现在能级 E_0 的移位上, 因而并不影响超精细能级的分裂.

17.4.1 电四极矩效应

在许多场合下核内部的电荷 $+Ze$ 的分布并不是球对称的, 电子–核静电相互作用项:

$$-\frac{1}{4\pi\varepsilon_0}\sum_i \frac{Ze^2}{r_i}$$

应当通过多极矩展开中的高阶项 (参阅附录 9) 考虑到偏离球对称的效应, 这样才算完备. 在经典理论中, 若把组成核的电荷重心作为原点, 相应的电偶极矩为零, 于是我们就回到核内电荷的重心与质量的质心是否相重的问题上去了. 在量子理论上, 对称规则认为两者是重合的, 从而得到核的电偶极矩为零的结论. 没有任何实验显示核具有可观的电偶极矩. 因此, 在多极矩展开中需要考虑的第一项就是电四极矩和核附近由电子产生的电场梯度之间的相互作用 (参阅附录 9).

我们做个假设, 认为核的电荷分布具有围绕着 OZ 轴的旋转对称性, 这个 OZ 轴被定义为是核角动量 $\vec{I}$ 的方向. 电子云也具有围绕着另一个轴 Oz 的旋转对称性, 而 Oz 轴则平行于电子角动量 $\vec{J}$ 的方向. 因而电场梯度 (参阅附录 9) 可以只由一个分量 $-\partial E_z/\partial z = \partial^2 U/\partial z^2$($U$ 是电势, 由此导出电子的电场 $\vec{E} = -\nabla U$) 来定义. 利用核的四极矩参量 Q, 四极耦合导致的附加能量为 (参阅附录 9 (A9.15) 式):

$$\Delta E_Q = \frac{eQ}{4}\frac{\partial^2 U}{\partial z^2}\left(\frac{3}{2}\cos^2\theta - \frac{1}{2}\right)$$

θ 是两个轴 OZ 与 Oz 的夹角, 亦即两个矢量 $\vec{I}$ 和 $\vec{J}$ 之间的夹角. $\partial^2 U/\partial z^2$ 与所考虑的能级有关, 对应于一个组态和一个给定的 J 值. 对此我们定义一个 “四极耦合常数”:

$$B = eQ\frac{\partial^2 U}{\partial z^2}$$

于是, 对一个超精细子能级 (由量子数 J 和 F 给定的) 必须附加一个像下面这样的能量:

$$\Delta E_Q = \frac{B}{4}\left[\frac{3}{2}\cos^2(\vec{I}\cdot\vec{J}) - \frac{1}{2}\right]$$

然而, 这个经典表达式是不完善的, 而严格的量子计算则是相当复杂的. Casimir 做了量子计算, 得到了如下的正确结果:

$$\Delta E_Q = \frac{B}{4}\frac{(3/2)C(C+1) - 2I(I+1)J(J+1)}{I(2I-1)J(2J-1)} \tag{17.11}$$

$$\text{其中}\quad C = F(F+1) - I(I+1) - J(J+1)$$

17.1.3 节表 17.1 给出了以 "靶恩"(Barn, 10^{-24}cm^2, 简称 "靶") 为单位的几种不同核的电四极矩参量 Q 的数量级. 图 17.7 显示了在 $J=1$, $I=3/2$ 情况下对能级位置应有的修正.

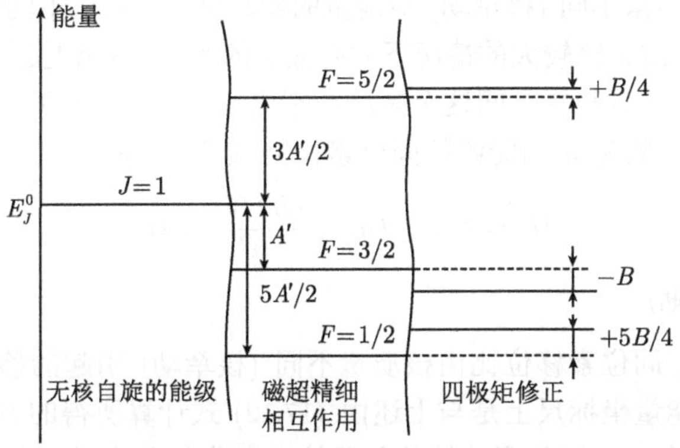

图 17.7　磁超精细结构和四极矩修正 ($J=1$ 和 $I=3/2$ 情况)

注意, 没有核自旋或核自旋等于 1/2 的能级具有球对称性, 其四极矩为零 (参见表 17.1).

17.4.2　由质量和体积引起的同位素移位

当我们观察同一元素的许多同位素发射的光谱时, 发现只用磁超精细和电四极矩两种效应还不足以完全解释测得的能级数值. 在此之外, 还必须假设 J 能级的数值 E_J^0(在上述修正之前) 与所考虑的同位素有关. 具有相同电子数、但质量不同的各种原子间的这个能级偏差称为**同位素移位**. 其数量级与超精细移位相似. 同位素移位有两种独立的来源.

a) *质量效应或核的牵动*

在第 11 章中我们已经说到过由电子的约化质量 (薛定谔方程涉及它) 导致的能量移动, 这个约化质量为

$$\mu = \frac{m}{1+m/M_N}$$

它与核的质量 M_N 有关, 因而随所研究的同位素而变 (参阅 11.4.1 节和 11.4.2 节, 里德伯常量与 He^+ 离子). 对类氢原子情况, 计算所得的能量正比于这个约化质量. 我们来比较两个不同同位素的等效能级 E_J^0 和 $E_J^0+\delta E$, 很容易证明这两者的能量差 δE 为

$$\frac{\delta E}{E_J^0} = \frac{\delta\mu}{\mu} = -\delta\left(\frac{m}{M_N}\right) = +\frac{m}{M_N}\cdot\frac{\delta M_N}{M_N} \tag{17.12}$$

(能量 E_J^0 是负的, δE 与 δM_N 的符号相反).

对多电子原子, 上面十分简单的论证仅仅具有定性的意义, 对一个给定电子约化质量的计算应当涉及原子中不同电子的轨道态, 严格计算是相当复杂的.

我们注意到在 (17.12) 式中两种同位素的相对质量差要乘以一个因子 $m/M_N \approx 1/2000$. 因此, 核质量不同 (核牵动) 对能量的相对位移只有在不同同位素之间核质量**相对变化**$\delta M_N/M_N$ 比较大的情况下才有显著的影响, 这就是原子序数较小的元素的情况. 因此, 在氢和氘之间这个效应特别明显. 在此情况下, 非常简单的计算就可求得一个量子数为 n 的能级的同位素移位, 以频率为单位可用下式表示:

$$\delta E = E_H - E_D = \frac{890\ 000}{n^2}\text{MHz}$$

b) 体积效应 (静电)

对于重元素, 同位素移位比由核质量不同 (核牵动) 引起的移位要大得多, 并且, 这种移位在能量坐标尺上是与上述由 (17.12) 式计算所得的方向相反. 泡利和 Peierls 首先把它和不同同位素的核体积及核内电荷分布的不同联系起来而做了解释.

由核产生的静电势函数 $V(r)$ 是随着同位素的不同而变化的. $V(r)$ 相对变化最大的地方发生在原点附近, 因而体积效应对 s 轨道态特别明显. 所以对于给定原子, 体积同位素效应与所研究的组态有关.

注: 当电子处于球对称核内部时, 它只受到一部分核电荷的吸引而指向中心 (这就是 12.4.2 节中已经碰到过的普通屏蔽现象). 与点状核情况做比较, 其结合能在绝对值上是较小的, 而在代数值上却是较大的. 这样我们就理解了: 与质量效应相反, 具有较大体积的核 (最重的同位素) 导致较高的能量值 δE, 其符号与 δM_N 相同.

c) 激光同位素分离

不管属于哪一种原因引起的同位素移位, 都可以开发成为一种新的同位素分离方法, 它不再直接利用同位素的不同质量 (像质谱计、离心机或气体扩散等方法), 而是利用其光谱跃迁的频率不同.

这个方法同时利用激光的光谱精密度和大功率两种性能. 光谱精密度可以产生调谐于特定同位素共振、而排斥其他同位素的波长. 调谐到该同位素另一个跃迁的第二个强功率激光可以以极高的激发效率把该激发原子激发到更高的激发态. 这叫做级联激发. 某种情况下还可以采用第三个激光来产生第二次级联激发.

这样可以把被研究同位素原子带到一个极高的激发态, 接近电离阈极限, 应用电场使这些很高激发态的原子发生电离. 然后再用静电吸引法把这些正离子收集到带负电的电极上, 这样就把它们与其他同位素分离开来. 为了开发这些方法, 法国原子能委员会在工艺上做了极大的努力.

17.5　光谱线的超精细结构

对于实验工作者来说, 磁超精细结构效应或四极矩效应通过超精细能级之间不同频率的电磁跃迁呈现出来. 同样, 比较来自两种不同同位素的光谱可以测定同位素移位.

17.5.1　选择定则

在上章中我们看到, 只有满足某些选择定则的跃迁才能被观察到. 改进了对原子的描述之后, 我们还应当使选择定则更为完备. 辐射理论指明, 在第 15 章各节提到的关于电偶极跃迁的几条选择定则仍旧适用, 不过要加上对于量子数 F 的条件才算完备:

$$\Delta F = 0, \pm 1 \ (F = 0 \to F = 0\text{跃迁除外}) \tag{17.13}$$

应用这个选择定则, 光谱实验中可观察到的整套超精细组分就容易确定了. 图 17.8 和图 17.9 给出了几个例子. 图 17.8 是核自旋 $I= 3/2$ 情况下在激发态 $J = 2$ 和基态 $J =1$ 能级之间的理论跃迁.

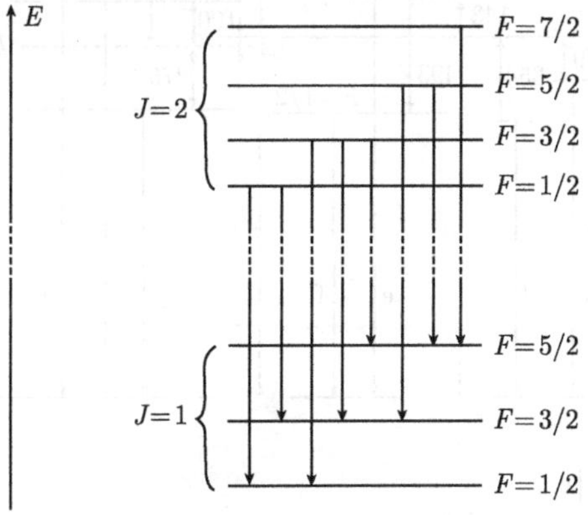

图 17.8　两个能级之间的可容许超精细跃迁的例子

激发态为 $J = 2$, 基态为 $J = 1$, 核自旋为 $I = 3/2$ 情况

17.5.2　汞的实例

图 17.9 表示一个比较复杂的实际例子. 在我们做一个能发射原子光谱的光源时, 通常使用天然元素, 它可能是由核自旋不同的同位素混合而成的. 因而观察到的光谱是复杂的: 一方面是不同同位素具有不同的超精细和四极矩效应, 另一方面还受到同位素移位的影响.

图 17.9 画出了用天然汞灯观察到的 $6^3P_1 \to 6^1S_0$ 跃迁的结构. 这个元素具有许多同位素 (参见表 17.3), 两个奇数同位素的能级具有超精细结构 (同位素 201 还具有四极矩移位); 四个偶数同位素的能级没有超精细结构, 但由于有同位素移位而互相不重合.

图 17.9(a) 表示每种同位素的能级图. 对于每种同位素, 把该同位素基态 6^1S_0 的能量作为参考能量 (这是为了方便阅读, 与通常是相对于电子处于无穷远时作为参考能量的基态能级的实际能量值没有任何关系). 注意, 两个奇数同位素的超精细子能级的顺序是互相颠倒的, 这表示它们的两个超精细结构常数 A' 的符号是相反的.

图 17.9(b) 表示用波数做坐标尺画出的观察到的光谱; 小写字母 (a, b, ···, i) 表示谱线与能级图 (a) 上的跃迁相对应. 要注意多普勒线宽 (约为 $50\times10^{-3}\text{cm}^{-1}$) 与上面指出的光谱组分的间距是处于同一数量级的, 其中某些组分是几乎混杂的.

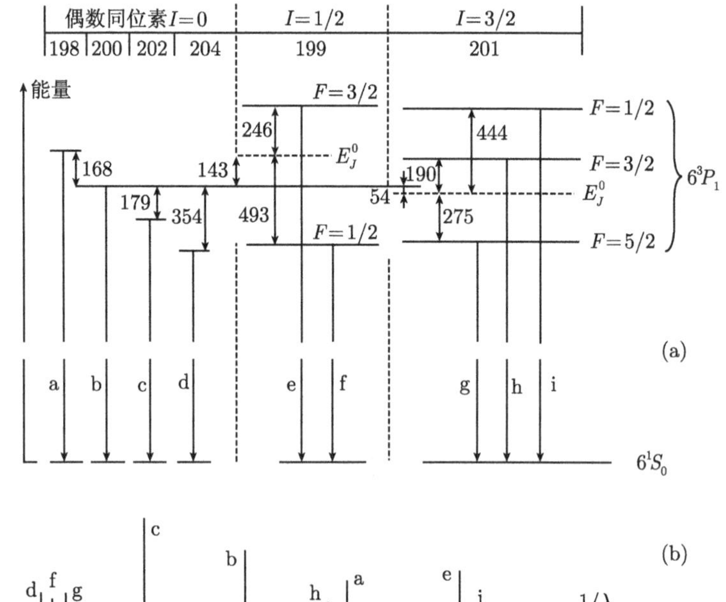

图 17.9　汞原子 $6^3P_1 \to 6^1S_0$ 跃迁的超精细结构 (λ=253.7nm)

(a) 能级图: 偏移是相对于同位素 200 的激发态能级的, 测量值是用波数 ($1/\lambda$) 表示的, 以 10^{-3}cm^{-1} 为单位; (b) 波数标尺上的谱线位置 (线的高度表示谱线的光强, 与同位素的丰度有关). 小写字母 a,b,c,··· ,i 显示的实验谱线与能级图一致

一些光谱学家有时用昂贵的质谱分离得到的纯同位素做光源; 幸亏为了得到相

当强的光源, 有几分之一毫克的纯同位素就足够了.

总之, 我们强调测量原子谱线超精细结构的重要性: 它们提供了与核磁矩相联系的超精细常数 A'、与四极矩相联系的超精细常数 B 和与核体积相联系的同位素移位的数值; 通过这些, 它们为核结构理论提供了非常宝贵的实验支撑. 这样我们找到了核物理与原子物理之间的结合点.

表 17.3　几种天然元素的同位素组分

元素	质量数 A	核自旋 I	百分比/%
B	10	3	18.83
($Z=5$)	11	3/2	81.17
Br	79	1/2	50.53
($Z=35$)	81	3/2	49.47
Kr ($Z=36$)	78	0	0.354
	80	0	2.266
	82	0	11.56
	83	9/2	11.55
	84	0	56.9
	86	0	17.4
Hg ($Z=80$)	196	0	0.15
	198	0	10.02
	199	1/2	16.84
	200	0	23.13
	201	3/2	13.22
	202	0	29.80
	204	0	6.85

17.6　外磁场的作用, 塞曼效应与巴克–古德斯米特效应

从上几节我们看到, 对一个具有核磁矩的原子, 每个能级要用总角动量量子数 F 来表征, 并因而具有简并度为 $2F+1$.

研究用磁场来解除简并要比核磁矩为零的情况更复杂 (参见第 16 章), 但解决问题的基本思路是一致的. 现在, 在没有磁场的原子哈密顿算符中, 除了 T_1 和 T_2 两项外, 还有一个表达没有外场时电子–核相互作用的项 T_3.

本节中我们将不考虑表达同位素效应和四极矩移位的项, 实际上它们只在塞曼能级图上产生与磁场无关的位移. 因此我们仅限于讨论 T_3 项, 把在 17.2.2 节中写过的 (17.6) 式的磁超精细相互作用改名为 T_3, 写成

$$T_3 = A'\vec{I}\cdot\vec{J}$$

17.6.1 磁场微扰哈密顿算符 W

微扰哈密顿算符 W 由 16.2.2 节的 (16.6) 式给出, 我们在此式中附加一项 $-\vec{\mathcal{M}}_N \cdot \vec{B}$, 以表达核磁矩 $\vec{\mathcal{M}}_N$ 与外磁场 $\vec{B}$ 之间的相互作用. 我们写出

$$W = \beta(\vec{L} + 2\vec{S}) \cdot \vec{B} - \vec{\mathcal{M}}_N \cdot \vec{B}$$

利用 (17.4) 式 $\vec{\mathcal{M}}_N = g_I \beta \vec{I}$, 我们得到

$$W = \beta(\vec{L} + 2\vec{S} - g_I \vec{I}) \cdot \vec{B} = (L_z + 2S_z - g_I I_z)\beta B \tag{17.14}$$

我们注意到 17.1.3 节确定的规则所导致的 g_I 前面符号 "−" 的变化. 这个哈密顿算符与算符 $F_z = L_z + S_z + I_z$ 对易.

后面我们选择 L-S 耦合的条件 ($T_1 > T_2$), 并假定 T_3 项产生的能量移动要比 T_2 项小得多. 根据所加外磁场强度的不同, 我们可以区别以下几种情况:

(a) $T_1 > T_2 > T_3 > W$; 因而可认为 W 是加在总哈密顿量 $H_{\mathrm{T}} = H_0 + T_1 + T_2 + T_3$ 解上的微扰. 我们说, 我们处于十分微弱的磁场中, 这时可观察到塞曼效应.

(b) $T_1 > T_2 > W > T_3$; 微扰先是加在哈密顿量 $H_0 + T_1 + T_2$ 上的, 它描述没有核磁矩情况下的原子; 然后, 再把所得结果加上微扰 T_3. 我们说, 我们处于 $I - J$ 耦合破裂的条件, 这时可观察到强场中的巴克–古德斯米特效应.

(c) $T_1 > W > T_2 > T_3$; 在很强磁场下研究帕邢–巴克效应 (参阅上一章 16.4 节), 现在必须加上表述 T_3 效应的修正来加以完善.

17.6.2 微弱场情况: 塞曼效应

我们把微扰 W 加到由 17.2.2 节所确定的每个超精细能级上去, 现在注意到:

$$E_F^0 = E_J^0 + \Delta E(F) \quad (\text{参见 (17.7) 式})$$

这些能级是哈密顿量 $H_0 + T_1 + T_2 + T_3$ 的本征值, 是 $2F+1$ 度简并的. 利用微扰论的结果 (参阅 16.3.1 节), 每个能级 E_F^0 的能量修正值应由 W 的对角矩阵元 (它是与原子总角动量沿 Oz 轴的分量 F_z 对易的) 给出:

$$\Delta E(m_F) = W_{m_F m_F} = \left\langle E_F^0, F, m_F \left| W \right| E_F^0, F, m_F \right\rangle$$

m_F 是量子数, 描述总角动量 $\vec{F}$ 在 Oz 方向上的投影. 应用维格纳–埃克特定理, 如同在上章 16.3.2 节所做的那样 (参见 (16.12) 式), 我们可以写下:

$$\begin{aligned}\Delta E(m_F) &= \left\langle E_F^0, F, m_F \left| L_z + 2S_z - g_I I_z \right| E_F^0, F, m_F' \right\rangle \beta B \\ &= g_F \left\langle E_F^0, F, m_F \left| F_z \right| E_F^0, F, m_F' \right\rangle \beta B\end{aligned}$$

$$= g_F m_F \beta B \delta_{m_F m'_F} \tag{17.15}$$

(若 $m_F = m'_F$, $\delta_{m_F m'_F} = +1$, 或若 $m_F \neq m'_F$, $\delta_{m_F m'_F} = 0$).

采取几个步骤就可算出新的系数 g_F, 这些步骤很像我们在上章 16.5.2 节关于两个电子 j-j 耦合中所做的步骤. 这里只把它们概括如下：

(1) 通过与无核矩的弱场情况相同的严格计算, 在 L-S 耦合框架内两个矢量 $\vec{L}$ 和 $\vec{S}$ 的合成让我们可再次采用 16.3.3 节的计算 (计算朗德因子), 并写出 $\vec{L}+2\vec{S}$ 矢量与 $\vec{J}$ 矢量的正比性 (在 E_J^0 能级本征值的子空间里), 即

$$\left\langle E_F^0, F, m_F \left| L_z + 2S_z \right| E_F^0, F, m_F \right\rangle = g_J \left\langle E_F^0, F, m_F \left| F_z \right| E_F^0, F, m_F \right\rangle$$

其中

$$g_J = \frac{3}{2} + \frac{S(S+1) - L(L+1)}{2J(J+1)} \quad \text{参阅 (16.15) 式}$$

(2) 在 $I - J$ 耦合框架内 $\vec{I}$ 和 $\vec{J}$ 矢量的合成让我们同样可以写出这两个矢量与 $\vec{F}$ 矢量的正比性 (在同一 E_F^0 能级的 $2F$+1 个 $\vec{F}^2$ 与 F_z 共同本征态的约化子空间里).

从矢量平方 $\vec{I}^2 = (\vec{F} - \vec{J})^2 = \vec{F}^2 + \vec{J}^2 - 2\vec{F}\cdot\vec{J}$ 可推得 $2\vec{F}\cdot\vec{J} = \vec{F}^2 + \vec{J}^2 - \vec{I}^2$, 投影定理可让我们在 E_F^0 的子空间内写出：

$$\vec{J} = a\vec{F} \Rightarrow \vec{F}\cdot\vec{J} = a\vec{F}^2$$
$$\Rightarrow a = \frac{\left\langle \vec{F}\cdot\vec{J} \right\rangle}{\left\langle \vec{F}^2 \right\rangle} = \frac{F(F+1) + J(J+1) - I(I+1)}{2F(F+1)}$$

(3) 同样, 利用算符 $\vec{I}\cdot\vec{F}$ 的平均值, 上面的对称性计算允许在同一子空间内写出：

$$\vec{I} = b\vec{F} \Rightarrow \vec{F}\cdot\vec{I} = b\vec{F}^2$$
$$\Rightarrow b = \frac{\left\langle \vec{F}\cdot\vec{I} \right\rangle}{\left\langle \vec{F}^2 \right\rangle} = \frac{F(F+1) + I(I+1) - J(J+1)}{2F(F+1)} = 1 - a$$

(4) 把上述三步归纳起来, 我们可写出：

$$\left\langle E_F^0, F, m_F \left| W \right| E_F^0, F, m_F \right\rangle = (a g_J - b g_I) \left\langle E_F^0, F, m_F \left| F_z \right| E_F^0, F, m_F \right\rangle \beta B$$

即

$$\boxed{g_F = g_J \frac{F(F+1) + J(J+1) - I(I+1)}{2F(F+1)} - g_I \frac{F(F+1) + I(I+1) - J(J+1)}{2F(F+1)}} \tag{17.16}$$

其中, g_J 有上章无核自旋下的计算值, g_I 是按 (17.4) 式用玻尔磁子定义的核朗德因子; 其数量级为 10^{-3}, 因而第二项常常可被忽略掉. 总之, 相对于超精细能级 E_F^0, (17.15) 式的一级能量修正可写为

$$\boxed{\Delta E(m_F) = g_F \cdot m_F \cdot \beta B} \tag{17.17}$$

这样对一给定磁场我们得到了塞曼子能级的值, 它们是等间距的. 图 17.10 左边部分 (a) 给出了与 $I = 1/2$、光谱项 $^3P_2$, $^3P_1$, $^3P_0$ 相对应的不同超精细能级的塞曼组分. 在这个图上我们把上章的图 16.1 所显示的相同电子能级作为出发点, 但这里附加了核自旋 ($I = 1/2$), 它把每个 $^3P_2$, $^3P_1$ 能级分裂为两个 F 不同的超精细能级. 这样读者可以比较有核磁矩和无核磁矩情况下的磁场效应.

注 1: 根据 F, I 和 J 各自的数值不同, 总朗德因子 g_F 可有正值或负值. 按照惯用的原子磁矩规则, g 的负值对应于总角动量 $\hbar\vec{F}$ 与磁矩 $\vec{\mathcal{M}}_F$ 符号相同的情况. 存在核矩时出现负的朗德因子解释了上册 9.2 节讨论核磁共振实验的意义.

注 2: $J = 0$ 的能级有电子总磁矩 $\vec{\mathcal{M}}_{\mathrm{S}} + \vec{\mathcal{M}}_L$ 等于零. 因而在没有核自旋时磁场没有任何影响. 因此, 核自旋的存在给这个能级以一个纯粹的核磁性 ($\vec{F} = \vec{I}$). 既然 $g_J = 0$, 由公式 (17.16) 算得的总朗德因子 g_F 的值为 $-g_I$(用电子朗德因子规则定义的总朗德因子 g_F 与核朗德因子 g_I 的符号相反, 这与直接使用核朗德因子所得的结果相同). 对一个给定磁场, 塞曼子能级的间隔要比电子磁矩情况小得多. 例如, 汞的同位素 199 和 201 的基态能级 6^1S_0 就是这种情况 (分别有 $I = 1/2$ 和 $I = 3/2$).

17.6.3 强场下的巴克–古德斯米特效应

现在考虑 $W > T_3$ 的情况. 首先我们把微扰 W 加到哈密顿算符 $H = H_0 + T_1 + T_2$ 的解上. 尽管 H 中没有任何一项明显地涉及核自旋, 我们应当在原子态描述中考虑到它: 因而每个能级由 I 和 J 的数值来表征, 其简并度为 $(2J+1)(2I+1)$. 对 W 的研究是在 $|E_J^0, J, m_J, I, m_I\rangle$ 态的基中进行的, 并严格按照类似帕邢–巴克效应 (参见 16.4.1 节) 情况下所做的研究进行. 读者可以毫无困难地把 (L, S) 耦合移用到 (J, I) 耦合上, 不过这里需要引入朗德因子. 可以证明, 相对于能级 E_J^0, 这一级能量修正 (来自 W) 等于

$$[\Delta E(m_I, m_J)]_W = (m_J g_J - m_I g_I)\beta B$$

我们注意, 括号中的第二项 $m_I g_I$ 约为第一项的 1/1000. 这样得到的能级用**虚线**画在图 17.10 的中部 (b). 如果我们与大很多的 $m_J g_J$ 项相比忽略 $m_I g_I$ 项, 能级图就和我们已经得到过的无核自旋的同一原子在弱场中的能级图相同 (请与上章图 16.1(b) 相比较). 但是我们不应忘记, 每一条虚线实际上代表 $(2I+1)$ 条对应于不同的 m_I 值、非常接近但有区别的虚线 (在图上 $I = 1/2$ 的特殊情况下, $2I + 1 = 2$).

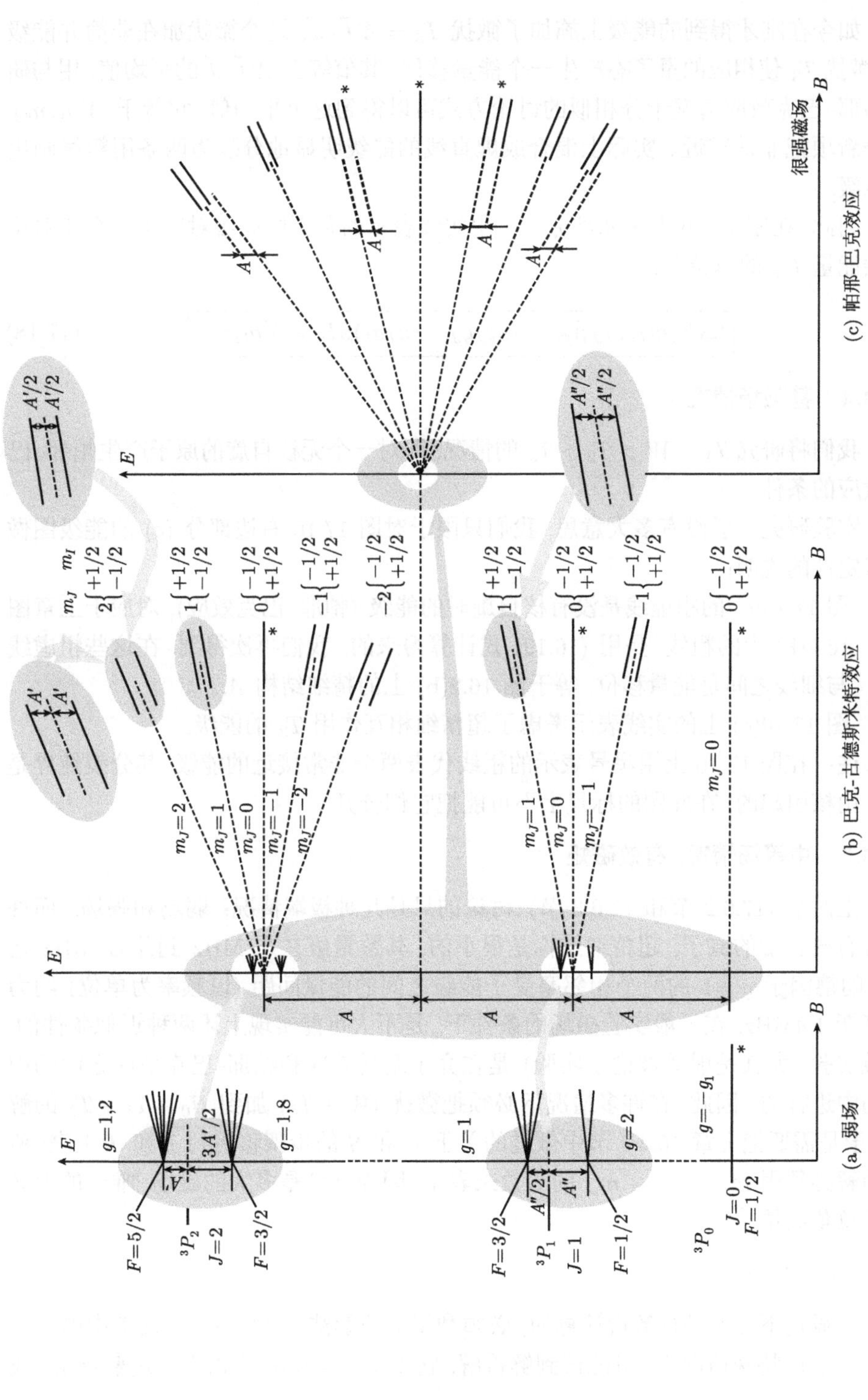

图17.10　电子能级$^3P_2$, $^3P_1$和$^3P_0$的磁场效应, 经核自旋I=1/2的超精细作用修正

如今在刚才得到的能级上施加了微扰 $T_3 = A'\vec{I}\cdot\vec{J}$. 这个微扰加在非简并能级上, 微扰 T_3 使相应的量子态产生一个能量移位, 其值等于 $A'\vec{I}\cdot\vec{J}$ 的平均值. 用与研究帕邢–巴克效应情况十分相似的讨论方式可以得到这个平均值, 它等于 $A'm_Im_J$; 这个新项把非常靠近、实际上混合成虚直线的能级明显地分裂为两条用粗线画出的能级.

因此, 在图 17.10 上中间部分 (b) 用实线表示的各不同能级对应于一个相对于初始能量 E_J^0 的总位移:

$$\boxed{[\Delta E(m_I, m_J)]_{总} = (m_Jg_J - m_Ig_I)\beta B + A'm_Im_J} \tag{17.18}$$

17.6.4 甚强场情况

我们将研究 $T_1 > W > T_2 > T_3$ 的情况, 即对一个无核自旋的原子产生帕邢–巴克效应的条件.

实验研究一般没有多大意思; 我们只限于对图 17.10 右边部分 (c) 的能级图做一点定性的说明:

—— 图 17.10(c) 的粗虚线是没有核自旋时的能级 (帕邢–巴克效应), 对应于上章图 16.2(b) 上的粗线, 是用 (16.19) 式计算得来的. 我们再次得到, 在这些粗虚线与细线之间是能量移位, 等于图 16.2(b) 上的精细结构 A.

—— 图 17.10(c) 上的实线表示考虑了超精细相互作用 T_3 的能级.

注: 在图 17.10 上用星号表示的粗线代表两个非常接近的能级, 其分裂纯粹是由核引起的, 在此图的标尺上不可能把它们分开.

17.6.5 中等场情况, 有效磁矩

上两节 (17.6.2 节和 17.6.3 节) 讨论的只是几种极端情况: 弱场和强场. 而许多带有核自旋的原子, 超精细结构是很小的, 其数量级在几 MHz 到几万 MHz 之间. 朗德因子 $g=1$ 的两个相邻塞曼子能级之间的能量间距 (以频率为单位) 约为每高斯 1.4MHz, 在一般实验磁场的条件下, 是不大可能实现上述两种近似条件的. 多数实验 (尤其是射频波谱学实验) 是在介于塞曼效应和帕邢–巴克效应之间的中等场中进行的. 因此, 在许多情况下必须把微扰 $(W + T_3)$ 加到 $H_0 + T_1 + T_2$ 的解上. 于是需要把上章 16.4.3 节中做过的关于 L 和 S 的步骤移用到 I 和 J 上来; 所得的解必须用 $m_F = m_I + m_J$ 的函数来表示, 因为不管是多大的磁场, 唯一的保守量是总角动量 $\vec{F}$.

a) Breit-Rabi 公式

一般是不可能进行解析计算的, 必须利用数值解法. 然而, 在 J 或 I 中的一个等于 1/2 的特殊情况下, 可能得到解析解, 它以 Breit-Rabi 公式的形式来表述. 我

们以 $J=1/2$, I 为任意数的能级为例对此公式进行细致讨论. 我们把 $E(F,m_F)$ 叫做总角动量为 F、用量子数 $m_F=m_I+m_J$ 表征的原子在磁场 B 中的能量.

微扰计算出发点的能量是不考虑超精细结构计算所得的能量 E_J^0; 但在磁场为零时这种计算必须回到超精细移位的 (17.7) 式. 回忆在 17.2.2 节中我们已经计算了 $F=I+1/2$ 和 $F=I-1/2$ 两个能级的超精细间距, 它正比于 F 中的较大的一个 (参见 (17.8) 式):

$$\begin{aligned}\delta E_{HF} &= \Delta E(F)-\Delta E(F-1)=A'F \\ &= \Delta E(I+1/2)-\Delta E(I-1/2)=A'(I+1/2)\end{aligned} \qquad \text{(磁场为零)}$$

为了在有磁场下进行计算, 引入一个量纲一的约化变量 x, 它表示磁场相互作用能 βB 与超精细耦合能之比:

$$x=\frac{(g_J+g_I)\beta B}{(I+1/2)A'}=(g_J+g_I)\frac{\beta B}{\delta E_{HF}}$$

(实际上与 g_J 相比, 一般 g_I 是可以忽略的).

于是 Breit-Rabi 公式写为

$$E(F,m_F)-E_J^0=-\frac{A'}{4}-g_I m_F\beta B\pm\frac{A'(I+1/2)}{2}\sqrt{1+\frac{2m_F}{I+1/2}x+x^2} \tag{17.19}$$

“±” 符号的选择取决于磁场的大小:

- 当磁场很小时 ($x<1$), 对 $F=I+1/2$ 能级要取 “+”, 而对 $F=I-1/2$ 能级要取 “−”;
- 相反, 当磁场很大时 ($x>1$), 符号 “±” 要取量子数 m_J 的符号.

利用这个关系式可以很容易通过数值计算构建塞曼和巴克–古德斯米特能级图; 图 17.11 给出了两个例子. 读者可以毫无困难地证明, Breit-Rabi 公式可容易地重新建立上述两个极端情况下得到的规律:

- 在零场下 ($x=0$) 得到上述的超精细分裂 δE_{HF};
- 在弱场下 ($x\to 0$) 得到塞曼分裂;
- 在强场下 ($x\to\infty$) 得到巴克–古兹米特效应 (图 17.11(a) 画出的两条虚线的渐近线与上节公式 (17.18) 相一致).

b) *有效磁矩*

本书的大部分地方, 读者看到一个磁矩 $\vec{\mathcal{M}}$ 与磁场 $\vec{B}$ 的相互作用能是这样表述的:

$$W=-\vec{\mathcal{M}}\cdot\vec{B}=-\mathcal{M}_z B$$

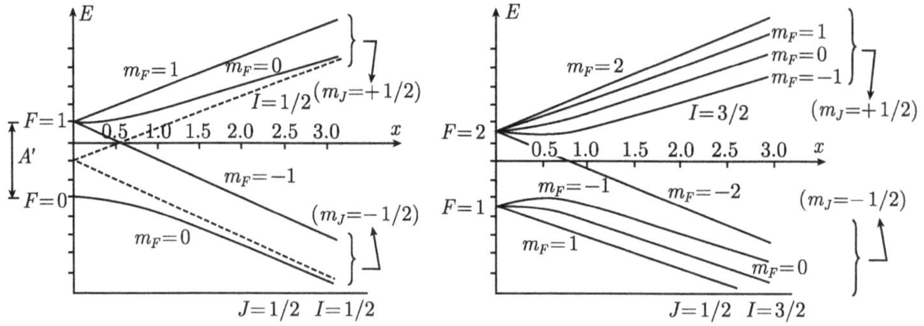

(a)　　　　(b)

图 17.11　在 $J=1/2$ 情况下塞曼效应和古德斯米特效应的计算

(Breit-Rabi 公式：磁场用 17.6.5 节定义的量纲一参量 x 表示), (a) 核自旋 $I=1/2$ 情况; (b) 核自旋 $I=3/2$ 情况

因而 W 随着磁场强度 B 的变化是线性的, 而磁矩 $\vec{\mathcal{M}}$ 的分量 $\mathcal{M}_z$ 代表直线 $W=f(B)$ 的斜率. 在中等场情况下, $W=f(B)$ 不再是线性的. 我们用以下方式把磁矩概念加以推广：给定一个磁场强度 B_0, 在 B_0 附近对它的强度做微小改变 δB, 能量的变化为 δW, 我们有

$$\delta W=-\mathcal{M}_{\text{eff}}\delta B$$

我们称 $\mathcal{M}_{\text{eff}}$ 为磁场值 B 下原子在所考虑塞曼子能级 (量子数为 m_F) 上的"有效磁矩", 因而 $\mathcal{M}_{\text{eff}}$ 是磁场 B 的函数. 它的物理解释是基于这样一个事实：单元磁矩所遭受的各种不同相互作用的总效果是磁场强度的函数.

从 $W=f(B)$ 曲线取导数可求得 $\mathcal{M}_{\text{eff}}$ 随磁场强度 B 变化的函数曲线. 图 17.12 表示 $\mathcal{M}_{\text{eff}}$(用玻尔磁子为单位) 随磁场变化的函数, 其所代表的能级相当于图 17.11 的塞曼能级.

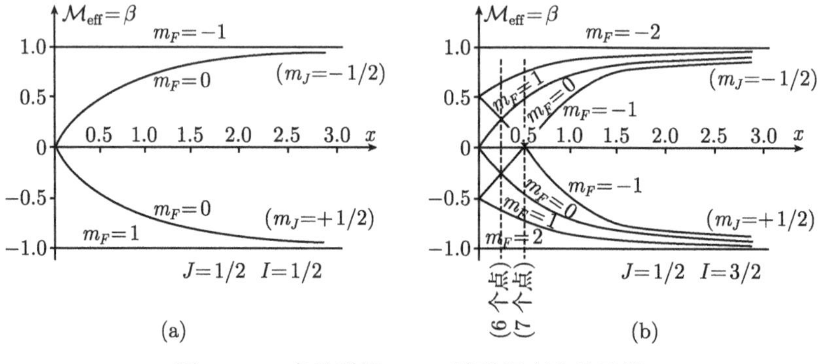

(a)　　　　(b)

图 17.12　有效磁矩 $\mathcal{M}_{\text{eff}}$ 随磁场变化的函数

磁场用 x 表示 (见文), $J=1/2$ 情况

有效磁矩概念特别可用来描述一切磁场条件下的施特恩–格拉赫实验：一个带有量子数 m_F 的原子在仪器装置中走着一条与磁场 B 中所具有的有效磁矩 $\mathcal{M}_{\text{eff}}$ 相对应的轨迹, B 是装置中的平均磁场.

我们以钠的天然同位素 ^{23}Na 为例来做施特恩–格拉赫实验. 基态能级是 $^2S_{1/2}$, 而核具有核自旋为 $I = 3/2$, 这个能级分裂为两个超精细子能级 $F = 1$ 和 $F = 2$. 塞曼能级图与图 17.11(b) 相当, 零场下的超精细分裂为 1773MHz. 对应于装置中的一个给定磁场, 仪器屏上可观察到的光点个数*与有效磁矩可能值的数目一样多. 观察到的光点的个数和位置由曲线 $\mathcal{M}_{\text{eff}} = f(B)$ 推得 (图 17.12(b)). 一般情况下可观察到 8 个点, 除了图上两个特殊值以外, 该处我们可分别观察到 6 或 7 个点. 对于磁场 B 相当于 $x = 0.5$(对钠的情况 $B \approx$300G) 可观察到一个对应于偏转为零(有效磁矩为零) 的点. 这个性质曾被用来在实验上测定超精细结构的值.

小　结

本章是第 16 章不可或缺的补充. 事实上, 有约一半原子核具有磁矩, 它和电子磁矩的耦合深深地改变了原子的总磁矩和朗德因子的计算. 研究这约一半原子在外磁场中的塞曼效应属于第 17 章的范围, 而不属于上一章的范围.

然而, 在没有外磁场下核磁矩与电子磁矩之间的耦合也同样起着作用, 其结果是能级的简并解除了. 实际上其耦合能值的差别导致了超精细子能级的不同, 这表现在谱线超精细成分的裂距上. 用超高频技术观察从基态发出的相邻超精细能级之间的直接跃迁, 我们能以极高精确度来测定这些裂距 (可应用于计量学).

另一些静电性的能量修正可能来自核的球对称性缺失 (四极矩), 或简单地来自核的空间扩展, 或其质量不同 (不同同位素); 这就是同位素移位.

所有这些来自核的现象使原子光谱的细致研究极端复杂. 反过来, 它们也给同一元素的各种同位素带来了丰富的原子核信息, 从而对核物理做出了很大贡献.

---

* 指经磁场偏转后, 原子束中原子打到检测屏上产生的光点. —— 译者

第 18 章　波与二能级原子的量子相互作用

本章将对电磁波与原子之间量子相互作用的计算做一个十分简化的介绍. 这种简化计算并不寻求问题的普遍解, 因为它是建立在用以做这种简化的两个基本假说之上的:

- 电磁波是一激光束, 其电磁场是十分确定的 (参阅上册第 5 章的相干性); 并且, 我们仅局限于讨论线偏振光情况;
- 波的频率处于原子两个能级 E_1 和 E_2 之间的共振频率附近, 其中至少一个能级是没有简并的.

在不少实验中, 两个假说是成立的, 这可用实验直接验证.

18.1　无自发发射的孤立原子

18.1.1　半经典的电偶极相互作用哈密顿算符

a) 强光量子理论

最普遍的量子理论使用光子产生和湮没算符, 这超出了本书范围. 但是, 该理论表明, 当一束波中输运着大量光子 (激光情况) 时, 用那些算符可以相当精确地来计算波的电场矢量 $\vec{E}(x,y,z,t)$, 并对关于电场 $\vec{E}$ 的经典公式赋予意义.

假设波的角频率 ω 与原子两个能级 E_1 和 E_2 的共振频率 $\omega_0=(E_2-E_1)/\hbar$ 接近. 我们还假定这激光是线偏振的, 偏振方向平行于 Ox 轴; 波电场就只有唯一的分量 $E_x(\vec{r},t)=\mathcal{E}_0\mathrm{e}^{i(\omega t-\vec{k}\cdot\vec{r})}$, 其中 $\left|\vec{k}\right|=\dfrac{\omega}{c}=\dfrac{2\pi}{\lambda}$.

这个场与电偶极矩 $\vec{p}$ 系统的经典相互作用能是: $W=-\vec{p}\cdot\vec{E}=-p_xE_x$.

b) 原子偶极矩算符

原子应当用量子处理, 因此电偶极矩要以原子偶极矩矢量算符来代替:

$$\vec{D}=\sum_i q\vec{R}_i$$

这里 $\vec{R}_i$ 表示第 i 个电子的位置算符. 沿这矢量算符三个轴上的三个分量: D_x, D_y, D_z 具有重要的性质: 它们属于奇算符, 它作用于一个给定宇称 (对原子能级本征波函数情况) 的波函数时将改变它的宇称.

在通常大多数光跃迁情况下, 原子两个能态 E_1 和 E_2 的差别仅在于一个电子的状态不同, 因此我们研究两个能级之间的跃迁时, 偶极算符表达式中只要考虑该特定电子就够了. 考虑到波的偏振, 我们只需要 D_x 的分量; 因为这里只有它才作用于波函数 (类似于在第 11 章所做的), 位置算符就约化为乘以变量 x, D_x 分量就成为式 $D_x = qx$. 宇称的变化可写为:

——若波函数 ψ 是偶函数:

$$\psi(-\vec{r}) = \psi(\vec{r}) \quad \Rightarrow \quad D_x\psi(\vec{r}) = qx\psi(\vec{r}) \quad \text{是奇函数}$$

——若波函数 φ 是奇函数:

$$\varphi(-\vec{r}) = -\varphi(\vec{r}) \quad \Rightarrow \quad D_x\varphi(\vec{r}) = qx\varphi(\vec{r}) \quad \text{是偶函数}$$

我们知道两个宇称相反的函数 $\psi(\vec{r})$ 和 $\varphi(\vec{r})$ 的标量积为零, 因为在计算相应积分中, 对负的 x, y, z 的计算与对正的 x, y, z 的计算所得的贡献是相等而相反的, 所以:

$$\langle \psi \mid \varphi \rangle = \int_{-\infty}^{+\infty} \mathrm{d}x \int_{-\infty}^{+\infty} \mathrm{d}y \int_{-\infty}^{+\infty} \mathrm{d}z \psi^*(\vec{r})\varphi(\vec{r}) = 0$$

所加的激光频率条件 ($\omega \approx \omega_0$) 使我们可以认为, 只有当能量为 E_1 的初始态 $|\psi_1\rangle$ 和能量为 E_2 的 $|\psi_2\rangle$ 态是接近共振时才会有相互作用. 在由态矢量 $|\psi_1\rangle$ 和 $|\psi_2\rangle$ 确定的二维子空间中, 算符 D_x 由 2×2 矩阵表示. 上述宇称规则可推得两个对角矩阵元为零:

$$\langle \psi_1 |D_x| \psi_1 \rangle = 0 \quad \text{和} \quad \langle \psi_2 |D_x| \psi_2 \rangle = 0 \tag{18.1}$$

因此, 代表 D_x 的矩阵约化为两个复数共轭的非对角矩阵元, 可写为

$$\langle \psi_1 |D_x| \psi_2 \rangle = d_{12}\mathrm{e}^{i\varphi} \quad \text{和} \quad \langle \psi_2 |D_x| \psi_1 \rangle = d_{12}\mathrm{e}^{-i\varphi} \tag{18.2}$$

这里假定 d_{12} 是正实数.

c) **相互作用哈密顿算符**

哈密顿算符总是从经典公式转换过来的. 在偶极矩近似中考虑到光的偏振, 可写成:

$$W = -\vec{D} \cdot \vec{E} = -D_x E_x = -D_x \cdot \mathcal{E}_0 \cos \omega t$$

(原子的线度要比波长小得多, 我们可在原子的延展空间内忽略空间传播项: $\left|\vec{k} \cdot \vec{r}\right| \ll 1$).

因此, 能量的哈密顿算符 W 将由 2×2 矩阵表示, 其对角元为零:

$$\langle \psi_1 |W| \psi_1 \rangle = 0 \quad \text{和} \quad \langle \psi_2 |W| \psi_2 \rangle = 0$$

另外两个非对角矩阵元是:

$$W_{12}(t)=\langle\psi_1|W|\psi_2\rangle=-\mathcal{E}_0d_{12}\mathrm{e}^{+i\varphi}\cos\omega t=-\hbar\Omega\mathrm{e}^{+i\varphi}\frac{\mathrm{e}^{i\omega t}+\mathrm{e}^{-i\omega t}}{2}$$

$$W_{21}(t)=\langle\psi_2|W|\psi_1\rangle=-\mathcal{E}_0d_{12}\mathrm{e}^{-i\varphi}\cos\omega t=-\hbar\Omega\mathrm{e}^{-i\varphi}\frac{\mathrm{e}^{i\omega t}+\mathrm{e}^{-i\omega t}}{2}$$

定义参量 Ω 使能量为

$$\boxed{\mathcal{E}_0d_{12}=\hbar\Omega}\tag{18.3}$$

Ω 的量纲为频率, 在最终简化时把它作为因子, 就可把矩阵元写成如下形式:

$$\begin{aligned}W_{12}(t)&=-(\hbar\Omega/2)\mathrm{e}^{i(\omega t+\varphi)}(1+\mathrm{e}^{-2i\omega t})\\W_{21}(t)&=-(\hbar\Omega/2)\mathrm{e}^{-i(\omega t+\varphi)}(1+\mathrm{e}^{+2i\omega t})\end{aligned}\tag{18.4}$$

18.1.2　二能级薛定谔方程

我们仅限于由两个态 $|\psi_1\rangle$ 和 $|\psi_2\rangle$ 形成的子空间, 我们可以把这种“二能级原子”的任意态写成这两个作为基的态的相干叠加态的形式:

$$|\psi(t)\rangle=a(t)|\psi_1\rangle+b(t)|\psi_2\rangle\quad\text{并有}\quad|a(t)|^2+|b(t)|^2=1$$

a) 含时薛定谔方程

$$\begin{aligned}&i\hbar\frac{\mathrm{d}}{\mathrm{d}t}|\psi(t)\rangle=[H_0+W(t)]|\psi(t)\rangle\\&i\hbar\frac{\mathrm{d}a}{\mathrm{d}t}|\psi_1\rangle+i\hbar\frac{\mathrm{d}b}{\mathrm{d}t}|\psi_2\rangle=[H_0+W(t)][a(t)|\psi_1\rangle+b(t)|\psi_2\rangle]\end{aligned}$$

其中, H_0 表示没有波时孤立原子的哈密顿量, $W(t)$ 表示相互作用哈密顿量, 其矩阵元已用 (18.4) 式算得. 在这同一子空间, 代表 H_0 的矩阵是对角化的:

$$\begin{aligned}&\langle\psi_2|H_0|\psi_2\rangle=E_2=E_1+\hbar\omega_0\qquad&&\langle\psi_2|H_0|\psi_1\rangle=0\\&\langle\psi_1|H_0|\psi_2\rangle=0&&\langle\psi_1|H_0|\psi_1\rangle=E_1\end{aligned}$$

我们把薛定谔方程投影在 $|\psi_1\rangle$ 和 $|\psi_2\rangle$ 的基矢量上, 左边分别乘以 $\langle\psi_1|$ 和 $\langle\psi_2|$, 我们得到两个投影在基矢量上的标量方程:

$$\begin{aligned}&i\hbar\frac{\mathrm{d}a}{\mathrm{d}t}=E_1a(t)+W_{12}b(t)=E_1a(t)-\frac{\hbar\Omega}{2}b(t)\mathrm{e}^{i(\omega t+\varphi)}(1+\mathrm{e}^{-2i\omega t})\\&i\hbar\frac{\mathrm{d}b}{\mathrm{d}t}=E_2b(t)+W_{21}a(t)=(E_1+\hbar\omega_0)b(t)-\frac{\hbar\Omega}{2}a(t)\mathrm{e}^{-i(\omega t+\varphi)}(1+\mathrm{e}^{2i\omega t})\end{aligned}$$

b) 变量替换

没有波时 ($\Omega = 0$), 微分方程组简化为两个变量分离的微分方程, 其解是一目了然的:

$$a(t) = a(0)\mathrm{e}^{-i(E_1/\hbar)t}, \quad b(t) = b(0)\mathrm{e}^{-i(E_1/\hbar)t}\mathrm{e}^{-i\omega_0 t}$$

其快变化是没有任何物理意义的, 因为 a^*a 和 b^*b 是常数. 为了把这些快的和没有意义的变化除去, 在这类计算中所用的经典办法是通过适当的变量替换引进一个新的未知函数. 在这种情况下, 它们是:

$$\alpha(t) = a(t)\mathrm{e}^{+i(E_1/\hbar)t}, \quad \beta(t) = b(t)\mathrm{e}^{+i(E_1/\hbar)t}\mathrm{e}^{+i(\omega t+\varphi)} \tag{18.5}$$

由这个新的未知函数得到的出现概率是相同的: $\alpha^*\alpha = a^*a$ 和 $\beta^*\beta = b^*b$. 因而我们计算两个新的变量 α 和 β 的导数:

$$\begin{aligned} i\hbar\frac{\mathrm{d}\alpha}{\mathrm{d}t} &= \left[i\hbar\frac{\mathrm{d}a}{\mathrm{d}t} - E_1 a(t)\right]\mathrm{e}^{i(E_1/\hbar)t} = W_{12}b(t)\mathrm{e}^{i(E_1/\hbar)t} = -\frac{\hbar\Omega}{2}\beta(1+\mathrm{e}^{-2i\omega t}) \\ i\hbar\frac{\mathrm{d}\beta}{\mathrm{d}t} &= \left[i\hbar\frac{\mathrm{d}b}{\mathrm{d}t} - (E_1+\hbar\omega)b(t)\right]\mathrm{e}^{i(E_1/\hbar)t}\mathrm{e}^{i(\omega t+\varphi)} \\ &= [\hbar(\omega_0-\omega)b(t) + W_{21}a(t)]\mathrm{e}^{i(E_1/\hbar)t}\mathrm{e}^{i(\omega t+\varphi)} = -\hbar\delta\omega\beta - \frac{\hbar\Omega}{2}\alpha(1+\mathrm{e}^{2i\omega t}) \end{aligned}$$

其中, $\delta\omega = \omega - \omega_0$; 由此推得新的关于 α 和 β 的微分方程组:

$$\begin{aligned} \frac{\mathrm{d}\alpha}{\mathrm{d}t} &= +i\frac{\Omega}{2}\beta(1+\mathrm{e}^{-2i\omega t}) \\ \frac{\mathrm{d}\beta}{\mathrm{d}t} &= +i\frac{\Omega}{2}\alpha(1+\mathrm{e}^{+2i\omega t}) + i\delta\omega\beta \end{aligned} \qquad (\delta\omega = \omega - \omega_0)$$

c) 久期近似

变量替换 (18.5) 使 W 的矩阵元中最重要的随时间变化项 $\mathrm{e}^{\pm i(\omega t+\varphi)}$ 从方程中消失了. 可以看出, 剩下的 $\mathrm{e}^{\pm 2i\omega t}$ 项所产生的贡献是极端快速的、随角频率 2ω 而变化的; 由此得到它们的振幅正比于 $1/2\omega$, 或更精确地说, 与主要项相比其相对振幅为 $\delta\omega/2\omega$.

$|\delta\omega| \ll \omega_0$(接近共振) 的假说使我们可以消去这个仍旧与时间有关的项. 在量子力学教程中这叫做 "久期近似". 这样, 我们得到了一个常系数的微分方程组:

$$\frac{\mathrm{d}\alpha}{\mathrm{d}t} = i\frac{\Omega}{2}\beta \quad \frac{\mathrm{d}\beta}{\mathrm{d}t} = i\frac{\Omega}{2}\alpha + i\delta\omega\beta \quad \text{其中}\Omega = \mathcal{E}_0 d_{12}/\hbar \tag{18.6}$$

18.1.3　拉比振荡解

解这组常系数微分方程组比较简单. 只要把第二个方程 $\mathrm{d}\beta/\mathrm{d}t$ 再次对时间微分, 然后把这里的 $\mathrm{d}\alpha/\mathrm{d}t$ 用第一个方程的值来代替就可以了. 这样就得到了关于 β 的一个微分方程, 其中就不再出现 α 了.

$$\frac{\mathrm{d}^2\beta}{\mathrm{d}t^2} - i\delta\omega\frac{\mathrm{d}\beta}{\mathrm{d}t} + \frac{\Omega^2}{4}\beta = 0 \tag{18.7}$$

这个方程的解是两个时间的指数函数的线性组合, 其系数是其特征方程的平方根:

$$x^2 - i\delta\omega x + \frac{\Omega^2}{4} = 0 \quad \Rightarrow \quad x = i\frac{\delta\omega}{2} \pm \frac{i}{2}\sqrt{\Omega^2 + (\delta\omega)^2} = i\frac{\delta\omega}{2} \pm i\frac{\Omega_\delta}{2}$$

即

$$\beta = \mathrm{e}^{i\delta\omega t/2}\left(A\mathrm{e}^{i(\Omega_\delta/2)t} + B\mathrm{e}^{-i(\Omega_\delta/2)t}\right) = A'\cos\frac{\Omega_\delta}{2}t + B'\sin\frac{\Omega_\delta}{2}t$$

考虑初始条件, 加上辐射场 $t = 0$ 的瞬间有：$\alpha(0) = 1$ 和 $\beta(0) = 0$, $\Omega_\delta = \sqrt{\Omega^2 + (\delta\omega)^2}$, 得到

$$\beta(t) = i\frac{\Omega}{\Omega_\delta}\mathrm{e}^{i(\delta\omega/2)t}\sin\frac{\Omega_\delta}{2}t \quad \Rightarrow \quad \beta^*\beta = \left(\frac{\Omega}{\Omega_\delta}\right)^2\sin^2\frac{\Omega_\delta}{2}t$$

使用概率 $\beta^*\beta$, 角频率为 $\delta\omega/2$ 的寄生振荡消失, 剩下的只是角频率为 $\Omega_\delta = \sqrt{\Omega^2 + (\delta\omega)^2}$ 的常振幅振荡了.

在精确共振 ($\delta\omega = 0$) 时, 振荡振幅等于 1, 原子处在 E_1 和 E_2 的概率为

$$\boxed{\beta^*\beta = \sin^2\frac{\Omega}{2}t = \frac{1-\cos\Omega t}{2}; \quad \alpha^*\alpha = 1 - \beta^*\beta = \frac{1+\cos\Omega t}{2}} \tag{18.8}$$

在精确共振时, 原子处于每个 E_1 和 E_2 能级的概率是周期性地在 0 与 1 之间振荡的 (见图 18.1). 其周期取决于拉比频率 Ω(18.3), 它正比于电场振幅 E_0, 即波功率的平方根. 原子实际上是处在吸收光子–再发射光子的无穷序列之中.

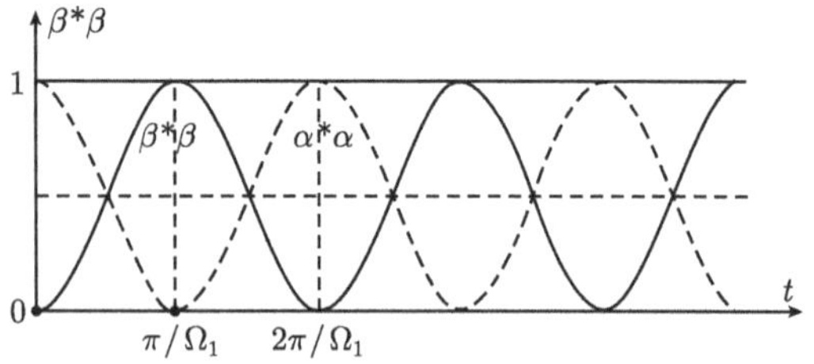

图 18.1　孤立原子的拉比振荡

处于激发态 $\beta^*\beta$ 的概率由实线画出. 用虚线附加了处于基态的概率 $\alpha^*\alpha$

18.1.4　在磁共振中观察拉比振荡

1938 年拉比教授第一次在原子束磁共振实验中观察到了这种拉比振荡, 实验见上册 8.4.2 节的图 8.7. 因此, 要用原子与垂直于恒定磁场 $\vec{B}_0$(平行于 Oz 轴), 并

沿 Ox 轴以角频率 $\omega = |\gamma B_0|$ 做振荡的交变磁场 $\vec{B}_1$ 相互作用的哈密顿算符量来进行量子计算:

$$W = -\mathcal{M}_x B_{1x} = -\mathcal{M}_x B_1 \cos\omega t = -B_1 \cos\omega t \cdot \gamma\hbar L_x \tag{18.9}$$

其中, L_x 是量纲一的角动量算符 $\vec{L}$ 在 x 方向上的分量 (参见附录 6).

在自旋为 1/2 的情况下, 交变磁场 $B_1 \cos\omega t$ 在此仅有的两个能量为

$$E_n = -\mathcal{M}_z B_0 = \pm\gamma\hbar B_0/2 = \pm\hbar\omega_0/2$$

的能级之间引起跃迁. 量子计算完全相同, 得到的拉比频率为 $\Omega = -\gamma B_1 = \omega_1$(参见经典计算的 (7.14) 式).

拉比实验中, 束中每个原子分别在 $t = l/v$ 时间内通过恒定磁场 $\vec{B}_0$ 的电磁铁间隙 (长度为 l) 受到作用; 根据这个时间 t 的长短, 原子在走出磁隙时处于 $\alpha(t)$ 和 $\beta(t)$ 态, 其概率由 (18.8) 式给出. 实验的平均结果要从计算束中最概然速率 $v = \sqrt{3kT/m}$(T 为用以产生原子束的炉子的热力学温度, 参见上册附录 2) 而得到. 这样验证了公式 (18.8).

拉比振荡还可以利用宏观样品在原子集体中观察到: 这是在短时间 t 里使用强的电磁波脉冲, 这时间短得使一些随机现象, 像弛豫或自发发射来不及起作用. 脉冲可以是:

- π 脉冲 (持续时间为 t, 使 $\Omega t = \pi$), 它使两个能级的布居数颠倒: $\beta^*\beta = 1$ 和 $\alpha^*\alpha = 0$;
- π/2 脉冲 (持续时间为 t, 使 $\Omega t = \pi/2$), 它导致 $\beta^*\beta = \alpha^*\alpha = 1/2$, 使所有原子都处于 $|\psi_1\rangle$ 和 $|\psi_2\rangle$ 之间的 "混杂态".

在磁共振上实现了大量不同的脉冲实验方案. 激光把这类实验推广到了光学跃迁 (如光子回波).

自发发射使拉比振荡迅速衰减, 因而实现这类光学跃迁实验是比较困难的, 在和实验做比较时我们必须考虑到这一点. 这就是我们在下一节中所要说的.

18.2　有自发发射的计算

18.2.1　平均集合变量

自发发射是一种随机现象, 对于每一个原子来说, 它发生在偶然的、不可预测的瞬间. 对它的讨论只能用原子系综的统计术语来进行.

a) 变量的定义

为此, 理论物理学家发明了密度矩阵的普遍方式, 它利用各个 (第 p 个) 原子的量子概率振幅 $a_p(t)$ 和 $b_p(t)$, 或 $\alpha_p(t)$ 和 $\beta_p(t)$ 的积 (共轭 × 非共轭). 在二能级

问题中, 这个 2×2 矩阵简化为四项 $\alpha_p^*\alpha_p$, $\beta_p^*\beta_p$, $\alpha_p^*\beta_p$, $\beta_p^*\alpha_p$, 它们通过概率的归一化条件相互联系: $\alpha_p^*\alpha_p+\beta_p^*\beta_p=1$.

于是剩下要考虑的只有三个独立变量; 比较方便的做法是选出这四项的三个线性组合:

$$\begin{aligned}&M_p=\alpha_p^*\alpha_p-\beta_p^*\beta_p\\&u_p=\alpha_p^*\beta_p+\beta_p^*\alpha_p;\quad \text{和}\quad v_p=i(\alpha_p^*\beta_p-\beta_p^*\alpha_p)\end{aligned}\tag{18.10}$$

很容易验证, 已知三个变量, 就足以计算平均值 $\langle\psi(t)|G|\psi(t)\rangle$, 不管量子算符 G 代表什么物理量.

用这三个变量的好处是用乘积 (共轭 × 非共轭) 使作用于各个原子的复数振幅 α_p 和 β_p 的随机相位项消失了, 并使它们对样品中 N 个原子分别计算出来的平均值为零. 相反, 我们可以计算积 $\alpha_p^*\alpha_p$, $\alpha_p^*\beta_p$ 等对 N 个原子的系综平均值. 我们把这些平均值用上面加横线来表示, 这样我们就可以表述自发发射的统计规律了:

$$\begin{aligned}&\overline{\alpha^*\alpha}=\frac{1}{N}\sum_p\alpha_p^*\alpha_p;\quad \overline{\alpha^*\beta}=\frac{1}{N}\sum_p\alpha_p^*\beta_p;\quad\cdots\\&\text{还有}\quad M=\frac{1}{N}\sum_p M_p;\quad u=\frac{1}{N}\sum_p u_p;\quad v=\frac{1}{N}\sum_p v_p\end{aligned}\tag{18.10'}$$

这 M, u, v 就称为 "平均集合变量".

此后, 对所研究样品中的一切原子, 我们将系统地使用这些平均值 M, u, v(不加下标 p).

b) **自发发射**

为了与上册中关于自发发射的标记法 (参见 3.2.1 节) 相比较, 今后我们将用 n 表示单位体积内的原子数, 我们把 n_1 或 n_2 叫做单位体积内处于 E_1 或 E_2 能级的原子数 (也称为这些能级的布居数), 它们的值是: $n_1=n\overline{\alpha^*\alpha}$, $n_2=n\overline{\beta^*\beta}$. 可以把 3.2.1 节中用 (3.9) 式写出的自发发射的时间变化规律移植过来, 成为

$$\frac{\mathrm{d}n_2}{\mathrm{d}t}=-A_{21}n_2\quad\Rightarrow\quad\frac{\mathrm{d}}{\mathrm{d}t}(\overline{\beta^*\beta})=-A_{21}\overline{\beta^*\beta}$$

由此推得 $M=\overline{\alpha^*\alpha}-\overline{\beta^*\beta}=1-2\overline{\beta^*\beta}$ 的微分:

$$\frac{\mathrm{d}M}{\mathrm{d}t}=-2\frac{\mathrm{d}}{\mathrm{d}t}(\overline{\beta^*\beta})=+A_{21}(2\overline{\beta^*\beta})=\frac{1-M}{\tau_1}=\frac{M_0-M}{\tau_1}\tag{18.11}$$

在一般情况下, 我们只讨论自发发射, $M_0=1$, τ_1 是激发态 E_2 的寿命. 但是我们可把这个方程推广到激光情况, 那里存在着抽运过程, 它改变平衡条件下的布居数, 使布居数差 M 趋向于一个不等于 1 的值 M_0, 在布居数反转情况下它可为负值; 因而时间常量 τ_1 要考虑抽运速率, 就会比寿命短得多.

在自发发射现象中, 交叉项 u 和 v 的演化不是很清晰的. 但是可以证明这一项以双倍的时间常量 $\tau_2 = 2\tau_1$ 趋向于零:

$$\frac{\mathrm{d}u}{\mathrm{d}t} = -\frac{u}{\tau_2}; \quad \frac{\mathrm{d}v}{\mathrm{d}t} = -\frac{v}{\tau_2} \tag{18.12}$$

(在常见的碰撞微扰情况下, 这个方程也成立, 但 τ_2 很短, 甚至比 τ_1 还短.)

18.2.2　布洛赫微分方程

现在我们必须把自发发射和与电磁波的相互作用这两种现象都聚集到同一个方程中. 我们先从两个导数 $\mathrm{d}\alpha/\mathrm{d}t$ 和 $\mathrm{d}\beta/\mathrm{d}t$ 出发, 把波作用下的各个量 M_p, u_p 和 v_p(18.10) 的变化写出来, 然后把这两个导数替换为 (18.6) 表达式. 三个导数 $\mathrm{d}M_p/\mathrm{d}t, \mathrm{d}u_p/\mathrm{d}t, \mathrm{d}v_p/\mathrm{d}t$ 中每个都包含四项, 根据 (18.10) 式, 它们是四个导数 $\mathrm{d}\alpha_p/\mathrm{d}t$, $\mathrm{d}\alpha_p^*/\mathrm{d}t, \mathrm{d}\beta_p/\mathrm{d}t, \mathrm{d}\beta_p^*/\mathrm{d}t$ 的线性组合, 如下所示:

各个原子的 (18.6) 关系式	$\mathrm{d}u_p/\mathrm{d}t$	$\mathrm{d}v_p/\mathrm{d}t$	$\mathrm{d}M_p/\mathrm{d}t$
$\mathrm{d}\alpha/\mathrm{d}t = i\beta\Omega/2$	$\times\,\beta^*$	$-\,i\beta^*$	α^*
$\mathrm{d}\alpha^*/\mathrm{d}t = -i\beta^*\Omega/2$	$\times\,\beta$	$+\,i\beta$	α
$\mathrm{d}\beta/\mathrm{d}t = i\beta\delta\omega + i\alpha\Omega/2$	$\times\,\alpha^*$	$+\,i\alpha^*$	$-\,\beta^*$
$\mathrm{d}\beta^*/\mathrm{d}t = -i\beta^*\delta\omega - i\alpha^*\Omega/2$	$\times\,\alpha$	$-\,i\alpha$	$-\,\beta$

为了简单起见, 在上表中我们省去了下标 “p”. 在三个线性组合中把各项重组后得到

$$\begin{aligned}
\frac{\mathrm{d}u_p}{\mathrm{d}t} &= i\delta\omega(\alpha_p^*\beta_p - \beta_p^*\alpha_p^*) &&= +\delta\omega v_p \\
\frac{\mathrm{d}v_p}{\mathrm{d}t} &= +\Omega(\beta_p^*\beta_p - \alpha_p^*\alpha_p) - \delta\omega(\alpha_p^*\beta_p + \beta_p^*\alpha_p) &&= -\Omega M_p - \delta\omega u_p \\
\frac{\mathrm{d}M_p}{\mathrm{d}t} &= i\Omega(\alpha_p^*\beta_p - \beta_p^*\alpha_p) &&= +\Omega v_p
\end{aligned} \tag{18.13}$$

可以把括号中的复数函数用三个实数函数来代替, 这样就得到了表示波作用 (即吸收和受激发射过程) 的关于 M_p, u_p 和 v_p 的微分方程组. 对所有原子取平均, 就得到了对 M, u, v 的相同方程组 (我们尝试把各个原子和原子集合的变量用不同记号区别开来. 注意, 在许多教材中常常忽略这种区别, 而要靠上下文来提示).

为了描述在两种**独立**现象的共同作用下原子系统的整体演化, 只要一方面把来自随机自发发射的 (18.11) 式和 (18.12) 式, 另一方面把来自波的相干作用的 (18.13) 式, 互相相加起来就行了. 这样就得到了布洛赫微分方程组:

$$\begin{aligned}
\frac{\mathrm{d}u}{\mathrm{d}t} &= -\frac{u}{\tau_2} + \delta\omega v \\
\frac{\mathrm{d}v}{\mathrm{d}t} &= -\delta\omega u - \frac{v}{\tau_2} - \Omega M \\
\frac{\mathrm{d}M}{\mathrm{d}t} &= \Omega v - \frac{M}{\tau_1} + \frac{M_0}{\tau_1}
\end{aligned}
\quad \text{其中} \left\{ \begin{aligned}
&\delta\omega = \omega - \omega_0 \\
&\Omega = \mathcal{E}_0 d_{12}/\hbar \\
&M_0 = +1(\text{无抽运情况})
\end{aligned} \right. \tag{18.14}$$

18.2.3 与磁共振的比较

我们已经就没有自发发射的单个原子的情况和磁共振做了第一次比较. 把 Ω 换成 $\omega_1 = -\gamma B_1$, (18.14) 方程组就可与上册 7.6.2 节关于磁共振的经典计算中所得的 (7.17b) 式相比较. 这里差别只在于以下两点:

- 这里我们区别了一个 "纵向弛豫时间" τ_1, 它用于布居数差 M(或纵向磁化强度 M_z), 和一个 "横向弛豫时间" τ_2, 它用于交叉变量 u 和 v, 或横向磁化强度 M_X 和 M_Y(参阅 7.6.3 节注2).
- 考虑到光学上两个能级 E_1 和 E_2 之间的能量差很大, 热平衡下布居数差 M 的数值为 $M_0 = +1$.

从不同假说出发所做的这两种计算之间的一致只有对二能级系统才成立, 但这却并非是偶然的.

经典计算是从顺磁性假说出发做出来的, 这就是说, 是从原子带有磁矩出发的, 对此我们可以用统计规律. 在上册第 7 章的小结中我们曾提到, 这实际上就是量子假说: 因此, 经典计算与二能级 (自旋 =1/2) 情况下用拉比哈密顿算符的量子计算所得结果相符是一点也不奇怪的.

两种量子计算是用相互作用哈密顿算符中两种不同的算符 L_x 和 D_x 来进行的, 但在二能级情况下, 每个算符都约化为两个虚部共轭的非对角矩阵项, 亦即实际上简化为唯一的复数参量, 它使两种情况下的计算完全相等.

注: 在经典和量子计算之间还可做另一种比较. 在量子计算过程中, 我们通过引进电磁场角频率 ω 的指数函数 $\mathrm{e}^{i\omega t}$ 做了一个从初始变量 $a(t)$ 和 $b(t)$ 到新变量 $\alpha(t)$ 和 $\beta(t)$ 的转换. 在经典几何论证中, 这个转换在数学上等效于转到以角频率 ω 转动的旋转坐标系.

18.2.4 阻尼振荡的一般解

对这组常系数微分方程普遍求解不是很困难, 但比较冗长; 我们概括叙述其结果. 通过消除两个变量得到一个三阶常系数微分方程, 其特征方程给出指数解的系数. 我们得到一个角频率与 $\Omega_\delta = \sqrt{\Omega^2 + (\delta\omega)^2}$ 十分接近的振荡解, 它以 τ_1 和 τ_2 的组合为时间常量而衰减. 这种振荡迅速转化为常数解, 那里 u 和 v 不为零, $M < M_0$.

在**精确共振**时 ($\delta\omega = 0$) 其解比较简单, 因为 $\mathrm{d}u/\mathrm{d}t$ 的微分方程与其他两个方程脱钩了, 初始 u 为零, 仍将为零. 另外两个方程因而成为只有二阶的微分方程, 其解是很经典的:

$$M(t) = \mathrm{e}^{-\gamma t}(A\cos\Omega t + B\sin\Omega t) + C \quad \gamma = \frac{1}{2}\left(\frac{1}{\tau_1} + \frac{1}{\tau_2}\right) \tag{18.15}$$

其中, A, B, C 是常数.

在光学跃迁情况下实验观察这种振荡是比较困难的, 因为它以常数 γ 很快衰减, γ 的数量级为 τ_1 寿命的倒数, 所以必须使用很强的光, 以使 $\Omega\tau_1 \gg 1$(即受激跃迁概率必须大大超过自发跃迁概率, 这就是饱和条件, 参阅上册 3.3.4 节).

实验于 1977 年由 Brewer 和 Schoemaker 用 CO_2 激光突然照射 CH_3F 分子蒸气而实现, 激光波长调谐到约 10μm, 与该分子共振. 他们观察透过蒸气室的光束强度, 在突然 (这种突然性是在蒸气室中为实现初始条件 $\alpha(0) = 1$ 和 $\beta(0) = 0$ 所必需的) 照射分子之后数量级约为 1μs 的阻尼寿命期间, 观察到了 3 或 4 个振荡. 这意味着, 根据两个能级之间原子的布居数 (**单位体积内**处于下能级 E_1 的原子数 n_1 和处于上能级 E_2 的原子数 n_2; 有 $n_1 + n_2 = n$) 的变化:

$$E_1\text{能级的布居数}n_1 = n\overline{\alpha^*\alpha} = n\frac{1+M}{2}; E_2\text{能级的布居数}n_2 = n\overline{\beta^*\beta} = n\frac{1-M}{2} \tag{18.16}$$

蒸气在吸收较大的状态和吸收较小的状态之间振荡.

(在这个实验中, "突然照射" 是用突然改变频率来实现的, 这样共振条件 $E_2 - E_1 = h\nu$ 就突然被建立或突然消失了. 现在可以用突然改变激光强度来实现了.)

18.3 稳 态

在当今光学实验上, 原子集合的拉比振荡因阻尼过快而难以观察, 一般只能观察 u, v, M 已成常数的稳态情况. 现在我们就来研究这稳态情况. 然而在此之前的下面第一节中, 我们将对 (18.10) 式以抽象方式引进的两个变量 u 和 v 做点具体的物理意义上的说明.

18.3.1 极化与极化率

a) 原子偶极矩的平均值

我们只考虑 18.1.1 节中所用哈密顿算符中的矢量算符 $\vec{D}$ 的 x 分量. 我们对这个算符使用计算平均值的一般公式:

$$\langle D_x\rangle = \langle\psi(t)|D_x|\psi(t)\rangle = (a^*\langle\psi_1| + b^*\langle\psi_2|)D_x(a|\psi_1\rangle + b|\psi_2\rangle)$$

考虑到代表 D_x 的矩阵的对角矩阵元为零, 有

$$\langle D_x\rangle = a^*b\langle\psi_1|D_x|\psi_2\rangle + b^*a\langle\psi_2|D_x|\psi_1\rangle = d_{12}(a^*b\mathrm{e}^{+i\varphi} + b^*a\mathrm{e}^{-i\varphi})$$

把 a 和 b 用来自 (18.5) 式的 α 和 β 的函数表达式代替:

$$a = \alpha\mathrm{e}^{-i(E_1/\hbar)t} \quad \text{和} \quad b = \beta\mathrm{e}^{-i(E_1/\hbar)t}\mathrm{e}^{-i(\omega t+\varphi)}$$

因而得到

$$\langle D_x \rangle = d_{12}(\alpha^* \beta \mathrm{e}^{-i\omega t} + \beta^* \alpha \mathrm{e}^{+i\omega t})$$

$$\langle D_x \rangle = d_{12}[(\alpha^* \beta + \beta^* \alpha)\cos\omega t + i(\beta^* \alpha - \alpha^* \beta)\sin\omega t]$$

上述计算是对每个原子的, 现在我们可以对它做原子系综平均, 用上横线表示;

$$\boxed{\overline{\langle D_x \rangle} = d_{12}[u\cos\omega t - v\sin\omega t]} \tag{18.17a}$$

当 u 和 v 是常量, 电偶极矩的平均值 $\overline{\langle D_x \rangle}$ 是一个随时间变化的正弦函数, 其频率与电磁场相同. 变量 u 代表 $\overline{\langle D_x \rangle}$ 与场同相位部分, 另一变量 v 代表与场的相位差 $\pi/2$ 的部分.

b) **宏观极化, 吸收与色散**

在电介质中我们定义极化矢量 $\vec{P}$, 它表示介质总体上的电中性状态 ($\rho = 0$, 参阅附录 8, A.8.2.1 节). 这个宏观矢量 $\vec{P}$ 不是别的, 就是单位体积中原子电偶极矩之矢量和, 已知单位体积内的原子数 n, 就可算出这个极化矢量: $\vec{P} = n\overline{\left\langle \vec{D} \right\rangle}$. 我们选择其 x 分量为

$$\boxed{P_x = n\overline{\langle D_x \rangle} = nd_{12}(u\cos\omega t - v\sin\omega t)} \tag{18.17b}$$

附录 8 的 A.8.2.2 节复习了电介质极化的复数函数的表示法: 我们有

$$E_x\text{实部} = \mathcal{R}(\mathcal{E}_0 \mathrm{e}^{i\omega t}) = \mathcal{E}_0 \cos\omega t$$

$$P_x\text{实部} = \mathcal{R}(\chi\mathcal{E}_0 \mathrm{e}^{i\omega t}) = \mathcal{R}\left[(\chi' - i\chi'')\mathcal{E}_0 \mathrm{e}^{i\omega t}\right] = [\chi'\cos\omega t + \chi''\sin\omega t]\mathcal{E}_0$$

这里引入了复数极化率 $\chi = \chi' - i\chi''$, 其中实部 χ' 表示 P_x 与正弦变化场的同相位部分, 虚部 χ'' 表示与场的相位差 $\pi/2$ 的部分. 对 u 和 v 进行计算, 得到宏观电极化率有

$$\boxed{\chi'\mathcal{E}_0 = nd_{12}u \quad \text{和} \quad \chi''\mathcal{E}_0 = -nd_{12}v} \tag{18.18}$$

在附录 8 的 A.8.2.2 节我们还复习了这两个极化率在波的传播中的作用: χ' 与折射率有关, 它随频率而变化, 构成色散现象; χ'' 则可用来计算波通过介质时的吸收系数:

—— 色散与折射率有关: $n' \simeq 1 + \chi'/2\varepsilon_0$; 参见 (A8.8) 式.

—— 吸收系数 $K = 2n''\omega/c = \omega\chi''/\varepsilon_0 c$; 参阅 (A8.9) 式. (注意, 不要把折射率 n' 和 n'' 与原子布居数 $n_1 + n_2 = n$ 搞混了.)

注: 在通常条件下 χ'' 是正的, $\chi''\sin\omega t = \chi''\cos(\omega t + \pi/2)$ 项落后于电场 E_x 周期一个象限. 这导致电场做正功, 就造成了波的能量损失, 因此是吸收. 在通常条件下变量 v 应是负的 (参见 18.3.2 节).

c) **振荡极化, 受激发射源**

在稳态 (u 和 v 为常数) 或阻尼瞬态 (u 和 v 为变量) 下, 原子极化是以入射波的频率 ω 调制的, 因而其行为如同一个经典辐射方程中的天线 (参阅附录 8).

受激发射现象是完全可以计算的, 为此需要同时写出:

- 布洛赫微分方程, 它描述入射波作用下由两个变量 u 和 v 所表示的原子极化的产生;
- 经典电磁方程 (附录 8), 它可用来计算正比于 $u\cos\omega t - v\sin\omega t$ 的振荡偶极子发射的波, 其形式:

—— 或为偶极辐射, 参见 A.8.1 节;

—— 或为麦克斯韦方程, 参见 A.8.2 节.

布洛赫和麦克斯韦微分方程组之间是由同一对变量 u 和 v 相连接的, 这两个互相连接的方程可用来计算大量关于激光的问题.

18.3.2　布洛赫方程的稳态解

当瞬态振荡被阻尼衰减后, 布洛赫方程的稳态解就由三个变量 u, v,M 的常数值构成.

a) **从导数为零出发的计算**

在微分方程组 (18.14) 中让这些变量对时间的导数为零, 就可直接得到它们的常数值. 这样, 从中间一个方程 $\mathrm{d}v/\mathrm{d}t$ 出发, 把另外两个方程中的 u 和 M 用 v 的函数表达式来代替, 该微分方程组就转化为三个未知量 u, v,M 的三个代数方程, 就容易解得这个代数方程组. 下面左边直接写下初始方程, 右边为其转化后的方程:

$$\begin{aligned}
0 &= -\frac{u}{\tau_2} + \delta\omega v & &\Rightarrow & u &= \delta\omega\tau_2 v \\
0 &= -\delta\omega u - \frac{v}{\tau_2} - \Omega M & &\Rightarrow & v &= -\delta\omega\tau_2 u - \Omega\tau_2 M \\
0 &= \qquad +\Omega v - \frac{M}{\tau_1} + \frac{M_0}{\tau_1} & &\Rightarrow & M &= M_0 + \Omega\tau_1 v
\end{aligned}$$

其稳态解就是

$$\left\{\begin{aligned}
\delta\omega\tau_2 v = u &= -M_0\frac{\Omega\delta\omega\tau_2^2}{1+(\delta\omega\tau_2)^2+\Omega^2\tau_1\tau_2} = \chi'\mathcal{E}_0/nd_{12} && \text{色散} \\
v &= -M_0\frac{\Omega\tau_2}{1+(\delta\omega\tau_2)^2+\Omega^2\tau_1\tau_2} = -\chi''\mathcal{E}_0/nd_{12} && \text{吸收} \\
M_0+\Omega\tau_1 v = M &= +M_0\frac{1+(\delta\omega)^2\tau_2^2}{1+(\delta\omega\tau_2)^2+\Omega^2\tau_1\tau_2} = (n_1-n_2)/n && \text{布居数差}
\end{aligned}\right. \tag{18.19}$$

若有 $\tau_1=\tau_2$ 和 $\omega_1=\Omega$, 这些结果与 7.6.3 节磁共振公式 (7.19) 完全相等; 但是在物理意义上有点小差别.

若就讨论原子布居数而言, 差别在于通常取决于热平衡的常数 M_0 的数值. 光学跃迁巨大的能量差使该情况下有 $M_0=(n_1-n_2)/n=1$(热平衡下所有原子处于下能级 E_1).

若就讨论交叉变量或横向变量而言, 物理意义显然不同, 因为它涉及不同的物理量 (分别为极化和磁化强度).

b) 布居数反转情况: 放大

在上册第 4 章中, 我们解释了各种不同抽运方法是如何实现布居数反转的 (即 M_0 的值是负的, 亦即在抽运达到动态平衡时, 上能级 E_2 的布居数大于下能级 E_1 的). 这时 χ' 和 χ'' 改变符号, 吸收系数 K 和 χ'' 一样成为负数; 我们再次得到上册 4.3 节的放大系数 $\alpha=-K$ 的公式 (4.5). 当极化率 χ'' 为负时, 代表感生发射现象, 它比吸收占优势; 也就是说, 入射波被放大了. 抽运传给原子的能量转给了感生光束.

c) 饱和与自感生透明

我们回到寻常的光学跃迁, 有 $M_0=1$; 我们看 (18.19) 式分母中与 $\mathcal{E}_0^2$ 成正比的 Ω^2 项, 即光功率项. 假如我们处在精确共振 ($\delta\omega=0$), 只要 $\Omega^2\tau_1\tau_2\ll 1$, 这 Ω^2 一项仍是可忽略的. 这个条件对于过去寻常光源实际上几乎是全部满足的, 从而不可能得到饱和 (参阅上册 3.3.4 节). 这解释了弹性束缚电子模型在历史上的成就 (参见附录 8 的 (A8.14) 式和 (A8.15) 式).

相反, 激光光源通常可以超过饱和, 即满足相反的条件: $\Omega^2\tau_1\tau_2\gg 1$. 当 $\Omega^2\tau_1\tau_2\to\infty$ 时, χ' 和 χ'' 趋于零, 对吸收系数 $K\simeq\omega\chi''/\varepsilon_0 c$ 也一样. 在很强的入射光束照射下, 透过光的介质将更加透明; 此即自感生透明 (参阅上册 4.1.1 节).

d) 线形与线宽 (光学共振下)

图 18.2 画出了用 (18.9) 式算得的 M,u 和 v 随失谐 $\delta\omega$ 变化的曲线 (参见上册图 7.10). 为了画出这些曲线, 采用新的变量比较方便:

$$x=\frac{\delta\omega\tau_2}{\sqrt{1++\Omega^2\tau_1\tau_2}}\quad\Rightarrow\quad u=C\frac{x}{1+x^2};\quad v=C\frac{-1}{1+x^2};\quad M_0-M=C\frac{+1}{1+x^2}$$

C 是一个常数. $x=\pm1$ 的点相当于 v 的半高点和 u 的极大值点. 由此可推得三条曲线的常规宽度为

$$\boxed{\Delta\omega=\frac{2}{\tau_2}\sqrt{1+\Omega^2\tau_1\tau_2}}$$

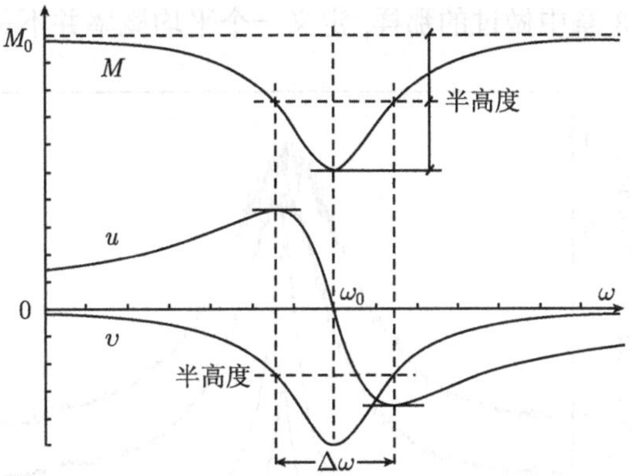

图 18.2　稳态情况, 随入射波角频率 ω 变化的函数对每个 ω 值给出三个变量的值: M(布居数差)、u(χ'或色散)、v(χ'' 或吸收)

在弱光强下 ($\Omega^2\tau_1\tau_2 \ll 1$), $\Delta\omega \simeq 1/\tau_2$; 我们再次得到了经典理论中极化率的表达式 (A8.14) 和 (A8.15), 它们可以简单地模拟色散和吸收现象 (参阅附录 8 中 A.8.3.2 节). 但在对应于饱和 ($\Omega^2\tau_1\tau_2 \gg 1$) 的强光下, 曲线可能显著加宽, 称为 "功率增宽", 它正比于拉比频率 Ω, 亦即正比于电场强度 $\mathcal{E}_0$, 或功率的平方根, 并趋于 $\Delta\omega \approx 2\Omega\sqrt{\tau_1/\tau_2}$.

这个功率增宽通常可在磁共振中观察到, 在强激光下也可在光学上观察到. 为了显示这个现象, 这里我们复制了上册图 5.6(在固态基体中静止的单个分子的光学共振实验, 这里同时消去了寻常的多普勒增宽和基体的不均匀增宽). 这就是图 18.3. 在该图上, 记录了荧光发射的光子数 (正比于随 $-v$ 变化的激发态布居数 $n\overline{\beta^*\beta} = n(1-M)/2$) 随激发激光失谐 $\delta\nu$ 变化的函数. 几条曲线对应于不同光强, 它们之间的光强以相差约为 3 倍的因子而变化. 可以看到随着光强逐渐增强而宽度增大, 而曲线的高度则随着饱和而不再增加. 这些曲线中最小的一条其宽度接近于自然线宽, 它与上能级寿命成反比 (参见上册 5.2.2 节).

18.3.3　平均跃迁概率, 爱因斯坦系数

在本章开头我们已见到, 电磁波对原子的直接作用在于产生拉比振荡. 在此过程中, 单位时间的跃迁概率 $\mathrm{d}\alpha^*\alpha/\mathrm{d}t$ 和 $\mathrm{d}\beta^*\beta/\mathrm{d}t$ 基本上是变化的 (参见 (18.8) 式). 这个结果似乎与爱因斯坦的单位时间跃迁概率相矛盾, 后者是常数 (与时间无关), 而且是可以解释许多有趣现象的.

因此, 区别两次自发发射之间一个孤立原子的单个跃迁概率 (对于一个原子它是不可预测的) 和光波的稳态作用下对大量原子定义的平均跃迁概率是十分重要的. 处于稳态时, 原子单个地、连续地在两个能级 E_1 和 E_2 之间做着感生跃迁, 各个跃迁概率是不同的, 并瞬间变化的. 但如果我们感兴趣的是原子系综的平均值,

正像我们在上册第 3 章中做过的那样, 定义一个平均概率并不是不可能的:

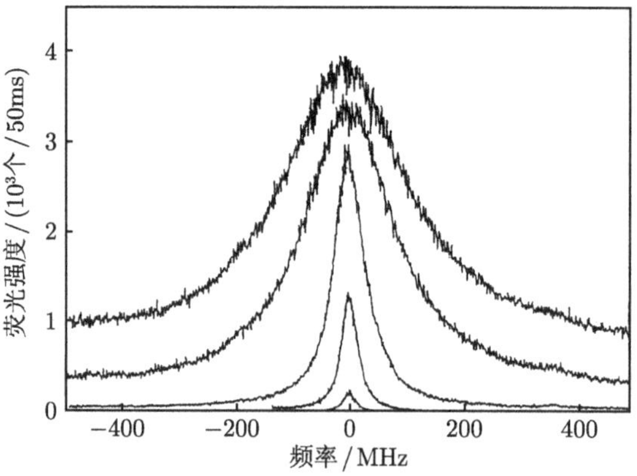

图 18.3 囚禁在固态基体中单个分子的光学共振

记录分子在激光束照射下自发发射的光子数, 以激光频率失谐为函数. 光子数与激发态的平均布居数成正比, 每条曲线在固定激光光强下记录, 互相间光强相差约为 3 倍的因子

—— 在波的作用下从 E_1 出发得到 $-\dfrac{1}{n_1}\dfrac{\mathrm{d}n_1}{\mathrm{d}t}=\varpi_{12}$(吸收);

—— 在波的作用下从 E_2 出发得到 $-\dfrac{1}{n_2}\dfrac{\mathrm{d}n_2}{\mathrm{d}t}=\varpi_{21}$(感生发射).

所有原子都是从一个能级离开, 到达另一个能级的, 在平衡下有

$$\frac{\mathrm{d}n_1}{\mathrm{d}t}=-\frac{\mathrm{d}n_2}{\mathrm{d}t}=\varpi_{21}n_2-\varpi_{12}n_1$$

(参见消除自发发射下的 (3.13) 式), 由此导出了在波作用下 $M=(n_1-n_2)/n$ 的变化:

$$\left(\frac{\mathrm{d}M}{\mathrm{d}t}\right)_{\text{波}}=\frac{1}{n}\left(\frac{\mathrm{d}n_1}{\mathrm{d}t}-\frac{\mathrm{d}n_2}{\mathrm{d}t}\right)_{\text{波}}=\frac{2}{n}(\varpi_{21}n_2-\varpi_{12}n_1) \tag{18.20}$$

从另一方面, 在建立布洛赫方程过程中我们用 (18.13) 式计算了表示波作用的导数, 它们等同于各个原子的变量, 也等同于所有原子的平均集合变量. 这里我们只对二能级的布居数变化感兴趣, 我们只写出平均集合变量微分方程组 (18.13) 中关于 M 的第三个方程:

$$\frac{1}{n}\left(\frac{\mathrm{d}n_1}{\mathrm{d}t}-\frac{\mathrm{d}n_2}{\mathrm{d}t}\right)_{\text{波}}=\left(\frac{\mathrm{d}M}{\mathrm{d}t}\right)_{\text{波}}=+\Omega v$$

在 (18.19) 式中比较 v 和 M 的两个稳态表达式, 其分母是相等的, 得到

$$\frac{v}{M}=-\frac{\Omega\tau_2}{1+(\delta\omega\tau_2)^2}\quad\Rightarrow\quad\left(\frac{\mathrm{d}M}{\mathrm{d}t}\right)_{\text{波}}=-M\frac{\Omega^2\tau_2}{1+(\delta\omega\tau_2)^2}=\frac{n_2-n_1}{n}\frac{\Omega^2\tau_2}{1+(\delta\omega\tau_2)^2} \tag{18.21}$$

比较 (18.20) 式与 (18.21) 式, 我们有

$$\varpi_{21}=\varpi_{12}=\frac{1}{2}\frac{\Omega^2\tau_2}{1+(\delta\omega\tau_2)^2}=\frac{\Omega^2}{4}\frac{2\tau_2}{1+(2\pi\tau_2\delta\nu)^2}=\frac{\Omega^2}{4}\phi(\nu) \tag{18.22}$$

其中, 函数 $\phi(\nu)$ 是归一化的, 其对频率的积分为 1; 利用变量替换 $x=2\pi\tau_2\delta\nu$, 很容易验证:

$$\int_0^{\infty}\phi(\nu)\mathrm{d}\nu=\frac{1}{\pi}\int_{-2\pi\tau_2\nu_0}^{+\infty}\frac{\mathrm{d}x}{1+x^2}\simeq\frac{1}{\pi}[\arctan x]_{-\infty}^{+\infty}=1$$

这样, 把 (18.22) 式与上册第 3 章的 (3.8) 式相对照就得到吸收跃迁概率的定义:

$$\varpi_{12}(\nu)=\frac{\lambda}{\hbar}\sigma_{12}(\nu)\frac{\varepsilon_0\mathcal{E}_0^2}{2}=B_{12}\phi(\nu)\frac{\varepsilon_0\mathcal{E}_0^2}{2}$$

其中, $\varepsilon_0\mathcal{E}_0^2/2$ 是单位体积内波的能量密度 (本章中我们避免使用上册第 1 章中用以表示能量密度的字母 u).

由此利用 (18.22) 式和表示 Ω 值的 (18.3) 式, 因而得到爱因斯坦系数:

$$\frac{\varpi_{12}(\nu)}{\phi(\nu)}=B_{12}\frac{\varepsilon_0\mathcal{E}_0^2}{2}=\frac{\Omega^2}{4}=\frac{\mathcal{E}_0^2d_{12}^2}{4\hbar^2}\quad\Rightarrow\quad B_{12}=\frac{d_{12}^2}{2\varepsilon_0\hbar^2}=\frac{|\langle\psi_1\,|D_x|\,\psi_2\rangle|^2}{2\varepsilon_0\hbar^2} \tag{18.23}$$

注意, 这个关系式是在二能级系统和线性偏振波的非常特殊情况下证明的, 不是绝对普遍的. 在存在磁场跃迁的情况下 (例如塞曼效应), 必须考虑光的各种可能偏振 (圆偏振要用相位相差 $\pi/2$ 的两个振荡场 E_x 和 E_y 来表示); 于是得到表征不同塞曼成分 $\delta m_J=0,\pm1$ 的光偏振. 尽管如此, 在一般情况下 (18.23) 式还是很好地给出了爱因斯坦系数的数量级. 它是本节要记住的最重要的结论.

在 E_1 和 E_2 两个能级之间, 只有在对应于 $|\psi_1\rangle$ 和 $|\psi_2\rangle$ 两个原子状态之间的电偶极矢量算符矩阵元不等于零时, 才可能存在辐射跃迁.

这是本书中屡次遇到的 (特别是在第 15 章中) 选择定则的基础.

对大量原子中各个拉比振荡以及它们之间的相位不一致 (这是因自发发射的随机中断而导致的) 的详细分析可以对刚才计算的平均跃迁概率做出更为精确的解释. 但这类研究比较复杂, 超出本书范围. 我们建议有兴趣的读者可阅读更专门的著作 [例如, B. Cagnac 和 J-P. Faroux 的《激光, 光–原子相互作用》(法语版)].

小　结

本章中我们对电磁波与原子的相互作用做了精确的量子计算, 不过仅限于一个简单情况, 但却是符合实验实际的.

波的作用使原子进入与时间有关的、两个共振能级的相干叠加态, 其中原子处于先吸收、后感生发射过程的无穷序列中. 可以对某个时刻一个原子整个是处在两个能级中的某一个的特定状态做出决定性的预测, 在脉冲实验中可以应用这种预测.

自发发射 (或磁共振中的弛豫) 是随机现象, 它使各相干态混杂, 并导致一个稳态, 在这种状态下可以定义并计算爱因斯坦平均跃迁概率.

在所有情况下, 都是通过 "原子偶极矩" 矢量算符的矩阵元才能进行相互作用计算. 只有两个能级的电偶极算符的矩阵元不为零时, 此两能级的辐射跃迁才能存在. 这是选择定则的起因.

附录 6　矢量算符, 维格纳–埃克特定理

在普遍意义上, 维格纳–埃克特定理适用于一切任意阶张量算符. 但我们只需用于矢量算符 (它是一阶张量算符), 这里, 我们在此矢量算符的特殊情况下对它加以说明.

我们假设读者已在量子力学课程中熟悉了角动量算符的性质, 这里只对其基本结果做点复习.

A.6.1　角动量算符的复习

a) 轨道角动量

一个电子的轨道角动量算符是从经典力学角动量的普遍公式出发来定义的 (参见上册第 7 章引言):

$$\vec{\mathcal{L}} = \vec{r} \times m\vec{v} = \vec{r} \times \vec{p}$$

把动量矢量 $\vec{p}$ 用矢量算符替代:

$$\vec{P} = \frac{\hbar}{i}\frac{\partial}{\partial \vec{r}} \quad 即 \quad P_x = \frac{\hbar}{i}\frac{\partial}{\partial x}; \quad P_y = \frac{\hbar}{i}\frac{\partial}{\partial y}; \quad P_z = \frac{\hbar}{i}\frac{\partial}{\partial z} \tag{A6.1}$$

(上行开头的矢量符号概括了三个分量).

为了消除常数 $\hbar$, 定义一个量纲一算符 $\vec{L}$, 有

$$\vec{L} = \vec{r} \times \frac{\vec{P}}{\hbar} = \vec{r} \times \frac{1}{i}\frac{\partial}{\partial \vec{r}}$$

即有

$$L_z = \frac{1}{\hbar}(xP_y - yP_x) = \frac{1}{i}\left(x\frac{\partial}{\partial y} - y\frac{\partial}{\partial x}\right)\cdots \tag{A6.2}$$

(其他分量可由循环置换得到).

这表明, 以 L_z 算符为例, 它的本征值只能取正或负的整数, 其他两个分量也一样. 这还表明, 三个算符 L_x, L_y, L_z 遵从它们之间的十分确定的对易关系.

b) 由对易关系定义的角动量

反过来, 可以从三个分量算符 L_x, L_y, L_z 之间的对易关系出发, 选择这些关系来定义一个在三个坐标轴上有分量为 J_x, J_y, J_z 的矢量算符 $\vec{J}$, 即

$$[J_x, J_y] = J_xJ_y - J_yJ_x = iJ_z; \quad [J_y, J_z] = J_yJ_z - J_zJ_y = iJ_x;$$

和

$$[J_z, J_x] = J_z J_x - J_x J_z = iJ_y \tag{A6.3}$$

(用量纲一矢量后对易关系中常量 $\hbar$ 消去了).

还容易证明, 标量算符 $\vec{J}^2 = J_x^2 + J_y^2 + J_z^2$ 与其三个分量中的每一个都对易:

$$\left[\vec{J}^2, \vec{J}\right] = 0 \quad \text{即} \quad \left[\vec{J}^2, J_x\right] = 0; \quad \left[\vec{J}^2, J_y\right] = 0; \quad \left[\vec{J}^2, J_z\right] = 0 \tag{A6.4}$$

还可以用较为繁杂的方式证明, 标量算符 $\vec{J}^2$ 的本征值可写成 $J(J+1)$ 的形式, 其中数字 J 应是一个正数, 可为整数, 或半整数; 其一个分量 (例如 J_z) 的可能本征值 m 有一切或正或负的数值, 在 $-J$ 和 $+J$ 之间变化: $-J \leqslant m \leqslant +J$; 就是说, 如果 J 是整数, 所有 m 值都是整数 (轨道角动量情况); 若 J 是半整数 (自旋情况), 则 m 值也都是半整数 (一个整数和一个分数 1/2 之和) 在此情况下, 不存在 $m = 0$ 的值.

角动量算符的这些性质已经在上册第 8、9 章中复习过, 用以详细解释施特恩–格拉赫磁偏转实验, 以及后来塞曼效应的实验. 这些实验说明把量子数 m 叫做磁量子数是合适的.

c) 量子态的基矢量

我们还常用 $\left\{\vec{J}^2, J_z\right\}$ 表象来表示原子的量子态, 即应用**算符 $\vec{J}^2$ 和 J_z(它们互相对易) 的共同本征矢量**作为量子态的空间基矢量. 这些本征矢量的每一个都由两个相应量子数表示:

算符 $\vec{J}^2$ 用 J, 算符 J_z 用 m; 记做 $|Jm\rangle$.

A.6.2 角动量与几何转动

矢量算符所表征的是其三个分量在真实空间的几何转动中的变换方式; 我们将看到, 角动量是如何非常简单地来描述转动所引起的变换的.

a) 空间中的几何转动

为方便起见, 我们选用平行于 Oz 轴的转动轴上的单位矢量 $\vec{u}$. 图 A6.1 表示一个无穷小转动的转角 $\mathrm{d}\alpha$, 这时点 M 转向点 M', 而矢量 $\overrightarrow{MM'}$ 与 $\overrightarrow{OM}$ 垂直, 长度 $MM' = \mathrm{d}\alpha \cdot OM$. 这可用矢量形式写为

$$\overrightarrow{MM'} = \mathrm{d}\alpha \cdot \vec{u} \times \overrightarrow{OM} = \mathrm{d}\alpha \cdot \vec{u} \times \vec{r}$$

假设我们把这样的无穷小转动的几何操作记做 $\mathcal{R}$, 在这个坐标轴上定义一个量子体 (原子或分子) 的波函数 $\psi(x, y, z)$. 这个使 M 点移动到 M' 的转动可写为

$$\vec{r'} = \mathcal{R} \cdot \vec{r} = \vec{r} + \mathrm{d}\alpha \cdot \vec{u} \times \vec{r} \tag{A6.5a}$$

反向的转动, 即将 M' 点移动到 M, 可写为

$$\vec{r} = \mathcal{R}^{-1} \cdot \vec{r'} = \vec{r'} - \mathrm{d}\alpha \cdot \vec{u} \times \vec{r'} \tag{A6.5b}$$

初始时量子体由 $Oxyz$ 坐标系中下列波函数表示:

$$\psi(x, y, z) = \psi(\vec{r})$$

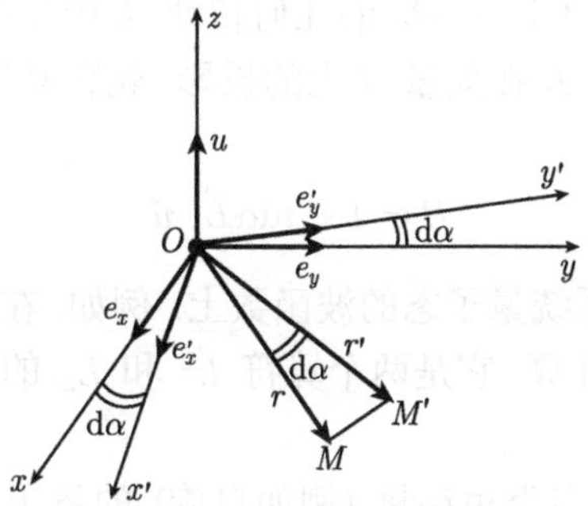

图 A6.1

转动 $\mathcal{R}$ 后, 它在同一坐标系中由新的波函数 $\phi(x, y, z) = \phi(\vec{r})$ 来表示. 为了使转动前后两个波函数联系起来, 只要将波函数 $\psi(\vec{r}) = \psi(M)$ 变换为 M' 的即可, 它是

$$\phi(M') = \psi(M) \quad \text{或} \quad \phi(\vec{r}') = \psi(\vec{r}) = \phi(\mathcal{R}^{-1} \cdot \vec{r'})$$

b) **波函数转动算符 $\mathcal{R}$**

上述 ϕ 和 ψ 的关系在同一点 $\vec{r}'$ 上是普遍的, 还可对移动点 $\vec{r}$ 写出同样的关系, 这样我们就可写出几何转动 $\mathcal{R}$ 中引起波函数变换的量子算符 $\mathcal{R}$ 的定义为

$$\boxed{\phi(\vec{r}) = \psi(\mathcal{R}^{-1} \cdot \vec{r}) = R \cdot \psi(r)} \tag{A6.6}$$

为了从 (A6.5b) 式出发计算 $\mathcal{R}^{-1} \cdot \vec{r}$, 我们应当把两个矢量

$$\begin{cases} \vec{r} & (x, y, z) \\ -\mathrm{d}\alpha \vec{u} \times \vec{r} & (y\mathrm{d}\alpha, -x\mathrm{d}\alpha, 0) \end{cases}$$

的分量相加起来, 即

$$\begin{aligned} \phi(x, y, z) &= \psi(\mathcal{R}^{-1} \cdot \vec{r}) = \psi(x + y\mathrm{d}\alpha, y - x\mathrm{d}\alpha, z) \\ &= \psi(x, y, z) + \mathrm{d}\alpha \left[y\frac{\partial \psi}{\partial x} - x\frac{\partial \psi}{\partial y} \right] \end{aligned}$$

把它对 dα 做有限级数展开, 仅取一级项, 有

$$\phi(x,y,z)=\psi(x,y,z)-\mathrm{d}\alpha\left[x\frac{\partial}{\partial y}-y\frac{\partial}{\partial x}\right]\psi(x,y,z)$$

我们认识到方括号中是上面 (A6.2) 式定义的算符 iL_z, 即有

$$\phi(x,y,z)=(1-i\mathrm{d}\alpha L_z)\psi(x,y,z)=R\cdot\psi(x,y,z) \tag{A6.7}$$

这样我们计算了转轴平行于 Oz 的几何转动 $\mathcal{R}$ 中作用在波函数上的**量子转动算符 $\boldsymbol{R}$**. 引入量纲一算符 $\vec{L}$ 在矢量 $\vec{u}$ 上的投影, 就容易把这个表达式推广到任何方向上的单位矢量 $\vec{u}$:

$$R=1-i\mathrm{d}\alpha\vec{L}\cdot\vec{u} \tag{A6.8}$$

算符 R 作用在代表系统量子态的波函数上. 例如, 在第 11 章中我们回顾了角向本征函数 $Y_{lm}(\theta,\varphi)$ 的计算, 它是两个算符 $\vec{L}^2$ 和 L_z 的共同本征函数, 可以作为角向函数整体的基的函数.

在比较复杂的、含有多类角动量 (例如自旋) 的量子系统的一般情况下, 所有角动量相加而得的系统总角动量 $\hbar\vec{J}$ 是系统演化过程的不变量. 根据对转动算符较为普遍的考量, 可以证明, 这个系统的转动算符可在上述 (A6.8) 式中用 $\vec{J}$ 来代替 $\vec{L}$, 写为

$$\boxed{R=1-i\mathrm{d}\alpha\vec{J}\cdot\vec{u}} \tag{A6.9}$$

一般情况下, 波函数不足以表示量子态, 而算符 R 则作用于量子态抽象空间的态矢量.

c) 转动中算符的变换

注意! 不要把在里面做转动的三坐标 x,y,z 的真实几何空间与量子态 $|a\rangle$ 的抽象空间相混淆; 量子转动算符 R 作用在量子态上, 把转动前的态矢量 $|a\rangle$ 变换为转动后的态矢量 $|a'\rangle$:

$$|a'\rangle=R\,|a\rangle\quad\text{或相反}\quad|a\rangle=R^{-1}\,|a'\rangle \tag{A6.10}$$

一个算符 A 代表一个转动前的可观察量, 在转动后变换为另一个算符 A'. 设想在转动前对这个可观察量做了一次测量, 测得的值 a 对应于本征矢量 $|a\rangle$, 即

$$A\,|a\rangle=a\,|a\rangle$$

转动不改变系统的状态, 也不改变测量值. 因此, 转动后有 $A'\,|a'\rangle=a\,|a'\rangle$; 或根据 (A6.10) 式还有 $A'R\,|a\rangle=aR\,|a\rangle$.

把反变换 R^{-1} 用于第二个方程的左边,

$$R^{-1}A'R\,|a\rangle = aR^{-1}R\,|a\rangle \quad = a\,|a\rangle \quad (\text{乘积} R^{-1}R=1)$$

由此推得 $A=R^{-1}A'R$, 然后有相反的关系:

$$\boxed{A' = RAR^{-1}} \tag{A6.11}$$

d) 标量算符情况

根据定义, 标量算符 A 的测量结果与坐标轴的可能转动无关. 该算符 A 与转动算符 R 对易 [(A6.9) 式], 因而也与角动量 $\vec{J}$ 对易, 亦即与其三个分量 J_x, J_y 和 J_z 对易. 由此还可推得, 在 $\left\{\vec{J}^2, J_z\right\}$ 表象中一个标量算符的矩阵是对角化的, 其所有矩阵元是相等的 (与 m 无关).

A.6.3　矢量算符的对易关系

我们分两步走来得到这些关系: 首先, 在真实空间中研究几何转动对一个矢量的分量的作用; 然后把量子转动算符 R 用于矢量算符的各分量.

a) 轴转动中一个矢量的分量

一个真实空间的矢量 $\vec{V}$ 是一个数学对象, 其定义与所选的参考坐标系无关, 但其分量则与此参考系有关, 当参考系的坐标轴发生转动时, 它们将发生变化. 在上节开头我们曾看到, 一个无穷小的转动 $\mathcal{R}$ 是如何改变一个矢量的 (参见图 A6.1). (A6.5a) 式应用于两个单位矢量: 旋转前 Ox 轴的 $\vec{e}_x$ 和旋转后 Ox' 轴的量 $\vec{e'}_x$:

$$\vec{e'}_x = \vec{e}_x + \mathrm{d}\alpha\ \vec{u}\times\vec{e}_x \tag{A6.12}$$

此方程可决定轴转动前后该矢量 $\vec{V}$ 的分量之间的关系. 这些分量是该矢量与单位矢量的标量积:

$$\begin{aligned} V'_x &= \vec{e'}_x\cdot\vec{V} = \vec{e}_x\cdot\vec{V} + \mathrm{d}\alpha(\vec{u}\times\vec{e}_x)\cdot\vec{V} \\ &= V_x - \mathrm{d}\alpha\ (\vec{u}\times\vec{V})\cdot\vec{e}_x = V_x - \mathrm{d}\alpha(\vec{u}\times\vec{V})_x \end{aligned} \tag{A6.13}$$

在对 $\vec{u}$, $\vec{e}_x$ 和 $\vec{V}$ 之间的两个混合积做置换的时候, 我们已经改变了符号. 上面最后一个表达式的右边有下标 x 的括号表示矢量积的 x 分量.

显然, 还可得到对于 V'_y 和 V'_z 的两个等效表达式. 尽管作为几何对象它们在一切参考系中都是相同的, 我们在量子力学上应该区别在 $Oxyz$ 参考系中代表三个算符 V_x, V_y, V_z 的矢量算符 $\vec{V}$ 和在 $Ox'y'z'$ 参考系中代表三个变换了的算符 V'_x, V'_y, V'_z 的算符 $\vec{V}'$. 用了这样的标记法以后, 我们可以把 $\vec{V}$ 矢量的三个分量写成下述矢量形式:

$$\boxed{\vec{V}' = \vec{V} - \mathrm{d}\alpha\cdot(\vec{u}\times\vec{V})} \tag{A6.14}$$

这个矢量关系式概括了转动操作中几何矢量三个分量的变换性质 (A6.13) 式, 此式与单位矢量之间的关系 (A6.12) 式相似, 但符号相反. 这是经典的结果：分量跟着单位矢量分量的反变换 [参见 (A6.5b) 式反变换] 而变化. (A6.13) 式和 (A6.14) 式**是矢量算符的定义**. 一个矢量算符是三个算符 V_x, V_y, V_z($\vec{V}$ 的分量) 的集合, 在转动操作中按照 (A6.14) 式变换.

b) *转动算符的应用*

A.6.2 节最后我们回顾了对态空间的基矢量施加转动算符 R 时一个量子算符的变换关系 (A6.11). 之前, 我们已经用 (A.6.9) 式计算了算符 R. 我们把这两个结果应用于矢量算符 $\vec{V}$ 上：

$$\begin{aligned}\vec{V}' = R\vec{V}R^{-1} &= (1 - i\mathrm{d}\alpha\vec{J}\cdot\vec{u})\vec{V}(1 + \mathrm{d}\alpha\vec{J}\cdot\vec{u}) \\ &= \vec{V} + i\mathrm{d}\alpha\left[\vec{V}(\vec{J}\cdot\vec{u}) - (\vec{J}\cdot\vec{u})\vec{V}\right]\end{aligned}$$

或

$$\boxed{\vec{V}' = \vec{V} + i\mathrm{d}\alpha\left[\vec{V}, (\vec{J}\cdot\vec{u})\right]} \tag{A6.15}$$

(按习惯, 我们仅限于对 $\mathrm{d}\alpha$ 展开的第一项).

于是我们写下 $\vec{V}$ 的两个表达式 (A6.14) 和 (A6.15) 的等式, 其实这只要在两个一级项中令 $\mathrm{d}\alpha$ 的系数相等就可以了：

$$i\left[\vec{V}, (\vec{J}\cdot\vec{u})\right] = -(\vec{u}\times\vec{V}) \quad \text{或} \quad \boxed{\left[\vec{V}, (\vec{J}\cdot\vec{u})\right] = i\vec{u}\times\vec{V}} \tag{A6.16a}$$

此等式应对无论什么转轴的矢量 $\vec{u}$ 都成立. 我们对平行于 $Oxyz$ 三个轴的三个 $\vec{u}$ 矢量写下三个分量, 有

$$\begin{array}{lll} \vec{u}//Ox: \quad \vec{J}\cdot\vec{u} = J_x: & \vec{u}//Oy; \quad \vec{J}\cdot\vec{u} = J_y: & \vec{u}//Oz; \ \vec{J}\cdot\vec{u} = J_z \\ \left\{\begin{array}{l}[V_x, J_x] = 0 \\ [V_y, J_x] = -iV_z \\ [V_z, J_x] = +iV_y\end{array}\right. & \left\{\begin{array}{l}[V_x, J_y] = +iV_z \\ [V_y, J_y] = 0 \\ [V_z, J_y] = -iV_x\end{array}\right. & \left\{\begin{array}{l}[V_x, J_z] = -iV_y \\ [V_y, J_z] = +iV_x \\ [V_z, J_z] = 0\end{array}\right. \end{array} \tag{A6.16b}$$

任意矢量算符的分量和角动量分量之间的这些对易关系, 是矢量算符转动性质的结果. 它们可用来计算其矩阵元.

注： 假如用角动量矢量本身来替代任意矢量 $\vec{V}$, 就可再次得到表征矢量 $\vec{J}$ 的对易关系. 这是很自然的, 因为在矢量 $\vec{J}$ 的情况下我们看到, 当三个相关分量是按 x, y, z 顺序排列, 或做循环置换时, 这些关系式的第二式的符号是 $+i$; 而对相反情况, 则符号是 $-i$.

A.6.4 矢量算符的矩阵元

现在我们利用对易关系式 (A6.16b) 来计算矢量算符的矩阵元. 计算分四步进行.

a) 对易式 $[V_z, J_z]$ 的零值

由此对易式导致: $V_zJ_z = J_zV_z$, 和 $\left\{\vec{J}^2, J_z\right\}$ 表象中两个积的矩阵元相等:

$$\langle Jm' |V_zJ_z| Jm\rangle = \langle Jm' |J_zV_z| Jm\rangle$$

J_z 作用于本征矢量导致:

$$\langle Jm' |V_zm| Jm\rangle = \langle Jm' |m'V_z| Jm\rangle$$

即有 $\langle Jm' |V_z| Jm\rangle (m - m') = 0$, 因而若 $m \neq m'$, $\langle Jm' |V_z| Jm\rangle = 0$, **故 V_z 矩阵是对角化的**.

b) 对易式 $[V_+, J_z]$

引入算符 $V_+ = V_x + iV_y$, 其与 J_z 的对易式为

$$[V_+, J_z] = [V_x + iV_y, J_z] = [V_x, J_z] + i\,[V_y, J_z] = -iV_y - V_x = -V_+$$

即有 $V_+J_z - J_zV_+ = -V_+$, 两边矩阵元相等给出:

$$\langle Jm' |V_+J_z| Jm\rangle - \langle Jm' |J_zV_+| Jm\rangle = -\langle Jm' |V_+| Jm\rangle$$

如同上述, J_z 对其本征矢量的作用导致:

$$\langle Jm' |V_+| Jm\rangle (m - m' + 1) = 0$$

故只有当 $m' = m + 1$, 才有矩阵元 $\langle Jm' |V_+| Jm\rangle \neq 0$.

对于算符 $J_+ = J_x + iJ_y$, 也有同样的选择规则.

同样可证明, $V_- = V_x - iV_y$ 的矩阵元也只有在 $m' = m - 1$ 时才不为零 (这就是对 J_- 算符的选择规则).

c) 对易式 $[V_+; J_+]$ 的零值

$$\begin{aligned}[V_+, J_+] &= [V_x + iV_y, J_x + iJ_y] \\ &= \underbrace{[V_x, J_x]}_{0} - \underbrace{[V_y, J_y]}_{0} + \underbrace{i\,[V_x, J_y]}_{-V_z} + \underbrace{i\,[V_y, J_x]}_{+V_z} = 0\end{aligned}$$

因而有积的等式: $V_+J_+ = J_+V_+$.

我们来计算这两个积的矩阵元, 考虑到两个算符 V_+ 和 J_+ 具有相同的选择规则, 它们限制了非零矩阵元的个数, 有

$$\langle J,m'|V_+J_+|J,m\rangle = \left\langle J,m'\left|V_+\sum_m\right|J,m''\right\rangle\langle J,m''|J_+|J,m\rangle$$
$$= \langle J,m+2|V_+|J,m+1\rangle\langle J,m+1|J_+|J,m\rangle$$

求和 Σ 只给出唯一的积; 对称地有

$$\langle J,m'|J_+V_+|J,m\rangle = \langle J,m+2|J_+|J,m+1\rangle\langle J,m+1|V_+|J,m\rangle$$

两个相反的积的矩阵元相等给出:

$$\frac{\langle J,m+2|V_+|J,m+1\rangle}{\langle J,m+2|J_+|J,m+1\rangle} = \frac{\langle J,m+1|V_+|J,m\rangle}{\langle J,m+1|J_+|J,m\rangle} = 常数, \quad 对任意m \tag{A6.17}$$

这就是说, 算符 V_+ 的矩阵元与相对应的角动量算符 J_+ 的矩阵元成正比:

$$\boxed{\langle J,m+1|V_+|J,m\rangle = a_+\langle J,m+1|J_+|J,m\rangle}(a_+是常数) \tag{A6.18}$$

对 V_- 和 J_- 也可做出同样论证, 得到有另一个常数 a_- 的相似关系式.

d) 对易式 $[V_z,J_+]$

从 (A6.16b) 式出发对它进行计算:

$$[V_z,J_+] = [V_z,J_x] + i[V_z,J_y] = iV_y + V_x = V_+$$

即 $V_+ = V_zJ_+ - J_+V_z$.

考虑到上面 a), b), c) 得到的结果, 我们来计算这个等式矩阵元:

$$\langle J,m+1|V_+|J,m\rangle = \langle J,m+1|V_zJ_+|J,m\rangle - \langle J,m+1|J_+V_z|J,m\rangle$$

$$a_+\langle J,m+1|J_+|J,m\rangle = \langle J,m+1|V_z|J,m+1\rangle\langle J,m+1|J_+|J,m\rangle$$
$$-\langle J,m+1|J_+|J,m\rangle\langle J,m|V_z|J,m\rangle$$

对上式两边提出 J_+ 矩阵元的公因子, 剩下有

$$a_+ = \langle J,m+1|V_z|J,m+1\rangle - \langle J,m|V_z|J,m\rangle$$

这只有在 $\langle J,m|V_z|J,m\rangle = ma_+ + b$ 时才有可能.

利用 V_z 的迹, 可以证明, 常数 b 为零. 事实上, 这个迹应为

$$\mathrm{tr}V_z = \sum_m\langle J,m|V_z|J,m\rangle = \sum_{m=-J}^{m=+J}(ma_+ + b) = (2J+1)b$$

而根据 (A6.16b) 式, $V_z = \frac{1}{i}[V_x, J_y] = -i(V_xJ_y - J_yV_x)$.

矩阵积的迹与积的顺序无关, 因而有 $\mathrm{tr}V_z = 0$, 故有 $b = 0$ 和 $\langle J, m|V_z|J, m\rangle = ma_+$.

对 J_-, 论证是完全对称的, 得到一个有常数 a_- 的对称表达式; 因此这两个常数相等: $a_+ = a_-$. **总之, 一个矢量算符的所有分量和角动量的相应分量之间有共同的比例常数:**

$$\boxed{\left\langle J, m' \middle| \vec{V} \middle| J, m \right\rangle = a \left\langle J, m' \middle| \vec{J} \middle| J, m \right\rangle} \quad \text{对任意}m\text{和}m' \tag{A6.19}$$

在矢量算符情况下, 这些关系式是维格纳–埃克特定理的结果.

A.6.5　投影定理

上面所用的V_+ 和 V_- 算符也可用来计算标量积 $\vec{V}\cdot\vec{J} = V_zJ_z + \frac{1}{2}V_+J_- + \frac{1}{2}V_-J_+$. (容易验证, 在 V_+J_- 和 V_-J_+ 的两个积中, 一切 x 和 y 交叉的虚数项是相等和反向的.) $\vec{V}\cdot\vec{J}$ 矩阵是高度对角化的, 因为它们涉及标量算符 (参见 A6.2d 节): 对于两个对角化矩阵的积 V_zJ_z, 这是显然的. 假如我们要寻找非零矩阵元, 可以证明, 对另两个积, 情况完全相同. 例如, 对 V_+J_-, 我们只找到

$$\begin{aligned}\langle J, m|V_+J_-|J, m\rangle &= \langle J, m|V_+|J, m-1\rangle\langle J, m-1|J_-|J, m\rangle \\ &= a\langle J, m|J_+|J, m-1\rangle\langle J, m-1|J_-|J, m\rangle \\ &= a\langle J, m|J_+J_-|J, m\rangle\end{aligned}$$

对 V_-J_+ 也有对称的计算, 最后得到

$$\begin{aligned}\left\langle J, m \middle| \vec{V}\cdot\vec{J} \middle| J, m \right\rangle &= a\left\langle J, m \middle| J_z^2 + \frac{1}{2}J_+J_- + \frac{1}{2}J_-J_+ \middle| J, m \right\rangle \\ &= a\left\langle J, m \middle| \vec{J}^2 \middle| J, m \right\rangle = aJ(J+1) \quad \text{与}m\text{无关}\end{aligned} \tag{A6.20}$$

这样, 我们从矢量 $\vec{V}$ 和 $\vec{J}$ 的标积出发计算了 A.6.4 节的比例常数 a. 引入两个标量 $\vec{V}\cdot\vec{J}$ 和 $\vec{J}^2$ 的平均值后, (A6.19) 式的结果可概括为 J 值的子空间中:

$$\boxed{\text{在量子数}J\text{的子空间中} \quad \vec{V} = a\vec{J} = \frac{\left\langle \vec{V}\cdot\vec{J} \right\rangle_J}{\left\langle \vec{J}^2 \right\rangle_J}\vec{J}} \tag{A6.21}$$

可以把这个矢量关系式解释为: 在该子空间中矢量 $\vec{V}$ 简化为它在角动量矢量 $\vec{J}$ 上的投影.

这就是投影定理. 这个定理是矢量模型的几何表示法的基础.

A.6.6 标准分量和 CG

在维格纳–埃克特定理的一般陈述中使用张量的标准分量, 对于一阶张量 (即矢量), 它简化为

$$V_0 = V_z; \quad V_{+1} = (V_x + iV_y)/\sqrt{2}; \quad V_{-1} = (V_x - iV_y)/\sqrt{2}$$

(注意! 不要把标准分量与上面所用的 V_+ 和 V_- 混淆了.)

这使我们可以简单地用 Clebsch-Gordan (CG) 系数的函数来表示矩阵元, 这些系数可在专门的表格中查到.

这些 CG 系数是由两个电子角动量 $\vec{j}_1$ 和 $\vec{j}_2$ 组成一个系统总角动量 $\vec{J}$ 时引入的; 可以把新的基矢量 $|J,M\rangle$ 用初始的基矢量 $|j_1,j_2,m_1,m_2\rangle$ 的函数来表示:

$$|J,M\rangle = \sum_{m_1}\sum_{m_2} |j_1,j_2,m_1,m_2\rangle \langle j_1,j_2,m_1,m_2|\, J,M\rangle$$

或相反, 老的基矢量用新的基矢量来表示:

$$|j_1,j_2,m_1,m_2\rangle = \sum_{J}\sum_{M} |J,M\rangle \langle J,M|\, j_1,j_2,m_1,m_2\rangle$$

这些系数选为实数:

$$\langle J,M|\, j_1,j_2,m_1,m_2\rangle = \langle j_1,j_2,m_1,m_2|\, J,M\rangle$$

根据维格纳–埃克特的普遍定理可推得下面矢量算符的标准分量 V_q 和 CG 之间的关系式:

$$\begin{aligned}\langle J,m' |V_q| J,m\rangle &= C_V \langle J,m'|\, J,1,m,q\rangle \\ \langle J,m' |J_q| J,m\rangle &= C_J \langle J,m'|\, J,1,m,q\rangle\end{aligned} \qquad q = 0,\pm 1$$

(CG 中因子 1 来自一阶张量 (对矢量情况), 下标 q 的三个值取代了 m_2, 这是与 $j_2 = 1$ 的情况完全吻合的).

常数 C_V 与 C_J 与数 m 无关, 却依赖于数 J; 它们称为 “约化矩阵元”, 用符号写成: $C_V = \langle J|\left|\vec{V}\right||J\rangle$ 和$C_J = \langle J|\left|\vec{J}\right||J\rangle = \sqrt{J(J+1)}$.

A.6.4 节和 A.6.5 节的常数 a 等于两个常数之比 C_V/C_J.

决定 CG 系数不等于零的选择规则: $M = m_1 + m_2$ 导致对标准分量 V_q 有选择定则 $m' = m + q$. 把它应用于电偶极算符 $\vec{D}$(参见第 15 章或第 18 章), 导致辐射跃迁的选择定则: $m' - m = 0, \ \pm 1$.

A.6.7 补充, 矢量模型

古老的矢量模型在历史上可以认为是对维格纳–埃克特定理结果的几何 “表象”; 但它绝不能认为是可以用来做可靠的计算. 为了更好地用图像来帮助想象, 我们在图 A.6.2 上给出了这种 “表象” 的几张图像.

图 (a) 表示电子的轨道 $\vec{l}$ 和自旋 $\vec{s}$ 角动量的组合: $\vec{j}=\vec{l}+\vec{s}$. 只有 $\vec{l}$ 和 $\vec{s}$ 在合成矢量 $\vec{j}$ 上的分量才是确定的和可测量的. 这两个矢量用沿着与 $\vec{j}$ 同方向的轴为锥体旋转的矢量来表示, 所以它们在 $\vec{j}$ 上的分量才是有确定性的.

图 (b) 代表两个电子情况下的 L-S 耦合. 两个自旋矢量 $\vec{s}_1$ 和 $\vec{s}_2$ 围绕着同一个锥体旋转, 转轴承载着合成矢量 $\vec{S}=\vec{s}_1+\vec{s}_2$. $\vec{l}_1$ 和 $\vec{l}_2$ 沿着两个锥体转动, 它们有共同的轴, 承载着合成矢量 $\vec{L}=\vec{l}_1+\vec{l}_2$.

两个合成矢量 $\vec{L}$ 和 $\vec{S}$ 沿着两个锥体旋转, 其公共轴承载着合成矢量 $\vec{J}=\vec{L}+\vec{S}$.

图 (c) 表示磁场 $\vec{B}$ 中的塞曼效应现象. 只有 $\vec{J}$ 矢量沿着磁场 $\vec{B}$ 方向的 J_z 分量才是确定的和可测量的, 这用矢量 $\vec{J}$ 沿着其轴与磁场平行的锥体旋转来表示. 这种转动可以认为是拉莫尔进动的经典图像.

图 (d) 代表强磁场 B 中的帕邢–巴克效应: 每个矢量 $\vec{L}$ 和 $\vec{S}$ 与磁场 $\vec{B}$ 的耦合能比 L-S 自旋–轨道耦合能大, 合成矢量 $\vec{J}$ 不再确定, 只有两个矢量 $\vec{L}$ 和 $\vec{S}$ 在磁场上的分量 L_z 和 S_z 才是确定的.

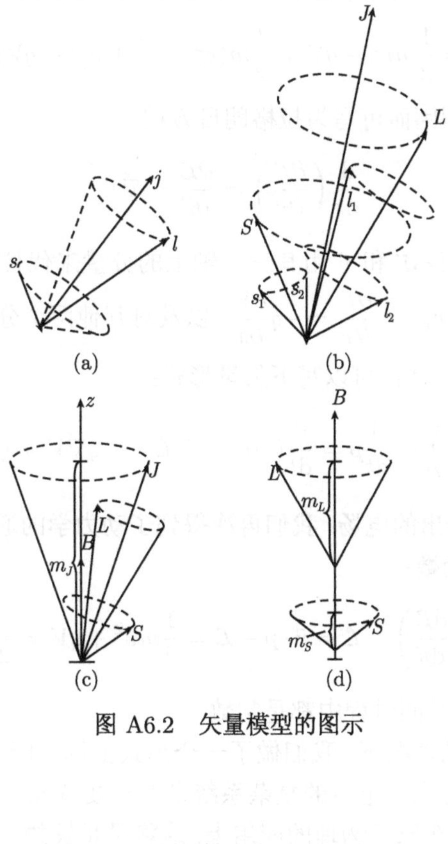

图 A6.2　矢量模型的图示

附录 7　磁场中的拉格朗日算符和哈密顿算符

我们已经在经典力学的普遍形式下引进了量子力学的哈密顿算符, 这就是把动量用算符 $\vec{P} = -i\hbar\vec{\nabla}$ 来取代. 然而通用的拉格朗日和哈密顿表述方式却并没有用在磁力上, 因为与电力不同, 它不能从一个标量势中导出. 我们必须让这种表述方式适用于磁力情况.

A.7.1　经典拉格朗日形式的复习

在此附录中, 字母 $\mathcal{L}$ 表示拉格朗日函数 (它不再代表轨道角动量了). 此函数分别依赖于三个空间变量 $(x,\ y,\ z)$ 和三个速度变量 $(v_x,\ v_y,\ v_z)$, 它们被认为是独立变量. 在一个势场中的电荷 q 情况下, 拉格朗日函数写成:

$$\mathcal{L}(\vec{r},\vec{v}) = \frac{1}{2}mv^2 - qV = \frac{1}{2}m(v_x^2+v_y^2+v_z^2) - qV(x,y,z)$$

运动的动力学方程因而可写为拉格朗日方程:

$$\frac{\mathrm{d}}{\mathrm{d}t}\left(\frac{\partial\mathcal{L}}{\partial\vec{v}}\right) = \frac{\partial\mathcal{L}}{\partial\vec{r}} = \vec{\nabla}\mathcal{L} \tag{A7.1}$$

矢量的这种写法表示$\vec{r}$ 和 $\vec{v}$ 用其三个轴上的分量来代替而相继写出的三个方程: $\dfrac{\mathrm{d}}{\mathrm{d}t}\left(\dfrac{\partial\mathcal{L}}{\partial v_x}\right) = \dfrac{\mathrm{d}}{\mathrm{d}t}(mv_x) = \dfrac{\partial\mathcal{L}}{\partial x} = -q\dfrac{\partial V}{\partial x}$, 以及对其他两个分量 y 和 z 的.

引入动量 $\vec{p} = m\vec{v}$ 以后, 可以写下矢量形式:

$$\frac{\mathrm{d}}{\mathrm{d}t}\left(\frac{\partial\mathcal{L}}{\partial\vec{v}}\right) = \frac{\mathrm{d}}{\mathrm{d}t}\vec{p} = \frac{\mathrm{d}}{\mathrm{d}t}(m\vec{v}) = \vec{\nabla}\mathcal{L} = -q\vec{\nabla}V = q\vec{E} = \vec{f} \tag{A7.2}$$

其中 $\vec{E}$ 是由电势 V 导出的电场. 我们再次得到了动力学的通常定律.

然后定义哈密顿函数:

$$H = \vec{v}\cdot\left(\frac{\mathrm{d}\mathcal{L}}{\mathrm{d}\vec{v}}\right) - \mathcal{L} = \vec{v}\cdot\vec{p} - \mathcal{L} = \frac{1}{2}mv^2 + qV = \frac{\vec{p}^2}{2m} + qV \tag{A7.3}$$

它代表系统的能量, 在时间过程中都是常数.

在只有单一电荷的情况下, 我们做了一个形式上尽可能简单的回顾. 但显然, 这种表述形式对于具有大量电荷的复杂系统是有重要意义的. 我们还选择了非相对论近似的限制, 因为在原子物理的应用上, 这将是足够的. 可以在较深的学术著作中找到相对论的公式.

A.7.2 磁场中的拉格朗日算符, 广义动量

存在一个磁场 $\vec{B}=\nabla\times\vec{A}$ 时, 作用在一个电荷上的电磁力是比较复杂的:

$$\vec{f}=q\vec{E}+\frac{q}{\kappa}\vec{v}\times\vec{B}=q\left(-\nabla V-\frac{1}{\kappa}\frac{\partial\vec{A}}{\partial t}\right)+\frac{q}{\kappa}\vec{v}\times(\nabla\times\vec{A}) \tag{A7.4}$$

必须考虑到, 不仅有磁场 $\vec{B}$, 还有感生电场 $-\partial\vec{A}/\partial t$(正是因为它, 在移动磁铁时回路中产生了感生电动力). 可以证明, 从下面比较复杂的拉格朗日算符出发也可得到这个力 $\vec{f}$:

$$\boxed{\mathcal{L}=\frac{1}{2}mv^2-qV(x,y,z)+\frac{q}{\kappa}\vec{A}(x,y,z)\cdot\vec{v}} \tag{A7.5}$$

加在拉格朗日算符上的新项同时依赖于空间变量 (x,y,z) 和速度变量 $(v_x,\ v_y,\ v_z)$.

a) **对空间的偏导数**

对一个标积利用经典梯度公式就可直接写出矢量形式:

$$\vec{\nabla}(\vec{A}\cdot\vec{v})=(\vec{v}\cdot\vec{\nabla})\vec{A}+\vec{v}\times(\nabla\times\vec{A})+(\vec{A}\cdot\vec{\nabla})\vec{v}+\vec{A}\times(\nabla\times\vec{v})$$

但这里 $\vec{v}$ 与空间变量无关, 后两项为零:

$$\vec{\nabla}(\vec{A}\cdot\vec{v})=(\vec{v}\cdot\vec{\nabla})\vec{A}+\vec{v}\times(\nabla\times\vec{A})$$

(A7.1) 方程的右边为

$$\frac{\partial\mathcal{L}}{\partial\vec{r}}=\vec{\nabla}\mathcal{L}=-q\vec{\nabla}V+\frac{q}{\kappa}(\vec{v}\cdot\vec{\nabla})\vec{A}+\frac{q}{\kappa}\vec{v}\times(\nabla\times\vec{A}) \tag{A7.6}$$

b) **对速度的偏导数**

给标积 $\vec{A}\cdot\vec{v}$ 对速度分量 v_x 取偏导数: $\dfrac{\partial}{\partial v_x}(A_xv_x+A_yv_y+A_zv_z)=A_x$, 等, 把三个分量相加起来, 有

$$\frac{\partial}{\partial\vec{v}}\left(\frac{q}{\kappa}\vec{A}\cdot\vec{v}\right)=\frac{q}{\kappa}\vec{A}$$

称新的 $\mathcal{L}$ 对速度的导数为**广义动量** $\vec{\mathcal{P}}$

$$\boxed{\vec{\mathcal{P}}=\frac{\partial\mathcal{L}}{\partial\vec{v}}=m\vec{v}+\frac{q}{\kappa}\vec{A}} \tag{A7.7}$$

然后我们必须写下 $\vec{A}$ 随时间的变化; 这可由两个不同的原因引起: 电荷在空间以速度 $\vec{v}$ 移动, 以及一个固定点上矢量势 $\vec{A}$ 随时间的变化 (例如, 由一个磁铁的移动所引起):

$$\frac{\mathrm{d}}{\mathrm{d}t}\vec{A}=(\vec{v}\cdot\vec{\nabla})\vec{A}+\frac{\partial}{\partial t}\vec{A}$$

或

$$\frac{\mathrm{d}}{\mathrm{d}t}\left(\frac{\partial \mathcal{L}}{\partial \vec{v}}\right)=\frac{\mathrm{d}}{\mathrm{d}t}(m\vec{v})+\frac{q}{\kappa}(\vec{v}\cdot\vec{\nabla})\vec{A}+\frac{q}{\kappa}\frac{\partial}{\partial t}\vec{A} \tag{A7.8}$$

于是写出拉格朗日方程 (A7.1), 有 (A7.6) 式和 (A7.8) 式的右边相等. 右边 $(\vec{v}\cdot\vec{\nabla})\vec{A}$ 一项是相同的, 因而消去了; 我们又得到了上面 (A7.4) 式写出的力:

$$\frac{\mathrm{d}}{\mathrm{d}t}(m\vec{v})=-q\vec{\nabla}V-\frac{q}{\kappa}\frac{\partial}{\partial t}\vec{A}+\frac{q}{\kappa}\vec{v}\times(\vec{\nabla}\times\vec{A})=\vec{f}$$

这证实了在磁场中选 (A7.5) 式作为拉格朗日算符的正确性, 并且证明了用 (A7.7) 式引入广义动量的重要性.

注: 对单一电子该微观力 $\vec{f}$ 的计算基本上验证了拉格朗日算符 (A7.5) 式. 然而, 如果与流过电流 I、穿过磁通量 Φ 的电流回路情况下的总磁能公式作比较 (对应于感生电场所做的功), 可以注意到, 附加项 $q\vec{v}\cdot\vec{A}$ 的形式并非出人意料: 磁能 $W=I\Phi$ 是由

$$\Phi=\iint\vec{B}\cdot\vec{N}\mathrm{d}S=\frac{1}{\kappa}\oint\vec{A}\cdot\mathrm{d}\vec{l}(\text{沿着导线积分})\quad \text{和}\quad I=\iint\vec{j}\cdot\vec{n}\mathrm{d}S$$

($\vec{N}$ 是回路平面的法线; $\vec{n}$ 是导线横截面的法线, 平行于 $\vec{j}$ 和 $\mathrm{d}\vec{l}$) 转变过来的, 可写为

$$W=I\Phi=\frac{1}{\kappa}\iiint\vec{j}\cdot\vec{A}\mathrm{d}l\mathrm{d}S=\frac{1}{\kappa}\iiint\vec{j}\cdot\vec{A}\mathrm{d}x\mathrm{d}y\mathrm{d}z$$

其中电流密度定义为

$$\vec{j}=\sum_n q_n\vec{v}_n\quad(\text{对单位体积求和})$$

于是就有 $W=\sum\frac{q_n}{\kappa}\vec{v}_n\cdot\vec{A}$ (求和遍及回路导线所包围的体积).

这个磁能作为动能, 与电荷的速度有关, 并且它本身也应当以正的符号包含在拉格朗日算符中.

A.7.3 哈密顿函数和哈密顿算符

哈密顿函数还要用 (A7.3) 式的第一式来加以确定. 然而它可用 (A7.7) 式来加以完善, 即可以用广义动量来取代拉格朗日函数的导数:

$$H=\vec{v}\cdot\left(\frac{\mathrm{d}\mathcal{L}}{\mathrm{d}\vec{v}}\right)-\mathcal{L}=\vec{v}\cdot\vec{\mathcal{P}}-\mathcal{L}=mv^2+\frac{q}{\kappa}\vec{v}\cdot\vec{A}-\frac{1}{2}mv^2+qV-\frac{q}{\kappa}\vec{v}\cdot\vec{A}$$

矢势 $\vec{A}$ 自动消失了, 就再次得到了通用的能量式:

即

$$\boxed{H=\frac{1}{2}mv^2+qV=\frac{1}{2m}\left(\vec{\mathcal{P}}-\frac{q}{\kappa}\vec{A}\right)^2+qV} \tag{A7.9}$$

- 哈密顿函数的第一式与无磁场的经典公式 (A7.3) 全同; 这可由这样的事实来解释: 在自由粒子情况下 (没有回路), 洛伦兹力 $\vec{v}\times\vec{B}$ 总是与该粒子的速度垂直的, 没有任何做功, 即使在改变其轨迹的情况下也是如此 (例如, 回旋加速器中的转动). 当有感生电场 $-\partial\vec{A}/\partial t$ 时, 它可对电荷的动能 $(1/2)mv^2$ 增加做贡献; 但是, 它不属于任何可逆的、可回收的功, 却可以被定义为一种能量.
- 在哈密顿函数 (A7.9) 的第二式中为了把它表达为广义动量的函数, 消除了粒子的速度. 我们正是应该采用这个表达式来和量子力学相对应的; 因为正是广义动量 $\vec{\mathcal{P}}$ 应该用来取代 $-i\hbar\vec{\nabla}$, 有 $\vec{\mathcal{P}}=-i\hbar\vec{\nabla}$.

  由此推得哈密顿算符:

$$H=\frac{1}{2m}\left(-i\hbar\vec{\nabla}-\frac{q}{\kappa}\vec{A}\right)^2+qV$$

或

$$H=\frac{1}{2m}\left[-\hbar^2\vec{\nabla}^2-i\hbar\frac{q}{\kappa}\vec{\nabla}\cdot\vec{A}+i\hbar\frac{q}{\kappa}\vec{A}\cdot\vec{\nabla}+\frac{q^2}{\kappa^2}\vec{A}^2\right]+qV$$

方括号中第一项给出拉普拉斯算符:

$$\vec{\nabla}^2=\Delta=\frac{\partial^2}{\partial x^2}+\frac{\partial^2}{\partial y^2}+\frac{\partial^2}{\partial z^2}$$

第二项作用于波函数 ψ 后给出两项:

$$\begin{aligned}\vec{\nabla}\cdot(\vec{A}\psi)=&(\vec{\nabla}\cdot\vec{A})\psi+\vec{A}\cdot\vec{\nabla}\psi\\=&\left(\frac{\partial A_x}{\partial x}+\frac{\partial A_y}{\partial y}+\frac{\partial A_z}{\partial z}\right)\psi+\left(A_x\frac{\partial\psi}{\partial x}+A_y\frac{\partial\psi}{\partial y}+A_z\frac{\partial\psi}{\partial z}\right)\\=&(\vec{\nabla}\cdot\vec{A}+\vec{A}\cdot\vec{\nabla})\psi\end{aligned}$$

$$H=\frac{1}{2m}\left[-\hbar^2\Delta+i\hbar\frac{q}{\kappa}\vec{\nabla}\cdot\vec{A}+2i\hbar\frac{q}{\kappa}(\vec{A}\cdot\vec{\nabla})+\frac{q^2}{\kappa^2}\vec{A}^2\right]+qV \tag{A7.10}$$

正是这个哈密顿算符的表达式 (A7.10) 应该用来作为描述量子力学磁场效应的出发点. 方括号中第一项拉普拉斯算符和括号外的最后一项是通常薛定谔方程中的两项. 磁场效应的贡献由方括号中与 $\vec{A}$ 有关的三项来描述.

附录 8　经典辐射理论的回顾

偶极辐射理论在物理学中具有相当重要的意义. 首先, 它允许在经典模型中对有关辐射与物质相互作用的大量现象给出简单解释. 然后, 它是量子解释的基础. 这里, 我们来回顾本书提到的特别简单的几点. 在量子理论中没有提出质疑的经典波的一个基本点是相干性概念. 在本附录中也不再提及它, 因为它已在上册叙述激光器的第 4 章之后的第 5 章里讨论过了.

A.8.1　振动偶极子的辐射

A.8.1.1　假说

偶极子是由一个处于坐标原点、沿着 Oz 轴的小线元 $\vec{l}$ 两端上的两个电荷 $+Q$ 和 $-Q$ 形成的 (图 A8.1(a)), 它由偶极矩 $\vec{p}=Q\vec{l}$ 来表征 (指向由 $-$ 到 $+$). 假设两个电荷所占位置固定, 但其数值随时间变化; 为了保证电荷守恒, 还必须假设小线元 $\vec{l}$ 有电流流过, 该电流也是随时间变化的, 其强度

$$I=\frac{\mathrm{d}Q}{\mathrm{d}t}=\frac{1}{l}\frac{\mathrm{d}p}{\mathrm{d}t}=\frac{1}{l}p'(t)$$

我们称 p 为电偶极矩 $p=Ql$ 在 Oz 轴上的代数值, p' 是其对时间的导数. 这里说的是振动偶极子, 就是说, 偶极矩是随时间做正弦变化的.

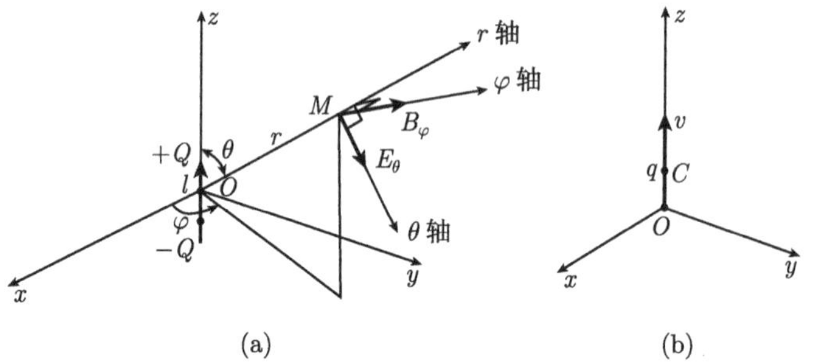

图 A8.1　辐射模型

(a) 偶极子模型: 两个电荷, 由矢量 $\vec{l}$ 隔开; (b) 一个运动的孤立电荷 C 情况 (Oz 轴指向随 $t-r/c$ 时刻的速度而变)

这个问题具有三方面的意义:

(1) 计算相对简单;

(2) 可以精确描述无线电发射天线的运作;

(3) 在一级近似上可应用于一个孤立电荷 C 的情况, 这里 q 恒定, 以非相对论速度 $v = \mathrm{d}z/\mathrm{d}t$ 运动 (参见图 A8.1(b)); 只要令 $p = qz$ 就可以了. 在一个孤立的移动电荷 q 情况下可以从李纳–维谢尔势 (Lienard-Wiechert potential) 进行精确计算, 但是它是十分繁杂的, 包含大量 v/c 的修正项. 在速度不是很高的情况下, 这些修正项可以忽略, 可得到很好的偶极子近似.

A.8.1.2　**推迟势**

我们计算球面坐标系上 $M(r,\theta,\varphi)$ 点的推迟势, 得到如下结果 (图 A8.1(a)).

a) **矢量势**

$$\vec{A}(M,t) = \frac{\mu_0}{4\pi\kappa}\frac{I(t-r/c)}{r}\vec{l} = \frac{\mu_0}{4\pi\kappa}\frac{1}{r}\vec{p}'(t-r/c)$$

在 Oz 轴上的分量为

$$A_z(M,t) = \frac{\mu_0}{4\pi\kappa}\frac{1}{r}p'(t-r/c)$$

b) **标量势**

从洛伦兹规范条件出发可简单地得到

$$\frac{\partial V}{\partial t} = -\frac{\kappa}{\varepsilon_0\mu_0}\vec{\nabla}\cdot\vec{A} - \frac{\kappa}{\varepsilon_0\mu_0}\frac{\partial A_z}{\partial z} = -\frac{\kappa}{\varepsilon_0\mu_0}\cos\theta\frac{\partial A_z}{\partial r}$$

考虑到 A_z 同时通过 $1/r$ 和 $p(t-r/c)$ 而与 r 有关, 然后对时间积分, 得到

$$V(M,t) = \frac{1}{4\pi\varepsilon_0}\cos\theta\left[\frac{1}{r^2}p(t-r/c) + \frac{1}{rc}p'(t-r/c)\right]$$

A.8.1.3　**辐射场**

计算辐射场要借助两个关系式:

$$\vec{E} = -\vec{\nabla}V - \frac{1}{\kappa}\frac{\partial\vec{A}}{\partial t};\quad \vec{B} = \vec{\nabla}\times\vec{A}$$

得到球坐标系中沿三个轴 $Mr, M\theta, M\varphi$ 的分量:

$$\begin{cases} E_r(M,t) = \dfrac{1}{4\pi\varepsilon_0}\cos\theta\left[\dfrac{2}{r^3}p\left(t-\dfrac{r}{c}\right) + \dfrac{2}{r^2c}p'\left(t-\dfrac{r}{c}\right)\right] \\ E_\theta(M,t) = \dfrac{1}{4\pi\varepsilon_0}\sin\theta\left[\dfrac{1}{r^3}p\left(t-\dfrac{r}{c}\right) + \dfrac{1}{r^2c}p'\left(t-\dfrac{r}{c}\right) + \dfrac{1}{rc^2}p''\left(t-\dfrac{r}{c}\right)\right] \\ E_\varphi(M,t) = 0 \end{cases}$$

$$\begin{cases} B_r(M,t) = 0 \\ B_\theta(M,t) = 0 \\ B_\varphi(M,t) = \dfrac{\mu_0}{4\pi\kappa}\sin\theta\left[\dfrac{1}{r^2}p'\left(t-\dfrac{r}{c}\right) + \dfrac{1}{rc}p''\left(t-\dfrac{r}{c}\right)\right] \end{cases}$$

对于很大的 r, 上面关于 E_θ 和 B_φ 的表达式中只有 $1/r$ 项是重要的. 这些项都是与电偶极矩的二次导数 p'' 成正比的, 也就是说, 在单个孤立电荷情况下, 是与其加速度

$$a = \mathrm{d}^2z/\mathrm{d}t^2$$

成正比的.

在正弦振动的情况下, 引入复数:

$$p(t) = p_0\mathrm{e}^{i\omega t} \quad p'(t) = i\omega p(t) \quad p''(t) = -\omega^2 p(t)$$

由此推得 $1/r$ 项占优势的条件是

$$\boxed{r \gg c/\omega = \lambda/2\pi}$$

(其中, λ 是对应于角频率 ω 的波长).

考虑到此条件后, 远处的辐射场写为

$$\begin{cases} E_r \simeq 0 \\ E_\theta \simeq \dfrac{1}{4\pi\varepsilon_0}\dfrac{\sin\theta}{rc^2}p''\left(t-\dfrac{r}{c}\right) = -\dfrac{1}{4\pi\varepsilon_0}\dfrac{\sin\theta}{r}\dfrac{\omega^2}{c^2}p_0\mathrm{e}^{i\omega t}\mathrm{e}^{-i\omega r/c} \\ E_\varphi \simeq 0 \end{cases} \tag{A8.1}$$

$$\begin{cases} B_r \simeq 0 \\ B_\theta \simeq 0 \\ B_\varphi \simeq \dfrac{\kappa}{c}E_\theta \end{cases} \tag{A8.1$'$}$$

可以毫无困难地验证, 在这个近似中 M 点的两种场局部地都与沿径矢 $\vec{r}$ 方向传播的平面波具有同样的场结构; $\mathrm{e}^{-i\omega r/c} = \mathrm{e}^{-i2\pi r/\lambda}$ 项代表传播中的相位差.

一个孤立电荷情况

从李纳–维谢尔势出发可以证明, 同样的公式也可用于在非相对论近似 ($v \ll c$) 下做任意运动 (非直线的、非周期的) 的单个孤立电荷情况, 其条件是在 $(t - r/c)$ 瞬间, 电荷 C 位于原点, 加速度矢量 $\vec{a}$ 的方向为 Cz 轴上. 因而足以写成

$$p''(t - r/c) = qa(t - r/c) \tag{A8.2}$$

辐射场的发射 (振幅与 $1/r$ 成正比, 在远处是比较重要的) 每次都是在电荷做正的或负的加速运动时产生的. 这就是高能量电子与金属块碰撞时突然制动产生辐射的情况 (即**轫致辐射**, 参见 13.1.2 节); 这也是高速电子在磁场中做匀速圆周运动时的情况 (同步辐射).

A.8.1.4 辐射总功率

发送到整个空间的辐射总功率从计算通过球面 Σ(半径 r 很大) 的通量而得到, 为此要从坡印亭矢量出发:

$$\frac{\kappa}{\mu_0}\vec{E}\times\vec{B}\simeq\frac{\kappa}{\mu_0}E_\theta B_\varphi\frac{\vec{r}}{r}=\varepsilon_0 cE_\theta^2\frac{\vec{r}}{r}\quad\left(\text{取向取决于单位矢量}\frac{\vec{r}}{r}\right)$$

这个坡印亭矢量在整个球面 Σ 都有, 垂直于表面元 $\mathrm{d}S=r^2\sin\theta\mathrm{d}\theta\mathrm{d}\varphi$, 指向球外, 因而通量计算给出

$$\mathcal{P}(t)=\iint_\Sigma\varepsilon_0 cE_\theta^2 r^2\sin\theta\mathrm{d}\theta\mathrm{d}\varphi=\frac{1}{16\pi\varepsilon_0 c^3}\left[p''\left(t-\frac{r}{c}\right)\right]^2\int_0^{2\pi}\mathrm{d}\varphi\int_0^\pi\sin^3\theta\mathrm{d}\theta$$

两个积分之积的值为 $8\pi/3$, 最后得

$$\mathcal{P}(t)=\frac{1}{6\pi\varepsilon_0 c^3}\left[p''\left(t-\frac{r}{c}\right)\right]^2=\frac{\omega^4}{6\pi\varepsilon_0 c^3}\left[p\left(t-\frac{r}{c}\right)\right]^2=\frac{q^2}{6\pi\varepsilon_0 c^3}\left[a\left(t-\frac{r}{c}\right)\right]^2 \quad \text{(A8.3)}$$

这里 p'' 用 $-\omega^2 p$(确切地说, 应是振动偶极子情况) 或 qa(加速度为 a 的单个孤立电荷情况) 取代. 在球面 Σ 上测量功率 $\mathcal{P}(t)$ 的时刻 t 和场源的发射瞬间 $(t-r/c)$ 之间的推迟时间 r/c 表示波在发射体和接收体之间的传播时间.

这样算出来的功率与球面 Σ 的半径 r 无关; 不管此半径有多大, 消耗的都是同样的功率. 这是与 $1/r$ 成正比的两个电磁场的基本性质, 从而给它以辐射场的名称. 在此 A8.1 节中所得到的所有公式可以用来精确计算无线电发射天线或雷达发射的波. 在一级近似下, 它也可用来表示原子的辐射.

A.8.2 在介质中的传播

在本附录开始我们回顾了电荷在加速运动中的辐射现象. 现在我们来回顾这些电磁波在透过介质时是如何被所遇到的电荷改变的, 介质内这些电荷是与原子或分子结合在一起的. 其结果物质介质仍是中性的, 即平均电荷密度 ρ 为零.

A.8.2.1 介质极化

介质的中性并不妨碍其中束缚电荷做微观的微小移动, 导致在总电荷为零的每个小体元 $\mathrm{d}\mathcal{V}$ 中有一个确定的电偶极矩 $\mathrm{d}\vec{P}$, 所有这些偶极矩元的总和构成介质的宏观极化 $\vec{P}$:

$$\mathrm{d}\vec{P}=\sum_{\mathrm{d}\mathcal{V}}q_i\vec{r}_i=\vec{P}\mathrm{d}\mathcal{V}\quad\Rightarrow\quad\vec{P}=\iiint_{\text{单位体积}}\frac{\mathrm{d}\vec{P}}{\mathrm{d}\mathcal{V}}\mathrm{d}\mathcal{V}=\sum_{\text{单位体积}}q_i\vec{r}_i$$

假若电场不太大, 可以满足一级近似, 此时极化与电场的振幅成正比:

$$\vec{P}(t)=\chi\vec{E}(t)=\chi\vec{\mathcal{E}}_0\cos\omega t\quad(\text{正弦波情况}) \quad \text{(A8.4)}$$

(在上册 5.3.4 节中提到的非线性光学是个例外).

极化随时间的变化是由束缚电荷的微观位移产生的

$$\frac{\partial \vec{P}}{\partial t}=\sum_{\text{单位体积}} q_i\frac{\mathrm{d}\vec{r}_i}{\mathrm{d}t}=\sum_{\text{单位体积}} q_i\vec{v}_i=\vec{j}_{\text{束缚}}$$

极化的导数等于束缚电荷电流的体密度 $\vec{j}_{\text{束缚}}$. 它改变了麦克斯韦–安培方程:

$$\nabla\times\vec{B}-\frac{\varepsilon_0\mu_0}{\kappa}\frac{\partial \vec{E}}{\partial t}=\frac{\mu_0}{\kappa}\vec{j}=\frac{\mu_0}{\kappa}(\vec{j}_{\text{自由}}+\vec{j}_{\text{束缚}})=\frac{\mu_0}{\kappa}\left(\vec{j}_{\text{自由}}+\frac{\partial \vec{P}}{\partial t}\right)$$

介质中自由电荷密度为零, 其电流密度也是零, $\vec{j}_{\text{自由}}=0$. 用 (A8.4) 式, 麦克斯韦–安培方程成为

$$\nabla\times\vec{B}=\frac{\mu_0}{\kappa}\left(\varepsilon_0\frac{\partial \vec{E}}{\partial t}+\frac{\partial \vec{P}}{\partial t}\right)=\frac{\mu_0}{\kappa}(\varepsilon_0+\chi)\frac{\partial \vec{E}}{\partial t}$$

取麦克斯韦–法拉第方程的旋度后得到电场传播方程:

$$\nabla\times\vec{E}+\frac{1}{\kappa}\frac{\partial \vec{B}}{\partial t}=0$$

$$\nabla\times(\nabla\times\vec{E})=\vec{\nabla}(\nabla\cdot\vec{E})-\Delta\vec{E}=-\Delta\vec{E}\quad(\text{因为}\nabla\cdot\vec{E}=\rho/\varepsilon_0=0)$$

$$\Delta\vec{E}=\frac{1}{\kappa}\nabla\times\left(\frac{\partial \vec{B}}{\partial t}\right)=\frac{1}{\kappa}\frac{\partial}{\partial t}(\nabla\times\vec{B})$$

$$=\frac{\varepsilon_0\mu_0}{\kappa^2}\left(1+\frac{\chi}{\varepsilon_0}\right)\frac{\partial^2\vec{E}}{\partial t^2}=\frac{1}{c^2}\left(1+\frac{\chi}{\varepsilon_0}\right)\frac{\partial^2\vec{E}}{\partial t^2}$$

即

$$\Delta\vec{E}-\frac{1}{c^2}\left(1+\frac{\chi}{\varepsilon_0}\right)\frac{\partial^2\vec{E}}{\partial t^2}=\Delta\vec{E}-\frac{\varepsilon_r}{c^2}\frac{\partial^2\vec{E}}{\partial t^2}=0 \tag{A8.5}$$

这是相速为 $c/\sqrt{\varepsilon_r}$ 的波的传播方程, 其中 $\varepsilon_r=1+\chi/\varepsilon_0$ 是介质的介电常数.

在 “平面波” 假说的框架下, 其解为

$$\vec{E}(\vec{r},t)=\vec{\mathcal{E}}_0\mathrm{e}^{i(\omega t-\vec{k}\cdot\vec{r})}$$

其中 $\vec{k}$ 为波矢量, 有 $\left|\vec{k}\right|^2=k^2=\omega^2\dfrac{\varepsilon_r}{c^2}$.

注: 许多作者采用另外的、量纲为一的极化率的定义, 我们把它用大写的希腊字母 χ(读作 “kai”) 来标记, 有 $\vec{P}=\chi\varepsilon_0\vec{E}$ 和 $\varepsilon_r=1+\chi$. 我们则总用有量纲的定义 $\chi=\varepsilon_0\chi$, 因为它对应于用 CGS 单位制测量的极化率 χ_{CGS}, 它是在常数表中给出的:

$$\varepsilon_r=1+\chi_{\text{CGS}}/\varepsilon_0=1+4\pi\chi_{\text{CGS}}$$

因为在 CGS 制中, $\varepsilon_0=1/4\pi$(参见附录 1).

A.8.2.2　复数极化率

引入复数极化率 $\chi = \chi' - i\chi''$ 后不要忘了所有可测量的物理量都是实数.

$$\vec{E}_{\text{实}} = \vec{\mathcal{E}}_0 e^{i\omega t}\text{的实部} = \mathcal{R}(\vec{\mathcal{E}}_0 e^{i\omega t}) = \vec{\mathcal{E}}_0 \cos\omega t$$

$$\vec{P}_{\text{实}} = \mathcal{R}(\chi\vec{\mathcal{E}}_0 e^{i\omega t}) = \mathcal{R}[(\chi' - i\chi'')\vec{\mathcal{E}}_0 e^{i\omega t}]$$

$$\vec{P}_{\text{实}} = [\chi'\cos\omega t + \chi''\sin\omega t]\vec{\mathcal{E}}_0 = [\chi'\cos\omega t + \chi''\cos(\omega t - \pi/2)]\vec{\mathcal{E}}_0 \tag{A8.6}$$

在测量中, χ'' 是正的, 含 χ'' 项表示极化的相位落后于电场, 消耗的功为 $\vec{E}\cdot\delta\vec{P} = \vec{E}\cdot\dfrac{d\vec{P}}{dt}\delta t$, 转化为介质中的热, 引起入射波能量的吸收, 其数值正比于极化率的虚部 χ''.

于是我们可以利用一个复数介电常数:

$$\boxed{\varepsilon_r = 1 + \frac{\chi}{\varepsilon_0} = 1 + \frac{\chi'}{\varepsilon_0} - i\frac{\chi''}{\varepsilon_0}} \tag{A8.7}$$

和一个复数折射率 $n = n' - in''$, 并有 $n^2 = \varepsilon_r$,

$$\varepsilon_r = (n' - in'')^2 = n'^2 - n''^2 - 2in'n'' = 1 + \chi'/\varepsilon_0 - i\chi''/\varepsilon_0$$

沿着 Ox 轴传播的平面波写为

$$\vec{E}(x,t) = \vec{A}e^{i\omega\left(t - \frac{n' - in''}{c}x\right)}$$

或把不同项归类:

$$\vec{E}(x,t) = \vec{A}e^{-n''\frac{\omega}{c}x}e^{i\omega\left(t - \frac{n'}{c}x\right)} = \vec{\mathcal{E}}_0 e^{i\omega\left(t - \frac{n'}{c}x\right)}$$

其中

$$\vec{\mathcal{E}}_0 = \vec{A}e^{-\frac{\omega}{c}n''x}$$

在稀薄介质中,

$$n' \simeq 1, \quad n'' \ll 1 \quad \Rightarrow \quad \begin{aligned} n' &\simeq \sqrt{1 + \chi'/\varepsilon_0} \simeq 1 + \chi'/2\varepsilon_0 \\ n'' &\simeq \chi''/2\varepsilon_0 \end{aligned} \tag{A8.8}$$

这个方程代表以相速度 c/n' 传播、振幅 $\mathcal{E}_0$ 不断衰减的波. 其强度 $\mathcal{E}_0^2$ 是按指数规律衰减的:

$$\mathcal{E}_0^2 = |A|^2 e^{-2\frac{\omega}{c}n''x} = |A|^2 e^{-Kx}$$

K 为吸收系数 (定义见上册 3.1.1 节),

$$K = 2\frac{\omega}{c}n'' = \frac{\omega}{c}\frac{\chi''}{\varepsilon_0} = \frac{2\pi}{\lambda}\frac{\chi''}{\varepsilon_0} \tag{A8.9}$$

注: 假如选用指数虚部相反符号的规则, $E_{\text{实}} = \mathcal{R}(\mathcal{E}_0 e^{-i\omega t})$, 则得复数极化率为 $\chi = \chi' + i\chi''$, 但用这个极化率得到的实数表达式与 (A8.6) 相同.

A.8.3 弹性束缚电子模型

这是一个由汤姆孙研究出来的相对简单的模型, 可以理解物体对电磁波的发射和吸收现象的许多方面. 在原子物理的发展初期, 它曾被物理学家广泛使用. 虽然它已不再能让人满意, 但某些量子计算的结果仍常用这个模型的原始公式来作比较以进行说明, 因而可以说, 它还在作为参考而继续使用.

A.8.3.1 自由振荡和阻尼

假定原子中有一个电子, 它因弹性恢复力 $\vec{f}$ 而被束缚, 其位置由径矢量 $\vec{r}$ 确定, $\vec{f}$ 与 $\vec{r}$ 成正比, 有 $\vec{f}=-k\vec{r}$.

假如这样一个电子偏离了平衡位置, 它将做自发的振荡, 或自由振荡, 其本征角频率 ω_0 取决于恢复力, 有 $\omega_0=\sqrt{k/m}$(m 为电子质量).

为简单起见, 我们仅限于一维的线性运动, 利用复数记法:

$$z=z_0\mathrm{e}^{i\omega_0 t}$$

这个电子做着能产生电磁波的加速运动, 电磁波是加速度 $a=\mathrm{d}^2z/\mathrm{d}t^2$ 的函数, 恒久地向无穷远处输送能量.

考虑到 A.8.1.4 节的结果 (A8.3), 我们可以计算波所带走的功率的时间平均值:

$$\overline{\mathcal{P}}=\frac{1}{6\pi\varepsilon_0 c^3}q^2\omega_0^4\overline{z^2}=\frac{q^2}{6\pi\varepsilon_0 c^3}\omega_0^4\frac{z_0^2}{2}$$

我们知道, 一个质量为 m, 本征角频率为 ω_0, 振幅为 z_0 的振子包含着能量为

$$W=\frac{1}{2}m\omega_0^2 z_0^2$$

(只要写出, 例如, 振子在通过平衡点时的动能就够了, 当时对应于恢复力的势能等于零). 从遵守能量守恒原理出发, 振荡的振幅 z_0 必须随时间缓慢减小, 因而电子是受辐射阻尼的, 它在减速, 因此能量 W 的减小正好抵消波所带走的能量:

$$\frac{\mathrm{d}W}{\mathrm{d}t}=-\mathcal{P}=-\frac{q^2}{6\pi\varepsilon_0 c^3}\omega_0^4\frac{z_0^2}{2}=-\frac{q^2\omega_0^2}{6\pi\varepsilon_0 c^3 m}W$$

这就是说, 能量 W 遵从微分方程:

$$\boxed{\frac{1}{W}\frac{\mathrm{d}W}{\mathrm{d}t}=-\frac{q^2\omega_0^2}{6\pi\varepsilon_0 c^3 m}=-\frac{1}{\tau}}\tag{A8.10}$$

令上式右边的常数为 $1/\tau$, 其量纲是时间的倒数.

对这个经典微分方程积分表明, 能量以时间常量 τ 按指数规律作衰减:

$$W(t)=W_0\mathrm{e}^{-t/\tau}$$

取能量的根号得到振幅的变化为

$$z_0(t) = C\mathrm{e}^{-t/2\tau} \quad (C\text{为一个积分常数})$$

振幅以两倍的时间常量衰减. 总之振荡实际上在一段数量级等于 τ 的时间之末终止; 该时间 τ 称为振子寿命.

考虑阻尼现象后严格的运动方程导致一个三阶微分方程. 在简化的研究中, 一种好的近似是用一个黏滞摩擦项来描写阻尼, 这样自由振荡的微分方程写为

$$\frac{\mathrm{d}^2 z}{\mathrm{d}t^2} + \gamma\frac{\mathrm{d}z}{\mathrm{d}t} + \omega_0^2 z = 0$$

得到的解为

$$z(t) = C\exp\left[\left(-\frac{\gamma}{2} \pm \sqrt{\frac{\gamma^2}{4} - \omega_0^2}\right)t\right] \simeq C\exp\left[\left(-\frac{\gamma}{2} \pm i\omega_0\right)t\right] \quad \text{若}\gamma \ll \omega_0$$

只要 $\gamma = 1/\tau$, 它与上面的结果相符.

注: 同样的现象发生在回旋加速器一类的仪器中, 那里电子在磁场中做旋转运动, 其角速度为 $\omega = qB/\kappa m$. 磁场造成的转动, 即使其速率为常数, 从矢量意义上说也是加速运动, 它产生波的发射, 称为同步辐射, 这种辐射降低电子能量, 使其运动减慢.

A.8.3.2　弹性束缚电子的强迫振荡 (吸收和色散)

a) 正弦场中电子的稳态运动

上节最后写出的微分方程对于电子的三个坐标都是相同的, 我们可以直接用于确定电子的空间位置的矢量 $\vec{r}$.

当电子受到外界方向固定、角频率为 ω(与 ω_0 不同) 的正弦电场 $\vec{E} = \vec{\mathcal{E}}_0\mathrm{e}^{i\omega t}$ 作用时, 它受到一个附加力 $\vec{f} = q\vec{E}$, 或加速度 $(q/m)\vec{E}$. 其运动的微分方程变成

$$\frac{\mathrm{d}^2\vec{r}}{\mathrm{d}t^2} + \gamma\frac{\mathrm{d}\vec{r}}{\mathrm{d}t} + \omega_0^2\vec{r} = \frac{q}{m}\vec{E} = \frac{q}{m}\vec{\mathcal{E}}_0\mathrm{e}^{i\omega t}$$

由此立即得到稳态解, 即正弦变化的振幅为常数的解, 其形式为

$$\vec{r} = \vec{r}_0\mathrm{e}^{i\omega t} \quad \Rightarrow \quad \frac{\mathrm{d}\vec{r}}{\mathrm{d}t} = i\omega\vec{r} \quad \text{和} \quad \frac{\mathrm{d}^2\vec{r}}{\mathrm{d}t^2} = -\omega^2\vec{r}$$

由此推得

$$\vec{r} = \frac{1}{\omega_0^2 - \omega^2 + i\omega\gamma}\frac{q}{m}\vec{\mathcal{E}}_0\mathrm{e}^{i\omega t} = \frac{q}{m}\frac{1}{\omega_0^2 - \omega^2 + i\omega\gamma}\vec{E} \tag{A8.11}$$

由此推得单位体积有 N 个振子的介质极化 $\vec{P}$:

$$\vec{P} = \sum_{\text{单位体积}} q\vec{r} = Nq\vec{r} = \chi\vec{E} = (\chi' - i\chi'')\vec{E}$$

因此介质极化率为

$$\chi=\chi'-i\chi''=\frac{Nq^2}{m}\frac{1}{\omega_0^2-\omega^2+i\omega\gamma}=\frac{Nq^2}{m}\frac{\omega_0^2-\omega^2-i\omega\gamma}{(\omega_0^2-\omega^2)^2+\omega^2\gamma^2} \tag{A8.11$'$}$$

b) **复数折射率和吸收系数**

A.8.2.2 节复习的复数折射率 $(n'-in'')$ 的形式在稀薄介质近似中可写成 [参见 (A8.8) 式]:

$$\varepsilon_r=1+\frac{\chi'}{\varepsilon_0}-i\frac{\chi''}{\varepsilon_0}=(n'-in'')^2=n'^2-n''^2-2in'n''\simeq n'^2-2in''$$

$$\begin{cases}\text{实数折射率}\quad n'\simeq 1+\dfrac{\chi'}{2\varepsilon_0}=1+\dfrac{Nq^2}{2m\varepsilon_0}\dfrac{\omega_0^2-\omega^2}{(\omega_0^2-\omega^2)^2+\omega^2\gamma^2}\\ \text{虚数折射率}\quad n''\simeq\dfrac{\chi''}{2\varepsilon_0}\simeq\dfrac{Nq^2}{2m\varepsilon_0}\dfrac{\omega\gamma}{(\omega_0^2-\omega^2)^2+\omega^2\gamma^2}\end{cases} \tag{A8.12}$$

图 A8.2 上的 (a) 和 (b) 两条曲线分别表示 n' 和 n'' 随入射波角频率 ω 的函数变化. 实数折射率 n' 可以计算波传播中的相速, 它起着通常折射率的作用. 我们注意到, 在频率很高时 $(\omega>\omega_0)$, 实数折射率 n' 变得小于 1, 这已为 X 射线 (频率很高的波) 传播的实验所证实. 虚数折射率 n'' 可用来计算通过被研究介质电磁波的吸收系数, 根据公式 (A8.9), 它是

$$K=\frac{2\omega}{c}n''=\frac{\omega}{c}\frac{\chi''}{\varepsilon_0}=\frac{2\pi}{\lambda}\frac{\chi''}{\varepsilon_0}=\frac{Nq^2}{m\varepsilon_0 c}\frac{\omega^2\gamma}{(\omega_0^2-\omega^2)^2+\omega^2\gamma^2} \tag{A8.13}$$

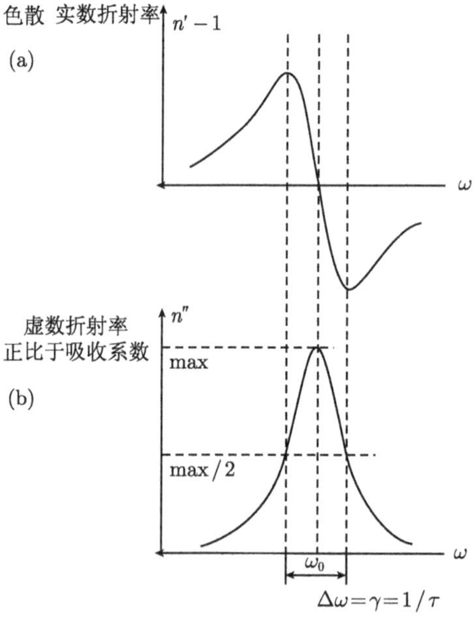

图 A8.2 色散 $(n'-1)$ 和吸收 (n'')

这样, 我们得到了以频率为函数的吸收系数的理论表达式. 我们刚才所做的描述应该认为是十分简略的, 它可以通过引入本征频率各不相同的许多类型的电子来加以具体改进.

c) **本征频率附近的吸收系数**

可以将吸收系数 K 的表达式简化, 其条件是做一个附加假设:

$$\boxed{\gamma \ll \omega_0}$$

实践中这个假设通常是满足的 (这意味着振子在阻尼衰减前有时间来完成大量振荡); 并且在此条件下系数 K 实际上只有在 ω_0 附近的一个很窄的频率范围内才不为零, 即有近似:

$$|\omega_0 - \omega| \ll \omega_0 \quad \text{因而也有} \quad \omega_0 + \omega \simeq 2\omega$$

由此推得

$$(\omega_0^2 - \omega^2)^2 = (\omega_0 + \omega)^2(\omega_0 - \omega)^2 \simeq 4\omega^2(\omega_0 - \omega)^2$$

因而吸收系数 K 的表达式简化为

$$\boxed{K = \frac{\omega}{c}\frac{\chi''}{\varepsilon_0} \simeq \frac{Nq^2}{m\varepsilon_0 c} \cdot \frac{\gamma}{4(\omega_0 - \omega)^2 + \gamma^2} = \frac{Nq^2}{4\pi\varepsilon_0 cm} \cdot \frac{\gamma/4\pi}{(\nu_0 - \nu)^2 + (\gamma/4\pi)^2}} \tag{A8.14}$$

(第二式以频率 $\nu = \omega/2\pi$ 为函数).

上述方程常常用来表示如图 A8.2(b) 一类的吸收曲线. 这个新方程代表洛伦兹曲线; 在上册第 5 章计算表示自发发射阻尼波列的傅里叶变换中曾得到过这同样的方程 (参见图 5.4). 这条曲线以半高宽度为表征:

以角频率为单位: $\Delta\omega = \gamma = 1/\tau$; 或以频率为单位: $\Delta\nu = \gamma/2\pi = 1/2\pi\tau$ 同样的简化可用于折射率或极化率的实部, 写为

$$n' - 1 = \frac{\chi'}{2\varepsilon_0} \simeq \frac{Nq^2}{m\varepsilon_0\omega} \cdot \frac{\omega_0 - \omega}{4(\omega_0 - \omega)^2 + \gamma^2} = \frac{Nq^2}{8\pi\varepsilon_0 m\omega} \cdot \frac{\nu_0 - \nu}{(\nu_0 - \nu)^2 + (\gamma/4\pi)^2} \tag{A8.15}$$

假如把入射电磁辐射在频率坐标上形成一个连续谱, 每一个频带有一个不同的吸收系数 $K(\nu)$. 某些实验中要计算所谓 "总吸收", 它正比于横坐标轴上面 $K(\nu)$ 曲线所包围的面积. 为了便于进行这种定积分的计算, 引入量纲一的、代表偏离共振的频偏代数值 $x = 4\pi(\nu - \nu_0)/\gamma$:

$$\int_0^\infty K(\nu)\mathrm{d}\nu = \frac{Nq^2}{4\pi\varepsilon_0 cm}\int_0^\infty \frac{\gamma/4\pi}{(\nu - \nu_0)^2 + (\gamma/4\pi)^2}\mathrm{d}\nu = \frac{Nq^2}{4\pi\varepsilon_0 cm}\int_{-4\pi\nu_0/\gamma}^\infty \frac{\mathrm{d}x}{x^2 + 1}$$

考虑到 $\gamma \ll \omega_0 = 2\pi\nu$, 对 x 的积分下限可用 $-\infty$ 来模拟. 此积分可以通过反正切做经典计算, 其结果为 π. 由此推得总吸收为

$$\text{总吸收} \quad \int_0^\infty K(\nu)\mathrm{d}\nu \simeq \frac{Nq^2}{4\pi\varepsilon_0 cm}[\arctan x]_{-\infty}^{+\infty} = \frac{Nq^2}{4\varepsilon_0 cm} \tag{A8.16}$$

值得注意的是, 阻尼系数 $\gamma = 1/\tau$ 在这里没有了; 该系数 γ 还是角频率坐标上吸收曲线半高宽度的量度. 不管决定宽度的阻尼的原因是什么, 曲线 $K(\nu)$ 所包围的面积是一样的.

上册第 3 章里我们曾说明了怎样利用测量此 "总吸收" 来计算爱因斯坦系数 B_{12}(参见 3.1.4 节) 和 A_{21}(参见 3.3.3 节).

A.8.3.3 散射实验的解释

a) X 射线的汤姆孙散射

在研究 X 射线反射规律时, Imbert 和 Bertin Sans 于 1896 年观察到并证明了存在 X 射线向各方向散射的现象. J. J. 汤姆孙用物质中电子受输入辐射影响做强迫振动而产生辐射解释了此现象. 在 X 射线情况下, 入射波的频率要比电子的共振频率高得多, 因而电子的运动可用 A.8.3.2a 节所得的稳态强迫振荡的简化表达式 (A8.11) 来描写:

$$\omega \gg \omega_0 \quad \Rightarrow \quad \vec{r} \simeq -\frac{q}{m\omega^2}\vec{E}$$

在运动中每个电子的行为如同一个振荡偶极子, 其偶极矩为 $\vec{p} = q\vec{r}$, 与 ω^2 成反比变化, 发射出一个辐射场. 电子在空间是无规分布的, 其距离是与 X 射线的波长同数量级的; 在这些条件下, 各个辐射场之间的相位差是完全无规的, 在一级近似下, 它们的振幅之和非常小, 接近于零. 但它们的强度却互相相加 (这些结果与固体或液体凝聚介质对可见光的散射情况完全不同).

因此, 通过简单地对其中一个单个电子计算所得的功率 (A8.3) 式乘以样品体积 $\mathcal{V}$ 中的电子数 $N\mathcal{V}$, 我们就得到振荡电子系统总的散射功率为

$$\mathcal{P}_d = N\mathcal{V}\frac{q^2}{6\pi\varepsilon_0 c^3}\omega^4 r^2 = N\mathcal{V}\frac{q^4}{6\pi\varepsilon_0 c^3 m^2}E^2$$

假设散射样品中单位体积内有 n 个原子, 每个原子有 Z(原子序数) 个电子: $N = Zn$. 我们还假设入射 X 射线束与截面 S 的法线平行, 通过该截面的入射功率为 $\mathcal{P}_i = Scu = Sc\varepsilon_0 E^2$; 这样 E^2 可用入射功率 $\mathcal{P}_i$ 来表示. 由此我们推得散射能量和入射能量之比为

$$\boxed{\frac{\mathcal{P}_d}{\mathcal{P}_i} \simeq \frac{\mathcal{V}}{S}Zn\frac{q^4}{6\pi\varepsilon_0^2 c^4 m^2} = lZn\frac{q^4}{6\pi\varepsilon_0^2 c^4 m^2}} \tag{A8.17}$$

(l 为透过物质的厚度).

值得注意的是, 当频率足够高时 ($\omega \gg \omega_0$), 这个比值与频率无关. 这个比值可由实验测定. 已知 n, 可以导出原子的电子数 Z. 历史上巴克拉于 1909 年用该方法测得了 Z 的值.

注： 可以借助于吸收系数 K 来表述这个结果. 当入射束的唯一衰减源是散射时, 散射功率 $\mathcal{P}_d$ 等于入射功率在透过厚度为 l 的散射样品时引起 $\delta\mathcal{P}_i$ 变化的反号,

$$\frac{\mathcal{P}_d}{\mathcal{P}_i}=\frac{-\delta\mathcal{P}_i}{\mathcal{P}_i}=Kl\quad \text{条件为}\quad Kl\ll 1$$

(这是通常的实际情况). 同样公式可从 A.8.3.2b 节的吸收系数 K 的表达式 (A8.13) 出发算得; 这里要考虑假设 $\omega\gg\omega_0$ 的条件而对它进行简化, 并借助于由角频率 ω(不再是共振的 ω_0) 算得的 (A8.10) 式来代替 $\gamma=1/\tau$,

$$\omega\gg\omega_0\quad\Rightarrow\quad K\simeq\frac{nZq^2}{\varepsilon_0 cm}\cdot\frac{\gamma}{\omega^2}$$

其中

$$\gamma=\frac{q^2\omega^2}{6\pi\varepsilon_0 c^3 m}\quad\Rightarrow\quad K\simeq nZ\frac{q^4}{6\pi\varepsilon_0^2 c^4 m^2}$$

b) 瑞利散射

我们还要提到与汤姆孙散射相反的情况, $\omega\ll\omega_0$. 这就是, 例如, 可见光被空气中分子散射的现象. 把 A.8.3.2a 节的 (A8.11) 式化简, 于是我们得到一个径矢 r, 亦即得到一个偶极子 p, 它们与频率 ω 无关. 我们把它代入辐射功率的表达式, 有

$$\omega\ll\omega_0\quad\Rightarrow\quad \vec{p}=q\vec{r}\simeq\frac{q^2}{m\omega_0^2}\vec{E},\quad \text{与入射角频率}\omega\text{无关}$$

散射功率 (A8.3) 式因而与 ω^4 成正比. 这解释了蓝色散射要比黄色或红色的强得多.

和求 (A8.17) 式一样, 在这种情况下, 可以算出蓝色散射光和入射光的强度之比. 这个比值非常小, 以致很难做实验测量. 然而还是做到了这种测量, 并由此导出了所用气体中的单位体积原子数 n, 由此独立测定了阿伏伽德罗常量 (Cabannes, 1915).

c) 空间分布和散射波的偏振

根据本附录开头辐射场的 (A8.1) 式, 由每个电子发射的波不是各向同性分布的; 其场的振幅遵从 A.8.1.3 节算得的 $\sin\theta$ 规律, 即其强度遵守 $\sin^2\theta$ 规律 (θ 是偶极矩 $\vec{p}$ 与散射方向的夹角). 由此推得, 在不同观察方向散射功率应当按照一个随 $1+\cos^2\alpha$ 而变化的规律分布, α 是观察方向 D 和入射波传播方向 Ox 之间的夹角 (参见图 A8.3).

为了显示它, 我们取入射波是非偏振的, 其方向为 Ox, 这就是说, 它在 yOz 波阵面感生出的平行于 Oy 和 Oz 一样多的偶极子. 为了研究在 D 方向 (与 Ox 轴成 α 角) 上的散射波, 我们任意选择一条垂直于 DOx 平面的直线作为 Oy 轴 (参

见图 A8.3). 对于平行于 Oy 的偶极子, $\theta=\pi/2$, $\sin\theta=1$. 而 Oz 在 DOx 平面上, 对平行于 Oz 的偶极子, θ 是 α 的补角, 即 $\sin\theta=\cos\alpha$. 散射波的总强度因而正比于 $1+\cos^2\alpha$. 这个规律与实验符合得极好.

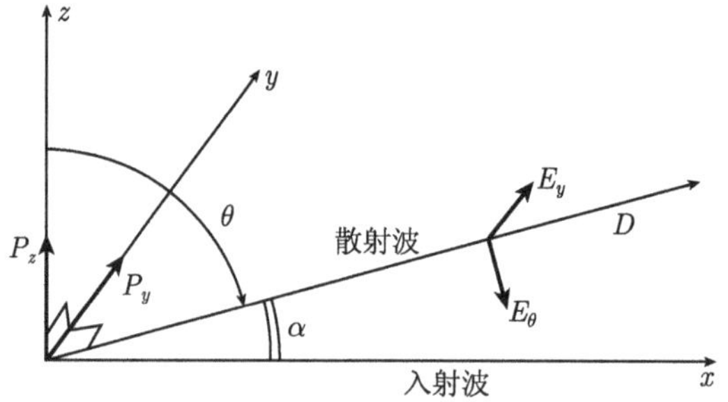

图 A8.3　散射波的偏振图

包含入射波方向 Ox, 散射波方向 D 和轴 Oz

除了强度变化外, 还观察到散射波的偏振, 它或多或少与角度 α 有关, 可用经典理论完好地说明. 我们只限于一种简单情况, 那里观察方向 Oy 与入射波的传播方向 Ox 垂直; 强迫振动发生在 yOz 平面里. Oz 方向的偶极子在 Oy 方向发射的电场平行于 Oz; 而在 Oy 方向上的偶极子在 Oy 方向不发送任何波. 这样解释了 Oy 方向上的散射波是 100%线偏振的. 这还解释了它们的强度是前向或后向散射波强度的 1/2, 因为有一半偶极子不参与发射.

A.8.4　振子强度

过于简化的弹性束缚电子模型可以在入射波频率很高或相对较低的情况下 ($\omega\gg\omega_0$ 或 $\omega\ll\omega_0$, 原子共振频率通常处于紫外波段) 粗略地解释光的散射现象. 这个模型能考虑的既有散射波的偏振, 也有其强度.

相反, 在其本征频率附近 (或共振附近), 所做的计算很少有和实验测量符合的. 不过这里需要说得更清楚些, 我们所说的是指什么.

- 在排除了其他增宽因素之后, 按照 (A8.14) 式和 (A8.15) 式计算出来的频率函数曲线的形式, 与每次用可观察到的谱线自然线宽所画出来的曲线形式符合得很好 (我们曾与阻尼衰减波列的傅里叶变换做了比较).
- 但是实验测得的数值 (不管是折射率 n' 和 n'', 还是极化率 χ' 和 χ'') 极少有和从该模型计算得到的数值相符的, 甚至常常有数量级的差别.

A.8.4.1　实际仪器中的振子强度

既然谱线形式是正确的, 20 世纪纪初物理学家选择保留 (A8.14) 式和 (A8.15) 式, 而给它增加一个量纲一因子 f, 以表示原子的振子 “强度” 和经典理论振子 “强度”

的比值, 它也可作为一种参考. 习惯上把原子极化率的实部和虚部改写为下面形式:

$$\begin{aligned}\frac{\chi'}{\varepsilon_0}&=\frac{Nq^2}{2\varepsilon_0 m\omega}f\frac{\omega_0-\omega}{(\omega_0-\omega)^2+(\gamma/2)^2}=\frac{Nq^2}{4\pi\varepsilon_0 m\omega}f\frac{\nu_0-\nu}{(\nu_0-\nu)^2+(\gamma/4\pi)^2}\\ \frac{\chi''}{\varepsilon_0}&=\frac{Nq^2}{2\varepsilon_0 m\omega}f\frac{\gamma/2}{(\omega_0-\omega)^2+(\gamma/2)^2}=\frac{Nq^2}{4\pi\varepsilon_0 m\omega}f\frac{\gamma/4\pi}{(\nu_0-\nu)^2+(\gamma/4\pi)^2}\end{aligned}\tag{A8.18}$$

量纲一因子 f 称为 "吸收振子强度", 可以和经典模型原子的每个共振相比较. 上节用 (A8.16) 式引入的 "总吸收" 积分是对频率积的, 应当用同样的方式来作积分:

$$\text{总吸收}\quad \int_0^\infty K(\nu)\mathrm{d}\nu=\frac{Nq^2}{4\varepsilon_0 mc}f\tag{A8.19}$$

实验室里所有折射率或吸收系数的测量都是用这种 "振子强度" f 值的形式来表述的, 它们存在于大量常数表中.

已知振子强度还可以计算上册第 3 章引进的爱因斯坦系数. 公式 (3.7) 建立了总吸收和吸收中 B_{12} 之间的关系. 考虑到一般原子只有一个共振电子 ($N=n$), 对于一个给定的共振频率 ω_0, 得到

$$B_{12}=\frac{\lambda_{12}}{h}\frac{1}{n}\int K(\nu)\mathrm{d}\nu=\frac{\lambda_{12}}{h}\frac{q^2}{4\varepsilon_0 mc}f=\frac{q^2}{4\varepsilon_0 mh\nu_{12}}f$$

由此很容易导出感生发射系数 B_{21}:

$$B_{21}=B_{12}\frac{G_1}{G_2}=\frac{q^2}{4\varepsilon_0 mh\nu_{12}}\frac{G_1}{G_2}f$$

和自发发射系数

$$A_{21}=\frac{8\pi h}{\lambda_{12}^3}B_{21}=\frac{2\pi q^2}{\varepsilon_0 mc\lambda_{12}^2}\frac{G_1}{G_2}f=\frac{2\pi q^2\nu_{12}^2}{\varepsilon_0 mc^3}\frac{G_1}{G_2}f$$

有些学者关心对称性, 选用 f_{12} 来代替我们所用的不带下标的 f 以表示吸收振子强度; 他们还定义了一个发射振子强度 $f_{21}=(G_1/G_2)f_{12}$.

A.8.4.2　与量子力学结果的比较

在第 18 章中我们叙述了对一个特别简单, 但却是现实的, 具有两个量子态的系统的波与原子相互作用所进行的量子计算. 若两个能级 E_1 和 E_2 中的一个是非简并的, 这就是一个非常现实的简单情况, 我们可利用适当偏振的波.

第 18 章允许对介质的极化 $\vec{P}$ 和极化率 χ' 和 χ'' 做量子计算 [参见 18.3.2 节 (18.19) 式]. 当外场的振幅较小时 (低于饱和, 参见上册第 3 章 3.3.4 节), χ' 和 χ'' 的量子表达式 (18.19) 所遵从的频率函数的变化关系与经典公式 (A8.14) 和 (A8.15)

相同; 这解释了在弱光强下可以使用经典模型. 计算含有振子强度的常数因子, 要困难得多, 需要押宝在量子模型上.

谱线形状的符合解释了这些振子强度的古老公式在近代光谱学中得以幸存的原因. 但是不要忘了, 量子公式包含与外场振幅 $\mathcal{E}_0$ 有关的项, 当场振幅接近于饱和或超过饱和时, 这些项是不能忽略的.

A.8.4.3　**吸收有效截面**

在这个附录中, 我们表述了辐射与原子之间的电磁相互作用, 但只利用了电场概念, 而完全排除了量子化. 然而现在我们可以利用所得结果从数量级上来估算光子的吸收概率. 这很简单, 因为在上面算得的吸收系数 K 和光子的吸收有效截面 σ(参见上册 3.1 节) 之间存在着简单的关系式 $\sigma = K/n$(n 是单位体积内的原子数). 我们关注两个极端情况.

a) **原子的本征频率 ν_0**

设原子的唯一电子以频率 ν_0 共振, 即有 $N = n$. 我们使用共振中心 χ'' 的表达式 (A8.18), 得到共振中心的最大有效截面为

$$\sigma(\nu_0) = \frac{K(\nu_0)}{N} = \frac{\omega}{cN}\frac{\chi''(\nu_0)}{\varepsilon_0} = \frac{q^2}{\varepsilon_0 mc\gamma}f$$

若我们把阻尼常数 $\gamma = 1/\tau$ 用 A.8.3.1 节所算的 (A8.10) 式来代替, 得到

$$\boxed{\sigma(\nu_0) = \frac{6\pi c^2}{\omega_0^2}f = \frac{3}{2\pi}\lambda_0^2 f} \tag{A8.20}$$

在振子强度 f 接近于 1 的情况下, 一个共振光子的吸收有效截面在数量级上是波长的平方. 假如想象有一个硬球模型, 原子的行为像一个直径约为 λ_0 的球, 它比固体物理测得的, 或量子力学估算的实际原子尺寸要大得多, 这些尺寸约为几个玻尔半径 a_0, 约几个 0.1nm. 实际存在的光谱线的振子强度接近于 1, 例如, 钠的两条黄线:

—— $D_1(\lambda = 589.6\text{nm})$, 振子强度 $f = 0.33$;

—— $D_2(\lambda = 589.0\text{nm})$, 振子强度 $f = 0.65$.

不要忘了, 若频率偏离共振, 有效截面变得小得多了.

通常情形下, 振子强度 f 只有 1/10~1/1000, 原子在共振中像一个直径约为 $\lambda_0/10$ 的球, 但它仍然比真实原子的尺寸大得多. 这表明与光波共振相互作用的重要性.

b) **X 射线汤姆孙散射情况**

此时波的频率要远高于原子中几乎一切电子的本征频率. 因而所有电子都可以认为是等效的, 有 $N = nZ$. 在 A.8.3.3a 节的注中我们计算了这种情况下的吸收系

数 K, 那里没有附加振子强度:

$$K = nZ\frac{q^4}{6\pi\varepsilon_0^2c^4m^2} \quad \Rightarrow \quad \sigma = Z\frac{q^4}{6\pi\varepsilon_0^2c^4m^2} = Z\frac{8\pi}{3}(r_{\text{经典}})^2$$

这里引入了电子的经典半径 (定义假设电子质量的能量等于一个表面荷电小球的静电能), 它是:

$$r_{\text{经典}} = \frac{q^2}{4\pi\varepsilon_0 mc^2} = 2.8\times10^{-13}\text{cm}$$

有效截面与频率 ν 无关, 其数量级为 $10^{-24}\text{cm}^2 = 1$ 靶恩 (核物理学中所用的单位).

A.8.5 磁场的作用, 经典塞曼效应

在本附录的最后, 我们将关心得以预见塞曼效应存在的经典计算, 它曾激励塞曼在 1896 年去尝试做实验. 我们从讨论以简单方式表述磁场效应的拉莫尔定理开始, 接下来转向讨论抗磁性. 从严格意义上来说, 塞曼效应出现之前, 抗磁性是拉莫尔定理最直接的结果.

A.8.5.1 拉莫尔定理

我们要探讨外磁场 B 对原子内做轨道运动的电子的作用. 在圆轨道运动的轨道平面与磁场垂直的特殊情况下, 简单计算表明, 磁场效应在于改变电子的转动角速度, 而其轨道半径不变. 在特别简单情况下得到的这个结果是建立下面所要研究的、可应用于任何轨道情况的较普遍的论证的先导.

我们保持惯用的记法: q 表示电荷的代数值, 即对于电子也如此. 这种代数记法对所有磁学问题都比较方便, 某些结论还可推广到电子以外的其他电荷. 我们要区别电子的代数电荷 q(它是负的) 和元电荷 e, 后者是算术基本常数 ($e= 1.6\times10^{-19}$C, $q = -e$).

a) 引入旋转参考系 (拉莫尔三面体)

对原子中的电子施加一个磁场 $\vec{B}$ 时, 可以把实验室参考系换成一个以原子的质心为原点、但围绕着平行于磁场 $\vec{B}$ 的轴旋转的参考系, 这样可简化对原子中电子运动的研究. 为此, 我们要解决一个经典的坐标系变换问题, 这里, 实验室参考系起着绝对坐标系的作用, 在此参考系中旋转参考系的牵引运动是一个转动, 其转动矢量 $\vec{\omega}$ 平行于 $\vec{B}$.

转动如下面所述:

	实验室坐标系中的绝对运动	旋转坐标系中的相对运动	坐标系的牵引运动
速度	$\vec{v}_{\text{lab}}$	$\vec{v}_R$	$\vec{v}_E = \vec{\omega}\times\vec{r} = \vec{\omega}\times\vec{r}_\perp$
加速度	$\vec{a}_{\text{lab}}$	$\vec{a}_R$	$\vec{a}_E = \vec{\omega}\times\vec{v}_E$ $= \vec{\omega}\times(\vec{\omega}\times\vec{r}_\perp) = -\omega^2\vec{r}_\perp$

$\vec{r}$ 是从原子质心指向所研究电子的矢量; $\vec{r}_{\perp}$ 是这个矢量在垂直于 $\vec{\omega}$ 的平面上的投影, $\vec{v}_E$ 是坐标系牵引运动的速度, 下标 “lab” 表示是实验室坐标系的 (参见图 A8.4).

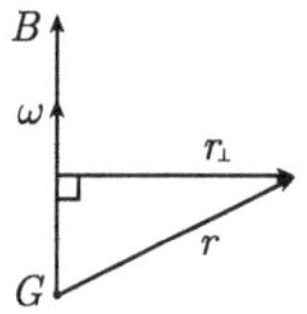

图 A8.4　电子的径矢 $\vec{r}$ 和它的垂直于磁场 $\vec{B}$ 的分量 $\vec{r}_{\perp}$

我们写下两个关于速度与加速度合成的定理:

$$\vec{v}_{\text{lab}} = \vec{v}_R + \vec{v}_E$$

$$\vec{a}_{\text{lab}} = \vec{a}_R + \vec{a}_E + 2\vec{\omega} \times \vec{v}_R$$

(其中有一个附加矢量积, 称为科里奥利加速度).

动力学的基本方程只能在实验室坐标系中写下:

$$m\vec{a}_{\text{lab}} = q\vec{E} + \frac{1}{\kappa}q\vec{v}_{\text{lab}} \times \vec{B} = q\vec{E} + \frac{q}{\kappa}(\vec{v}_R + \vec{v}_E) \times \vec{B}$$

$\vec{E}$ 是核与其他电子的静电场. 力 $q\vec{E}$ 在没有磁场时是唯一存在的, 当施加了磁场时, 还必须附加洛伦兹力.

在上述动力学方程和上面加速度合成方程中消去 $\vec{a}_{\text{lab}}$, 然后把 $\vec{a}_R$ 提到所得方程的左边:

$$\begin{aligned} m\vec{a}_R &= m\vec{a}_{\text{lab}} - m\vec{a}_E - 2m\vec{\omega} \times \vec{v}_R \\ &= q\vec{E} + \frac{q}{\kappa}(\vec{v}_R + \vec{v}_E) \times \vec{B} - m\vec{a}_E - 2m\vec{\omega} \times \vec{v}_R \end{aligned}$$

$$m\vec{a}_R = q\vec{E} - m\vec{a}_E + \frac{q}{\kappa}\vec{v}_E \times \vec{B} + \overleftarrow{v}_R \times \left(2m\vec{\omega} + \frac{q}{\kappa}\vec{B}\right)$$

为 $\vec{\omega}$ 矢量选择一个称为拉莫尔转动角速度的特殊值

$$\vec{\omega}_L = -\frac{1}{\kappa}\frac{q}{2m}\vec{B} \tag{A8.21}$$

就可以在方程中消去 $\vec{v}_R$. 选择这个旋转坐标系的转动角速度是为了使科里奥利加速度正好抵消洛伦兹力. 公式是代数式: q 是负的, $\vec{\omega}$ 与磁场 $\vec{B}$ 的符号相同. 于是我们记下:

$$m\vec{a}_E = m\vec{\omega}_L \times \vec{v}_E = \frac{1}{2}\frac{q}{\kappa}\vec{v}_E \times \vec{B}$$

由此导出在旋转坐标系中

$$m\vec{a}_R = q\vec{E} - m\vec{a}_E + \frac{q}{\kappa}\vec{v}_E \times \vec{B} = q\vec{E} + m\vec{a}_E \tag{A8.22}$$

这样, 我们过渡到了旋转坐标系, 称为拉莫尔坐标系, 在给出加速度公式的右边, 洛伦兹力用 $m\vec{a}_E$ 的项来替代. 下面的论证是近似的.

b) **拉莫尔定理近似**

考虑到实验室所能产生的磁场的数量级, 洛伦兹力 $q\vec{v}_{\text{lab}}\times\vec{B}$ 总是比静电力 $q\vec{E}$ 小. 引入电子在围绕着核的正常轨道运动的平均转动速度 Ω, 就可把这一点在另外的项里表述清楚. 为了在数量级模型中进行论证, 我们可将静电力用此轨道运动速度 Ω 来表述:

$$\text{静电力:}\quad qE\approx ma_{\text{lab}}\approx m\Omega v_{\text{lab}}$$

利用 B 和 ω_L 之间的关系, 我们同样可将洛伦兹力用拉莫尔角速度的函数来表述:

$$\text{磁力:}\quad (q/\kappa)v_{\text{lab}}B\approx m\omega_L v_{\text{lab}}$$

(在此数量级的论证中, 因子 2 是可忽略的.)

即有

$$\frac{\text{磁力}}{\text{静电力}}\approx\frac{qv_{\text{lab}}B}{\kappa qE}\approx\left|\frac{\omega_L}{\Omega}\right|\approx\frac{v_E}{v_{\text{lab}}}$$

对于一个磁场 B=10 000G=1T, 算得拉莫尔频率 $\omega_L/2\pi$ 为 10^{10}Hz 数量级. 而轨道运动的频率为 $\Omega/2\pi$ 是相当于或高于光学频率的, 数量级为 10^{15}Hz. 与静电力相比, 洛伦兹力是很小的 ($\omega_L/\Omega=10^{-5}$).

在旋转坐标系中上面所得方程在右边还包含着 $m\vec{a}_E$ 项, 但同样的数量级论证可以写出

$$\frac{ma_E}{qE}\approx\frac{a_E}{a_{\text{lab}}}\approx\frac{\omega_L v_E}{\Omega v_{\text{lab}}}\approx\frac{\omega_L^2 r}{\Omega^2 r}\approx\left(\frac{\omega_L}{\Omega}\right)^2$$

假如做一个近似计算, 考虑无穷小比值 ω_L/Ω 的一级, 而忽略二级, 我们可以在 (A8.22) 式中忽略比 qE 小很多的 ma_E, 得到

$$\text{在拉莫尔旋转坐标系中的近似方程:}\quad m\vec{a}_R=q\vec{E}\qquad\text{(A8.23)}$$

这个方程与没有磁场下实验室坐标系中写出的方程 $m\vec{a}_{\text{lab}}=q\vec{E}$ 完全相同 (考虑到核所产生的电场 $\vec{E}$ 具有绕着拉莫尔旋转坐标系轴的旋转对称性).

由此我们还可推出拉莫尔定理:

建立了磁场 B 后在拉莫尔旋转坐标系中的运动与没有磁场时在实验室坐标系中正常存在的运动完全相同.

换句话说, 施加磁场 B 使原子中的电子做附加转动, 它带动了整个体系绕着通过原子质心、平行于磁场 B 的轴、以拉莫尔角速度 ω_L 的转动:

$$\omega_L=-\frac{1}{\kappa}\frac{q}{2m}B$$

(这就是说, 它是回旋角速度 (磁场中自由电子角速度) 的一半; 拉莫尔转动频率等于回旋频率的一半).

A.8.5.2 对计算抗磁磁化率的应用

就其磁学性质观点来说, 各种化学物质基本上分成两大类:

- **顺磁体**, 它的感生磁化强度的指向与外磁场的方向一致 (磁场使正常情况下杂乱无规的原子磁矩取向, 参见上册第 7 章).
- **抗磁体**, 其磁化强度的指向与外磁场相反. 我们将说明, 拉莫尔转动是怎样来解释抗磁现象的.

a) 由拉莫尔转动产生的磁矩

考虑单个原子或分子, 用下标 "0" 标记没有外磁场时它们及其电子的特征参量; 而没有下标的标记它们在受到外磁场 $\overrightarrow{B^{\text{ext}}}$ 作用时的特征参量.

在没有场 $\overrightarrow{B^{\text{ext}}}$ 时, 原子有磁矩

$$\vec{\mathcal{M}}_0 = \sum \frac{1}{2\kappa}\vec{r}_0 \times q\vec{v}_0$$

(此方程基于实验室坐标系).

在有磁场 $\overrightarrow{B^{\text{ext}}}$ 时, 它有磁矩为

$$\vec{\mathcal{M}} = \sum \frac{1}{2\kappa}\vec{r} \times q\vec{v}_{\text{lab}} = \sum \frac{1}{2\kappa}\vec{r} \times q(\vec{v}_R + \vec{v}_E)$$

这里利用了与上节相同的标记.

根据拉莫尔定理, 在有外磁场存在时, 在旋转坐标系中的运动与无磁场下实验室坐标系中的运动全同, 即 $\vec{r} \times \vec{v}_R = \sum \vec{r}_0 \times \vec{v}_0$. 由此推得

$$\vec{\mathcal{M}} - \vec{\mathcal{M}}_0 = \sum \frac{q}{2\kappa}\vec{r} \times \vec{v}_E$$

引入矢量 $\vec{r}_\perp$, 径矢 $\vec{r}$ 在垂直于转动轴平面上的投影 (参见图 A8.4), 把矢量二重积展开, 可写成

$$\vec{r} \times \vec{v}_E = \vec{r} \times (\vec{\omega}_L \times \vec{r}_\perp) = r_\perp^2\vec{\omega}_L - (\vec{\omega}_L \cdot \vec{r})\vec{r}_\perp$$

我们已经注意到, 在论证其时间平均值 (在轨道运动周期数量级的时间内计算, 参见上册 7.1.2 节或附录 A.9.2.1 节) 条件下, 磁矩运动的概念可用于原子. 而矢量 $\vec{r}_\perp$ 在电子轨道运动期间在垂直于 $\vec{\omega}_L$ 的平面内取各种不同的全部方向; 因而可以合理地认为, 矢量 $(\vec{\omega}_L \cdot \vec{r})\vec{r}_\perp$ 的平均值为零. 相反, $r_\perp^2\vec{\omega}_L$ 具有恒定的方向, 其贡献是大的. 这样我们得到平均值:

$$\vec{\mathcal{M}} - \vec{\mathcal{M}}_0 = \sum \frac{q}{2\kappa}r_\perp^2\vec{\omega}_L = \frac{q}{2\kappa}\vec{\omega}_L\sum r_\perp^2 = \frac{q}{2\kappa}\vec{\omega}_L Z\overline{r_\perp^2}$$

Z 是原子中的电子数 (即原子序数), $\overline{r_\perp^2}$ 是 $r_\perp^2$ 的平均值 (同时对时间和原子中的电子总体取平均).

因 $\vec{\omega}_L = -\dfrac{q}{2m\kappa}\overrightarrow{B^{\text{ext}}}$, 得到

$$\vec{\mathcal{M}}_{DIA} = \vec{\mathcal{M}} - \vec{\mathcal{M}}_0 = -\frac{q^2}{4m\kappa^2}Z\overline{r_\perp^2}\,\overrightarrow{B^{\text{ext}}} \tag{A8.24}$$

在一切情况下, 拉莫尔转动产生一个与所加磁场方向相反的附加磁矩.

b) *抗磁磁化率的计算*

在原子具有一个非零本征磁矩 $\vec{\mathcal{M}}_0$ 的情况下, 顺磁效应更占优势 (参见 16.2.1 节两个磁性项的比较). 在 $\vec{\mathcal{M}}_0=0$ 的情况下, 只有抗磁效应. 令 n 为单位体积内的原子数, 介质有磁化强度为

$$\vec{M}_{DIA} = \sum_{\text{单位体积内}} \vec{\mathcal{M}}_{DIA} = -\frac{nq^2}{4m\kappa^2}Z\overline{r_\perp^2}\,\overrightarrow{B^{\text{ext}}} = \chi_M\overrightarrow{B^{\text{ext}}}$$

考虑到电子运动, 假设原子中电子的平均分布是球对称的, 引入电子的 x, y, z 坐标 (Oz 轴平行于磁场), 可以写出

$$\overline{x^2} = \overline{y^2} = \overline{z^2}, \quad \text{因而有} \quad \overline{r_\perp^2} = \overline{x^2} + \overline{y^2} = \frac{2}{3}(\overline{x^2} + \overline{y^2} + \overline{z^2}) = \frac{2}{3}\overline{r^2}$$

磁化率 χ_M 与磁导率 μ_r 相联系, 可写出

$$\boxed{\chi_M = \frac{\mu_r - 1}{\mu_0} = -\frac{1}{\kappa^2}\frac{q^2}{6m}nZ\overline{r^2}} \tag{A8.25}$$

从阿伏伽德罗常量 $\mathcal{N}$, 原子质量 $\mathcal{A}$ 和介质的密度 ρ, 并注意到原子质量是 $\mathcal{A}/\mathcal{N} = \rho/n$, 可计算单位体积中的原子数 n. 由此导出

$$\mu_r - 1 = -\frac{\mu_0}{\kappa^2}\frac{\mathcal{N}q^2}{6m}\rho\frac{Z}{\mathcal{A}}\overline{r^2} = -\frac{1}{\varepsilon_0 c^2}\frac{\mathcal{N}q^2}{6m}\rho\frac{Z}{\mathcal{A}}\overline{r^2}$$

我们知道, $Z/\mathcal{A}$ 的值是随元素不同而稍有变化的: $Z/\mathcal{A} \approx 1/2$(用 MKS 制的读者请注意, 原子质量 $\mathcal{A}$ 应以千克为单位, 这样 $Z/\mathcal{A} \approx 500$). 实验测得的抗磁磁化率都在同一个数量级, $\mu_r - 1 \approx 10^{-5}$. 假设, 例如, 一块材料的密度为 2($\rho$=2 CGS=2000 MKS), 算得 $\sqrt{\overline{r^2}} = 0.05\text{nm}$. 又得到了原子尺寸的数量级, 这还可从其他方法估算到. 相反, 量子力学计算可以算出量 $\overline{r^2}$, 从而可以算得 $\mu_r - 1$ 的值.

注 1: 回顾抗磁磁导率 μ_r 是由介质的**内部**[下式中 (in) 表示内部] 来确定的:

$$\vec{B}(\text{in}) = \mu_r\mu_0\vec{H}(\text{in}) = \mu_0\vec{H}(\text{in}) + \mu_0\vec{M}$$

在稀薄介质 (气体) 情况下, 磁化很弱, 很容易证明, 矢量 $\mu_0\vec{H}(\text{in})$ 实际上等于外加磁场 $\overrightarrow{B^{\text{ext}}}$:

$$\mu_0\vec{H}(\text{in}) \simeq \overrightarrow{B^{\text{ext}}} \quad \Rightarrow \quad \vec{M} = (\mu_r - 1)\vec{H} \simeq \frac{\mu_r - 1}{\mu_0}\overrightarrow{B^{\text{ext}}} = \chi_M\overrightarrow{B^{\text{ext}}}$$

我们又一次得到了 χ_M 和 μ_r 之间的关系式. 在凝聚介质磁化很强的情况下, 必须使用沿着外磁场伸长的样品, 以使边界效应可以忽略; 这样我们又可以得到同样的 $\mu_0\vec{H}$ 和 $\overrightarrow{B^{\text{ext}}}$ 之间的关系式.

注 2: (与 A8.2.1 节关于电介质的情况相似) 许多作者利用另外的, 量纲为一的磁化率的定义. 我们用大写字母来标记它: $\vec{M} = X\vec{B}/\mu_0$ 和 $\mu_r = 1 + X$. 我们保持用有量纲的定义, $\chi_M = X/\mu_0$, 因为它对应于 CGS 制中测量的磁化率 χ_M, 它在常数表中给出:

$$\mu_r = 1 + \mu_0\chi_M = 1 + 4\pi\chi_M \quad \text{因为CGS制中} \quad \mu_0 = 4\pi(\text{参见附录 1})$$

c) 与均匀场中哈密顿量的比较

在第 16 章开头, 已对单个电子在量子力学上计算了该哈密顿量. 哈密顿算符一般是由系统能量建立的. 在上册 7.1.1 节 (7.2) 式, 我们已经写出了一个磁矩与一个外磁场 $\overrightarrow{B^{\text{ext}}}$ 的相互作用能:

$$W = -\vec{\mathcal{M}} \cdot \overrightarrow{B^{\text{ext}}}$$

但这个公式适用于顺磁性情况, 那里每个原子磁矩是一个模值恒定的矢量, 可以在空间中旋转或移动. 相反, 在抗磁性情况下, 矢量 $\vec{\mathcal{M}}_{DIA}$ 的模值 $\mathcal{M}_{DIA}$ 是正比于外场值 $\overrightarrow{B^{\text{ext}}}$ 变化的. 能量计算要对系统的演化过程中场所做的功:

$$\overrightarrow{B^{\text{ext}}} \cdot \delta\vec{\mathcal{M}}_{DIA} = B^{\text{ext}} \cdot \delta\mathcal{M}_{DIA}$$

作积分，上式成立是因为两个矢量是平行的.

这两个矢量还是互相成正比的, 应对正比于 $B^{\text{ext}} \cdot \delta B^{\text{ext}}$ 的量积分, 得到结果为 $\frac{1}{2}(B^{\text{ext}})^2$.

由此得到能量:

$$W = -\frac{1}{2}\mathcal{M}_{DIA}B^{\text{ext}} = -\frac{q^2}{8m\kappa^2}Z(B^{\text{ext}})^2\overline{r_\perp^2}$$

此处利用了上面 (A8.24) 式. 除了公因子 Z(这里只对一个原子作计算), 我们又得到了第 16 章开头 (16.3) 式对单个电子算得的哈密顿量的第三项, 抗磁项 ($r_\perp = r\sin\theta$).

A.8.5.3 对经典塞曼效应的应用

塞曼效应的经典定理也是拉莫尔定理的结果. 尽管由于存在着自旋而不能正确解释观察到的全部实验现象, 这个经典定理却在发现塞曼效应中发挥了重要的作用, 并且可以为解释塞曼组分的偏振提供一个简单的几何图像.

a) 由拉莫尔转动引起的频率变化

为了简化叙述, 我们只满足于把拉莫尔定理用于特别简单的电子轨道上.

想象一个电子以速度 Ω 绕轴 Oz 做圆轨道的转动. 对它施加一个平行于 Oz 的同方向的磁场 B 时, 就在它的正常运动上强加了一个绕着同一 Oz 轴转的拉莫尔转动, 其角速度为 $\omega_L = -(q/2m\kappa)B$, 且为正的, 因为 q 是负的. 也就是说, 拉莫尔转动是绕着 Oz 轴沿着右手螺旋规则方向的. 相对于实验室坐标系, 电子的总角速度成为 $\Omega + \omega_L$ 的代数值. 可以用图示来区别多种情况 (图 A8.5):

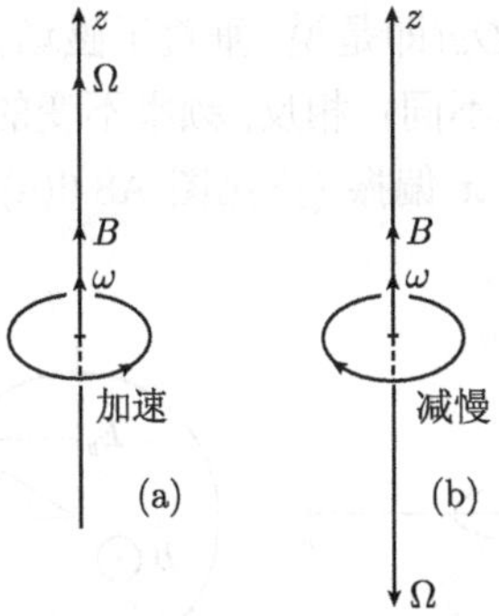

图 A8.5　电子的圆轨道运动, 其轴为磁场 $\vec{B}$

1) 若电子绕着 $\vec{B}$ 按右手螺旋规则旋转 ($\Omega > 0$), 拉莫尔转动附加在正常转动上, 总的电子转动频率增加 (图 A8.5(a)), 成为 $\nu = (\Omega + \omega_L)/2\pi$.

2) 若电子绕着 $\vec{B}$ 沿负方向转动 ($\Omega < 0$), 拉莫尔转动是反方向的, 则正常转动被减缓. 也就是说, 电子总的转动频率就要降低 (图 8.5(b)), 成为 $\nu = (|\Omega| - \omega_L)/2\pi$.

3) 相反, 想象有第三种类型的电子, 沿着 Oz 轴以角频率 Ω 做线性振动. 磁场对它施加的洛伦兹力为零; 它的频率为 $\nu = \Omega/2\pi$ 的运动没有任何改变.

在电磁辐射的经典理论中, 频率为 ν 的运动电荷发射同样频率的电磁波. 由此得出以下结论: 假如一盏光谱灯遭受一个磁场作用, 原子正常发射波的频率为 ν, 在磁场中观察到该波将分解为三种频率不同的波, 称为塞曼组分; 一种波频率增加为 $\nu + \Delta\nu$, 一种波频率减小为 $\nu - \Delta\nu$, 另一种波频率 ν 不变.

频率偏差$\Delta\nu = \dfrac{\omega_L}{2\pi} = \dfrac{1}{\kappa}\dfrac{e}{4\pi m}B$ 等于拉莫尔转动频率, 这正是上册第 9 章 (9.11) 式中所得的频偏 $\delta\nu_0$, 而且是被实际测得的 (在两个相关能级的磁性纯粹是由轨道磁矩引起的情况下, 且两个能级的朗德因子为 $g_1 = g_2 = 1$).

注: 把 x, y, z 三个分量上的三个线性周期运动矢量相加起来, 可以得到一个空间周期运动; 但是, 同样还可以把上面 1)、2)、3) 三类运动的矢量相加起来而得到它. 这样, 就可以把上面的结果加以推广.

b) *发射波的偏振*

根据观察方向不同, 可以进一步把发射波的行为, 特别是对其偏振加以更确切的描述.

➢ **横向观察**

将发射的光沿着垂直于磁场的 Ox 方向照射到光谱仪的狭缝上. 1) 或 2) 两类电子运动的 Ox 分量对 Ox 方向发射的波没有贡献 (天线在沿着其长度方向不产生辐射), 只有 Oy 上的分量向 Ox 方向发射波. 由 1) 或 2) 类电子发射的, 频率或增或减的两种波因而是平行于 Oy(即是说, 垂直于磁场) 而线偏振的; 这叫做 σ 偏振 (没有 + 或 − 号, 但两者频率不同). 相反, 频率不变的波是由 3) 类电子发射的, 是沿着磁场方向线偏振的; 称为 π 偏振 (参见图 A8.6(a)).

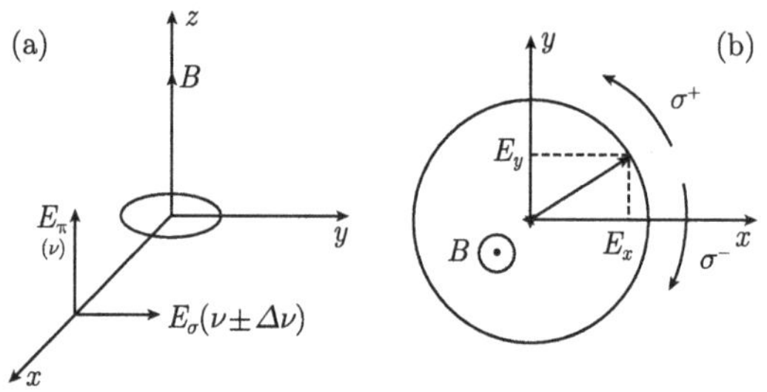

图 A8.6　根据观察方向显示塞曼组分偏振的不同

(a) 横向观察 (光沿着 Ox 方向传播); (b) 纵向观察 (光沿着垂直于图面的 Oz 方向传播)

➢ **纵向观察**

将发射的光沿着平行于磁场的 Oz 方向 (垂直于图 A8.6(b) 的纸面) 照射到光谱仪的狭缝上. 3) 类电子在 Oz 方向不发射, 因而频率不变的波消失了. 1) 和 2) 两类旋转的电子在 Oz 方向发射圆偏振波. 实际上, 波电场的 E_x 和 E_y 分量是分别由电子运动的 x 和 y 分量发射的, 因而互相有 π/2 的相位差, 其合成是一个旋转场. 转动的方向与组分之间 π/2 相位差的符号 + 或 − 相联系. 但电子运动中 x 和 y 坐标之间与波电场的 E_x 和 E_y 分量之间的相位差的符号是相同的. 因此, 合成场 $\vec{E}$ 的转动方向与电子相同. 1) 类电子发射的波频率增加, 其偏振是使电场绕着磁场 $\vec{B}$ 按右手螺旋规则旋转, 即与磁化电流方向相同, 这叫做 σ^+ 偏振. 相反, 频率降低的波有相反的圆偏振方向, 电场绕着磁场 $\vec{B}$ 做负方向旋转, 即是说, 与磁化电流反方向地旋转; 这叫做 σ^- 偏振 (参见图 A8.6(b)).

这样, 就再次实现了上册第 9 章所描述的实验特征, 这是在纯粹由轨道 ($g_1 = g_2 = 1$) 引起磁性的特殊情况下实现的. 我们注意到, 圆偏振是相对于磁场来确定的: σ^+ 波的电场是与磁化电流的方向相同的; 而 σ^- 波的旋转方向则相反, 而与传播方向无关. 利用辐射场的公式 (A8.1), 容易看到, 在斜方向上发射波的偏振是由图 A8.5 或图 A8.6 中 1) 和 2) 两类圆轨道在波平面上投影所得的椭圆来表示的.

附录 9　多　极　矩

A.9.1　静止电荷情况, 电多极矩

➤ 问题的提出与标记法

一群电荷 q_n 分别处于各点 C_n, 都离没有下标的作为原点的 C 点很近 (参见图 A9.1),

$$\overrightarrow{CC_n} = \vec{r}_n(\text{分量为}x_n, y_n, z_n);\ \text{模值为}r_n = |\vec{r}_n|$$

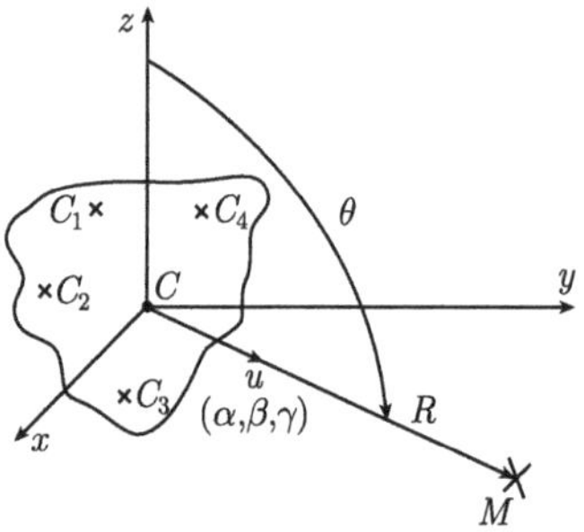

图 A9.1　一群远离 M 点的电荷 $C_n(R \gg$ 所有 $r_n = CC_n)$

我们要研究这群电荷 C_n 之间和它们与位于离 C 很远的 M 点的电荷之间的相互作用.

$$\overrightarrow{CM} = \vec{R}(\text{分量为}X, Y, Z);\text{模值为}R = \left|\vec{R}\right|,\text{对所有}r_n,\text{都有}\left|\vec{R}\right| \gg r_n.$$

引入平行于 CM 的单位矢量, $\vec{u} = \vec{R}/R$, 其三个分量为直线 CM 的三个方向余弦: $\alpha = X/R$, $\beta = Y/R$, $\gamma = Z/R$.

A.9.1.1　计算电荷群在 M 点上产生的势

$$V(M) = \frac{1}{4\pi\varepsilon_0}\sum_n \frac{q_n}{C_nM}$$

为了计算 $1/C_nM$, 我们把它对无限小量 x_n, y_n, z_n 作有限展开:

$$\frac{1}{C_nM} = \frac{1}{\sqrt{(X-x_n)^2+(Y-y_n)^2+(Z-z_n)^2}} = f(X-x_n, Y-y_n, Z-z_n)$$

$$\frac{1}{C_nM}=f(X,Y,Z)-x_n\frac{\partial f}{\partial X}-y_n\frac{\partial f}{\partial Y}-z_n\frac{\partial f}{\partial Z}+\frac{x_n^2}{2}\frac{\partial^2 f}{\partial X^2}+x_ny_n\frac{\partial^2 f}{\partial X\partial Y}+\frac{y_n^2}{2}\frac{\partial^2 f}{\partial Y^2}+\cdots \tag{A9.1}$$

从 $f(X,Y,Z)=1/R=[X^2+Y^2+Z^2]^{-1/2}$ 推得

$$\left.\begin{cases}\partial f/\partial X=-X(X^2+Y^2+Z^2)^{-3/2}=-\alpha/R^2\\ \partial f/\partial Y=-Y(X^2+Y^2+Z^2)^{-3/2}=-\beta/R^2\\ \partial f/\partial Z=-Z(X^2+Y^2+Z^2)^{-3/2}=-\gamma/R^2\end{cases}\right\}(\text{矢量}\vec{\nabla}f=-\vec{u}/R^2\text{的分量})$$

同样有

$$\frac{\partial^2 f}{\partial X^2}=-(X^2+Y^2+Z^2)^{-3/2}+3X^2(X^2+Y^2+Z^2)^{-5/2}=(3\alpha^2-1)/R^3$$

$$\frac{\partial^2 f}{\partial X\partial Y}=+3XY(X^2+Y^2+Z^2)^{-5/2}=\frac{3\alpha\beta}{R^3};\cdots$$

即

$$\frac{1}{C_nM}=\frac{1}{R}\left[1+\frac{\vec{r}_n}{R}\cdot\vec{u}+\frac{x_n^2}{R^2}\left(\frac{3\alpha^2-1}{2}\right)+\frac{x_ny_n}{R^2}3\alpha\beta+\cdots\right] \tag{A9.2}$$

这种形式的表达式很好地表现了相继各项的数量级.

把所有电荷的贡献相加起来, 得到

$$\begin{aligned}4\pi\varepsilon_0V(M)=&\frac{1}{R}\sum_n q_n+\frac{\vec{u}}{R^2}\cdot(\sum_n q_n\vec{r}_n)\\ &+\frac{1}{2R^3}\left[(3\alpha^2-1)\sum_n q_nx_n^2+6\alpha\beta\sum_n q_nx_ny_n+\cdots\right]\end{aligned} \tag{A9.3}$$

➤ **结果的解释**

(a) 在 $\sum q_n\neq 0$ 的情况下, 电荷群存在着一个重心, 这点可作为原点 C, 于是 $\sum q_n\vec{r}_n=0$, 二级项就等于零. 在 $1/R$ 以后第一个不为零的项就是 $1/R^3$ 项 (这是原子核的特殊情况; 参见第 17 章).

(b) 在 $\sum q_n=0$ 的情况下, 求和 $\sum q_n\vec{r}_n$ 与所选的 C 无关 (参阅重心定理), 完美地表征了电荷体系. 我们称该矢量 $\vec{p}=\sum q_n\vec{r}_n$ 为**电偶极矩**; 因为实现这种电荷体系的最简单方式是选两个相等而符号相反的电荷 (因而有可能选择原点和轴的取向, 以使 $1/R^3$ 项为零).

(c) 在同时使 $\sum q_n=0$ 和 $\sum q_n\vec{r}_n=0$ 的情况下, 第一个非零项就是 $1/R^3$ 项. 容易证明, 这六个项的系数与所选的原点 C 无关. 我们称由这 $\sum q_nx_n^2$, $\sum q_nx_ny_n$ 等六个系数形成的二阶对称张量为**电四极矩**; 因为实现这种情况的最简单方式是选择四个模值相等的电荷, 让它们位于平行四边形的顶点, 以形成方向相反的两对偶极子 (参见图 A9.2). 在 A9.3 节我们将对四极矩做较为完善的计算.

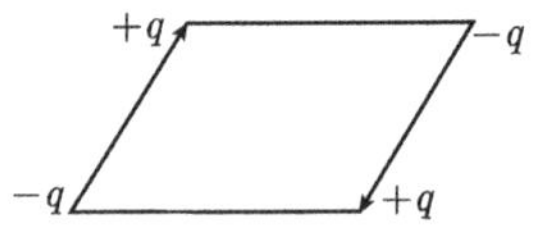

图 A9.2 最简单电四极矩

两个相等又相反的偶极子组成平行四边形

(d) 一般说来, 我们称可用 $1/R^{n+1}$ 项表述的系数体系为 2^n 级**多极矩**, 因为使前面各项整体为零的最简单的方式是选择适当排布的 2^n 个电荷系统.

A.9.1.2 对应于偶极项的场

需要把 A.9.1.1 节情况 b) 中得到的电势进行梯度计算, 该电势为

$$V(M)=\frac{1}{4\pi\varepsilon_0}\frac{\vec{p}\cdot\vec{u}}{R^2}=\frac{1}{4\pi\varepsilon_0}\frac{\vec{p}\cdot\vec{R}}{R^3} \tag{A9.4}$$

矢量 $\vec{p}=\sum q_n\vec{r}_n$ 与 M 无关, 导致 $\vec{\nabla}(\vec{p}\cdot\vec{R})=\vec{p}$.

另一方面:

$$\vec{\nabla}\left(\frac{1}{R^3}\right)=-\frac{3}{R^4}\vec{\nabla}R=-\frac{3}{R^4}\vec{u}=-\frac{3\vec{R}}{R^5}$$

由此导出电场

$$\vec{E}=-\vec{\nabla}V(M)=\frac{1}{4\pi\varepsilon_0}\left[\frac{3(\vec{p}\cdot\vec{R})}{R^5}\vec{R}-\frac{1}{R^3}\vec{p}\right]$$

特别是由此可推得偶极子 $\vec{p}$(位于 C 点) 与另一个位于 M 点的偶极子 $\vec{p}'$ 的相互作用能:

$$\boxed{W=\vec{p'}\cdot\vec{\nabla}V=-\vec{p'}\cdot\vec{E}=\frac{1}{4\pi\varepsilon_0}\left[\frac{\vec{p}\cdot\vec{p'}}{R^3}-\frac{3(\vec{p}\cdot\vec{R})(\vec{p'}\cdot\vec{R})}{R^5}\right]} \tag{A9.5}$$

这最后一个公式在原子物理上有许多应用. 对四极矩项的详细研究是比较复杂的, 我们把它放在 A.9.3 节.

注: 两个磁偶极子的相互作用能.

可把 (A9.5) 式推广到磁学, 为了计算磁矩 $\mathcal{M}$ 所产生的作用于处在 P 点上的偶极子 $\vec{\mathcal{M}}'$ 的场 $B(P)$[参见 17.3.2 节的 (17.10) 式], 要利用赝磁标量势 $\mathcal{U}(P)$(参见上册 7.1.1 节):

$$\vec{B}(P)=-\vec{\nabla}\mathcal{U}(P)\quad\Rightarrow\; W=-\vec{\mathcal{M}}'\cdot\vec{B}(P)=+\vec{\mathcal{M}}'\cdot\vec{\nabla}\mathcal{U}(P)$$

A.9.1.3 计算作用在电荷群上的力

这种计算某种程度上是前面 A.9.1.1 节计算的 "对称". 可用稍有区别的方式再次得到同样的多极矩; 这里没有任何新的基本思想, 但要为 A.9.3 节展开的叙述做点铺垫.

我们知道, 力的计算可用对相互作用能求导数的虚功方法来做 (参阅电磁学的经典论述). 这里我们只满足于计算电荷群 C_n 与处于离 C 相距甚远的 M 点 (所有 $R \gg$ 所有 r_n) 上另一些电荷之间的相互作用能 W. 若令 $U(C_n)$ 为遥远的, 在 C_n 电荷群之外的另一些电荷在每个点 C_n 上产生的电势, 则该相互作用能量为 $W = \sum q_n U(C_n)$. 注意! 不要把外部势 U(外部电荷产生的) 与 q_n 电荷群产生的势 $V(M)$ 混淆了.

既然产生势 U 的外部电荷都远离 C 点, 很少随 C_n 点不同而变化, 我们可以把 $U(C_n)$ 围绕原点 C 作有限的级数展开:

$$
\begin{aligned}
U(C_n) =& U(C) + x_n \frac{\partial U}{\partial x} + y_n \frac{\partial U}{\partial y} + z_n \frac{\partial U}{\partial z} \\
& + \frac{x_n^2}{2} \frac{\partial^2 U}{\partial x^2} + x_n y_n \frac{\partial^2 U}{\partial x \partial y} + \frac{y_n^2}{2} \frac{\partial^2 U}{\partial y^2} + \cdots
\end{aligned}
$$

对所有电荷 C_n 求和, 得到

$$
W = U(C) \sum_n q_n + \vec{\nabla} U \cdot (\sum_n q_n \vec{r}_n) + \frac{1}{2} \frac{\partial^2 U}{\partial x^2} (\sum_n q_n x_n^2) + \frac{\partial^2 U}{\partial x \partial y} (\sum_n q_n x_n y_n) + \cdots \tag{A9.6}
$$

若我们来论证数量级, 则有 U 是 $1/R$, $\vec{\nabla} U$ 是 $1/R^2$, U 的二阶导数为 $1/R^3$ 等. 如同在上节那样, 我们再次得到, 有限级数展开是很快收敛的, 这种展开由和 (A9.3) 式中一样的量来表述, 我们已将它们称为多极矩的分量.

A.9.2 运动电荷情况, 磁多极矩

A.9.2.1 有限体积内的稳态平均假说

我们考虑与本附录开始所述的同一群电荷 q_n, 但假定它们中每一个都有一种速度 $\vec{v}_n$; 我们要计算电荷群在远处 (对任意 n, 都有 $R \gg r_n$) 一点 M 上所产生的磁场.

在静磁问题的研究框架内, 即有:

(a) 速度 v_n 远小于光速 c;

(b) 静电荷的平均分布不因这些运动而变更 (用连续函数形式来描述, 可把电流密度 $\vec{j}$ 与电荷密度 ρ 相联系的电荷守恒方程写成: $\vec{\nabla} \cdot \vec{j} = -\partial \rho / \partial t = 0$). 在点电荷情况下, 电荷群的各种电多极矩是与时间无关的, 或它们对时间的导数为零. 在

论证其时间平均值的条件下, 下面论述还可推广到不遵从静磁学普遍假说的电荷系统上去. 因而就足以做出**电荷是封闭在有限体积内的假说**.

其实, 设有一个函数, 其形式为我们已经使用过的, 例如, 一个电多极矩的分量: $f(t)=\sum q_n x_n y_n$. 计算它对时间的导数的时间平均值:

$$\overline{\left(\frac{\mathrm{d}f}{\mathrm{d}t}\right)}=\frac{1}{t_2-t_1}\int_{t_1}^{t_2}\frac{\mathrm{d}f}{\mathrm{d}t}\mathrm{d}t=\frac{1}{t_2-t_1}(f_2-f_1)$$

考虑到新的假说 (有限体积), 函数 f 在有限范围内变化; 量 f_2-f_1 因而是有限的, 随着时间 t_2-t_1 的延长, $(\mathrm{d}f/\mathrm{d}t)$ 的平均值也可为任意小. 由此可推断, 就时间平均值的论证条件来说, f 函数的导数为零, f 函数在时间上其实是常数. 换句话说, 封闭在有限体积内的整个电荷系统在平均值上验证了静磁假说.

特别地, 可将上面论述应用于一个原子或一个分子. 在此情况下, 与电子的轨道运动周期相比, 用来计算平均值的时间 t_2-t_1 必须是长的.

A.9.2.2　计算电荷系统产生的磁场

为了计算矢量势 $\vec{A}(M)$, 我们利用 A.9.1.1 节用过的 $1/C_nM$ 的有限级数展开式 (A9.2); 然而这个计算的最大复杂性使我们在下式按 (A9.2) 式的展开式中只限于取前两级:

$$\vec{A}(M)=\frac{\mu_0}{4\pi\kappa}\sum_n\frac{q_n\vec{v}_n}{C_nM}$$

即

$$\frac{4\pi\kappa}{\mu_0}\vec{A}(M)=\frac{1}{R}\sum_n q_n\vec{v}_n+\frac{1}{R^2}\sum_n q_n\vec{v}_n(\vec{r}_n\cdot\vec{u})$$

在上面静电计算中, 发现 $1/R^2$ 的第二项是一个两部分乘积的简单形式, 一部分只依赖于 M(即只依赖于 $\vec{u}$ 和 $\vec{R}$), 另一部分只与电荷群有关 (即只与 q_n, r_n, v_n 有关). 但当下不再是这个情况, 实际上我们不能把矢量 $\vec{u}$ 从求和号内提出来.

然而有一种计算技巧可以把两个独立部分分开来. 考虑矢量表达式

$$\vec{v}_n(\vec{r}_n\cdot\vec{u})+\vec{r}_n(\vec{v}_n\cdot\vec{u})=\frac{\mathrm{d}\vec{r}_n}{\mathrm{d}t}(\vec{r}_n\cdot\vec{u})+\vec{r}_n\left(\frac{\mathrm{d}\vec{r}_n}{\mathrm{d}t}\cdot\vec{u}\right)=\frac{\mathrm{d}}{\mathrm{d}t}[\vec{r}_n(\vec{r}_n\cdot\vec{u})]$$

选择轴 Ox 平行于 CM, 即平行于 $\vec{u}$, 以使 $\vec{r}_n\cdot\vec{u}=x_n$, 该矢量的三个分量写为

$$\frac{\mathrm{d}}{\mathrm{d}t}(x_n^2),\quad \frac{\mathrm{d}}{\mathrm{d}t}(y_nx_n),\quad \frac{\mathrm{d}}{\mathrm{d}t}(z_nx_n)$$

把所有这些矢量乘以 q_n 后求和, 得到三个分量

$$\frac{\mathrm{d}}{\mathrm{d}t}\left(\sum q_nx_n^2\right),\quad \frac{\mathrm{d}}{\mathrm{d}t}\left(\sum q_nx_ny_n\right),\quad \frac{\mathrm{d}}{\mathrm{d}t}\left(\sum q_nx_nz_n\right)$$

根据我们的假说 (偶极矩在时间上是常数), 这三项都为零, 所以

$$\sum q_n \frac{\mathrm{d}}{\mathrm{d}t}[\vec{r}_n(\vec{r}_n \cdot \vec{u})] = \sum q_n \vec{v}_n(\vec{r}_n \cdot \vec{u}) + \sum q_n \vec{r}_n(\vec{v}_n \cdot \vec{u}) = 0$$

另一方面, 上面这两个矢量的差是一个双重矢量积:

$$\sum q_n[\vec{v}_n(\vec{r}_n \cdot \vec{u}) - \vec{r}_n(\vec{v}_n \cdot \vec{u})] = \sum q_n(\vec{r}_n \times \vec{v}_n) \times \vec{u}$$

把上述两个方程相加得到

$$\sum q_n \vec{v}_n(\vec{r}_n \cdot \vec{u}) = \frac{1}{2}\sum q_n(\vec{r}_n \times \vec{v}_n) \times \vec{u} = \frac{1}{2}(\sum q_n \vec{r}_n \times \vec{v}_n) \times \vec{u}$$

在这样引入的双重矢量积中我们就能把 $\vec{u}$ 从求和号内提出来. 最后我们有

$$\frac{4\pi}{\mu_0}\vec{A}(M) = \frac{1}{R}\sum_n \frac{q_n \vec{v}_n}{\kappa} - \frac{\vec{u}}{R^2} \times \frac{1}{2\kappa}\sum_n q_n \vec{r}_n \times \vec{v}_n + \cdots \tag{A9.7}$$

➤ **结果的解释**

(a) 在 $\sum q_n \vec{v}_n \neq 0$ 的情况下, 即电荷群等效于一个电流元时, 可以发现存在一个原点 C', 使 $1/R^2$ 项等于零. 取新的原点 C', 使 $\overrightarrow{CC'} = \vec{s}$. 对于这个原点, 径矢成为 $\overrightarrow{C'C_n} = \vec{r'}_n = \vec{r}_n - \vec{s}$; 我们希望矢量积成为零, 即

$$\sum q_n \vec{r}'_n \times \vec{v}_n = \sum q_n \vec{r}_n \times \vec{v}_n - \vec{s} \times \sum q_n \vec{v}_n = 0$$

把上述方程在轴上投影, 得到三个未知数 s_x, s_y, s_z(矢量 $\vec{s}$ 的三个分量) 的三个方程组, 而这三个未知数分量可以确定. 选择原点, 使 $1/R^2$ 的项为零.

(b) 在 $\sum q_n \vec{v}_n = 0$ 的情况下, 可以证明矢量积 $\sum q_n \vec{r}_n \times \vec{v}_n$ 与原点的选择无关. 用另一个原点 C', 使 $\vec{r'}_n = \vec{r}_n - \vec{s}$, 实际上得到

$$\sum q_n \vec{r}'_n \times \vec{v}_n = \sum q_n \vec{r}_n \times \vec{v}_n - \vec{s} \times \sum q_n \vec{v}_n = \sum q_n \vec{r}_n \times \vec{v}_n$$

因而这个矢量积是运动电荷系统的特征参量. 这就是电荷系统的磁偶极矩, 它已在上册第 7 章中以 (7.5) 式引入:

$$\vec{\mathcal{M}} = \frac{1}{2\kappa}\sum \vec{r}_n \times q_n \vec{v}_n$$

公式 (A9.7) 给出了电荷群产生的磁场的矢势, 因而它与上册 7.1.1 节在小环路情况下写出的公式是全同的.

上述结果还可特别用于有限体积内的孤立电荷系统 (即, 例如, 一个原子或分子), 因为量 $\sum q_n \vec{v}_n = \frac{\mathrm{d}}{\mathrm{d}t}(\sum q_n \vec{r}_n)$ 是一个有限量的导数; 所以上面在 A.9.1 节所用的论述表明, **时间平均值**(在相当长的时间内计算)$\overline{\sum q_n \vec{v}_n} \simeq 0$.

(c) 我们还可以像在作静电计算那样, 进一步作我们在这里有意中断的有限展开; 从有限展开的 $1/R^{n+1}$ 项出发可给出 2^n 级磁多极矩的定义.

A.9.2.3　计算作用在运动电荷系统上的磁力

这是和上面相对称的计算. 设在电荷群 C_n 外部的远方电荷是运动的; 在每个 C_n 电荷处产生一个磁场 $\overrightarrow{B^{\text{ext}}}(C_n)$. 每个电荷 C_n 受到的力为 $\vec{f}_n = \dfrac{1}{\kappa}\sum q_n\vec{v}_n \times \overrightarrow{B^{\text{ext}}}(C_n)$.

这种力的体系包含:

—— 一般合力 $\vec{F} = \sum \vec{f}_n$

—— 合力矩 $\vec{\Gamma} = \sum \vec{r}_n \times \vec{f}_n$

利用把作用在每个电荷 C_n 的场用 $\overrightarrow{B^{\text{ext}}}(C_n)$ 的有限展开来表达,

$$\overrightarrow{B^{\text{ext}}}(C_n) = \overrightarrow{B^{\text{ext}}}(C) + (\vec{r}_n \cdot \vec{\nabla})\overrightarrow{B^{\text{ext}}}(C) + \cdots$$

我们可以计算 $\vec{F}$ 和 $\vec{\Gamma}$, 这里, $\overrightarrow{B^{\text{ext}}}(C)$ 为作用在选作原点的 C 上的磁场值.

这里我们只计算总力矩, 在一级近似下这只要考虑上述展开式中的第一项就够了. 为了简化计算中间过程的书写, 我们简单地把 $\overrightarrow{B^{\text{ext}}}(C)$ 写成 $\vec{B}$, $\vec{B} = \overrightarrow{B^{\text{ext}}}(C)$. 得到一级为

$$\vec{\Gamma} = \sum \vec{r}_n \times \left(\frac{q_n}{\kappa}\vec{v}_n \times \vec{B}\right)$$

我们试图把这个式子变换一下, 将 $\vec{B}$ 从求和号中提出来, 为此使用一种与上面相同的计算技巧:

$$\vec{r}_n \times (\vec{v}_n \times \vec{B}) = \vec{v}_n(\vec{r}_n \cdot \vec{B}) - \vec{B}(\vec{r}_n \cdot \vec{v}_n)$$

和

$$\vec{v}_n \times (\vec{r}_n \times \vec{B}) = \vec{r}_n(\vec{v}_n \cdot \vec{B}) - \vec{B}(\vec{r}_n \cdot \vec{v}_n)$$

两式相减:

$$\vec{r}_n \times (\vec{v}_n \times \vec{B}) - \vec{v}_n \times (\vec{r}_n \times \vec{B}) = \vec{v}_n(\vec{r}_n \cdot \vec{B}) - \vec{r}_n(\vec{v}_n \cdot \vec{B}) = (\vec{r}_n \times \vec{v}_n) \times \vec{B}$$

另一方面

$$\vec{r}_n \times (\vec{v}_n \times \vec{B}) + \vec{v}_n \times (\vec{r}_n \times \vec{B}) = \vec{r}_n \times \left(\frac{\mathrm{d}\vec{r}_n}{\mathrm{d}t} \times \vec{B}\right) + \frac{\mathrm{d}\vec{r}_n}{\mathrm{d}t} \times (\vec{r}_n \times \vec{B}) = \frac{\mathrm{d}}{\mathrm{d}t}[\vec{r}_n \times (\vec{r}_n \times \vec{B})]$$

对 n 求和, 考虑到作为权重因子的电荷 q_n, 得到最后一式为

$$\frac{\mathrm{d}}{\mathrm{d}t}\sum q_n[\vec{r}_n \times (\vec{r}_n \times \vec{B})]$$

根据 A.9.2.1 节的假说, 它是一个平均值为零的量. 由此推得

$$\sum \vec{r}_n \times (q_n\vec{v}_n \times \vec{B}) + \sum q_n\vec{v}_n \times (\vec{r}_n \times \vec{B}) = 0$$

$$\sum \vec{r}_n \times (q_n\vec{v}_n \times \vec{B}) - \sum q_n\vec{v}_n \times (\vec{r}_n \times \vec{B}) = \sum (\vec{r}_n \times q_n\vec{v}_n) \times \vec{B}$$

把上述两式相加, 最后得到

$$\vec{\Gamma} = \frac{1}{\kappa}\sum_n \vec{r}_n \times (q_n\vec{v}_n \times \overrightarrow{B^{\text{ext}}}) = \frac{1}{2\kappa}\sum_n (\vec{r}_n \times q_n\vec{v}_n) \times \overrightarrow{B^{\text{ext}}} = \vec{\mathcal{M}} \times \overrightarrow{B^{\text{ext}}}$$

如同在小电回路的情况中一样, 我们又一次得到了公式 (7.3).

A.9.3 电四极矩专题研究

上两节中我们给出了关于多极矩的最重要概念. 在有限展开中我们特别强调了相应于电或磁的偶极矩的 $1/R^2$ 项, 因为它们是最常见的. 而四极矩概念对于表征原子核是很重要的, 所以这里我们要对这个题目做若干补充.

其实, 原子核的尺寸是很小的, 但不是零. 在许多问题中, 在一级近似下可以把它们看做点电荷; 然而在某些情况下需要考虑原子核的体积分布. 这样我们在计算中便要把核表示为下面两种因素的叠加:

1) 在重心处有一个点电荷 (因而对应于偶极矩的项应为零: $\sum q_n\vec{r}\,'_n = 0$);

2) 一个四极矩. 下面我们要对四极矩的计算做一个详细说明.

A.9.3.1 一般情况下的电四极矩张量

a) 张量的定义

在 A.9.1.1 节中我们计算了以 (A9.3) 式形式表述的四极矩在距离 R(其方向由方向余弦 α, β, γ 给出) 处产生的电势, 现在只对该式的四极矩项作完整展开, 有

$$\begin{aligned}4\pi\varepsilon_0 V =& \frac{1}{2R^3}[(3\alpha^2-1)\sum q_n x_n^2 + (3\beta^2-1)\sum q_n y_n^2 + (3\gamma^2-1)\sum q_n z_n^2 \\ &+ 6\alpha\beta\sum q_n x_n y_n + 6\beta\gamma\sum q_n y_n z_n + 6\gamma\alpha\sum q_n z_n x_n]\end{aligned}$$

考虑到 $r_n^2 = x_n^2 + y_n^2 + z_n^2$, 得到

$$\begin{aligned}4\pi\varepsilon_0 V =& \frac{1}{2R^3}[3\alpha^2\sum q_n x_n^2 + 3\beta^2\sum q_n y_n^2 + 3\gamma^2\sum q_n z_n^2 - \sum q_n r_n^2 \\ &+ 6\alpha\beta\sum q_n x_n y_n + 6\beta\gamma\sum q_n y_n z_n + 6\gamma\alpha\sum q_n z_n x_n]\end{aligned}$$

这样得到的表达式的各项相对于方向余弦 $\alpha, \beta,\ \gamma$ 不是均匀的. 为了使其均匀化, 对 $\sum q_n r_n^2$ 一项要乘以一个量 $\alpha^2 + \beta^2 + \gamma^2 = 1$. 然后对 $\alpha^2,\ \beta^2,\ \gamma^2$ 项归并, 得到

$$4\pi\varepsilon_0 V = \frac{1}{2R^3}[\alpha^2\sum q_n(3x_n^2 - r_n^2) + \beta^2\sum q_n(3y_n^2 - r_n^2) + \gamma^2\sum q_n(3z_n^2 - r_n^2)$$

$$+ 2\alpha\beta \sum 3q_n x_n y_n + 2\beta\gamma \sum 3q_n y_n z_n + 2\gamma\alpha \sum 3q_n z_n x_n]$$

这个表达式中 6 个求和号 $\sum$ 形成了一个二阶对称张量 $||Q||$ 的 9 个分量, 它们按下面方式定义:

$$\begin{cases} Q_{xx} = \sum q_n(3x_n^2 - r_n^2) \\ Q_{yy} = \sum q_n(3y_n^2 - r_n^2) \\ Q_{zz} = \sum q_n(3z_n^2 - r_n^2) \end{cases} \quad \begin{cases} Q_{xy} = Q_{yx} = \sum 3q_n x_n y_n \\ Q_{yz} = Q_{zy} = \sum 3q_n y_n z_n \\ Q_{zx} = Q_{xz} = \sum 3q_n z_n x_n \end{cases} \tag{A9.8}$$

这是一般情况下命名为电四极矩的张量, 它还可写成电荷系统产生的电势分量的函数:

$$4\pi\varepsilon_0 V = \frac{1}{2R^3}[\alpha^2 Q_{xx} + \beta^2 Q_{yy} + \gamma^2 Q_{zz} + 2\alpha\beta Q_{xy} + 2\beta\gamma Q_{yz} + 2\gamma\alpha Q_{zx}] \tag{A9.9}$$

b) **四极矩张量的性质**

(1) 不管坐标轴如何, 三个对角分量之和为零:

$$Q_{xx} + Q_{yy} + Q_{zz} = \sum q_n(3x_n^2 + 3y_n^2 + 3z_n^2) - 3\sum q_n r_n^2 = 0$$

在张量的 9 个分量中只有 5 个参量是独立的, 3 个参量决定电荷系统的空间取向, 只有两个参量是电荷分布形式的特征参量.

(2) 可以把代表一个张量的矩阵对角化, 即找到一个新的坐标轴 XYZ, 称为**张量主轴**, 使张量的非对角分量为零:

$$Q_{XY} = Q_{YZ} = Q_{ZX} = 0$$

在此**主参考系**中, 电荷系统产生的电势简单地写为

$$4\pi\varepsilon_0 V(M) = \frac{1}{2R^3}(\alpha^2 Q_{XX} + \beta^2 Q_{YY} + \gamma^2 Q_{ZZ}) \tag{A9.9$'$}$$

不要忘记, 方向余弦 α, β, γ 随 M 点而变化.

(3) 假如电荷 q_n 是按照球对称分布的

$$\sum q_n x_n^2 = \sum q_n y_n^2 = \sum q_n z_n^2 = \frac{1}{3}\sum q_n r_n^2$$

由此推得 $Q_{xx} = Q_{yy} = Q_{zz} = 0$; 张量的其他分量同样为零. 在某种意义上, 电四极张量是**电荷群偏离球对称性的量度**.

(4) 在电荷群简化为一个纯态的电四极矩的情况下, 即同时有 $\sum q_n = 0$ 和 $\sum q_n \vec{r}_n = 0$ 的情况下, 可以证明, 张量 $||Q||$ 的分量与为计算而选择的原点无关.

假如 C' 是一个新的原点，与此相关的坐标为 x'_n, y'_n 和 z'_n，我们称矢量 $\overrightarrow{CC'}$ 的分量为 a, b, c, 有

$$\sum q_n {x'}_n^2 = \sum q_n (x_n - a)^2 = \sum q_n x_n^2 - 2a \sum q_n x_n + a^2 \sum q_n = \sum q_n x_n^2$$

$$\begin{aligned}\sum q_n x'_n y'_n &= \sum q_n (x_n - a)(y_n - b) \\ &= \sum q_n x_n y_n - a \sum q_n y_n - b \sum q_n x_n + ab \sum q_n = \sum q_n x_n y_n\end{aligned}$$

其他分量也类似.

c) **四极矩与外部电荷的相互作用**

张量的分量也可以表示电荷群 C_n 与另一些在该群以外、在 C_n 的每个点上产生电势 $U(C_n)$ 的电荷之间的相互作用能 W. A.9.1.3 节我们使用了 $U(C_n)$ 的有限展开以得到该能量 W 的表达式 (A9.6), 这里我们再把它写成为由此简化的四极矩的六个项：

$$\begin{aligned}W =& \frac{1}{2}\frac{\partial^2 U}{\partial x^2}(\sum q_n x_n^2) + \frac{1}{2}\frac{\partial^2 U}{\partial y^2}(\sum q_n y_n^2) + \frac{1}{2}\frac{\partial^2 U}{\partial z^2}(\sum q_n z_n^2) \\ &+ \frac{\partial^2 U}{\partial x \partial y}(\sum q_n x_n y_n) + \frac{\partial^2 U}{\partial y \partial z}(\sum q_n y_n z_n) + \frac{\partial^2 U}{\partial z \partial x}(\sum q_n z_n x_n)\end{aligned}$$

为了出现张量的对角分量, 我们再次利用计算技巧, 这里应用了这样的事实：在产生电势 U 的电荷外部, 该电势的拉普拉斯算子为零, $\Delta U = 0$.

于是可以把 W 的表达式减去为零的量：

$$0 = \frac{1}{6}\Delta U \cdot \sum q_n r_n^2 = \frac{1}{6}\left[\frac{\partial^2 U}{\partial x^2}\sum q_n r_n^2 + \frac{\partial^2 U}{\partial y^2}\sum q_n r_n^2 + \frac{\partial^2 U}{\partial z^2}\sum q_n r_n^2\right]$$

于是得到

$$W = \frac{1}{6}\left[\frac{\partial^2 U}{\partial x^2}Q_{xx} + \frac{\partial^2 U}{\partial y^2}Q_{yy} + \frac{\partial^2 U}{\partial z^2}Q_{zz} + 2\frac{\partial^2 U}{\partial x \partial y}Q_{xy} + 2\frac{\partial^2 U}{\partial y \partial z}Q_{yz} + 2\frac{\partial^2 U}{\partial z \partial x}Q_{zx}\right] \tag{A9.10}$$

若把张量主轴 X, Y, Z 作为坐标轴, 非对角分量为零, 表达式简化为

$$W = \frac{1}{6}\left[\frac{\partial^2 U}{\partial X^2}Q_{XX} + \frac{\partial^2 U}{\partial Y^2}Q_{YY} + \frac{\partial^2 U}{\partial Z^2}Q_{ZZ}\right] \tag{A9.10$'$}$$

A.9.3.2　旋转对称的特殊情况

原子核是旋转对称的; 这使计算显著简化.

a) 张量的分量

设电荷分布具有绕 OZ 轴的旋转对称性, 该轴 $OXYZ$ 就是主轴; $\sum q_n X_n^2 = \sum q_n Y_n^2$. 考虑到三个对角分量之和为零, 由此推得

$$\boxed{Q_{XX} = Q_{YY} = -\frac{1}{2}Q_{ZZ}} \tag{A9.11}$$

电荷的这种分布 "形式" 只要用一个参量来表征就行了. 原则上在 Q_{ZZ} 的表达式中把元电荷 $e = 1.6 \times 10^{-19}$C 作为因子提出来是比较方便的; 即有

$$\boxed{Q_{ZZ} = \sum q_n(3Z_n^2 - r_n^2) = eQ} \tag{A9.12}$$

其中 Z_n 是沿旋转轴测得的坐标.

旋转对称性在实践中是经常遇到的, 常常把无下标的, 这样定义的参量 Q 命名为 "**四极矩**". 它有面积的量纲, 其大小为核的大小, 为 $(10^{-12}\text{cm})^2=10^{-24}\text{cm}^2$ 数量级. 四极矩 Q 常用实际单位靶恩 (barn) 来测量, $1\text{barn}=10^{-24}\text{cm}^2$.

Q 可正或负：

(1) 若长椭球内有常量的正电荷密度, 即对沿着旋转轴呈雪茄形的长核 (参见图 A9.3), 有 $Q > 0$;

(2) 相反, 若扁椭球内有常量的正电荷密度, 即对呈扁鹅卵石或圆饼形的扁核 (参见图 A9.3), 则有 $Q < 0$.

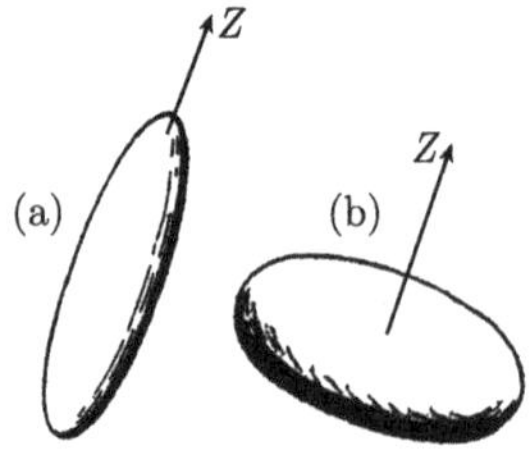

图 A9.3　绕着 OZ 轴旋转的四极矩

(a) 长雪茄形 ($Q > 0$); (b) 扁鹅卵石形 ($Q < 0$)

b) 旋转四极矩产生的电势

考虑到旋转对称性, 取四极矩张量的主轴 X、Y、Z 为轴, 我们还可进一步将上述对电势 V 或能量 W 的表达式简化.

在距离 R, 方向余弦为 α, β, γ 的方向上产生的电势 V 简化为 (考虑到 $\alpha^2 + \beta^2 + \gamma^2 = 1$)：

$$4\pi\varepsilon_0 V(M) = \frac{eQ}{2R^3}\left(\gamma^2 - \frac{\alpha^2+\beta^2}{2}\right) = \frac{eQ}{4R^3}(3\gamma^2 - 1) = \frac{eQ}{4R^3}(3\cos^2\theta - 1) \tag{A9.13}$$

角度 θ 为电荷系统的旋转轴 OZ 与测量 $V(M)$ 的方向 CM 之间的夹角.

c) 与外部电荷的相互作用能

考虑到静电拉普拉斯算子为零$\Delta U = \dfrac{\partial^2 U}{\partial X^2}+\dfrac{\partial^2 U}{\partial Y^2}+\dfrac{\partial^2 U}{\partial Z^2}=0$ 后, 并利用 (A9.10′) 式和 (A9.11) 式, 与远处产生电势 $U(C)$ 的其他电荷的相互作用能 W 简化为

$$W=\frac{eQ}{6}\left[\frac{\partial^2 U}{\partial Z^2}-\frac{1}{2}\left(\frac{\partial^2 U}{\partial X^2}+\frac{\partial^2 U}{\partial Y^2}\right)\right]=\frac{eQ}{4}\frac{\partial^2 U}{\partial Z^2}=-\frac{eQ}{4}\frac{\partial E_Z^{\text{ext}}}{\partial Z} \tag{A9.14}$$

其中 E_Z^{ext} 为四极矩外部远处电荷所产生的电势 U 的导数, 即电场 $\overrightarrow{E^{\text{ext}}}(C)$ 在 OZ 轴上的分量.

A.9.3.3 使用外部势的主轴

作用于四极矩的电势 $U(C)$ 的二阶导数同样也形成一个二阶对称张量. 在大量问题中取这个与外部电势相关联的新张量的主轴为坐标轴是比较方便的, 称为 $Oxyz$(仍保留四极矩的主轴为 X, Y, Z), 即有轴为 x, y, z. 这样有

$$\frac{\partial^2 U}{\partial x\partial y}=\frac{\partial^2 U}{\partial y\partial z}=\frac{\partial^2 U}{\partial z\partial x}=0$$

现在假如让四极矩的旋转轴 OZ 相对于轴 x, y, z 的方向余弦为 $\alpha_Z, \beta_Z, \gamma_Z$, 容易证明:

$$\frac{\partial}{\partial Z}=\alpha_Z\frac{\partial}{\partial x}+\beta_Z\frac{\partial}{\partial y}+\gamma_Z\frac{\partial}{\partial z}$$

不要把矢量 CM 的方向余弦 α, β, γ 与四极矩旋转轴 OZ 的方向余弦 α_Z, β_Z, γ_Z 混淆. 考虑到 U 对它的主轴 x, y, z 的两个不同坐标的二阶导数为零, 导出

$$\frac{\partial^2 U}{\partial Z^2}=\alpha_Z^2\frac{\partial^2 U}{\partial x^2}+\beta_Z^2\frac{\partial^2 U}{\partial y^2}+\gamma_Z^2\frac{\partial^2 U}{\partial z^2}$$

结果, 对相互作用能 W 得到

$$W=\frac{eQ}{4}\left[\alpha_Z^2\frac{\partial^2 U}{\partial x^2}+\beta_Z^2\frac{\partial^2 U}{\partial y^2}+\gamma_Z^2\frac{\partial^2 U}{\partial z^2}\right]$$

考虑到 U 的拉普拉斯算子为零, 这三个二阶导数只有两个参量是独立的. 一般选择把 $\partial^2 U/\partial x^2$ 和 $\partial^2 U/\partial y^2$ 通过一个参量 η 用 $\partial^2 U/\partial z^2$ 的函数来表示, 如同: $\dfrac{\partial^2 U}{\partial x^2}-\dfrac{\partial^2 U}{\partial y^2}=\eta\dfrac{\partial^2 U}{\partial z^2}$(若函数 U 具有绕 Oz 轴的旋转对称性, η 为零; 某种意义上, η 是电势 U 偏离旋转对称性的量度).

拉普拉斯算子等于零导致 $\dfrac{\partial^2 U}{\partial x^2}+\dfrac{\partial^2 U}{\partial y^2}=-\dfrac{\partial^2 U}{\partial z^2}$, 由此推得

$$\frac{\partial^2 U}{\partial x^2}=-\frac{1-\eta}{2}\frac{\partial^2 U}{\partial z^2}\quad \text{和}\quad \frac{\partial^2 U}{\partial y^2}=-\frac{1+\eta}{2}\frac{\partial^2 U}{\partial z^2}$$

代入 W, 考虑到 $\alpha^2+\beta^2+\gamma^2=1$, 得到

$$W=\frac{eQ}{4}\frac{\partial^2 U}{\partial z^2}\left[\gamma_Z^2-\frac{\alpha_Z^2+\beta_Z^2}{2}+\eta\frac{\alpha_Z^2-\beta_Z^2}{2}\right]=\frac{eQ}{8}\frac{\partial^2 U}{\partial z^2}[3\gamma_Z^2-1+\eta(\alpha_Z^2-\beta_Z^2)]$$

这个表达式将用于许多问题. 若电势本身也有绕 Oz 轴的旋转对称性, 由于 $\eta=0$, 则它还可简化为

$$\boxed{W=\frac{eQ}{8}\frac{\partial^2 U}{\partial z^2}(3\gamma_Z^2-1)=\frac{eQ}{8}\frac{\partial^2 U}{\partial z^2}(3\cos^2\theta-1)}\quad (\text{若}\eta=0) \tag{A9.15}$$

其中 θ 为四极矩的旋转轴 OZ 和让它遭受作用的电势 U 的旋转轴 Oz 之间的夹角.

A.9.3.4　四极矩与四个点电荷的等效性

如果同时满足下面两个条件, 电荷系统就约化为四极矩:

$$\sum q_n=0(\text{总电荷为零})\quad \text{和}\quad \sum q_n\vec{r}_n=0(\text{偶极矩为零})$$

选分布在平行四边形上的四个电荷, 它们组成两对相等而相反的偶极子 (参见 A9.1.1 节图 A9.2), 这满足了上述两个条件. 利用四极矩的主轴, 可以把它们的位置说得更清楚.

a) 选 XYZ 轴为四极矩主轴

最简单的情况是四个电荷位于轴上：这样每个电荷有两个零坐标; 于是这些积 X_nY_n, Y_nZ_n, Z_nX_n 肯定都为零, 因而 $Q_{XY}=Q_{YZ}=Q_{ZX}=0$.

这样就导致了电荷的菱形分布, 如图 A9.4 所示.

- 在 OZ 轴上有两个相等的电荷, 其值为 q, 双方都位于距原点相等距离 c 处;
- 在 OX 轴上有两个电荷, 符号与上面的相反, 其值为 $-q$, 它们都位于距原点同一距离 a 处.

于是算得

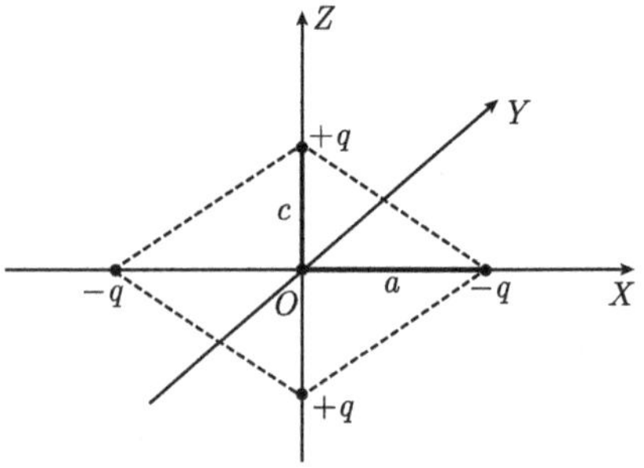

图 A9.4　位于主轴 $OXYZ$ 上的四个电荷组成的四极矩的图示

$$Q_{XX} = -2q(2a^2 + c^2);\quad Q_{YY} = 2q(a^2 - c^2);\quad Q_{ZZ} = +2q(a^2 + 2c^2)$$

(可以验证 $Q_{XX} + Q_{YY} + Q_{ZZ} = 0$).

若 Q_{XX}, Q_{YY}, Q_{ZZ} 的值是已定的, 选择 OY 轴, 使其对应的 Q_{YY} 分量的值处于其他两个中间 (即 $|Q_{XX}| \leqslant |Q_{YY}| \leqslant |Q_{ZZ}|$); 上述三个等式给出了相对于两个未知量 a^2 和 c^2 的两个独立方程式, 它们是这样确定的:

$$a^2 = -\frac{2Q_{XX} + Q_{ZZ}}{6q};\quad c^2 = \frac{Q_{XX} + 2Q_{ZZ}}{6q}$$

根据我们选定的规则, 两个量 $(2Q_{XX} + Q_{ZZ})$ 和 $(Q_{XX} + 2Q_{ZZ})$ 是符号相反的, 系统的解总是可能存在的 (q 的模仍为任意的). 所以对于一个给定四极矩, 总可以找到等效的四个点电荷. 对于同一个四极矩, 可以找到无数个这种四电荷系统. 但是, 我们所研究的是计算上最简单的.

b) *旋转对称四极矩情况*

在此情况下, 我们已经从 (A9.11) 式看到: $Q_{XX} = -(1/2)Q_{ZZ}$

由此导出: $a^2 = 0$ 和 $c^2 = Q_{ZZ}/4q \quad \Rightarrow \quad Q_{ZZ} = 4qc^2$

距离 a 等于零意味着四个点电荷中两个是重合的, 处于另两个的中间, 在四极矩的中心, 以致所有电荷都处在一条旋转轴的线 OZ 上 (参见图 A9.5). 若点电荷的绝对值选为元电荷 e, 得到 $Q_{ZZ} = eQ = \pm 4ec^2$.

符号 "±" 取决于 Q_{ZZ} 和 Q 的符号; 两种情况示意于图 A9.5. 两种情况中, 四极矩的绝对值 $|Q|$ 等于以两个电荷最远距离 $2c$ 为边的正方形的面积.

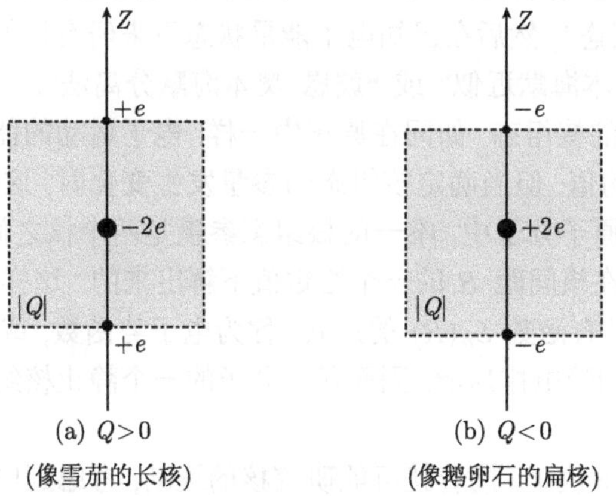

(a) $Q>0$
(像雪茄的长核)

(b) $Q<0$
(像鹅卵石的扁核)

图 A9.5 沿 OZ 轴旋转对称的四极矩特殊情况

图 A9.4 上的两个电荷与轴上原点重合

附录 10　双原子分子物理概述

本书基本上是研究原子的, 但在我们周围原子并非唯一的微观量子构件. 常态下的物质大多由分子构成, 它们同样是稳定的量子系统, 不过是由原子组合而成的, 因而含有多个原子核和围绕着这些核分布的电子. 静电相互作用能仍与原子具有同等的数量级 (约几个电子伏特), 带电粒子之间的平均距离也是这样 (十分之几纳米). 与原子相比, 分子有较多的运动自由度.

实际上, 分子质心可以有相对于实验室固定参考系的平动, 受核吸引的电子还好像与在原子中一样, 但是除这些自由度以外, 核的相对距离, 以及相对于固定轴的取向也是随时间变化的. 此外, 多个核的存在破坏了原子中被认为是点状单个核所产生的电场的球对称性, 从而导致新的对称性质. 然而电子态的描述还需要使用在研究原子过程中所引入的概念. 这里我们对分子研究问题做一个概述, 着重于双原子系统, 因为对它可做比较完整的理论研究.

A.10.1　玻恩–奥本海默近似

与电子相比, 核的质量很大 (质子质量 $m_p \simeq 1836 m_e$), 这个事实在双原子分子简化研究中起着基础作用. 实际上, 正像我们在下面将看到的, 它证明把电子运动和核运动分开来研究是合理的. 经典图像使我们理解, 作用在荷电粒子上的静电力的数量级是相同的, 而相应的向心加速度, 是与粒子的质量成反比的. 其结果是, 电子的速度要比核的速度高得多. 这样在一级近似下研究电子运动, 可以认为核是固定的, 并形成 “核组态”, 然后在已知电子能量状态下来研究核的振动和转动. 这种做法称为 “玻恩–奥本海默近似” 或 “玻恩–奥本海默分离法”.

对于一个给定的核组态, 如同在原子中一样, 电子运动的能量, 电子薛定谔方程的解, 有量子化的值; 但当确定核组态的参量发生变化时, 这些能量将成为这些参量的函数. 在双原子分子中, 唯一的核组态参量是两个核之间的距离 R. 因此, 电子薛定谔方程是在核间距 R 的一个给定值下解出来的. 这样得到一组带有下标 n 的电子能量, 它具有函数 $\mathcal{E}_n(R)$ 的形式, 称为电子势函数, 或浸渐势 *. 习惯上, $\mathcal{E}_n(R)$ 包括核之间的静电排斥能, 因而代表分子的一个静止核组态的能量, 而不包括核的动能.

一旦电子问题解决了, 接着就可能研究核的运动, 考虑到电子仍处于定态, 即处在电子哈密顿量给定的一个本征态, 当核组态变化时, 它能瞬间调整, 并浸渐 (缓

---

*一般俗称 “绝热势”, “浸渐” 或 “缓变”, 英文 adiabatic, 缓慢变化的意思, 与 “绝热” 同词.—— 译者

慢) 演化. 在分子研究的初步方法中, 这种浸渐近似 (俗称 "绝热近似") 常常附加在玻恩–奥本海默近似上.

A.10.2 双原子分子的哈密顿算符

为了解释与玻恩–奥本海默分离法有关的做法, 考虑一个双原子分子, 它由 A 和 B 两个核组成, 它们的质量分别为 M_A 和 M_B, 含有 n 个带有下标 i 的电子.

系统哈密顿算符的形式为

$$H = T_N + T_e + V_{NN} + V_{eN} + V_{ee} \tag{A10.1}$$

其中 (参见图 A10.1, 那里只显示了一个电子)

$$T_N = -\frac{\hbar^2}{2M_A}\Delta_{\vec{R}_A} - \frac{\hbar^2}{2M_B}\Delta_{\vec{R}_B} \qquad \text{核的动能}$$

$$T_e = -\frac{\hbar^2}{2m_e}\sum_{i=1}^{n}\Delta_{\vec{r}_i} \qquad \text{电子的动能}$$

$$V_{NN} = \frac{Z_A Z_B e^2}{4\pi\varepsilon_0\left|\vec{R}_A - \vec{R}_B\right|} \qquad \text{核的静电排斥能}$$

$$V_{eN} = -\sum_{i=1}^{i=n}\frac{Z_A e^2}{4\pi\varepsilon_0\left|\vec{R}_A - \vec{r}_i\right|} - \sum_{i=1}^{i=n}\frac{Z_B e^2}{4\pi\varepsilon_0\left|\vec{R}_B - \vec{r}_i\right|} \qquad \text{电子–核的吸引能}$$

$$V_{ee} = \sum_{i<j}\frac{e^2}{4\pi\varepsilon_0\left|\vec{r}_i - \vec{r}_j\right|} \qquad \text{电子之间的静电排斥能}$$

其中 Δ 是相对于下标所指矢量的拉普拉斯算符 (参见 11.2.1 节).

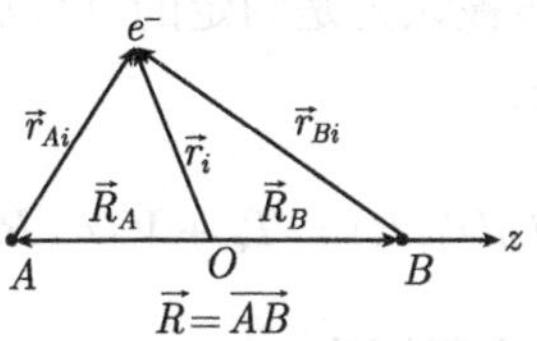

图 A10.1 AB 双原子分子图

属于对称分子情况, 其中核 A 和 B 是相同的. 点 O 位于线段 AB 中央, 与两核质心重合, 只显示了一个电子, 编号为 i

如同原子情况, 在与分子的质心连接的坐标系里, 可以把分子的质心运动和组成分子粒子的相对运动分开 (参阅上册附录 3 的 A3.1 节). 在与核相比忽略电子质量时, 即把分子的质心与核的质心相重合时, 可以在核的动能 T_N 中略去表示它们的质心运动的动能项 (对于孤立分子它们是恒量), 而只保留两个核的相对运动的动能项. 在与质心连接的坐标系里此运动由一个质量等于核的约化质量的虚拟粒子

来描述, 该约化质量为

$$\mu_{AB} = \frac{M_A M_B}{M_A + M_B} \tag{A10.2}$$

其位置由矢量 $\vec{R} = \overrightarrow{AB} = \vec{R}_B - \vec{R}_A$ 来确定, 它从核 A 指向核 B. 于是算符 T_N 简化为

$$T_N = -\frac{\hbar^2}{2\mu_{AB}}\Delta_{\vec{R}} \tag{A10.3}$$

后面我们将保持这样的 T_N 的表达式.

描述分子的波函数 $\Psi(\vec{r}_i, R)$ 所满足的薛定谔方程有下面形式:

$$[T_N + T_e + V(\vec{r}_i, R)]\Psi(\vec{r}_i, R) = E\Psi(\vec{r}_i, R) \tag{A10.4}$$

其中

$$V(\vec{r}_i, R) = V_{NN} + V_{eN} + V_{ee} \tag{A10.5}$$

下面我们将看到, 能量包含三种贡献: 电子的、振动和转动的:

$$E = E_el + E_{vib} + E_{rot}$$

波函数将是三个因素的乘积的形式:

$$\Psi(\vec{r}_i, R) = \Psi_{vib}(R)\Psi_{rot}(\theta, \psi)\Psi_el(\vec{r}_i, R)$$

A.10.3　双原子分子的电子能量

A.10.3.1　电子方程

在玻恩–奥本海默近似中核被认为是固定的, 可以借助于电子的哈密顿算符 H_{el} 写出电子运动的薛定谔方程来:

$$H_{el}(\vec{r}_i, R) = T_e + V(\vec{r}_i, R) \tag{A10.6}$$

电子哈密顿算符的本征值方程写为

$$H_{el}(\vec{r}_i, R)\chi_n(\vec{r}_i, R) = \mathcal{E}_n(R)\chi_n(\vec{r}_i, R) \tag{A10.7}$$

其中核间距离 R 是作为方程中的参量出现的, 因而也出现在电子波函数 $\chi_n(\vec{r}_i, R)$ 和能量 $\mathcal{E}_n(R)$ 中. 下标 n 可以用来专指方程的不同分立解中的一个.

按通例, 电子哈密顿算符的势能 $V(\vec{r}_i, R)$ 包括核的静电排斥项 $V_{NN} = \dfrac{Z_A Z_B e^2}{4\pi\varepsilon_0 R}$. 此项作为核间距离 R 的唯一函数, 代表对参量 R 的一个给定值求解电子方程时能量中的附加常数.

除了 $V(\vec{r}_i, R)$ 势不再具有中心对称性, 而有绕着核间轴 (称为 Oz 轴, 它可取为量子化轴) 的旋转对称性以外, (A10.7) 方程与对原子的方程相似.

函数 $\chi_n(\vec{r}_i, R)$ 形成一组所谓 "浸渐基" 的完备基, 它可选为是正交的. 在最一般情况下, 一个分子波函数 $\Psi(\vec{r}_i, \vec{R})$ 可按此基展开:

$$\Psi(\vec{r}_i, \vec{R}) = \sum_n F_n(\vec{R})\chi_n(\vec{r}_i, R) \tag{A10.8}$$

然而在后面所有地方我们只局限于玻恩–奥本海默的浸渐近似, 就是把上面所述简化为仅限于唯一的电子项. 换个说法, 就是将要寻找一个以核的波函数与一个电子波函数相乘的形式出现的波函数:

$$\Psi(\vec{r}_i, \vec{R}) = F_n(\vec{R})\chi_n(\vec{r}_i, R) \tag{A10.8$'$}$$

其中 $\chi_n(\vec{r}_i, R)$ 是方程 (A10.7) 的一个特解.

a) **标记法**

电子态用符号 $^{2S+1}\Lambda^{\pm}$ 标记, 有以下规则:

- 哈密顿算符 H_{el} 绕 Oz 转动的不变性导致 H_{el} 与电子总角动量在 Oz 轴上的投影 L_z 对易. 结果, 量子数 M_L 是一个好量子数. 此外, H_{el} 对相对于含 Oz 轴的平面反射的不变性使 M_L 态和 $-M_L$ 态具有相同的能量. 因此可以专门用绝对值 $\Lambda = |M_L|$ 来表征一个电子态, 我们用大写希腊字母 Σ, Π, $\Delta, \cdots$ 来标记 $\Lambda = 0, 1, 2, \cdots$. 对 $\Lambda \neq 0$ 的态, 其能量是两度简并的.
- $2S+1$ 是多重性, S 是电子的总自旋.
- $\pm$ 定义 $\chi_n(\vec{r}_i, R)$ 函数在对一个含 Oz 的平面反射时的宇称, "+" 表示函数不变, "−" 表示函数变号.
- 此外, 在一个对称双原子分子情况下 (两个核相同, 或同质核), 还定义电子坐标对 O 点中心反演时的宇称: 偶函数记为 "g"(德文 gerade 的第一字母), 奇函数记为 "u"(来自德文 ungerade). 电子态记为 $^{2S+1}\Lambda^{\pm}_{g\text{或}u}$.

A.10.3.2 分子轨函法和价键法

量子力学上为求解 (A10.7) 方程所用的最一般的做法是应用变分法. 这归结为选择一个试验函数 $\chi(\alpha)$, 它依赖于一个 (或多个) 参量 α, 然后寻求一个 α 的值, 使 $\chi(\alpha)$ 态上的电子哈密顿量的平均值最小.

为了选择试验函数, 采用了两种方法:

- 分子轨道波函数法 (缩写为 MO, molecular orbitals, 简称 "分子轨函"), 认为一个电子占据了一个单独的轨道波函数, 称为 "轨函", 类似于 11.3 节确定的原子轨道态; 在这个轨道态上出现电子的概率密度在整个分子中围绕着两个核分布.

- 海特勒–伦敦价键法 (缩写为 VB, valence bond), 采用化学观点, 认为一个价键是由一对电子为两个原子所共有而形成的, 其中每个原子给电子对提供一个电子.

A.10.3.3　分子离子 H_2^+ 的特例

分子离子 H_2^+ 是由两个氢原子核 (两个质子) 和唯一电子形成的 (见图 A10.1, 对一个电子消去了下标 i), 是最简单的分子, 起着双原子分子典型的作用, 如同氢原子在原子系统中一样. 分子中电子的量子态是由一个自旋态和一个轨道函数描述的. 轨道函数, 记做 $\chi_n(\vec{r},R)$, 称为 “分子轨函”, 是对该分子的本征值方程 (A10.7) 的解.

两个核是固定的, H_2^+ 的电子哈密顿算符写为

$$H_{el}(\vec{r},R)=-\frac{\hbar^2}{2m_e}\Delta_{\vec{r}}-\frac{e^2}{4\pi\varepsilon_0 r_A}-\frac{e^2}{4\pi\varepsilon_0 r_B}+\frac{e^2}{4\pi\varepsilon_0 R}$$

电子的坐标由矢量 $\vec{r}$ 确定, 但为了方便, 还引入了矢量 $\vec{r}_A$ 和 $\vec{r}_B$, 它们可用 $\vec{r}$ 和 $\vec{R}$ 的函数来表示.

除了围绕核间轴的旋转对称性之外, H_2^+ 的两个核还是一个相对于线段 AB 中心点 O 的对称系统. 电子受到一个相对于该点的对称静电势. 正是它, 给电子函数 $\chi(\vec{r},R)$ 在电子坐标做中心反演 $\vec{r}\to-\vec{r}$(或还有 $\vec{r}_A\to-\vec{r}_B$ 和 $\vec{r}_B\to-\vec{r}_A$) 时以一个十分确定的宇称 (参阅量子力学教程). 这个宇称应与 R 的值无关.

另外, 当两个质子的距离趋向于无穷 ($R\to\infty$) 时, 基态分子分解为两个分离的原子片：一个质子 H^+ 和一个处于基态 ($1s$) 的中性氢原子. $R\to\infty$ 可能呈现两种对称状态：或电子环绕着质子 A, 就有一个氢原子 $H_A(1s)$ 和一个质子 H_B^+; 或电子环绕着质子 B, 就有一个氢原子 $H_B(1s)$ 和一个质子 H_A^+. 原子轨道 $1s$ 由电子所占据, 分别记做 $\psi_{1s}(\vec{r}_A)$ 或 $\psi_{1s}(\vec{r}_B)$, 根据它是与原子 $H_A(1s)$ 或 $H_B(1s)$ 结合而定. 它的形式由 (11.11) 方程给出, 在 11.2 节中已做了详细研究. 上述两种情况对应于同一个能量 $E_{1s}=E_1=-Rhc$, 氢原子基态能量 (参见 11.2.4 节), 因而对于 H_2^+ 分子当 $R\to\infty$ 时它是两度简并的. 知道了这种原子波函数, 就可想象把这些函数的线性组合用于表示分子轨函 (核间距离 R 是有限的), 不过组合系数要用变分法来做变换. 这就是非常普遍的原子轨函线性组合, 或 LCAO(linear combination of atomic orbitals) 方法的基本原理.

LCAO 法对 H_2^+ 分子的应用

对我们的叙述而言, 并不需要把该方法的应用说明白, 实际上可以很容易验证: 对以 A 或 B 为中心的两个轨函以模值相等的系数组成下面两个组合, 就可用来写出作为电子哈密顿算符 H_{el} 本征函数的一个可能的分子轨道波函数:

$$\chi_g(\vec{r},R)=N_g(R)[\psi_{1s}(\vec{r}_A)+\psi_{1s}(\vec{r}_B)] \qquad 偶函数(“g”)$$
$$\chi_u(\vec{r},R)=N_u(R)[\psi_{1s}(\vec{r}_A)-\psi_{1s}(\vec{r}_B)] \qquad 奇函数(“u”)$$

我们应该注意到, $\psi_{1s}(\vec{r}_A)$ 和 $\psi_{1s}(\vec{r}_B)$ 是对分离原子确定的原子轨函, 一般是归一化的 (参见 11.3.3 节), 它们之间无论如何是不正交的. 可选择系数 $N_g(R)$ 和 $N_u(R)$ 以使 $\chi_g(\vec{r},R)$ 和 $\chi_u(\vec{r},R)$ 归一化. 于是找到

$$N_g(R)=\frac{1}{\sqrt{2(1+S(R))}} \quad 和 \quad N_u(R)=\frac{1}{\sqrt{2(1-S(R))}}$$

其中 $S(R)=\iiint \psi_{1s}^*(\vec{r}_A)\psi_{1s}(\vec{r}_B)\mathrm{d}^3\vec{r}$ 是原子轨函的重叠积分.

轨函 $\chi_g(\vec{r},R)$ 和 $\chi_u(\vec{r},R)$ 的能量是对应于哈密顿算符 H_{el} 的本征值 $\mathcal{E}_n(R)$, 是由用下列函数计算的 H_{el} 的平均值所给出的:

$$E_g(R)=\langle\chi_g|H_{el}|\chi_g\rangle=\iiint \chi_g^*(\vec{r},R)H_{el}(\vec{r},R)\chi_g(\vec{r},R)\mathrm{d}^3\vec{r}$$

$$E_u(R)=\langle\chi_u|H_{el}|\chi_u\rangle=\iiint \chi_u^*(\vec{r},R)H_{el}(\vec{r},R)\chi_u(\vec{r},R)\mathrm{d}^3\vec{r}$$

计算可从原子轨函 $\psi_{1s}(\vec{r})$ 的明确形式出发以椭圆坐标来进行. 这里我们不打算清晰叙述, 只是定性地对结果做些评述. 因为积分是对电子坐标来做的, 我们得到参量 R 的两个函数, 显示于图 A10.2, 这里我们选氢原子的 E_{1s} 值作为能量的原点, 即 $R\to\infty$ 时的能量值.

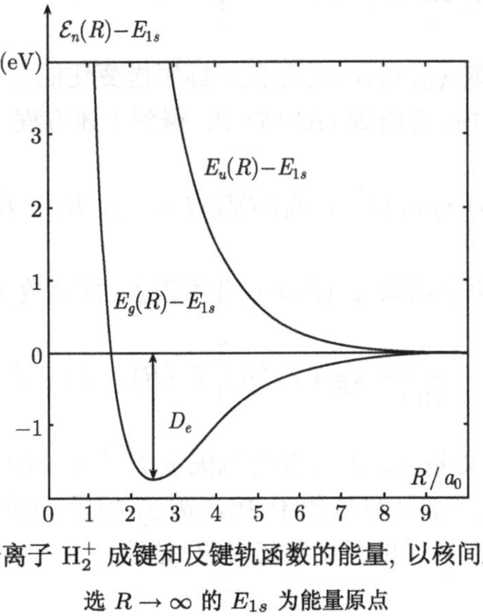

图 A10.2　分子离子 H_2^+ 成键和反键轨函数的能量, 以核间距离 R 为函数

选 $R\to\infty$ 的 E_{1s} 为能量原点

函数 $E_g(R)$ 在核间距 R_e 约为 0.13nm 处有一个极小值, 形成一个势阱, 其阱深的绝对值 D_e 为 1.76eV, 而 $E_u(R)$ 则随 R 单调下降而趋向于 E_{1s}. 若电子处在 χ_g 轨道态, 则核间距 R 存在一整个区域, 那里分子能量都低于离解极限, 即可以形成稳定分子. 而当电子占据 χ_u 轨道态时则不是这样. 我们说, χ_g 是成键轨道态, 而 χ_u 则为反键轨道态. 容易估算出 $\rho = |\chi|^2$ 的值, 它是电子出现在通过 O 点垂直于核间轴的垂直平分面上的概率密度. 对 χ_g 这个密度不是零, 而对 χ_u 则为零. 我们看到, 这里实际上就出现了化学键, 电子出现在两个原子核之间稳定了分子, 电子扮演着把两个互相排斥的核联结 (“结合”) 起来的角色.

分子轨道态专门用对应于量子数 $\lambda = |m_l|$ (m_l 是电子轨道角动量在核间轴上的投影) 的小写希腊字母来表征: $\sigma, \pi, \delta, \cdots$, 对应于 λ =1, 2, 3, $\cdots$. 在 H_2^+ 的情况, χ_g 和 χ_u 分别用 $\sigma_g 1s$ 和 $\sigma_u 1s$ 来标记, $1s$ 表示在用 LCAO 法构建分子轨函时所用的原子轨函.

注: 上述简单模型中所得的 D_e 的值实际上要远小于 “准确” 值 2.79eV, 利用大量原子轨函的、工作量很大的 LCAO 方法可算得该准确值.

A.10.4 核运动的研究

A.10.4.1 核运动的薛定谔方程

在考虑 (A10.8′) 波函数形式后, 在该近似下分子的完整薛定谔方程 [参见 (A10.4) 式] 写为

$$\left[-\frac{\hbar^2}{2\mu_{AB}}\Delta_{\vec{R}} - \frac{\hbar^2}{2m_e}\sum_i \Delta_{\vec{r}_i} + V(\vec{r}_i, R)\right] F_n(\vec{R})\chi_n(\vec{r}_i, R) = EF_n(\vec{R})\chi_n(\vec{r}_i, R)$$

假如认为电子函数 $\chi_n(\vec{r}_i, R)$ 是随核坐标缓慢变化的, 就可以忽略核拉普拉斯算符对 $\chi_n(\vec{r}_i, R)$ 的作用, 考虑到 (A10.7) 式, 得到下述方程:

$$-\frac{\hbar^2}{2\mu_{AB}}\chi_n(\vec{r}_i, R)\Delta_{\vec{R}}F_n(\vec{R}) + F_n(\vec{R})\mathcal{E}_n(R)\chi_n(\vec{r}_i, R) = EF_n(\vec{R})\chi_n(\vec{r}_i, R)$$

方程两边提出公因子函数 $\chi_n(\vec{r}_i, R)$, 并可消去, 核函数 $F_n(\vec{R})$ 满足下面方程:

$$\left[-\frac{\hbar^2}{2\mu_{AB}}\Delta_{\vec{R}} + \mathcal{E}_n(R)\right] F_n(\vec{R}) = EF_n(\vec{R}) \tag{A10.9}$$

在此公式中, 电子能量 $\mathcal{E}_n(R)$ 是作为以矢量 $\vec{R}$ 来定位的核相对运动的势能 (或势) 而出现的. 因为这个势能只依赖于 $\vec{R}(R, \theta, \psi)$ 的模, 核的相对运动是由有心力势中质量为 μ_{AB} 的虚拟粒子的运动来代表的, 该质量等于两个核的约化质量 [参见 (A10.2) 式].

用与第 11 章求解氢原子薛定谔方程 (11.10) 相类似的方式, 可以在球坐标中分离径向变量和角向变量. 其实, 可以把动能算符 $-\dfrac{\hbar^2}{2\mu_{AB}}\Delta_{\vec{R}}$ 写成径向微分算符和角向算符之和, 并把 $F_n(\vec{R})$ 作为一个径向函数和一个角向函数之积. 考虑 11.2.3 节的径向方程之解, 我们直接在 $\mathcal{V}_n(R)/R$ 形式下写下径向函数:

$$F_n(\vec{R}) = \frac{\mathcal{V}_n(R)}{R}U(\theta,\psi) \tag{A10.10}$$

角向函数 $U(\theta,\psi)$ 是转动函数. 它描写相对于一个实验室固定坐标系的分子转动. 在电子态的电子轨道角动量和电子自旋角动量均为零的简单情况 (电子态为 $^1\Sigma$) 下, 它是分子转动角动量 $\vec{J}\hbar$ 的本征函数 (参见 A.10.4.3 节):

$$J^2\frac{\hbar^2}{2\mu_{AB}R^2}U(\theta,\psi) = J(J+1)\frac{\hbar^2}{2\mu_{AB}R^2}U(\theta,\psi) = E_{rot}U(\theta,\psi) \tag{A10.11}$$

函数 $\mathcal{V}_n(R)$ 满足径向方程, 与方程 (11.23) 相类似, 径向方程写为

$$\left[-\frac{\hbar^2}{2\mu_{AB}}\frac{\mathrm{d}^2}{\mathrm{d}R^2} + \mathcal{E}_n(R)\right]\mathcal{V}_n(R) = E_n\mathcal{V}_n(R) \tag{A10.12}$$

其中 $E_n = E - E_{rot}$.

若势 $\mathcal{E}_n(R)$ 呈现一个极小值, 形成一个阱, 并且, 若能量 E_n 低于 $R\to\infty$ 极限的势能 $\mathcal{E}_n(\infty)$, 分子是稳定的. 在这种情况下, 质量 μ_{AB} 的运动局限于围绕着平衡位置的振动, 径向函数简单地由分子振动函数来表示. 若能量 E_n 高于势能的极限值 $\mathcal{E}_n(\infty)$, 核运动不再受空间约束, 分子可能离解为两个原子片.

在 $\mathcal{E}_n(R)$ 是随着 R 单调递减的函数情况下, 不管什么样的 E, 总有 $E > \mathcal{E}_n(\infty)$; 分子处在不稳定状态, 最终将离解.

A.10.4.2　双原子分子的振动

我们是在电子能量 $\mathcal{E}_n(R)$ 在距离 R_e 处呈现一个极小值, 并且总能量 E 低于离解极限 (参见图 A10.2 的曲线 E_g) 的情况下进行讨论的.

a) 简谐近似

在极小点附近, $\mathcal{E}_n(R)$ 的典型曲线可用一条抛物线来作近似, 即可用下面形式的简谐势来近似 (除一个附加常数以外):

$$V_{\text{简谐}} = \frac{1}{2}\mu_{AB}\omega_e^2(R-R_e)^2$$

在这个势中约化质量 μ_{AB} 的运动是一个本征角频率为 ω_e 的谐振子的运动, 其中 ω_e 与分子及其所考虑的电子态 n 有关. 这就是分子振动的简谐近似. 对这样一个振子, 量子力学给出的基本结果是:

- 以势能极小点为原点时的量子化能量的形式为

$$E_{n\text{简谐}}(v) = \hbar(\omega_e)_n(v + 1/2)$$

v 是一个整数, 称为振动量子数, $v = 0, 1, 2, 3, \cdots$.
- 这些能量是非简并的;
- 本征函数是一个高斯函数和一个厄米多项式 (其为零的数目等于 v) 的乘积.

事实上, 简谐近似一般是不够充分的: 当 R 减小到较短距离时, 势能曲线 $\mathcal{E}_n(R)$ 的增长要比抛物线快得多; 相反, 当 R 加大到较大距离时, 它的增长要比抛物线还慢 (参见图 A10.3). 我们说, 分子振动是由一个非谐振子来描述的.

b) **非谐振子: 莫尔斯 (Morse) 势**

实践中经常用一个参量的形式, 称为 "莫尔斯势", 借助于三个参量 D_e, R_e 和 γ 来表示一条曲线 $\mathcal{E}_n(R)$:

$$V_{\text{Morse}}(R) = D_e[1 - \mathrm{e}^{-\gamma(R-R_e)}]^2 + C \tag{A10.13}$$

C 为附加常数, 它取决于对能量原点的选取. 图 A10.3 表示一个莫尔斯势, 其附加常数的值为 $\mathcal{E}_n(\infty) - D_e$, 在极小点附近它接近于简谐势.

把这个势放到 (A10.12) 径向方程中去, 通过一些这里没有说明的计算, 得到量子化能量的形式为

$$E_n(v) = \hbar(\omega_e)_n\left(v + \frac{1}{2}\right) - \hbar(\omega_e x_e)_n\left(v + \frac{1}{2}\right)^2$$

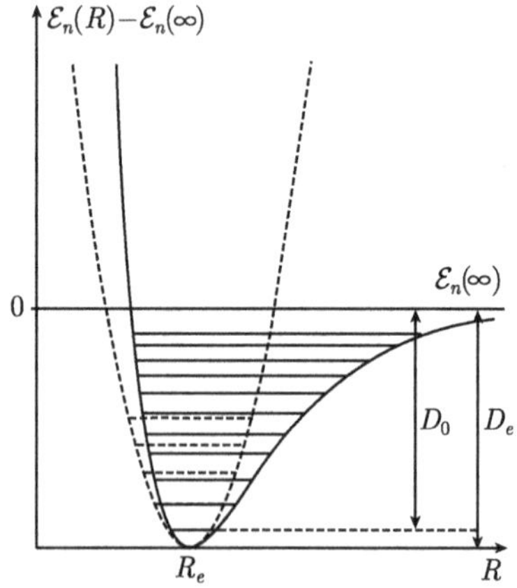

图 A10.3 莫尔斯势中分子的振动能级 (实线) 与抛物线势中等距能级 (虚线)

量 D_0 是离解极限与振动基态能级之间的差距, 代表分子离解能

其中 ω_e 是近似谐振子的本征角频率, $\omega_e x_e$ 是非谐性常数, **能量原点是势阱的极小点**.

两个振动常数 ω_e 和 $\omega_e x_e$ 都与分子和所考虑的电子态 n 有关, 并且与 (A10.13) 式的参量 D_e 和 γ 有关:

$$\omega_e = \gamma\sqrt{\frac{2D_e}{\mu_{AB}}} \quad 和 \quad \omega_e x_e = \frac{\hbar\omega_e^2}{4D_e}$$

当振动量子数 v 增长时, 相继能级的间距缩小 (参见图 A10.3). 但是, 在给定势阱中的振动能级数仍是有限的.

在图 A10.3 上可以看到分子离解能, 即为了将处于平衡距离 R_e 的两个核带向无穷远处需要给分子提供的能量, 是由量 D_0 表示的. D_0 是离解极限能量 $\mathcal{E}_n(\infty)$ 与振动基态能级之间的能量差, 而不是阱深 D_e. 实际上势阱的极小值并不对应于任何现实的量子态, 能量最小的量子态是 $v=0$ 的态, 它具有非零的能量 $E_n(0)$(在简谐情况下它是振动量子的 1/2). 我们有 $D_0 = D_e - E_n(0)$.

在光谱上, 人们借助于以 cm^{-1} 为单位的参量 $\widetilde{\omega_e}$ 和 $\widetilde{\omega_e x_e}$ 将能量 $E_n(v)$ 用 cm^{-1} 表示, 有

$$G_n(v) = \frac{E_n(v)}{hc} = (\widetilde{\omega_e})_n\left(v+\frac{1}{2}\right) - (\widetilde{\omega_e x_e})_n\left(v+\frac{1}{2}\right)^2 \tag{A10.14}$$

通常的数量级, 对 $\widetilde{\omega_e}$ 是 300~3000cm^{-1}, $\widetilde{\omega_e x_e}$ 是几个 cm^{-1}.

A.10.4.3 双原子分子的转动

a) 刚体转子近似

这个近似在于假设分子的行为像一个杠铃, 它有两个质量 M_A 和 M_B, 由一根固定长度 R 的杠杆相连接, 绕着一个通过其质心并垂直于杆的轴旋转. 这个系统对其惯心 (即质心) 的转动惯量为

$$I = \mu_{AB} R_e^2$$

其中 μ_{AB} 是系统的约化质量 (A10.2). 在经典力学上, 以角速度 ω 旋转的系统动能为

$$E_{rot} = \frac{1}{2}I\omega^2 = \frac{J^2\hbar^2}{2I}$$

这里 $\vec{J}\hbar = I\vec{\omega}$ 是转动的角动量.

在量子力学上, 角动量 $\vec{J}\hbar$ 由两个量纲一的算符来描写: $\vec{J}$ 的模值的平方 $\vec{J}^2$ 和其在量子化轴上的投影 J_z. $\vec{J}^2$ 的可能值是它的本征值: $J(J+1)$. 由此推得, 分子转动动能的可能值为 $E_{rot} = \dfrac{\hbar^2}{2I}J(J+1)$. 这些量子化能量值组成分子转动能级. 在本例所采取的近似中, 我们忽略电子的总轨道角动量和总自旋. 其结果, $\vec{J}$ 是唯一来自核的轨道运动, 量子数 J 必须是整数: $J = 0, 1, 2, \cdots$.

在光谱上, 当能量用 cm^{-1} 表达时, 把转动能记做:

$$F(J)=\frac{E_{rot}}{hc}=BJ(J+1) \tag{A10.15}$$

其中 B 称为 "转动常数", 也以 cm^{-1} 为单位. 这个常数表征转动能级之间的间距. 事实上, 相继两个能级之间的能量间距为: $0, 2B, 6B, \cdots, J(J+1)B, \cdots$. 而 $J-1$ 能级与下面 J 能级的间距是 $2BJ$. 转动常数的表达式: $B=\dfrac{1}{hc}\dfrac{\hbar^2}{2\mu_{AB}R_e^2}$ 表明, 它与核的约化质量 μ_{AB} 和平衡距离的平方成反比. B 的数值从对 CO 或 I_2 的 $1\sim 2\mathrm{cm}^{-1}$ 直到像 H_2 那样的轻分子的 $60\mathrm{cm}^{-1}$.

b) 刚体转子近似的偏差

容易理解, 刚体转子近似的适用性是有限的. 有两种效应影响该近似的偏差.

➢ 离心畸变

实际上分子并非是真正的刚体, 当它旋转时两个核之间的平衡距离趋向于增长. 一种令离心力和恢复力的模值相等的简单经典模型可以证明, 最主要的修正项正比于 $J^2(J+1)^2$. 借助于下式可以改善对转动能级的描述:

$$F(J)=BJ(J+1)-DJ^2(J+1)^2$$

其中常数 D 称为离心畸变常数. 它一般是小的, 数量级为 $10^{-6}\mathrm{cm}^{-1}$.

➢ 振–转耦合

分子振动时, 两个核间的平衡距离不是常数. 一般振动频率高于转动频率, 可以在 B 的表达式中把 $\dfrac{1}{R_e^2}$ 换成振动态的 $\dfrac{1}{R^2}$ 算符的平均值:

$$\left\langle\frac{1}{R^2}\right\rangle_{v_n}=\int_0^{\infty}\mathcal{V}_n(R)\frac{1}{R^2}\mathcal{V}_n(R)\mathrm{d}R$$

计算结果证实转动常数可以用 $v+\dfrac{1}{2}$ 的函数作展开

$$B_v=B_e-\alpha_e\left(v+\frac{1}{2}\right)+\gamma_e\left(v+\frac{1}{2}\right)^2+\cdots$$

其中 B_e 是用 $\dfrac{1}{R_e^2}$ 得到的常数值, 对畸变常数 D 也可作同类的展开.

A.10.5 能级与光谱的一般行为

把上述总结起来, 可以把一个双原子分子的量子化能级图示于图 A10.4. 该图中用势能曲线显示了两个电子态: 基态, 习惯上用 X 来表示, 以及一个激发态 A(与 X 具有同样多重性的激发态用字母 A, B, C, $\cdots$ 按能量增长的顺序来标记).

若取 X 态势阱的最低点作为能量的原点, 激发态 A 的位置由能量 T_e 来表征, 它的势能最低点的平衡距离是和 X 态的势能最低点的不同的. 一个势阱内的横线代表 "转–振" 能级, 由一对振动和转动量子数 (v, J) 来表征. 当考虑能级之间的辐射跃迁时, 用 (v'', J'') 和 (v', J') 分别标记跃迁的下能级和上能级.

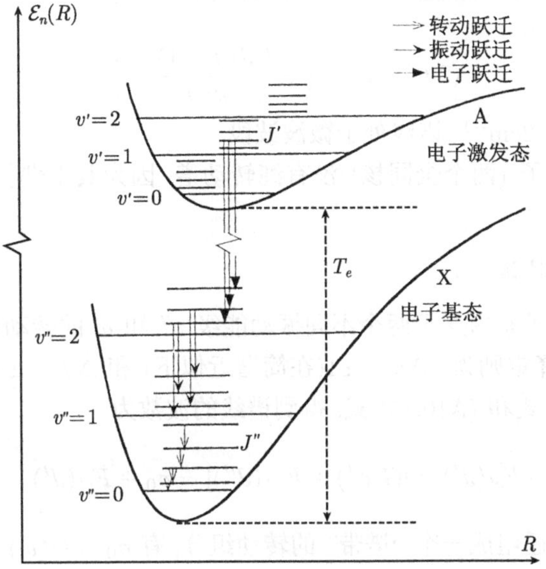

图 A10.4　双原子分子辐射跃迁能级示意图

一个势阱内的横线代表转–振能级 (v, J), 纵向箭头显示辐射跃迁, 它可在发射或吸收中观察到. 与振动能级间距 (~ 几百 cm^{-1}) 相比, 转动能级间距 (~ 几 cm^{-1}) 被极大地放大了

在图 A10.4 上, 纵向箭头示意在双原子分子发射光谱中可能观察到的辐射跃迁. 理论上, 同样跃迁也能在吸收上观察到. 下面我们将总结分子谱的要点, 但仅限于电偶极跃迁. 这些跃迁的概率正比于电偶极矩 $\vec{D}$ 算符矩阵元的平方 (参见 15.1 节), 对双原子分子, 它写为

$$\vec{D} = Z_A e \vec{R}_A + Z_B e \vec{R}_B - \sum_{i=1}^{n} e \vec{r}_i$$

存在三种类型的光谱, 它们涉及的波长或频率范围很不相同, 需要用不同的技术来进行观察.

A.10.5.1　纯转动谱

它们由同一电子态内同一振动能级 v 的两个转动能级 J' 和 J'' 之间的跃迁形成, 选择定则为: $\Delta J = \pm 1$(这些跃迁示于图 A10.4 电子基态 X 内 $v'' = 0$ 振动能级的转动能级之间).

根据 (A10.15), 谱线的波数 σ 为

$$\sigma = F(J) - F(J-1) = 2BJ$$

于是在 σ 标尺上有一系列谱线, 其位置在 $2B, 4B, 6B, \cdots$ 处等距分布.

在热力学平衡下谱线强度以起始能级的布居数为权重, 它正比于玻尔兹曼统计因子 (参见 3.3.3 节):

$$(2J+1)\exp\left(-\frac{BJ(J+1)hc}{k_B T}\right)$$

对于 B 为 $1\sim 2\text{cm}^{-1}$, 谱线处于微波波段.

对称双原子分子 (两个全同核) 没有纯转动谱, 因为其电偶极矩为零 (电荷重心与质心重合).

A.10.5.2　振–转谱

它们由同一电子态内属于两个不同振动能级 v'' 和 v' 的转动能级 J' 和 J'' 之间的跃迁形成, 选择定则为: $\Delta v = \pm 1$(在简谐近似下) 和 $\Delta J = \pm 1$.

根据 (A10.14) 式和 (A10.15) 式, 得到谱线的波数为

$$\sigma = G(v') + F_{v'}(J') - [G(v'') + F_{v''}(J'')] = \sigma_0 + F_{v'}(J') - F_{v''}(J'')$$

一系列这些跃迁组成一个 "谱带" 的转动组分, 有 $\sigma_0 = G(v') - G(v'') \approx (\widetilde{\omega_e})_n$, 称为谱带原点, 也称 "带心". $\Delta J = J' - J'' = +1$ 的谱线形成 "R 支", $\Delta J = J' - J'' = -1$ 的谱线形成 "P 支"; 谱线按照 $J = J''$ 来编号. 这些振–转谱带的样子与图 A10.5 的电子谱带相类似, 但原点 σ_0 要低得多 (仅为其 1/100 左右).

$(\widetilde{\omega_e})_n$ 为 300~3000 cm^{-1}, 处在红外波段.

简谐近似的偏差导致出现较弱的, 对应于 $\Delta v = \pm 2, \pm 3, \cdots$ 的谱带.

对称双原子分子 (两个全同核) 没有红外波段的振–转谱, 因为其电偶极矩为零.

A.10.5.3　电子谱

它们由属于两个不同电子态 (例如, 图 A10.4 的 A 和 X) 的两个振动能级 v'' 和 v' 的转动能级之间的跃迁形成. 电子跃迁选择定则很多, 取决于对称性和不同角动量的耦合方式 (洪德情况). 在此附录的框架内无法详细说明. 然而还可举出: $\Delta S = 0$, $\Delta\Lambda = \pm 1, 0$, $\Delta J = \pm 1, 0$($\Sigma \leftrightarrow \Sigma$ 跃迁除外, 对该情况只有 $\Delta J = \pm 1$). Σ^+ 和 Σ^-(相对于一个反射的宇称相反的 $\Lambda = 0$ 态, 参见 A10.3.1 节标记法) 之间的跃迁是禁阻的. 对一个对称分子, 宇称 "g" 或 "u" 必须交换 (即 $g \leftrightarrow g$ 或 $u \leftrightarrow u$ 禁阻). 对振动量子数没有任何限制, 因为两个电子态是由不同振子描写的, 因而在相应振动函数之间没有正交关系.

光子能量有三方面的贡献: 电子、振动和转动. 它具有如下形式:

$$\sigma = T_e' - T_e'' + G_{\mathrm{A}}(v') - G_{\mathrm{X}}(v'') + F_{\mathrm{A},v'}(J') - F_{\mathrm{X},v''}(J'') = \sigma_0 + F_{\mathrm{A},v'}(J') - F_{\mathrm{X},v''}(J'')$$

其中 $\sigma_0 = T_e' - T_e'' + G_{\mathrm{A}}(v') - G_{\mathrm{X}}(v'')$ 是 A- X$(v' - v'')$ 带的原点 (带心). 图 A10.4 上距离 T_e 表示 $T_e = T_e' - T_e''$; 假如取 X 态的势能最低点为能量原点, 有 $T_e'' = 0$. 不同 v' 和 v'' 的谱带体系形成 A- X“谱系”.

一般情况下, 一个特定 (v' 和 v'' 固定) 的谱带的转动成分形成三个支带: P 支 ($\Delta J = J' - J'' = -1$) , Q 支 ($\Delta J = 0$) 和 R 支 ($\Delta J = J' - J'' = +1$). 令 B' 和 B'' 为两个 A(v') 和 X(v'') 态的转动常数, 每个支内按 $J = J''$ 编号算得的谱线波数为

$$\begin{aligned}
\sigma_P(J) &= \sigma_0 + B'(J-1)J - B''J(J+1) = \sigma_0 + (B' - B'')J^2 - (B' + B'')J \\
\sigma_Q(J) &= \sigma_0 + B'J(J+1) - B''J(J+1) = \sigma_0 + (B' - B'')J^2 + (B' - B'')J \\
\sigma_R(J) &= \sigma_0 + B'(J+1)(J+2) - B''J(J+1) \\
&= \sigma_0 + (B' - B'')J^2 + (3B' - B'')J + 2B'
\end{aligned}$$

在没有一切微扰情况下, 一个支的谱线间隔是规则的, 而研究微扰超出了本附录范围.

图 A10.5 以 CO 分子为例表明了两个电子态 $^1\Sigma$ 之间的一个吸收带, 它只包含了 P 和 R 支, 当存在 Q 支时 (例如, 在 $\Pi - \Sigma$ 一类跃迁中), 它形成的谱线位于带心附近, 十分密集. 每一支中谱线的相对强度反映吸收介质的分子在起始电子态中不同转动能级之间的分布.

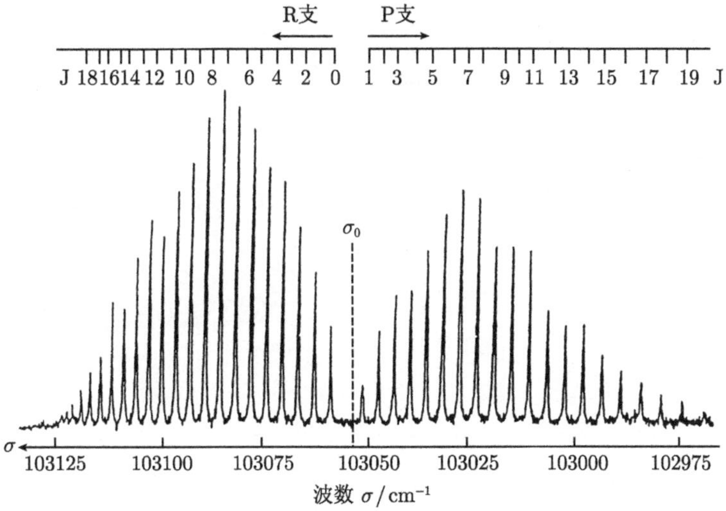

图 A10.5　CO 分子在远紫外的一个吸收带 $(v' - v'')$, 对应于电子基态转–振能级 (v'', J'') 和一个电子激发态的转–振能级 (v', J') 之间的跃迁 (v' 和 v'' 固定). 一个支的谱线按下能级量子数 $J = J''$ 编号

电子跃迁能量的数量级为几个电子伏特, 光谱处于可见和紫外区域.

各支的相对强度受弗兰克–康登 (Franck-Condon) 原理支配, 它规定: 两个电子态 (例如, A 和 X) 之间的跃迁是一个 “纵向” 跃迁, 它们发生时核间距还来不及改变. 在这样的近似下, 可以证明, 一个 A- X$(v'-v'')$ 带的强度正比于重叠积分 (被称为弗兰克–康登因子) 的平方: $q_{\mathrm{A-X}}(v',v'')=\left|\int_0^\infty \mathcal{V}_{\mathrm{A}v'}(R)\mathcal{V}_{\mathrm{X}v''}(R)\mathrm{d}R\right|^2$.

结论: 在双原子分子中存在着三种类型的运动 (电子围绕着核、核围绕着平衡位置的振动和分子整体的转动), 它们在不同数量级上对能量起作用. 因此, 这些运动之间只有很弱的耦合. 这样, 在一级近似下我们可以用相对简单的模型 (量子化振子和量子化转子) 分别对它们进行研究, 并解释某些分子光谱. 可是高分辨率光谱和动力学研究表明, 这些方法很快就不能满足要求了, 必须考虑本附录所采用近似的偏差. 分子物理还是一个自在世界, 读者必须求助于比较专门的著作才能得到更深的知识.

深入阅读参考书目

量子物理学经典，历史

N. BOHR, *La théorie atomique et la description des phénomènes* (1932), (Jacques Gabay).

J.-C. BOUDENOT et G. COHEN-TANNOUDJI, *Max Planck et les quanta*, (Ellipses).

L. de BROGLIE, *Eléments de théorie des quanta et de mécanique ondulatoire* (1953), (Jacques Gabay).

P. A. M. DIRAC, *Les principe de la mécanique quantique* (1931), (Jacques Gabay). (The Principles of Quantum Mechanics, 1958, 4th ed. Oxford University Press)

B. ESCOUBRS et J. LEITELOPES, *Sources et évolution de la physique quantique: textes fondateurs* (Lavoisier).

G. GAMOW, *Trente années qui ébranlérent la physique* (*Histoire de la théorie quantique*) (1968), (Jacques Gabay).

J. PERRIN, *Les atomes* (Flammarion, collection Champs).

原子分子物理一般著作

E. BOPP et H. KLEINPOPPEN, *Physics of the one- and two-electron atoms* (North Holland 1968).

M. BORN, *Structure atomique de la matière* (Armand Colin 1971).

B. H. BRANSDEN and C. J. JOACHAIN, *Physics of Atoms and Molecules* (Prentice Hall).

R. EISBERG and R. RESNICK, *Quantum Physics of Atoms, Molecules, Solids, Nuclei, and* Particles (John Wiley and Sons).

U. FANO et L. FANO, *Basic Physics of Atoms and Molecules* (John Wiley and Sons).

M. HULIN, *Introduction à la physique atomique et à la mécanique quantique* (Armand Colin 1974).

D. C. PEASLEE, *Elements of Atomic Physics* (Prentice Hall).

F. RICHTMYER, E. KENNARD et J. COOPER, *Introduction to Modern Physics* (McGraw Hill).

E. H. WICHMANN, *Quantum Physics* (Berkeley Physics course vol. 4)(McGraw Hill). (中译本《量子物理学》，《伯克利物理学教程》第 4 卷，1978，科学出版社)

量子力学

C. COHEN-TANNOUDJI, B. DIU et F. LALOË, *Mécanique quantique* (Hermann).

(中译本《量子力学》即将由高等教育出版社出版)

A. MESSIAH, *Mécanique quantique*, Tomes 1 et 2 (Dunod). (Quantum Mechanics, Vol. 1, 2. 1961, North-Holland)

L. LANDAU et E. LIFCHITZ, *Mécanique quantique* (Editions Mir). (中译本：朗道，栗弗席兹，《量子力学(非相对论理论)》，严肃译，2008, 高等教育出版社)

Le Cours de physique de Feynman, tome 4: Mécanique Quantique (Dunod). (费曼，物理学讲义，第 4 卷，量子力学)

E. BELORIZKY, Y. AYANT, *Mécanique Quantique* (Dunod 2000).

J. HLADIK, M. CHRYSOS, *Introduction à la Mécanique Quantique* (Dunod 2006).

J.-M. LEVY-LEBLOND, F. BALIBAR, *Quantique, rudiments* (Dunod 2007, Les cours de référence).

D. BOHM, *Quantum Theory* (Prentice Hall).

EYRING, WALTER et KIMBALL, *Quantum Chemistry* (Wiley).

量子物理的哲学思考

N. BOHR, *Physique atomique et connaissance humaine* (Gauthier-villars).

B. d'ESPAGNAT, *Conception de la physique contemporaine* (Hermann).

B. d'ESPAGNAT, *A la recherche du réel* (Gauthier-Villars).

H. MARGENAU, *The nature of physical reality* (McGraw Hill).

R. PENROSE, *Les ombres de l'esprit: À la recherche d'une science de la conscience* (Dunod).

本教程各部分相关概念的专著

辐射与物质相互作用，激光

B. CAGNAC et J.-P. FAROUX, *Lasers. Interaction Lumière-atomes* (EDP Science).

G. GRYNBERG, A. ASPECT et C. FABRE, *Introduction aux lasers et à l'optique quantique* (Ellipses).

A. C. G. MITCHELL et M. W. ZEMANSKY, *Resonance Radiation and Excited Atoms* (Cambridge 1971).

原子与分子光谱

P. BARCHEWITZ, *Spectroscopie atomique et moléculaire* (Masson 1971).

G. BRUHAT et A. KASTLER, *Optique* (Dunod).

G. HERZBERG, *Molecular spectra and molecular structure*. Tome I *Spectra of diatomic molecules* (Van Nostrand).

G. HERZBERG, *The Spectra and Structures of Simple Free Radicals: An Introduction to Molecular Spectroscopy* (Dover Phoenix Editions).

J. M. HOLLAS, *Spectroscopie* (Dunod 2003).

I. I. SOBELMAN, *Atomic spectra and radiative transitions* (Springer).
A. THORNE, U. LITZEN and S. JOHANSSON, *Spectrophysics. Principles and Applications* (Springer).

X 射线与电子谱

A. COMPTON et S. ALLISON, *X-rays in thory and experiments* (MacMillan).
J. PROTAS, *Diffraction des rayonnements* (Dunod).
K. SIEGBAHN, *Alpha bêta and Gamma rays Spectroscopy* (North Holland).

磁性与磁共振

A. ABRAGAM, *Les principes du magnetisme mucleaire* (PUF 1961). (The Principles of Nuclear Magnetism, 1961, Oxford)
D. CANET, J.-C. BOUBEL, E. CANET-SOULAS, *La RMN, Concepts, méthods et applications* (Dunod 2002).
A. HERPIN, *Théorie du magnétisme* (PUF 1968).
C. KITTEL, *Physique de l' état solide* (Dunod, 8e edition, 2007). (Introduction to Solid State Physics, 1956, John Wiley & Sons)
G. A. WEBB, *Modern magnetic resonance* (Dordrecht, Springer).

索　　引*

* 本索引与一般中文书略有不同, 下面所列词条未必与正文中一一对应, 有的只是意义相近, 甚至是表示所研究的问题. 鉴于这对读者有一定用处, 故译文基本保持了原著风格. —— 译者

H

I

J

T

U

W

X